21世纪应用型本科院校规划教材

线性代数（第二版）

陈玉文 嵇绍春 钱树华 王小才
张庆海 蒋同斌 杨立波 编

扫码加入读者圈
轻松解决重难点

南京大学出版社

内容简介

本教材是编者在多年从事线性代数教学工作的基础上，根据教育部对线性代数课程的基本要求，本科工科类人才培养方案以及现阶段学生的实际情况，参照大量兄弟院校的同类型教材编撰而成.

在编写过程中，我们力求做到通俗易懂，深入浅出. 本教材介绍了线性代数的基本内容和方法，尽量避开繁琐的理论证明，对一些学生能通过自己的思考而得出的结论，留给学生自己考虑，不求面面俱到.

本教材的主要内容包括：矩阵及行列式的相关理论和方法；向量组的相关概念和方法；线性方程组的理论和解法；矩阵的特征值和特征向量；二次型的相关理论和方法等. 在第二版中增加了 Matlab 的基本知识和在线性代数中的应用简介.

本教材在每小节后均配有相关练习题，在每章最后，都配有不同难度的习题，以满足不同层次学生的需要. 第二版中增加了习题的参考答案或提示.

本教材适合作为普通高等院校本科工科类学生的教学和参考用书.

图书在版编目(CIP)数据

线性代数 / 陈玉文等编. —2 版. —南京：南京大学出版社，2019.8(2020.8 重印)
ISBN 978-7-305-22590-1

Ⅰ. ①线… Ⅱ. ①陈… Ⅲ. ①线性代数—高等学校—教材 Ⅳ. ①O151.2

中国版本图书馆 CIP 数据核字(2019)第 160670 号

出版发行　南京大学出版社
社　　址　南京市汉口路 22 号　　邮　　编　210093
出 版 人　金鑫荣

书　　名　线性代数(第二版)
编　　者　陈玉文　嵇绍春　钱树华　王小才　张庆海　蒋同斌　杨立波
责任编辑　吴　华　　编辑热线　025-83596997

扫码教师可免费获取教学资源

照　　排　南京开卷文化传媒有限公司
印　　刷　南京人民印刷厂有限责任公司
开　　本　787×1092　1/16　印张 13.25　字数 327 千
版　　次　2019 年 8 月第 2 版　2020 年 8 月第 2 次印刷
ISBN 978-7-305-22590-1
定　　价　34.00 元

网　　址：http://www.njupco.com
官方微博：http://weibo.com/njupco
微信服务号：njuyuexue
销售咨询热线：(025)83594756

第二版前言

本教材自2014年出版以来，已经使用了2次，师生普遍反映较好．本次再版仍然保留了第一版的体例，总体内容没有大的改变，主要做了如下几项工作：

1. 修订了第一版中的一些文字错误，对一些符号进行了统一；

2. 重新编写了第二章，使得内容、结构更加合理；

3. 为了适应信息时代的到来，便于学生今后利用计算机处理相关问题，增加了第六章 Matlab 基本内容及其在线性代数中的应用简介；

4. 每章的最后一节，统一增加了综合例题，所选例题都是近几年出现的考研试题，方便准备考研的同学学习，平时教学不做要求；

5. 对每章节的习题，都配备了习题参考解答或提示，便于学生自我学习．

第二版第一章、第五章由陈玉文老师修订，第二章由嵇绍春博士撰写，第三章由蒋同斌老师、陈玉文老师修订，第四章由钱树华老师修订，第六章由王小才博士撰写，所有习题的修订、组织以及参考解答或提示由张庆海老师负责．全书由陈玉文老师统稿．

由于水平有限，教材中肯定有不尽如人意的地方，敬请各位同仁提出宝贵意见，我们一定虚心接受．

感谢淮阴工学院教务处、数理学院领导对本教材出版的大力支持．

感谢南京大学出版社的领导和编辑，你们对教材的出版付出了较大的心血，辛苦了！

编　者

2019年6月于淮阴工学院

第一版前言

线性代数是处理具有离散性质的量的一门实用的数学课程.它是普通高等院校本科工科类学生的一门重要的公共基础课程(又叫作通识课程),是工科类学生必须要掌握的内容,对提高大学生的计算能力和抽象思维能力十分重要,对后继课程的学习具有较大的影响.

作为一门基本定型的课程,线性代数的内容大体相同,但是针对不同的学生和人才培养方案,如何处理这些内容,就是我们这些从事大学数学教学的教师需要思考的问题.我们根据多年从事大学数学教学工作的经验,围绕教育部的有关要求和学校人才培养方案的调整以及高校扩招后的学生的实际情况,组织力量编写了这部教材.

在编写过程中,我们力求做到以下几个方面:

1. 在内容选择上,我们根据学生的认知结构和认识水平,按照知识呈现的自然顺序,分5章分别介绍了矩阵、向量组、线性方程组、特征值和特征向量、二次型等线性代数的主要内容.

2. 在内容表述上,我们力求通俗易懂,尽量避开学术味较浓的专业术语,使用学生易于接受的语言进行表述.

3. 在内容处理上,我们回避了一些较为复杂的定理的证明,把力量集中在对定理的运用上,使得学生能够运用定理解决实际问题.对一些简单的结论,我们不求面面俱到,而是留有空间给学生自己思考和证明,必要时授课教师可以提示或讲解.

4. 在基本要求上,我们考虑了工科学生应用型的特点,突出对学生计算能力的培养,对于一些证明问题回避或不做要求.

5. 在例题配置上,我们首先选择一部分能说明基本概念和方法的例题,然后选择一部分近几年在考研试卷中出现的题目,以满足不同层次学生的需要.

6. 在习题配置上,我们在每小节后均配有一定数量的练习题,以便于学生及时复习和巩固,在每章的最后,都配有数量较多的习题,题目具有明显的难度梯度,以满足不同层次学生的需求.

由于人才培养方案的调整,本教材的计划课时为32课时.

本教材第一章主要由陈玉文老师编写,第二章由胡平老师编写,第三章由蒋同斌老师编写,第四章由钱树华老师编写,第五章以及第一章的行列式部分由杨立波老师编写.全书由陈玉文老师统稿.

在编写过程中,我们参考了大量的同类型教材,在参考文献中都进行了列举,在此对作者表示衷心的感谢!

尽管我们已十分努力,由于水平有限,本教材肯定有不尽如人意的地方,甚至会有错误,敬请大家不吝指正!

本教材的编写过程中,得到淮阴工学院教务处、数理学院领导的大力支持,得到许多同仁的帮助,在此一并致谢!

最后,感谢南京大学出版社的编辑,是你们的辛勤劳动促成了今天教材的问世.

编　者

2014 年 6 月于淮阴工学院

目　录

第一章　矩　阵

在高等数学课程中，我们主要是应用极限的思想和方法研究了函数的性态及其应用，而函数的自变量和因变量通常是连续变化的. 在实际问题中，我们经常还会遇到需要对一些离散数据进行处理的问题，线性代数就是处理具有离散现象的数据非常实用的一门课程. 本章介绍线性代数中的一个非常重要的而且是最基本的概念——矩阵，以及矩阵的运算和矩阵的初等变换、逆矩阵、行列式、矩阵的秩等内容.

第一节　矩阵及其运算

一、矩阵的概念

在日常生活以及科学研究中，我们经常会遇到一些需要处理的相关数据. 矩阵是处理数据的一个非常有用的工具.

例 1.1　某商场一年的销售情况统计：(单位：万元)

	服装类	食品类	电器类	化妆品类	首饰类
一季度	1 500	200	3 000	500	4 500
二季度	1 000	100	2 000	300	3 000
三季度	1 200	150	1 500	350	2 000
四季度	1 500	300	2 000	400	2 000

如我们将商品种类和时间去掉，抽象出具体的数据，用一个括号括起来，记为：

$$\begin{pmatrix} 1\,500 & 200 & 3\,000 & 500 & 4\,500 \\ 1\,000 & 100 & 2\,000 & 300 & 3\,000 \\ 1\,200 & 150 & 1\,500 & 350 & 2\,000 \\ 1\,500 & 300 & 2\,000 & 400 & 2\,000 \end{pmatrix}.$$

这样可以简洁地表示该商场一年内各种大类商品在各个季度的销售额情况.

例 1.2　若要解方程组：$\begin{cases} 2x_1+3x_2-x_3+2x_4=1 \\ x_1-x_2-3x_3+x_4=-2 \\ 3x_1-2x_2-2x_3+x_4=2 \\ 2x_1+x_2+3x_3-x_4=0 \end{cases}$.

我们可以将未知数的系数和常数项抽取出来写成如下 4 行 5 列的形式：

$$\begin{pmatrix} 2 & 3 & -1 & 2 & \vdots & 1 \\ 1 & -1 & -3 & 1 & \vdots & -2 \\ 3 & -2 & -2 & 1 & \vdots & 2 \\ 2 & 1 & 3 & -1 & \vdots & 0 \end{pmatrix}.$$

这样，求解方程组的问题就转化为对上述表格的变化问题.

定义 1.1 把 $m\times n$ 个数 $a_{ij}(i=1,2,\cdots,m,j=1,2,\cdots,n)$ 排成一个 m 行 n 列的矩形表，称为 $m\times n$ **矩阵(matrix)**，记为
$$\begin{pmatrix} a_{11} & a_{12} & \cdots & a_{1n} \\ a_{21} & a_{22} & \cdots & a_{2n} \\ \vdots & \vdots & & \vdots \\ a_{m1} & a_{m2} & \cdots & a_{mn} \end{pmatrix}_{m\times n} \text{或} \begin{bmatrix} a_{11} & a_{12} & \cdots & a_{1n} \\ a_{21} & a_{22} & \cdots & a_{2n} \\ \vdots & \vdots & & \vdots \\ a_{m1} & a_{m2} & \cdots & a_{mn} \end{bmatrix}_{m\times n}$$

其中 a_{ij} 称为第 i 行第 j 列**元素(element)**. 本书用第一种形式表示矩阵.

一般情况下，常用大写字母 $\boldsymbol{A},\boldsymbol{B},\boldsymbol{C},\cdots$ 表示矩阵，为方便注明行和列，也可记为 $\boldsymbol{A}_{m\times n}$ 或 $\boldsymbol{A}=(a_{ij})_{m\times n}$.

几种特殊类型的矩阵：

所有元素都为 0 的矩阵，称为**零矩阵(zero matrix)**，记为 $\boldsymbol{O}$.

所有元素都为非负数的矩阵，称为**非负矩阵(non-negative matrix)**.

如果矩阵 $\boldsymbol{A}$ 的行数和列数相等，都为 n，称 $\boldsymbol{A}$ 为 **n 阶矩阵**或 **n 阶方阵(square matrix)**.

对于 n 阶方阵，我们称元素 $a_{11},a_{22},\cdots,a_{nn}$ 所在的从左上角到右下角的对角线为**主对角线(leading diagonal)**，如果方阵的主对角线上的元素为 1，其他元素均为 0，称为**单位矩阵(identity matrix)**，一般用 $\boldsymbol{E}$ 或 $\boldsymbol{I}$ 表示，本书用 $\boldsymbol{E}$ 表示.

只有 1 行的矩阵 $\boldsymbol{A}=(a_1,a_2,\cdots,a_n)_{1\times n}$ 称为**行矩阵(row matrix)**，也称为**行向量(row vector)**.

只有 1 列的矩阵 $\boldsymbol{B}=\begin{pmatrix} b_1 \\ b_2 \\ \vdots \\ b_n \end{pmatrix}_{n\times 1}$ 称为**列矩阵(column matrix)**，也称为**列向量(column vector)**.

定义 1.2 如果矩阵 $\boldsymbol{A}$ 和矩阵 $\boldsymbol{B}$ 有相同的行数和相同的列数，则称 $\boldsymbol{A}$ 和 $\boldsymbol{B}$ 为**同型矩阵(same type matrix)**.

定义 1.3 如果矩阵 $\boldsymbol{A}$ 和矩阵 $\boldsymbol{B}$ 为同型矩阵，且对应位置上的元素相等，则称**矩阵 $\boldsymbol{A}$ 和矩阵 $\boldsymbol{B}$ 相等(equality)**，记为 $\boldsymbol{A}=\boldsymbol{B}$.

即若 $\boldsymbol{A}=(a_{ij})_{m\times n},\boldsymbol{B}=(b_{ij})_{m\times n}$ 且 $a_{ij}=b_{ij}(i=1,2,\cdots,m,j=1,2,\cdots,n)$，则 $\boldsymbol{A}=\boldsymbol{B}$.

二、矩阵的运算

1. 数与矩阵相乘

定义 1.4 数 k 与矩阵 $\boldsymbol{A}=(a_{ij})_{m\times n}$ 相乘，记为 $k\boldsymbol{A}$，其结果为 $k\boldsymbol{A}=(ka_{ij})_{m\times n}$，即

$$kA=\begin{pmatrix} ka_{11} & ka_{12} & \cdots & ka_{1n} \\ ka_{21} & ka_{22} & \cdots & ka_{2n} \\ \vdots & \vdots & & \vdots \\ ka_{m1} & ka_{m2} & \cdots & ka_{mn} \end{pmatrix}.$$

例 1.3 若 $\boldsymbol{A}=\begin{pmatrix} 2 & 1 & 0 \\ -1 & 3 & 2 \\ 5 & 4 & 1 \end{pmatrix}$，则 $3\boldsymbol{A}=\begin{pmatrix} 6 & 3 & 0 \\ -3 & 9 & 6 \\ 15 & 12 & 3 \end{pmatrix}$.

注意：数与矩阵里面的每一个元素相乘.

定义 1.5 把矩阵 $\boldsymbol{A}=(a_{ij})_{m\times n}$ 的各元素变号，得到的矩阵称为 $\boldsymbol{A}=(a_{ij})_{m\times n}$ 的**负矩阵**(**negative matrix**)，记为 $-\boldsymbol{A}$，即 $-\boldsymbol{A}=(-a_{ij})_{m\times n}$.

负矩阵也可以看成是 -1 乘以 $\boldsymbol{A}$，即 $-\boldsymbol{A}=(-1)\boldsymbol{A}=(-a_{ij})_{m\times n}$.

2. 矩阵的加法

定义 1.6 若 $\boldsymbol{A}=(a_{ij})_{m\times n}$ 和 $\boldsymbol{B}=(b_{ij})_{m\times n}$ 为同型矩阵，则 $\boldsymbol{A}+\boldsymbol{B}=(a_{ij}+b_{ij})_{m\times n}$. 即若

$$\boldsymbol{A}=\begin{pmatrix} a_{11} & a_{12} & \cdots & a_{1n} \\ a_{21} & a_{22} & \cdots & a_{2n} \\ \vdots & \vdots & & \vdots \\ a_{m1} & a_{m2} & \cdots & a_{mn} \end{pmatrix}, \boldsymbol{B}=\begin{pmatrix} b_{11} & b_{12} & \cdots & b_{1n} \\ b_{21} & b_{22} & \cdots & b_{2n} \\ \vdots & \vdots & & \vdots \\ b_{m1} & b_{m2} & \cdots & b_{mn} \end{pmatrix},$$

则

$$\boldsymbol{A}+\boldsymbol{B}=\begin{pmatrix} a_{11}+b_{11} & a_{12}+b_{12} & \cdots & a_{1n}+a_{1n} \\ a_{21}+b_{21} & a_{22}+b_{22} & \cdots & a_{2n}+b_{2n} \\ \vdots & \vdots & & \vdots \\ a_{m1}+b_{m1} & a_{m2}+b_{m2} & \cdots & a_{mn}+b_{mn} \end{pmatrix}.$$

例 1.4 若 $\boldsymbol{A}=\begin{pmatrix} 2 & -1 & 3 \\ 4 & 3 & 0 \end{pmatrix}$，$\boldsymbol{B}=\begin{pmatrix} 3 & 2 & -1 \\ -2 & 2 & 1 \end{pmatrix}$，则 $\boldsymbol{A}+\boldsymbol{B}=\begin{pmatrix} 5 & 1 & 2 \\ 2 & 5 & 1 \end{pmatrix}$.

由上面关于数与矩阵的乘法、矩阵的加法定义，不难得出下面的运算律：(其中 $\boldsymbol{A},\boldsymbol{B},\boldsymbol{C}$ 表示矩阵，k,l 表示常数)

(1) $\boldsymbol{A}+\boldsymbol{B}=\boldsymbol{B}+\boldsymbol{A}$；

(2) $(\boldsymbol{A}+\boldsymbol{B})+\boldsymbol{C}=\boldsymbol{A}+(\boldsymbol{B}+\boldsymbol{C})$；

(3) $\boldsymbol{A}+\boldsymbol{O}=\boldsymbol{A}$；

(4) $\boldsymbol{A}+(-\boldsymbol{A})=\boldsymbol{O}$；

(5) $k(\boldsymbol{A}+\boldsymbol{B})=k\boldsymbol{A}+k\boldsymbol{B}$；

(6) $(k+l)\boldsymbol{A}=k\boldsymbol{A}+l\boldsymbol{A}$；

(7) $(kl)\boldsymbol{A}=k(l\boldsymbol{A})$；

(8) $1\cdot\boldsymbol{A}=\boldsymbol{A}$.

由矩阵的加法及负矩阵定义，可以得到矩阵的减法：

$\boldsymbol{A}-\boldsymbol{B}=\boldsymbol{A}+(-\boldsymbol{B})$，即如果 $\boldsymbol{A}=(a_{ij})_{m\times n}$，$\boldsymbol{B}=(b_{ij})_{m\times n}$，则

$$\boldsymbol{A}-\boldsymbol{B}=\boldsymbol{A}+(-\boldsymbol{B})=(a_{ij}-b_{ij})_{m\times n}.$$

例 1.5 已知 $\boldsymbol{A}=\begin{pmatrix}2 & -1 & 3\\ 1 & -4 & -2\end{pmatrix}$，$\boldsymbol{B}=\begin{pmatrix}1 & -1 & 4\\ 2 & 4 & 3\end{pmatrix}$，求 $2\boldsymbol{A}-3\boldsymbol{B}$.

解

$$\begin{aligned}2\boldsymbol{A}-3\boldsymbol{B}&=2\begin{pmatrix}2 & -1 & 3\\ 1 & -4 & -2\end{pmatrix}-3\begin{pmatrix}1 & -1 & 4\\ 2 & 4 & 3\end{pmatrix}\\ &=\begin{pmatrix}4-3 & -2+3 & 6-12\\ 2-6 & -8-12 & -4-9\end{pmatrix}\\ &=\begin{pmatrix}1 & 1 & -6\\ -4 & -20 & -13\end{pmatrix}.\end{aligned}$$

例 1.6 设

$$\boldsymbol{A}=\begin{pmatrix}3 & -1 & 5 & 2\\ -2 & 0 & 4 & 3\\ 7 & -5 & 2 & -1\end{pmatrix},\boldsymbol{B}=\begin{pmatrix}1 & -2 & 3 & 4\\ 2 & -3 & -1 & 5\\ 3 & 4 & -2 & 0\end{pmatrix},$$

且 $\boldsymbol{A}+2\boldsymbol{X}=\boldsymbol{B}$，求 $\boldsymbol{X}$.

解 由题意，解出 $\boldsymbol{X}$：

$$\boldsymbol{X}=\frac{1}{2}(\boldsymbol{B}-\boldsymbol{A})=\frac{1}{2}\begin{pmatrix}-2 & -1 & -2 & 2\\ 4 & -3 & -5 & 2\\ -4 & 9 & -4 & 1\end{pmatrix}=\begin{pmatrix}-1 & -\frac{1}{2} & -1 & 1\\ 2 & -\frac{3}{2} & -\frac{5}{2} & 1\\ -2 & \frac{9}{2} & -2 & \frac{1}{2}\end{pmatrix}.$$

3. 矩阵的乘法

定义 1.7 设 $\boldsymbol{A}=(a_{ij})$ 是一个 $m\times s$ 矩阵，$\boldsymbol{B}=(b_{ij})$ 是一个 $s\times n$ 矩阵，那么矩阵 $\boldsymbol{A}$ 与矩阵 $\boldsymbol{B}$ 的乘积是一个 $m\times n$ 矩阵 $\boldsymbol{C}=(c_{ij})_{m\times n}$，其中 $c_{ij}=a_{i1}b_{1j}+a_{i2}b_{2j}+\cdots+a_{is}b_{sj}=\sum\limits_{k=1}^{s}a_{ik}b_{kj}$，并记为 $\boldsymbol{C}=\boldsymbol{AB}$.

即矩阵 $\boldsymbol{C}$ 的第 i 行，第 j 列位置上的元素 c_{ij} 就是矩阵 $\boldsymbol{A}$ 的第 i 行的元素与矩阵 $\boldsymbol{B}$ 的第 j 列的对应位置上的元素相乘以后相加.

注意：只有当第一个矩阵的列数与第二个矩阵的行数相等时，两个矩阵才能相乘，否则矩阵乘法没有意义，不好运算.

例 1.7 $\boldsymbol{A}=\begin{pmatrix}-1 & 2 & 0 & 1\\ 2 & -3 & 1 & -4\\ 2 & -3 & 1 & -1\end{pmatrix}_{3\times 4}$，$\boldsymbol{B}=\begin{pmatrix}1 & -2\\ 0 & 3\\ -2 & 4\\ 1 & -1\end{pmatrix}_{4\times 2}$，则

$$AB=\begin{pmatrix} (-1)\times1+2\times0+0\times(-2)+1\times1 & (-1)\times(-2)+2\times3+0\times4+1\times(-1) \\ 2\times1+(-3)\times0+1\times(-2)+(-4)\times1 & 2\times(-2)+(-3)\times3+1\times4+(-4)\times(-1) \\ 2\times1+(-3)\times0+1\times(-2)+(-1)\times1 & 2\times(-2)+(-3)\times3+1\times4+(-1)\times(-1) \end{pmatrix}$$

即
$$AB=\begin{pmatrix} 0 & 7 \\ -4 & -5 \\ -1 & -8 \end{pmatrix},$$

而 $B_{4\times2}A_{3\times4}$ 没有意义.

对于矩阵的乘法,注意:

(1) 一般情况下,$AB\neq BA$,即矩阵的乘法不满足交换律;例如:上例 $A_{3\times4}B_{4\times2}$ 有意义,而 $B_{4\times2}A_{3\times4}$ 不好运算,再如:$A=\begin{pmatrix} 1 & 0 \\ -1 & 2 \end{pmatrix}$,$B=\begin{pmatrix} 2 & 1 \\ 0 & 1 \end{pmatrix}$,$AB=\begin{pmatrix} 2 & 1 \\ -2 & 1 \end{pmatrix}$,$BA=\begin{pmatrix} 1 & 2 \\ -1 & 2 \end{pmatrix}$,容易得出:$AB\neq BA$.

(2) 一般情况下,由 $AB=O$,并不能得出 $A=O$ 或 $B=O$;

例如,$A=\begin{pmatrix} -1 & 1 \\ 1 & -1 \end{pmatrix}$,$B=\begin{pmatrix} 1 & 2 \\ 1 & 2 \end{pmatrix}$,$AB=O$,但是 $A\neq O$,$B\neq O$.

(3) 一般情况下,由 $CB=AB$,并不能推出 $C=A$,即矩阵的乘法不满足消去率.

例如,$C=\begin{pmatrix} 1 & 0 \\ 0 & 2 \end{pmatrix}$,$B=\begin{pmatrix} 1 & 1 \\ 0 & 0 \end{pmatrix}$,$A=\begin{pmatrix} 1 & 0 \\ 0 & 1 \end{pmatrix}$,$CB=\begin{pmatrix} 1 & 1 \\ 0 & 0 \end{pmatrix}=AB$,显然,$C\neq A$.(以后我们会知道如果矩阵 B 满足一定的条件,消去 B 是可以的)

矩阵乘法和数的乘法满足下列性质:

(1) 结合律:$(AB)C=A(BC)$;

(2) 分配率:$A(B+C)=AB+AC$,$(B+C)A=BA+CA$;

(3) 对于数 k,有 $k(AB)=(kA)B=A(kB)$;

(4) 对任意矩阵 $A=(a_{ij})_{m\times n}$,有 $E_mA_{m\times n}=A_{m\times n}$,$A_{m\times n}E_n=A_{m\times n}$.

定义 1.8 设 A 是一个 n 阶方阵,对于正整数 k,$A^k=\underbrace{AA\cdots A}_{k}$,称为 A 的 k 次幂(power).

规定 $A^0=E$.

不难证明:$A^kA^l=A^{k+l}$,$(A^k)^l=A^{kl}$.(可以用数学归纳法证明,我们证明第一个性质,第二个性质请读者自己尝试证明)

1. 我们将 k 固定,对 l 使用数学归纳法.

$l=1$ 时,由定义有 $A^kA^1=A^{k+1}$ 显然成立.

2. 假设 $l=n$ 时,等式成立,即 $A^kA^n=A^{k+n}$,当 $l=n+1$ 时,

$$A^kA^{n+1}=A^kA^nA=A^{k+n}A=A^{k+n+1}.$$

由数学归纳法,等式中 l 对一切正整数成立.

由于矩阵的乘法不满足交换律,一般情况下:

(1) $(AB)^k\neq A^kB^k$,这是因为 $(AB)^k=(AB)(AB)\cdots(AB)=ABAB\cdots AB$,由于一般情况下 $AB\neq BA$,可得.

(2) $\boldsymbol{A}^k=\boldsymbol{O}$,并不一定有$\boldsymbol{A}=\boldsymbol{O}$. 例如$\begin{pmatrix}0&1\\0&0\end{pmatrix}^2=\begin{pmatrix}0&1\\0&0\end{pmatrix}\begin{pmatrix}0&1\\0&0\end{pmatrix}=\begin{pmatrix}0&0\\0&0\end{pmatrix}$.

(3) $(\boldsymbol{A}+\boldsymbol{B})^2\neq\boldsymbol{A}^2\pm2\boldsymbol{AB}+\boldsymbol{B}^2$,$\boldsymbol{A}^2-\boldsymbol{B}^2\neq(\boldsymbol{A}+\boldsymbol{B})(\boldsymbol{A}-\boldsymbol{B})$等. 这是因为$(\boldsymbol{A}+\boldsymbol{B})^2=(\boldsymbol{A}+\boldsymbol{B})(\boldsymbol{A}+\boldsymbol{B})=\boldsymbol{A}^2+\boldsymbol{AB}+\boldsymbol{BA}+\boldsymbol{B}^2$,$(\boldsymbol{A}+\boldsymbol{B})(\boldsymbol{A}-\boldsymbol{B})=\boldsymbol{A}^2-\boldsymbol{AB}+\boldsymbol{BA}-\boldsymbol{B}^2$,而一般情况下$\boldsymbol{AB}\neq\boldsymbol{BA}$,可得.

根据矩阵的幂,我们给出矩阵多项式的概念:

设$f(x)=a_nx^n+a_{n-1}x^{n-1}+\cdots+a_1x+a_0$是一个多项式函数,则称$f(\boldsymbol{A})=a_n\boldsymbol{A}^n+a_{n-1}\boldsymbol{A}^{n-1}+\cdots+a_1\boldsymbol{A}+a_0\boldsymbol{E}$为关于**矩阵$\boldsymbol{A}$的多项式**.

例如$f(x)=2x^2-x+3$,$\boldsymbol{A}=\begin{pmatrix}1&-2\\2&3\end{pmatrix}$,则$f(\boldsymbol{A})=2\boldsymbol{A}^2-\boldsymbol{A}+3\boldsymbol{E}=\begin{pmatrix}-4&-14\\14&10\end{pmatrix}$.

三、矩阵的转置

定义 1.9 将$m\times n$矩阵$\boldsymbol{A}$的行和列互换,即行变为列,列变为行,得到的矩阵称为矩阵$\boldsymbol{A}$的**转置矩阵(transpose matrix)**,记为$\boldsymbol{A}^{\mathrm{T}}$或$\boldsymbol{A}'$,本书用$\boldsymbol{A}^{\mathrm{T}}$表示.

若$\boldsymbol{A}_{m\times n}=\begin{pmatrix}a_{11}&a_{12}&\cdots&a_{1n}\\a_{21}&a_{22}&\cdots&a_{2n}\\\vdots&\vdots&&\vdots\\a_{m1}&a_{m2}&\cdots&a_{mn}\end{pmatrix}_{m\times n}$,则$\boldsymbol{A}^{\mathrm{T}}=\begin{pmatrix}a_{11}&a_{21}&\cdots&a_{m1}\\a_{12}&a_{22}&\cdots&a_{m2}\\\vdots&\vdots&&\vdots\\a_{1n}&a_{2n}&\cdots&a_{mn}\end{pmatrix}_{n\times m}$

转置矩阵具有下列性质:

(1) $(\boldsymbol{A}^{\mathrm{T}})^{\mathrm{T}}=\boldsymbol{A}$;

(2) $(\boldsymbol{A}+\boldsymbol{B})^{\mathrm{T}}=\boldsymbol{A}^{\mathrm{T}}+\boldsymbol{B}^{\mathrm{T}}$;

(3) $(k\boldsymbol{A})^{\mathrm{T}}=k\boldsymbol{A}^{\mathrm{T}}$;

(4) $(\boldsymbol{AB})^{\mathrm{T}}=\boldsymbol{B}^{\mathrm{T}}\boldsymbol{A}^{\mathrm{T}}$.

性质(1)(2)(3)显然. 下面证明性质(4):

设$\boldsymbol{A}=(a_{ik})_{m\times l}$,$\boldsymbol{B}=(b_{kj})_{l\times n}$,$\boldsymbol{AB}$是$m\times n$矩阵,则$(\boldsymbol{AB})^{\mathrm{T}}$是$n\times m$矩阵. 而$\boldsymbol{B}^{\mathrm{T}}$是$n\times l$矩阵,$\boldsymbol{A}^{\mathrm{T}}$是$l\times m$矩阵,所以$\boldsymbol{B}^{\mathrm{T}}\boldsymbol{A}^{\mathrm{T}}$也是$n\times m$矩阵,即$(\boldsymbol{AB})^{\mathrm{T}}$和$\boldsymbol{B}^{\mathrm{T}}\boldsymbol{A}^{\mathrm{T}}$是同型矩阵.

矩阵$(\boldsymbol{AB})^{\mathrm{T}}$的第$j$行第$i$列的元素是$\boldsymbol{AB}$的第$i$行第$j$列的元素:

$$\sum_{k=1}^{l}a_{ik}b_{kj}=a_{i1}b_{1j}+a_{i2}b_{2j}+\cdots+a_{il}b_{lj}.$$

而矩阵$\boldsymbol{B}^{\mathrm{T}}\boldsymbol{A}^{\mathrm{T}}$第$j$行第$i$列的元素为$\boldsymbol{B}^{\mathrm{T}}$的第$j$行与$\boldsymbol{A}^{\mathrm{T}}$的第$i$列的对应元素的乘积,亦即$\boldsymbol{B}$的第$j$列与$\boldsymbol{A}$的第$i$行的对应元素的乘积:

$$\sum_{k=1}^{l}b_{kj}a_{ik}=b_{1j}a_{i1}+b_{2j}a_{i2}+\cdots+b_{lj}a_{il}.$$

于是,$(\boldsymbol{AB})^{\mathrm{T}}$和$\boldsymbol{B}^{\mathrm{T}}\boldsymbol{A}^{\mathrm{T}}$的对应位置上的元素相等. 得证.

例 1.8 已知 $\boldsymbol{A}=\begin{pmatrix}2 & 0 & -1\\ 1 & 3 & 2\end{pmatrix}$，$\boldsymbol{B}=\begin{pmatrix}1 & 7 & -1\\ 4 & 2 & 3\\ 2 & 0 & 1\end{pmatrix}$，求$(\boldsymbol{AB})^{\mathrm{T}}$.

解法一 $\boldsymbol{AB}=\begin{pmatrix}2 & 0 & -1\\ 1 & 3 & 2\end{pmatrix}\begin{pmatrix}1 & 7 & -1\\ 4 & 2 & 3\\ 2 & 0 & 1\end{pmatrix}=\begin{pmatrix}0 & 14 & -3\\ 17 & 13 & 10\end{pmatrix}$.

$$(\boldsymbol{AB})^{\mathrm{T}}=\begin{pmatrix}0 & 17\\ 14 & 13\\ -3 & 10\end{pmatrix}.$$

解法二 $(\boldsymbol{AB})^{\mathrm{T}}=\boldsymbol{B}^{\mathrm{T}}\boldsymbol{A}^{\mathrm{T}}=\begin{pmatrix}1 & 4 & 2\\ 7 & 2 & 0\\ -1 & 3 & 1\end{pmatrix}\begin{pmatrix}2 & 1\\ 0 & 3\\ -1 & 2\end{pmatrix}=\begin{pmatrix}0 & 17\\ 14 & 13\\ -3 & 10\end{pmatrix}$.

四、几种特殊的矩阵

1. 对角矩阵

定义 1.10 形如 $\begin{pmatrix}a_{11} & 0 & \cdots & 0\\ 0 & a_{22} & \cdots & 0\\ \vdots & \vdots & & \vdots\\ 0 & 0 & \cdots & a_{nn}\end{pmatrix}$ 的 n 阶矩阵，称为**对角矩阵(diagonal matrix)**. 对角矩阵又记为 $\mathrm{diag}(a_{11},a_{22},\cdots,a_{nn})$，一般用 $\boldsymbol{\Lambda}$ 表示.

2. 数量矩阵

定义 1.11 当对角矩阵的主对角线上的元素都相同时，即 $\boldsymbol{\Lambda}=\mathrm{diag}(a,a,\cdots,a)$，称为**数量矩阵(scalar matrix)**，即

$$\mathrm{diag}(a,a,\cdots,a)=\begin{pmatrix}a & 0 & \cdots & 0\\ 0 & a & \cdots & 0\\ \vdots & \vdots & & \vdots\\ 0 & 0 & \cdots & a\end{pmatrix}.$$

特别的，当 $a=1$ 时，变为单位矩阵 $\boldsymbol{E}$.

3. 上三角矩阵和下三角矩阵

定义 1.12 形如 $\begin{pmatrix}a_{11} & a_{12} & \cdots & a_{1n}\\ 0 & a_{22} & \cdots & a_{2n}\\ \vdots & \vdots & & \vdots\\ 0 & 0 & \cdots & a_{nn}\end{pmatrix}$ 的矩阵，称为**上三角矩阵(upper triangular matrix)**，即主对角线下方的元素全为 0；

形如$\begin{pmatrix} a_{11} & 0 & \cdots & 0 \\ a_{21} & a_{22} & \cdots & 0 \\ \vdots & \vdots & & \vdots \\ a_{n1} & a_{n2} & \cdots & a_{nn} \end{pmatrix}$的矩阵，称为**下三角矩阵**(**lower triangular matrix**)，即主对角线上方的元素全为0.

4. 对称矩阵和反对称矩阵

定义 1.13 对于矩阵$\boldsymbol{A}=(a_{ij})_{n\times n}$，若$\boldsymbol{A}^{\mathrm{T}}=\boldsymbol{A}$，即$a_{ji}=a_{ij}$，则称$\boldsymbol{A}$为**对称矩阵**(**symmetric matrix**).

对于矩阵$\boldsymbol{A}=(a_{ij})_{n\times n}$，若$\boldsymbol{A}^{\mathrm{T}}=-\boldsymbol{A}$，即$a_{ji}=-a_{ij}$，则称$\boldsymbol{A}$为**反对称矩阵**(**anti-symmetric matrix**)，反对称矩阵主对角线上的元素为0(这是为什么?).

5. 行阶梯型矩阵

定义 1.14 若一个矩阵的每个非零行(元素不全为零的行)的非零首元(第一个非零元素)所在列的下标随着行标的加大而严格增大，并且元素全为零的行(如果有的话)均在所有非零行的下方，则此矩阵称为**行阶梯型矩阵**(**row-echelon matrix**).

6. 行最简型矩阵

定义 1.15 若一个行阶梯型矩阵的每一个非零行的首元为1，且此非零行首元所在列的其余元素均为零，则此矩阵称为**行最简型矩阵**(**row simplest form matrix**).

例如 (1) $\boldsymbol{A}=\begin{pmatrix} 1 & 0 & 0 \\ 0 & -4 & 0 \\ 0 & 0 & 3 \end{pmatrix}$为对角矩阵.

(2) $\boldsymbol{B}=\begin{pmatrix} 2 & 0 & 0 & 0 \\ 0 & 2 & 0 & 0 \\ 0 & 0 & 2 & 0 \\ 0 & 0 & 0 & 2 \end{pmatrix}$为数量矩阵.

(3) $\boldsymbol{C}=\begin{pmatrix} 1 & 2 & -4 & -1 \\ 2 & -1 & 2 & 3 \\ -4 & 2 & 2 & -6 \\ -1 & 3 & -6 & 3 \end{pmatrix}$为对称矩阵.

(4) $\boldsymbol{D}=\begin{pmatrix} 0 & 9 & -6 \\ -9 & 0 & 2 \\ 6 & -2 & 0 \end{pmatrix}$为反对称矩阵.

(5) $\boldsymbol{F}=\begin{pmatrix} 3 & -2 & 0 & 1 \\ 0 & 2 & 4 & -3 \\ 0 & 0 & 5 & 2 \\ 0 & 0 & 0 & 2 \\ 0 & 0 & 0 & 0 \end{pmatrix}$为行阶梯型矩阵.

(6) $\boldsymbol{G}=\begin{pmatrix}1&0&-1&0\\0&1&2&0\\0&0&0&1\\0&0&0&0\\0&0&0&0\end{pmatrix}$为行最简型矩阵.

习题 1.1

1. 设矩阵

$$\boldsymbol{A}=\begin{pmatrix}2&0&4&1\\1&-2&4&3\end{pmatrix},\boldsymbol{B}=\begin{pmatrix}1&2&-2&3\\0&2&-1&4\end{pmatrix},\boldsymbol{C}=\begin{pmatrix}3&4&1&2\\2&-3&2&-1\end{pmatrix}.$$

(1) 求$\boldsymbol{A}+\boldsymbol{B},\boldsymbol{B}-\boldsymbol{C},2\boldsymbol{A}-3\boldsymbol{C}$;

(2) 若矩阵$\boldsymbol{X}$满足$\boldsymbol{A}+2\boldsymbol{X}=\boldsymbol{C}$,求$\boldsymbol{X}$;

(3) 若矩阵$\boldsymbol{Y}$满足$(2\boldsymbol{A}+\boldsymbol{Y})+3(\boldsymbol{B}-\boldsymbol{Y})=\boldsymbol{O}$,求$\boldsymbol{Y}$;

(4) 若矩阵$\boldsymbol{X},\boldsymbol{Y}$满足$3\boldsymbol{X}-\boldsymbol{Y}=2\boldsymbol{A},\boldsymbol{X}+\boldsymbol{Y}=\boldsymbol{B}$,求$\boldsymbol{X},\boldsymbol{Y}$.

2. 设矩阵$\boldsymbol{A}=\begin{pmatrix}4&-1&0&5\\-2&2&1&3\end{pmatrix},\boldsymbol{B}=\begin{pmatrix}1&0&-2&3\\4&-2&-1&0\\5&-3&2&1\end{pmatrix}$,求$\boldsymbol{AB}^{\mathrm{T}}$.

3. 计算下列矩阵的乘积:

(1) $\begin{pmatrix}2&-1\\1&0\end{pmatrix}\begin{pmatrix}2\\-1\end{pmatrix}$;　　(2) $\begin{pmatrix}-1\\2\\0\end{pmatrix}(3\quad -2\quad 1)$;

(3) $(4\quad -2\quad 3)\begin{pmatrix}1\\2\\0\end{pmatrix}$;　　(4) $(x_1,x_2)\begin{pmatrix}c_{11}&c_{12}\\c_{21}&c_{22}\end{pmatrix}\begin{pmatrix}x_1\\x_2\end{pmatrix}$.

4. 若$\boldsymbol{AB}=\boldsymbol{BA}$,则称矩阵$\boldsymbol{A},\boldsymbol{B}$可交换,求出所有与$\boldsymbol{A}=\begin{pmatrix}1&2\\0&1\end{pmatrix}$可交换的矩阵.

5. 设矩阵$\boldsymbol{A}=\begin{pmatrix}1&1\\0&1\end{pmatrix}$,求$\boldsymbol{A}^2,\boldsymbol{A}^3,\boldsymbol{A}^n$.

6. 设$\boldsymbol{x}=\begin{pmatrix}x_1\\x_2\\\vdots\\x_n\end{pmatrix},\boldsymbol{A}=\begin{pmatrix}a_{11}&a_{12}&\cdots&a_{1n}\\a_{21}&a_{22}&\cdots&a_{2n}\\\vdots&\vdots&&\vdots\\a_{n1}&a_{n2}&\cdots&a_{nn}\end{pmatrix}$,求$\boldsymbol{x}^{\mathrm{T}}\boldsymbol{Ax}$.

第二节 分块矩阵

在理论研究和一些实际问题中,常会遇到阶数较大或结构特殊的矩阵.为了便于分析与研究，常根据需要，把矩阵划分为若干个小矩阵，把原来矩阵看成是由小矩阵构成的.

如 $\boldsymbol{A}=\left(\begin{array}{ccc:cc}1&0&0&2&3\\0&1&0&-1&1\\0&0&1&1&2\\ \hdashline 2&-2&1&3&0\\-1&1&-3&0&3\end{array}\right)$，若记 $\boldsymbol{E}_{11}=\begin{pmatrix}1&0&0\\0&1&0\\0&0&1\end{pmatrix}$，$\boldsymbol{A}_{12}=\begin{pmatrix}2&3\\-1&1\\1&2\end{pmatrix}$，$\boldsymbol{A}_{21}=\begin{pmatrix}2&-2&1\\-1&1&-3\end{pmatrix}$，$\boldsymbol{A}_{22}=\begin{pmatrix}3&0\\0&3\end{pmatrix}$，则 $\boldsymbol{A}=\begin{pmatrix}\boldsymbol{E}_{11}&\boldsymbol{A}_{12}\\\boldsymbol{A}_{21}&\boldsymbol{A}_{22}\end{pmatrix}$，这就是分块矩阵.

一、分块矩阵的定义

定义 1.16 用若干条横线和纵线把矩阵 $\boldsymbol{A}$ 分成若干个小块，每个小块作为一个矩阵，称为 $\boldsymbol{A}$ 的子块（或子矩阵），以子矩阵为元素的形式上的矩阵称为**分块矩阵**（**partitioned matrix**）.

$\boldsymbol{A}_{m\times n}$ 可以分块为 $\boldsymbol{A}_{m\times n}=(\boldsymbol{A}_{ij})_{s\times r}$，其中 $\boldsymbol{A}_{ij}$ 为子矩阵.

将矩阵分块，没有特别的要求，一般根据所研究的问题具体分析，在不同的情况下可以有不同的分块.

例如 $\boldsymbol{A}=\begin{pmatrix}1&0&0&-1\\0&1&0&2\\0&0&1&-3\\0&0&0&1\end{pmatrix}$，可以分块为 $\boldsymbol{A}=\begin{pmatrix}\boldsymbol{E}&\boldsymbol{A}_{12}\\\boldsymbol{O}&\boldsymbol{A}_{22}\end{pmatrix}$，

其中 $\boldsymbol{E}=\begin{pmatrix}1&0\\0&1\end{pmatrix}$，$\boldsymbol{A}_{12}=\begin{pmatrix}0&-1\\0&2\end{pmatrix}$，$\boldsymbol{O}=\begin{pmatrix}0&0\\0&0\end{pmatrix}$，$\boldsymbol{A}_{22}=\begin{pmatrix}1&-3\\0&1\end{pmatrix}$.

或可以分块为 $\boldsymbol{A}=\begin{pmatrix}\boldsymbol{E}&\boldsymbol{B}_{12}\\\boldsymbol{O}&\boldsymbol{B}_{22}\end{pmatrix}$，其中

$$\boldsymbol{E}=\begin{pmatrix}1&0&0\\0&1&0\\0&0&1\end{pmatrix},\boldsymbol{B}_{12}=\begin{pmatrix}-1\\2\\-3\end{pmatrix},\boldsymbol{O}=(0\quad 0\quad 0),\boldsymbol{B}_{22}=(1).$$

也可以分块为 $\boldsymbol{A}=(\boldsymbol{\varepsilon}_1\quad\boldsymbol{\varepsilon}_2\quad\boldsymbol{\varepsilon}_3\quad\boldsymbol{\alpha})$，

其中 $\boldsymbol{\varepsilon}_1=\begin{pmatrix}1\\0\\0\\0\end{pmatrix}$，$\boldsymbol{\varepsilon}_2=\begin{pmatrix}0\\1\\0\\0\end{pmatrix}$，$\boldsymbol{\varepsilon}_3=\begin{pmatrix}0\\0\\1\\0\end{pmatrix}$，$\boldsymbol{\alpha}=\begin{pmatrix}-1\\2\\-3\\1\end{pmatrix}$.

当然，根据需要，还可以有其他分法.

二、分块矩阵的运算

分块矩阵运算时，把子矩阵当作元素考虑，直接运用矩阵的运算法则.

(1) 分块矩阵的加法：设矩阵 $\boldsymbol{A}$ 和 $\boldsymbol{B}$ 为 $m\times n$ 矩阵，且采用相同的分块法，有 $\boldsymbol{A}=\begin{pmatrix}\boldsymbol{A}_{11} & \boldsymbol{A}_{12} & \cdots & \boldsymbol{A}_{1r}\\ \boldsymbol{A}_{21} & \boldsymbol{A}_{22} & \cdots & \boldsymbol{A}_{2r}\\ \vdots & \vdots & & \vdots\\ \boldsymbol{A}_{s1} & \boldsymbol{A}_{s2} & \cdots & \boldsymbol{A}_{sr}\end{pmatrix}$，$\boldsymbol{B}=\begin{pmatrix}\boldsymbol{B}_{11} & \boldsymbol{B}_{12} & \cdots & \boldsymbol{B}_{1r}\\ \boldsymbol{B}_{21} & \boldsymbol{B}_{22} & \cdots & \boldsymbol{B}_{2r}\\ \vdots & \vdots & & \vdots\\ \boldsymbol{B}_{s1} & \boldsymbol{B}_{s2} & \cdots & \boldsymbol{B}_{sr}\end{pmatrix}$，其中 $\boldsymbol{A}_{ij}$ 与 $\boldsymbol{B}_{ij}$ 有相同的行和列，则 $\boldsymbol{A}+\boldsymbol{B}=$

$$\begin{pmatrix}\boldsymbol{A}_{11}+\boldsymbol{B}_{11} & \boldsymbol{A}_{12}+\boldsymbol{B}_{12} & \cdots & \boldsymbol{A}_{1r}+\boldsymbol{B}_{1r}\\ \boldsymbol{A}_{21}+\boldsymbol{B}_{21} & \boldsymbol{A}_{22}+\boldsymbol{B}_{22} & \cdots & \boldsymbol{A}_{2r}+\boldsymbol{B}_{2r}\\ \vdots & \vdots & & \vdots\\ \boldsymbol{A}_{s1}+\boldsymbol{B}_{s1} & \boldsymbol{A}_{s2}+\boldsymbol{B}_{s2} & \cdots & \boldsymbol{A}_{sr}+\boldsymbol{B}_{sr}\end{pmatrix}.$$

(2) 设 $\boldsymbol{A}=\begin{pmatrix}\boldsymbol{A}_{11} & \boldsymbol{A}_{12} & \cdots & \boldsymbol{A}_{1r}\\ \boldsymbol{A}_{21} & \boldsymbol{A}_{22} & \cdots & \boldsymbol{A}_{2r}\\ \vdots & \vdots & & \vdots\\ \boldsymbol{A}_{s1} & \boldsymbol{A}_{s2} & \cdots & \boldsymbol{A}_{sr}\end{pmatrix}$，$\lambda$ 为数，则 $\lambda\boldsymbol{A}=\begin{pmatrix}\lambda\boldsymbol{A}_{11} & \lambda\boldsymbol{A}_{12} & \cdots & \lambda\boldsymbol{A}_{1r}\\ \lambda\boldsymbol{A}_{21} & \lambda\boldsymbol{A}_{22} & \cdots & \lambda\boldsymbol{A}_{2r}\\ \vdots & \vdots & & \vdots\\ \lambda\boldsymbol{A}_{s1} & \lambda\boldsymbol{A}_{s2} & \cdots & \lambda\boldsymbol{A}_{sr}\end{pmatrix}$.

(3) 设 $\boldsymbol{A}$ 为 $m\times l$ 矩阵，分块为 $\boldsymbol{A}=\begin{pmatrix}\boldsymbol{A}_{11} & \boldsymbol{A}_{12} & \cdots & \boldsymbol{A}_{1t}\\ \boldsymbol{A}_{21} & \boldsymbol{A}_{22} & \cdots & \boldsymbol{A}_{2t}\\ \vdots & \vdots & & \vdots\\ \boldsymbol{A}_{s1} & \boldsymbol{A}_{s2} & \cdots & \boldsymbol{A}_{st}\end{pmatrix}$，

$\boldsymbol{B}$ 为 $l\times n$ 矩阵，分块为 $\boldsymbol{B}=\begin{pmatrix}\boldsymbol{B}_{11} & \boldsymbol{B}_{12} & \cdots & \boldsymbol{B}_{1r}\\ \boldsymbol{B}_{21} & \boldsymbol{B}_{22} & \cdots & \boldsymbol{B}_{2r}\\ \vdots & \vdots & & \vdots\\ \boldsymbol{B}_{t1} & \boldsymbol{B}_{t2} & \cdots & \boldsymbol{B}_{tr}\end{pmatrix}$，

其中 $\boldsymbol{A}_{i1},\boldsymbol{A}_{i2},\cdots,\boldsymbol{A}_{it}$ 的列数分别等于 $\boldsymbol{B}_{1j},\boldsymbol{B}_{2j},\cdots,\boldsymbol{B}_{tj}$ 的行数.

那么 $\boldsymbol{AB}=\begin{pmatrix}\boldsymbol{C}_{11} & \boldsymbol{C}_{12} & \cdots & \boldsymbol{C}_{1r}\\ \boldsymbol{C}_{21} & \boldsymbol{C}_{22} & \cdots & \boldsymbol{C}_{2r}\\ \vdots & \vdots & & \vdots\\ \boldsymbol{C}_{s1} & \boldsymbol{C}_{s2} & \cdots & \boldsymbol{C}_{sr}\end{pmatrix}$，其中

$$\boldsymbol{C}_{ij}=\sum_{k=1}^{t}\boldsymbol{A}_{ik}\boldsymbol{B}_{kj}\,(i=1,2,\cdots,s,j=1,2,\cdots,r).$$

(4) 设 $\boldsymbol{A}=\begin{pmatrix}\boldsymbol{A}_{11} & \boldsymbol{A}_{12} & \cdots & \boldsymbol{A}_{1t}\\ \boldsymbol{A}_{21} & \boldsymbol{A}_{22} & \cdots & \boldsymbol{A}_{2t}\\ \vdots & \vdots & & \vdots\\ \boldsymbol{A}_{s1} & \boldsymbol{A}_{s2} & \cdots & \boldsymbol{A}_{st}\end{pmatrix}$，则 $\boldsymbol{A}^{\mathrm{T}}=\begin{pmatrix}\boldsymbol{A}_{11}^{\mathrm{T}} & \boldsymbol{A}_{21}^{\mathrm{T}} & \cdots & \boldsymbol{A}_{s1}^{\mathrm{T}}\\ \boldsymbol{A}_{12}^{\mathrm{T}} & \boldsymbol{A}_{22}^{\mathrm{T}} & \cdots & \boldsymbol{A}_{s2}^{\mathrm{T}}\\ \vdots & \vdots & & \vdots\\ \boldsymbol{A}_{1t}^{\mathrm{T}} & \boldsymbol{A}_{2t}^{\mathrm{T}} & \cdots & \boldsymbol{A}_{st}^{\mathrm{T}}\end{pmatrix}$.

(5) 分块对角矩阵：形如 $\boldsymbol{A}=\begin{pmatrix}\boldsymbol{A}_{11} & \boldsymbol{O} & \cdots & \boldsymbol{O}\\ \boldsymbol{O} & \boldsymbol{A}_{22} & \cdots & \boldsymbol{O}\\ \vdots & \vdots & & \vdots\\ \boldsymbol{O} & \boldsymbol{O} & \cdots & \boldsymbol{A}_{ss}\end{pmatrix}$ 的矩阵（其中 $\boldsymbol{A}_{pp}\,(p=1,2,\cdots,s)$ 为方阵），称为**分块对角矩阵(block diagonal matrix)**.

例如：

$$\boldsymbol{A}=\left(\begin{array}{c|cc}2&0&0\\1&0&0\\\hline 3&1&0\\2&0&1\end{array}\right),\boldsymbol{B}=\left(\begin{array}{cc|ccc}1&2&0&0&0\\\hline 2&3&1&3&1\\0&2&2&0&1\end{array}\right),\boldsymbol{AB}=\begin{pmatrix}2&4&0&0&0\\1&2&0&0&0\\5&9&1&3&1\\2&6&2&0&1\end{pmatrix}.$$

习题 1.2

1. 设矩阵

$$\boldsymbol{A}=\begin{pmatrix}1&2&0&0\\-1&3&0&0\\0&1&0&0\\0&0&1&-2\end{pmatrix},\boldsymbol{B}=\begin{pmatrix}2&-1&0&0\\1&2&0&0\\0&-2&2&3\\0&1&-1&2\end{pmatrix}.$$

用分块矩阵的加法和乘法法则：求 $\boldsymbol{A}+\boldsymbol{B}$，$\boldsymbol{AB}$.

2. 设矩阵 $\boldsymbol{A}=\begin{pmatrix}3&0&0&1&0\\0&3&0&0&1\\0&0&3&3&-1\\0&0&0&1&-2\\0&0&0&0&1\end{pmatrix}$，$\boldsymbol{B}=\begin{pmatrix}1&1\\1&1\\1&1\\1&0\\0&1\end{pmatrix}$，求 $\boldsymbol{AB}$.

3. 设矩阵 $\boldsymbol{A}=\begin{pmatrix}3&4&0&0\\4&-3&0&0\\0&0&2&4\\0&0&0&2\end{pmatrix}$，$k$ 为正整数，求 $\boldsymbol{A}^{2k}$.

4. 计算 $\begin{pmatrix}1&2&1&0\\0&1&0&1\\0&0&2&1\\0&0&0&3\end{pmatrix}\begin{pmatrix}1&0&3&1\\0&1&2&-1\\0&0&-2&3\\0&0&0&-3\end{pmatrix}$.

第三节　初等变换与初等矩阵

在过去用加减消元法求解线性方程组时，我们会对方程组进行一定的变换. 类似的，在处理矩阵时，有时需要对矩阵的元素做一定的变换，常用的变换就是初等变换.

定义 1.17　对矩阵施行以下 3 种变换，称为**矩阵的初等变换**（**elementary transformation**）.

(1)（对换变换）交换矩阵的两行(列)；

(2)（倍乘变换）以一个非零数 k 乘以矩阵的某行(列)；

(3)（倍加变换）把矩阵的某行(列)的 k 倍加到另一行(列).

定义 1.18　对单位矩阵 $\boldsymbol{E}$ 施以一次初等变换得到的矩阵，称为**初等矩阵**（**elementary**

matrix).

因此,初等矩阵有以下 3 种:

(1) 对 $\boldsymbol{E}$ 施以第(1)种初等变换得到的矩阵.

$$\boldsymbol{E}(i,j)=\begin{pmatrix}1 &&&&&&&\\ &\ddots&&&&&&\\ &&0&\cdots&\cdots&\cdots&1&&\\ &&\vdots&1&&&\vdots&&\\ &&\vdots&&\ddots&&\vdots&&\\ &&\vdots&&&1&\vdots&&\\ &&1&\cdots&\cdots&\cdots&0&&\\ &&&&&&&\ddots&\\ &&&&&&&&1\end{pmatrix}\begin{matrix}\\ \\ i\\ \\ \\ \\ j\\ \\ \\ \end{matrix}.$$

(2) 对 $\boldsymbol{E}$ 施以第(2)种初等变换得到的矩阵.

$$\boldsymbol{E}(i(k))=\begin{pmatrix}1&&&&\\ &\ddots&&&\\ &&k&&\\ &&&\ddots&\\ &&&&1\end{pmatrix}i.$$

(3) 对 $\boldsymbol{E}$ 施以第(3)种初等变换得到的矩阵.

$$\boldsymbol{E}(i,j(k))=\begin{pmatrix}1&&&&&&\\ &\ddots&&&&&\\ &&1&\cdots&k&&\\ &&&\ddots&\vdots&&\\ &&&&1&&\\ &&&&&\ddots&\\ &&&&&&1\end{pmatrix}\begin{matrix}\\ \\ i\\ \\ j\\ \\ \\ \end{matrix}.$$

此处是将第 j 行乘以 k 加到第 i 行上去.

定理 1.1 设 $\boldsymbol{A}_{m\times n}=(a_{ij})_{m\times n}$.

(1) 对 $\boldsymbol{A}$ 的行施行某种初等变换得到的矩阵,等于用同种的 m 阶初等矩阵左乘 $\boldsymbol{A}$.

(2) 对 $\boldsymbol{A}$ 的列施行某种初等变换得到的矩阵,等于用同种的 n 阶初等矩阵右乘 $\boldsymbol{A}$.

证明 现在仅对第(3)种初等行变换进行证明.

将矩阵 $\boldsymbol{A}_{m\times n}=(a_{ij})_{m\times n}$ 和 m 阶单位阵 $\boldsymbol{E}$ 按行进行分块:

$$\boldsymbol{A}=\begin{pmatrix}\boldsymbol{A}_1\\ \boldsymbol{A}_2\\ \vdots\\ \boldsymbol{A}_m\end{pmatrix},\boldsymbol{E}=\begin{pmatrix}\boldsymbol{\varepsilon}_1\\ \boldsymbol{\varepsilon}_2\\ \vdots\\ \boldsymbol{\varepsilon}_m\end{pmatrix},\text{其中 }\boldsymbol{A}_i=(a_{i1}\quad a_{i2}\quad\cdots\quad a_{in})(i=1,2,\cdots,m),$$

$\boldsymbol{\varepsilon}_i=(0\quad\cdots\quad 0\quad 1\quad 0\quad\cdots\quad 0)$ 表示第 i 个元素为 1,其余元素都为 0 的 $1\times m$ 矩阵

$(i=1,2,\cdots,m)$，如果将 $\boldsymbol{A}$ 的第 j 行的 k 倍加到第 i 行上（不妨设 $i<j$），则相应的初等矩阵的分块形式为

$$\boldsymbol{E}(i,j(k))=\begin{pmatrix}\boldsymbol{\varepsilon}_1\\ \vdots\\ \boldsymbol{\varepsilon}_i+k\boldsymbol{\varepsilon}_j\\ \vdots\\ \boldsymbol{\varepsilon}_j\\ \vdots\\ \boldsymbol{\varepsilon}_m\end{pmatrix},$$

因此，由分块矩阵的乘法 $\boldsymbol{E}(i,j(k))\boldsymbol{A}=\begin{pmatrix}\boldsymbol{\varepsilon}_1\\ \vdots\\ \boldsymbol{\varepsilon}_i+k\boldsymbol{\varepsilon}_j\\ \vdots\\ \boldsymbol{\varepsilon}_j\\ \vdots\\ \boldsymbol{\varepsilon}_m\end{pmatrix}\boldsymbol{A}=\begin{pmatrix}\boldsymbol{\varepsilon}_1\boldsymbol{A}\\ \vdots\\ (\boldsymbol{\varepsilon}_i+k\boldsymbol{\varepsilon}_j)\boldsymbol{A}\\ \vdots\\ \boldsymbol{\varepsilon}_j\boldsymbol{A}\\ \vdots\\ \boldsymbol{\varepsilon}_m\boldsymbol{A}\end{pmatrix}=\begin{pmatrix}\boldsymbol{A}_1\\ \vdots\\ \boldsymbol{A}_i+k\boldsymbol{A}_j\\ \vdots\\ \boldsymbol{A}_j\\ \vdots\\ \boldsymbol{A}_m\end{pmatrix}.$

这表明用初等矩阵 $\boldsymbol{E}(i,j(k))$ 左乘 $\boldsymbol{A}$，等于将 $\boldsymbol{A}$ 的第 j 行的 k 倍加到第 i 行上.

其他两种初等变换及(2)可类似证明，请读者自己完成.

定义 1.19 对矩阵 $\boldsymbol{A}$ 经过有限次初等变换变成矩阵 $\boldsymbol{B}$，则称 $\boldsymbol{A}$ 与 $\boldsymbol{B}$ **等价(equivalent)**. 记为 $\boldsymbol{A}\cong\boldsymbol{B}$.

矩阵之间的等价关系具有如下性质（请读者考虑为什么?）：

(1) 自反性：$\boldsymbol{A}\cong\boldsymbol{A}$；

(2) 对称性：若 $\boldsymbol{A}\cong\boldsymbol{B}$，则 $\boldsymbol{B}\cong\boldsymbol{A}$；

(3) 传递性：若 $\boldsymbol{A}\cong\boldsymbol{B}$，$\boldsymbol{B}\cong\boldsymbol{C}$，则 $\boldsymbol{A}\cong\boldsymbol{C}$.

例 1.9 用初等行变换将矩阵 $\boldsymbol{A}=\begin{pmatrix}1&-1&0&2\\0&2&2&-1\\0&0&3&1\\0&6&3&-2\end{pmatrix}$ 化为行阶梯型矩阵.

解 对 $\boldsymbol{A}$ 做初等变换为：

$$\boldsymbol{A}=\begin{pmatrix}1&-1&0&2\\0&2&2&-1\\0&0&3&1\\0&6&3&-2\end{pmatrix}\xrightarrow{r_4-3r_2}\begin{pmatrix}1&-1&0&2\\0&2&2&-1\\0&0&3&1\\0&0&-3&1\end{pmatrix}\xrightarrow{r_4+r_3}\begin{pmatrix}1&-1&0&2\\0&2&2&-1\\0&0&3&1\\0&0&0&2\end{pmatrix}.$$

定义 1.20 将矩阵 $\boldsymbol{A}$ 经过初等变换，总能变成形如 $\begin{pmatrix}\boldsymbol{E}_r&\boldsymbol{O}\\\boldsymbol{O}&\boldsymbol{O}\end{pmatrix}$ 的形式，该形式称为 $\boldsymbol{A}$ 的**等价标准型(equivalent standard type)**.（后面将证明）

例 1.10 将例 1.9 中的矩阵进而化为行最简型矩阵和等价标准型.

解

$$\begin{pmatrix}1&-1&0&2\\0&2&2&-1\\0&0&3&1\\0&0&0&2\end{pmatrix}\xrightarrow{\frac{1}{2}r_2}\begin{pmatrix}1&-1&0&2\\0&1&1&-\frac{1}{2}\\0&0&3&1\\0&0&0&2\end{pmatrix}\xrightarrow{r_1+r_2}\begin{pmatrix}1&0&1&\frac{3}{2}\\0&1&1&-\frac{1}{2}\\0&0&3&1\\0&0&0&2\end{pmatrix}$$

$$\xrightarrow{\frac{1}{3}r_3}\begin{pmatrix}1&0&1&\frac{3}{2}\\0&1&1&-\frac{1}{2}\\0&0&1&\frac{1}{3}\\0&0&0&2\end{pmatrix}\xrightarrow[r_2-r_3]{r_1-r_3}\begin{pmatrix}1&0&0&\frac{7}{6}\\0&1&0&-\frac{5}{6}\\0&0&1&\frac{1}{3}\\0&0&0&2\end{pmatrix}\xrightarrow{\frac{1}{2}r_4}\begin{pmatrix}1&0&0&\frac{7}{6}\\0&1&0&-\frac{5}{6}\\0&0&1&\frac{1}{3}\\0&0&0&1\end{pmatrix}$$

$$\xrightarrow{\substack{r_1-\frac{7}{6}r_4\\ r_2+\frac{5}{6}r_4\\ r_3-\frac{1}{3}r_4}}\begin{pmatrix}1&0&0&0\\0&1&0&0\\0&0&1&0\\0&0&0&1\end{pmatrix}.$$

习题 1.3

1. 用初等变换将下列矩阵变为阶梯型矩阵、行最简型矩阵及等价标准型.

(1) $\begin{pmatrix}2&-1&-1&1&2\\1&1&-2&1&4\\4&-6&2&-2&4\\3&6&-9&7&9\end{pmatrix}$；　(2) $\begin{pmatrix}2&-2&7&-10&5\\1&-1&2&-3&1\\3&-3&3&-5&0\end{pmatrix}$；

(3) $\begin{pmatrix}1&-1&3&-4&3\\3&-3&5&-4&1\\2&-2&3&-2&0\\3&-3&4&-2&-1\end{pmatrix}$；　(4) $\begin{pmatrix}1&2&3\\3&1&2\\2&3&1\end{pmatrix}$；

(5) $\begin{pmatrix}-2&-1&-4&2&-1\\3&0&6&-1&1\\0&3&0&0&-1\end{pmatrix}$.

2. 设矩阵 $\boldsymbol{A}=\begin{pmatrix}1&2&3\\4&5&6\\7&8&9\end{pmatrix}$，$\boldsymbol{P}_1=\begin{pmatrix}1&0&0\\0&0&1\\0&1&0\end{pmatrix}$，$\boldsymbol{P}_2=\begin{pmatrix}2&0&0\\0&1&0\\0&0&1\end{pmatrix}$，$\boldsymbol{P}_3=\begin{pmatrix}1&1&0\\0&1&0\\0&0&1\end{pmatrix}$.

求 $\boldsymbol{AP}_1$，$\boldsymbol{P}_1\boldsymbol{A}$，$\boldsymbol{P}_1\boldsymbol{P}_2\boldsymbol{P}_3\boldsymbol{A}$，$\boldsymbol{P}_3\boldsymbol{P}_2\boldsymbol{P}_1\boldsymbol{A}$，$\boldsymbol{P}_3\boldsymbol{AP}_1\boldsymbol{P}_2$，$\boldsymbol{P}_1^{2016}\boldsymbol{AP}_1^{2017}$.

第四节　逆矩阵

在求解代数方程 $ax=b(a\neq0)$ 时，我们得到 $x=\dfrac{b}{a}=a^{-1}b$，那么若要求解矩阵方程 $\boldsymbol{AX}=\boldsymbol{B}$ 时，如何处理？利用逆矩阵的方法就可以解决这样的问题.

逆矩阵在矩阵理论和应用中都起到非常重要的作用.

一、逆矩阵的定义

定义 1.21　对于 n 阶矩阵 $\boldsymbol{A}$，若存在 n 阶矩阵 $\boldsymbol{B}$，使得 $\boldsymbol{AB}=\boldsymbol{BA}=\boldsymbol{E}$，则称 $\boldsymbol{A}$ 为**可逆矩阵**(**invertible matrix**)，$\boldsymbol{B}$ 称为 $\boldsymbol{A}$ 的**逆矩阵**(**inverse matrix**).

(1) 可逆矩阵一定是方阵；(读者自己思考为什么？)

(2) 若 $\boldsymbol{A}$ 可逆，则逆矩阵唯一.

事实上，若 $\boldsymbol{B},\boldsymbol{C}$ 都是 $\boldsymbol{A}$ 的逆矩阵，则有 $\boldsymbol{AB}=\boldsymbol{BA}=\boldsymbol{E}$，$\boldsymbol{AC}=\boldsymbol{CA}=\boldsymbol{E}$，那么 $\boldsymbol{B}=\boldsymbol{BE}=\boldsymbol{B}(\boldsymbol{AC})=(\boldsymbol{BA})\boldsymbol{C}=\boldsymbol{EC}=\boldsymbol{C}$.

所以，逆矩阵唯一. 将 $\boldsymbol{A}$ 的逆矩阵记为 $\boldsymbol{A}^{-1}$.

例 1.11　单位矩阵 $\boldsymbol{E}$ 可逆. 由于 $\boldsymbol{EE}=\boldsymbol{EE}=\boldsymbol{E}$，所以 $\boldsymbol{E}^{-1}=\boldsymbol{E}$.

例 1.12　设矩阵 $\boldsymbol{A}=\begin{pmatrix}2&1\\5&3\end{pmatrix}$，$\boldsymbol{B}=\begin{pmatrix}3&-1\\-5&2\end{pmatrix}$. 不难验证 $\boldsymbol{AB}=\boldsymbol{BA}=\boldsymbol{E}$.

所以 $\boldsymbol{A}$ 可逆，且 $\boldsymbol{A}^{-1}=\boldsymbol{B}$，$\boldsymbol{B}^{-1}=\boldsymbol{A}$.

例 1.13　设 n 阶对角阵 $\boldsymbol{\Lambda}=\mathrm{diag}(a_{11},a_{22},\cdots,a_{nn})$，如果 $a_{ii}\neq0(i=1,2,\cdots,n)$，则 $\boldsymbol{\Lambda}$ 可逆，且 $\boldsymbol{\Lambda}^{-1}=\mathrm{diag}(a_{11}^{-1},a_{22}^{-1},\cdots,a_{nn}^{-1})$.

证明　由于
$$\begin{pmatrix}a_{11}&0&\cdots&0\\0&a_{22}&\cdots&0\\\vdots&\vdots&\ddots&\vdots\\0&0&\cdots&a_{nn}\end{pmatrix}\begin{pmatrix}\frac{1}{a_{11}}&0&\cdots&0\\0&\frac{1}{a_{22}}&\cdots&0\\\vdots&\vdots&\ddots&\vdots\\0&0&\cdots&\frac{1}{a_{nn}}\end{pmatrix}=\begin{pmatrix}1&0&\cdots&0\\0&1&\cdots&0\\\vdots&\vdots&\ddots&\vdots\\0&0&\cdots&1\end{pmatrix},$$

$$\begin{pmatrix}\frac{1}{a_{11}}&0&\cdots&0\\0&\frac{1}{a_{22}}&\cdots&0\\\vdots&\vdots&\ddots&\vdots\\0&0&\cdots&\frac{1}{a_{nn}}\end{pmatrix}\begin{pmatrix}a_{11}&0&\cdots&0\\0&a_{22}&\cdots&0\\\vdots&\vdots&\ddots&0\\0&0&\cdots&a_{nn}\end{pmatrix}=\begin{pmatrix}1&0&\cdots&0\\0&1&\cdots&0\\\vdots&\vdots&\ddots&\vdots\\0&0&\cdots&1\end{pmatrix}.$$

所以，$\begin{pmatrix} a_{11} & 0 & \cdots & 0 \\ 0 & a_{22} & \cdots & 0 \\ \vdots & \vdots & \ddots & \vdots \\ 0 & 0 & \cdots & a_{nn} \end{pmatrix}^{-1} = \begin{pmatrix} \frac{1}{a_{11}} & 0 & \cdots & 0 \\ 0 & \frac{1}{a_{22}} & \cdots & 0 \\ \vdots & \vdots & \ddots & \vdots \\ 0 & 0 & \cdots & \frac{1}{a_{nn}} \end{pmatrix}$，

即 $\boldsymbol{\Lambda}^{-1}=\mathrm{diag}(a_{11}^{-1},a_{22}^{-1},\cdots,a_{nn}^{-1})$.

该题的结论在今后解题中可以直接使用.

例 1.14 初等矩阵都是可逆矩阵，且逆矩阵仍为初等矩阵，即

$$\boldsymbol{E}(i,j)^{-1}=\boldsymbol{E}(i,j),\boldsymbol{E}(i(k))^{-1}=\boldsymbol{E}(i(k^{-1})),\boldsymbol{E}(i,j(k))^{-1}=\boldsymbol{E}(i,j(-k)).$$

请读者自行验证.

二、逆矩阵的性质

性质 1 如果 $\boldsymbol{A}$ 可逆，则 $\boldsymbol{A}^{-1}$ 也可逆，且 $(\boldsymbol{A}^{-1})^{-1}=\boldsymbol{A}$.

性质 2 如果 $\boldsymbol{A}$ 可逆，则 $\boldsymbol{A}^{\mathrm{T}}$ 也可逆，且 $(\boldsymbol{A}^{\mathrm{T}})^{-1}=(\boldsymbol{A}^{-1})^{\mathrm{T}}$.

性质 3 如果 $\boldsymbol{A}$ 可逆，则 $k\boldsymbol{A}(k\neq 0)$ 也可逆，且 $(k\boldsymbol{A})^{-1}=\frac{1}{k}\boldsymbol{A}^{-1}$.

性质 4 如果 $\boldsymbol{A},\boldsymbol{B}$ 为同阶的可逆矩阵，则 $\boldsymbol{AB}$ 也可逆，且 $(\boldsymbol{AB})^{-1}=\boldsymbol{B}^{-1}\boldsymbol{A}^{-1}$.

下面只证明性质 2 和性质 4，性质 1、性质 3 留给读者练习.

证明 （性质 2） 因为 $\boldsymbol{A}^{\mathrm{T}}(\boldsymbol{A}^{-1})^{\mathrm{T}}=(\boldsymbol{A}^{-1}\boldsymbol{A})^{\mathrm{T}}=\boldsymbol{E}^{\mathrm{T}}=\boldsymbol{E}$，

同理 $(\boldsymbol{A}^{-1})^{\mathrm{T}}\boldsymbol{A}^{\mathrm{T}}=(\boldsymbol{AA}^{-1})^{\mathrm{T}}=\boldsymbol{E}^{\mathrm{T}}=\boldsymbol{E}$，得证.

（性质 4） $(\boldsymbol{AB})(\boldsymbol{B}^{-1}\boldsymbol{A}^{-1})=\boldsymbol{A}(\boldsymbol{BB}^{-1})\boldsymbol{A}^{-1}=\boldsymbol{AEA}^{-1}=\boldsymbol{AA}^{-1}=\boldsymbol{E}$，

$(\boldsymbol{B}^{-1}\boldsymbol{A}^{-1})(\boldsymbol{AB})=\boldsymbol{B}^{-1}(\boldsymbol{A}^{-1}\boldsymbol{A})\boldsymbol{B}=\boldsymbol{B}^{-1}\boldsymbol{EB}=\boldsymbol{B}^{-1}\boldsymbol{B}=\boldsymbol{E}$，得证.

三、逆矩阵的初等变换求法

引理 1.1 设 $\boldsymbol{A}_1,\boldsymbol{A}_2,\cdots,\boldsymbol{A}_t$ 为同阶的可逆矩阵，则它们的乘积也可逆，且

$$(\boldsymbol{A}_1\boldsymbol{A}_2\cdots\boldsymbol{A}_t)^{-1}=\boldsymbol{A}_t^{-1}\cdots\boldsymbol{A}_2^{-1}\boldsymbol{A}_1^{-1}.$$

这是因为：

$$\begin{aligned}&(\boldsymbol{A}_1\boldsymbol{A}_2\cdots\boldsymbol{A}_t)(\boldsymbol{A}_t^{-1}\cdots\boldsymbol{A}_2^{-1}\boldsymbol{A}_1^{-1})=\boldsymbol{A}_1\boldsymbol{A}_2\cdots(\boldsymbol{A}_t\boldsymbol{A}_t^{-1})\cdots\boldsymbol{A}_2^{-1}\boldsymbol{A}_1^{-1}\\&=\boldsymbol{A}_1\boldsymbol{A}_2\cdots(\boldsymbol{E})\cdots\boldsymbol{A}_2^{-1}\boldsymbol{A}_1^{-1}=\cdots=\boldsymbol{E},\\&(\boldsymbol{A}_t^{-1}\cdots\boldsymbol{A}_2^{-1}\boldsymbol{A}_1^{-1})(\boldsymbol{A}_1\boldsymbol{A}_2\cdots\boldsymbol{A}_t)=\boldsymbol{A}_t^{-1}\cdots\boldsymbol{A}_2^{-1}(\boldsymbol{A}_1^{-1}\boldsymbol{A}_1)\boldsymbol{A}_2\cdots\boldsymbol{A}_t\\&=\boldsymbol{A}_t^{-1}\cdots\boldsymbol{A}_2^{-1}(\boldsymbol{E})\boldsymbol{A}_2\cdots\boldsymbol{A}_t=\cdots=\boldsymbol{E}.\end{aligned}$$

引理 1.2 设矩阵 $\boldsymbol{A}$ 与 $\boldsymbol{B}$ 等价，且 $\boldsymbol{A}$ 可逆，则矩阵 $\boldsymbol{B}$ 也可逆.

这是因为矩阵 $\boldsymbol{A}$ 与 $\boldsymbol{B}$ 等价，则存在初等矩阵 $\boldsymbol{P}_1,\boldsymbol{P}_2,\cdots,\boldsymbol{P}_s,\boldsymbol{Q}_1,\boldsymbol{Q}_2,\cdots,\boldsymbol{Q}_t$，使得

$$B=P_1P_2\cdots P_sAQ_1Q_2\cdots Q_t,$$

从而 $B^{-1}=(P_1P_2\cdots P_sAQ_1Q_2\cdots Q_t)^{-1}=Q_t^{-1}\cdots Q_2^{-1}Q_1^{-1}A^{-1}P_s^{-1}\cdots P_2^{-1}P_1^{-1}$.

引理 1.3 任意矩阵 A 都与一个形如 $\begin{pmatrix} E_r & O \\ O & O \end{pmatrix}$ 的矩阵等价. 这个矩阵称为矩阵 A 的等价标准型(即前面的定义 1.20).

证明 设 $A=(a_{ij})_{m\times n}$. 如果 $A=O$,则 A 已经是等价标准型,结论存在.

如果 $A\neq O$,不妨设 $a_{11}\neq 0$(若 $a_{11}=0$,则 A 中必存在一个 $a_{ij}\neq 0$,经过适当的行和列的变换,就可以将 a_{ij} 调到 a_{11} 位置),利用 a_{11} 将第一行和第一列的其他元素全部消为 0,并将 a_{11} 化为 1,即 $A=\begin{pmatrix} 1 & O \\ O & A_1 \end{pmatrix}$,其中 A_1 为 $(m-1)\times(n-1)$ 矩阵. 对 A_1 重复上述过程,最终有 $A\to\begin{pmatrix} E_r & O \\ O & O \end{pmatrix}$.

引理 1.4 n 阶矩阵 A 为可逆矩阵的充要条件是 A 的等价标准型为 E.

这由引理 1.3 直接可以得出.

定理 1.2 设 n 阶矩阵 A 可逆,则对 A 施以有限次初等行变换必可将 A 化为单位矩阵 E,而单位矩阵 E 经过同样的初等行变换必可化为 A^{-1}.

证明 因为 A 可逆,由引理 1.4,所以经过一系列初等变换可以将 A 化为单位矩阵 E,即存在初等矩阵 $P_1,P_2,\cdots,P_s,Q_1,Q_2,\cdots,Q_t$,使得

$$P_s\cdots P_2P_1AQ_1Q_2\cdots Q_t=E,$$

进而有 $P_s\cdots P_2P_1A=EQ_t^{-1}\cdots Q_2^{-1}Q_1^{-1}$,再变化为

$$Q_1Q_2\cdots Q_tP_s\cdots P_2P_1A=E.$$

这说明 A 可以经过行初等变换化为单位矩阵. 两边同乘以 A^{-1},可得 $Q_1Q_2\cdots Q_tP_s\cdots P_2P_1E=A^{-1}$,即 $A^{-1}=Q_1Q_2\cdots Q_tP_s\cdots P_2P_1E$,表明对 E 施以同样的行初等变换就可以得到 A^{-1}.

由上述证明过程可以得到如下推论:

n 阶矩阵 A 为可逆矩阵的充要条件为 A 可以表示为一系列初等矩阵的乘积.

于是,设矩阵 A 可逆,其逆矩阵为 A^{-1},则必存在可逆矩阵 $G_1,G_2,\cdots,G_k$,使得 $A^{-1}=G_k\cdots G_2G_1=(G_k\cdots G_2G_1)E$,所以

$$A^{-1}A=G_k\cdots G_2G_1A=(G_k\cdots G_2G_1)A=E,$$

即

$$G_k\cdots G_2G_1(A,E)=[(G_k\cdots G_2G_1)A,(G_k\cdots G_2G_1)E]=(E,A^{-1}).$$

这表明:对 A 施行一系列行初等变换使 A 变换为 E 的同时,对单位矩阵 E 施行同样的初等变换,就可以将 E 变换为 A^{-1},这是我们求逆矩阵常用的方法.

具体做法为:将 A 和 E 并排放在一起,构成一个 $n\times 2n$ 矩阵 (A,E),对矩阵 (A,E) 做一系列初等行变换,将其左半部分 A 化为单位矩阵 E,则右半部分 E 就化为 A^{-1}.(注意只能做行变换!)

例 1.15 用初等变换的方法求矩阵 $A=\begin{pmatrix}1&2&3\\2&2&1\\3&4&3\end{pmatrix}$ 的逆矩阵.

解

$$(A,E)=\left(\begin{array}{ccc:ccc}1&2&3&1&0&0\\2&2&1&0&1&0\\3&4&3&0&0&1\end{array}\right)\xrightarrow[r_3-3r_1]{r_2-2r_1}\left(\begin{array}{ccc:ccc}1&2&3&1&0&0\\0&-2&-5&-2&1&0\\0&-2&-6&-3&0&1\end{array}\right)$$

$$\xrightarrow[r_3-r_2]{r_1+r_2}\left(\begin{array}{ccc:ccc}1&0&-2&-1&1&0\\0&-2&-5&-2&1&0\\0&0&-1&-1&-1&1\end{array}\right)\xrightarrow[-r_3]{-\frac{1}{2}r_2}\left(\begin{array}{ccc:ccc}1&0&-2&-1&1&0\\0&1&\frac{5}{2}&1&-\frac{1}{2}&0\\0&0&1&1&1&-1\end{array}\right)$$

$$\xrightarrow[r_2-\frac{5}{2}r_3]{r_1+2r_3}\left(\begin{array}{ccc:ccc}1&0&0&1&3&-2\\0&1&0&-\frac{3}{2}&-3&\frac{5}{2}\\0&0&1&1&1&-1\end{array}\right).$$

所以，$A^{-1}=\begin{pmatrix}1&3&-2\\-\frac{3}{2}&-3&\frac{5}{2}\\1&1&-1\end{pmatrix}$.

定理 1.3 若矩阵 A 可以化为对角分块矩阵 $A=\begin{pmatrix}A_1&O&\cdots&O\\O&A_2&\cdots&O\\\vdots&\vdots&\ddots&\vdots\\O&O&O&A_k\end{pmatrix}$，且每个 $A_i(i=1,2,\cdots,k)$ 都可逆，则 $A^{-1}=\begin{pmatrix}A_1^{-1}&O&\cdots&O\\O&A_2^{-1}&\cdots&O\\\vdots&\vdots&\ddots&\vdots\\O&O&O&A_k^{-1}\end{pmatrix}$.

请读者自己证明.

习题 1.4

1. 求下列矩阵的逆矩阵：

(1) $\begin{pmatrix}1&1&-1\\1&2&-3\\0&1&1\end{pmatrix}$；(2) $\begin{pmatrix}1&2&-1\\3&4&-2\\5&-4&1\end{pmatrix}$；(3) $\begin{pmatrix}1&0&0&0\\1&2&0&0\\2&-4&3&0\\1&2&6&4\end{pmatrix}$.

2. 求解下列矩阵方程：

(1) $\begin{pmatrix}1&2\\3&2\end{pmatrix}\boldsymbol{A}=\begin{pmatrix}1&-1&3\\4&5&3\end{pmatrix}$；(2) $\begin{pmatrix}0&1&0\\1&0&0\\0&0&1\end{pmatrix}\boldsymbol{B}\begin{pmatrix}1&0&0\\0&0&1\\0&1&0\end{pmatrix}=\begin{pmatrix}2&-4&3\\2&0&1\\1&-2&4\end{pmatrix}$.

3. 设矩阵 $\boldsymbol{A},\boldsymbol{B}$ 满足 $\boldsymbol{AB}=2\boldsymbol{B}+\boldsymbol{A}$，且 $\boldsymbol{A}=\begin{pmatrix}3&0&1\\1&2&0\\0&1&4\end{pmatrix}$，求矩阵 $\boldsymbol{B}$.

4. 设矩阵 $\boldsymbol{A}$ 满足 $\boldsymbol{A}^2+\boldsymbol{A}-4\boldsymbol{E}=\boldsymbol{O}$，其中 $\boldsymbol{E}$ 为单位矩阵，证明 $\boldsymbol{A}-\boldsymbol{E}$ 可逆，并求其逆矩阵.

5. 求矩阵 $\boldsymbol{A}=\begin{pmatrix}5&2&0&0\\2&1&0&0\\0&0&8&3\\0&0&2&1\end{pmatrix}$ 的逆矩阵.

第五节　行列式

为了给出 n 阶行列式的定义，我们先讨论一下 n 级排列的概念、性质和有关定理.

一、n 级排列

定义 1.22　由数 $1,2,\cdots,n$ 组成的一个有序数组称为一个 **n 级排列**（**permutation of order n**）.

例如，2413 是一个 4 级排列，34512，54312 均为 5 级排列.

显然，n 个数共有 $n\times(n-1)\times\cdots\times2\times1=n!$ 种不同的排列. 特别的，在 n 级排列 $12\cdots n$ 中 n 个不同的数按由小到大的自然顺序排列，称这样的排列为**自然序排列**（**natural order arrangement**）.

定义 1.23　在一个排列中，若两个数前者大于后者，则称这两个数构成一个**逆序**（**inverted sequence**）.

一个排列中逆序的总数称为该排列的**逆序数**（**inversion number**）. 逆序数为偶数的排列为**偶排列**（**even permutation**），逆序数为奇数的排列为**奇排列**（**odd permutation**）.

n 级排列 $j_1j_2\cdots j_n$ 的逆序数记为 $\tau(j_1j_2\cdots j_n)$.

例如：在排列 24351 中，21，43，41，31，51 构成逆序，这个排列中共有 5 个逆序，即 $\tau(24351)=5$，该排列为奇排列.

显然，自然序排列 $12\cdots n$ 中，排列的逆序数为 0，即 $\tau(12\cdots n)=0$，是一个偶排列.

逆序数的计算方法为：

$$\tau(j_1j_2\cdots j_n)=i_1+i_2+\cdots+i_{n-1}.$$

其中 i_k 是 j_k 后面比 j_k 小的数的个数，$k=1,2,\cdots,n-1$.

如 $\tau(24351)=1+2+1+1=5$.

把一个排列中某两个数对调，其余数保持不动，就得到另外一个排列，这样的一个变换称为**对换**(**trade**).

例如，排列 1234 经过 3,4 对换，得到排列 1243. 易知 $\tau(1234)=0,\tau(1243)=1$. 这样偶排列 1234 经过一次对换变成了奇排列 1243. 由下面的定理可知，这是普遍规律.

定理 1.4 对换改变排列的**奇偶性**，即经过一次对换，奇排列变成偶排列，偶排列变成奇排列.

证明 先看一个特殊情形，在一个排列中对换相邻两个数，排列 $\cdots jk\cdots(1)$ 经过 j,k 对换变成 $\cdots kj\cdots(2)$，其中 $\cdots$ 表示除 j,k 外不动的数. 显然，在排列(1)中 j,k 与其他的数构成逆序，在排列(2)中仍构成逆序，不构成逆序的在排列(2)中也不构成逆序，只是 j,k 次序不同. 于是，当 $j<k$ 时，排列(2)比排列(1)多一个逆序，当 $j>k$ 时，排列(2)比排列(1)少一个逆序，所以，排列(1)(2)奇偶性相反.

再看一般情形，排列为 $\cdots ji_1i_2\cdots i_sk\cdots(3)$ 经过 j,k 对换变成 $\cdots ki_1i_2\cdots i_sj\cdots(4)$，可见这个对换可经过一系列的相邻的数的对换得到.

先让 k 与 i_s 对换，再与 i_{s-1} 对换，依次进行下去，与 j 对换，经过 $(s+1)$ 次相邻对换变成 $\cdots kji_1i_2\cdots i_s\cdots(5)$，再把 j 一位一位地向右移动，经过 s 次相邻对换(5)变成(4). 可见，j,k 对换共经过 $(2s+1)$ 次相邻对换得到，而相邻对换改变奇偶性. $2s+1$ 为奇数，所以经过奇数次相邻对换改变原排列的奇偶性.

二、n 阶行列式

设 $\boldsymbol{A}=\begin{pmatrix} a_{11} & a_{12} & \cdots & a_{1n} \\ a_{21} & a_{22} & \cdots & a_{2n} \\ \vdots & \vdots & & \vdots \\ a_{n1} & a_{n2} & \cdots & a_{nn} \end{pmatrix}$，把记号 $\begin{vmatrix} a_{11} & a_{12} & \cdots & a_{1n} \\ a_{21} & a_{22} & \cdots & a_{2n} \\ \vdots & \vdots & & \vdots \\ a_{n1} & a_{n2} & \cdots & a_{nn} \end{vmatrix}$ 称为 n 阶方阵 $\boldsymbol{A}$ 的**行列式**(**determinant**). 记为 $|\boldsymbol{A}|$ 或 $D,D_n,\det\boldsymbol{A}$.

定义 1.24 n 阶行列式 $\begin{vmatrix} a_{11} & a_{12} & \cdots & a_{1n} \\ a_{21} & a_{22} & \cdots & a_{2n} \\ \vdots & \vdots & & \vdots \\ a_{n1} & a_{n2} & \cdots & a_{nn} \end{vmatrix}$ 等于所有取自不同行不同列的 n 个元素乘积的代数和，即

$$\begin{vmatrix} a_{11} & a_{12} & \cdots & a_{1n} \\ a_{21} & a_{22} & \cdots & a_{2n} \\ \vdots & \vdots & & \vdots \\ a_{n1} & a_{n2} & \cdots & a_{nn} \end{vmatrix}=\sum_{j_1j_2\cdots j_n}(-1)^{\tau(j_1j_2\cdots j_n)}a_{1j_1}a_{2j_2}\cdots a_{nj_n}. \tag{6}$$

这里(6)式右端每一项的符号的确定规则是：当该项中的因子的行标依次成自然排列时，若其列标构成的 n 级排列 $j_1j_2\cdots j_n$ 为偶排列，该项正号，否则，赋予负号. "$\sum\limits_{j_1j_2\cdots j_n}$"表示对全部的 n 级排列求和.

行列式中自左上角至右下角的对角线为行列式的**主对角线**(**main diagonal**),另一条对角线为**次对角线**(**minor diagonal**).

特别地,1 阶行列式$|a_{11}|=a_{11}$,**注意不能与数的绝对值混淆!**

2 阶行列式$\begin{vmatrix} a_{11} & a_{12} \\ a_{21} & a_{22} \end{vmatrix}=(-1)^{\tau(12)}a_{11}a_{22}+(-1)^{\tau(21)}a_{12}a_{21}=a_{11}a_{22}-a_{12}a_{21}$.

同理,可得 3 阶行列式的值.

$$\begin{vmatrix} a_{11} & a_{12} & a_{13} \\ a_{21} & a_{22} & a_{23} \\ a_{31} & a_{32} & a_{33} \end{vmatrix}=(-1)^{\tau(123)}a_{11}a_{22}a_{33}+(-1)^{\tau(231)}a_{12}a_{23}a_{31}+(-1)^{\tau(312)}a_{13}a_{21}a_{32}$$
$$+(-1)^{\tau(321)}a_{13}a_{22}a_{31}+(-1)^{\tau(132)}a_{11}a_{23}a_{32}+(-1)^{\tau(213)}a_{12}a_{21}a_{33}$$
$$=a_{11}a_{22}a_{33}+a_{12}a_{23}a_{31}+a_{13}a_{21}a_{32}-a_{13}a_{22}a_{31}-a_{11}a_{23}a_{32}-a_{12}a_{21}a_{33}.$$

由于,2、3 阶行列式展开式中只有 2 项和 6 项,为了便于记忆,我们把下式中所有实线上元素乘积之和减去虚线上元素乘积之和,得到行列式的值.

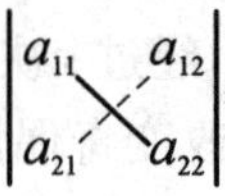

$=a_{11}a_{22}-a_{12}a_{21}$,

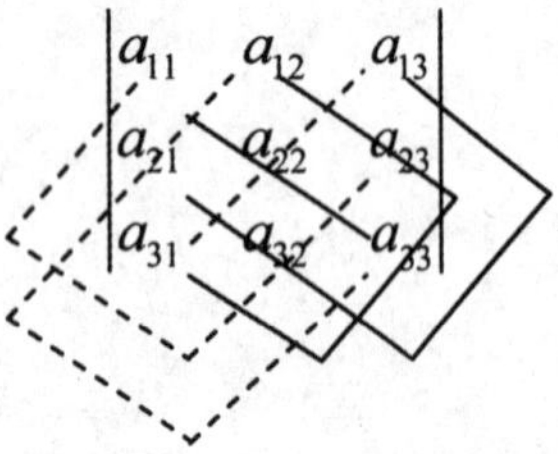

$=a_{11}a_{22}a_{33}+a_{12}a_{23}a_{31}+a_{13}a_{21}a_{32}-a_{13}a_{22}a_{31}-a_{11}a_{23}a_{32}-a_{12}a_{21}a_{33}$.

通常将此定义称为"对角线法则",特别注意 $n>3$ 时,不能用此方法来计算 n 阶行列式了,也就是说"对角线法则"只能对二阶、三阶行列式使用,至于大于三阶的行列式的计算方法,后面将做介绍.

例 1.16 计算行列式 $D=\begin{vmatrix} 0 & 0 & 0 & 1 \\ 0 & 0 & 2 & 0 \\ 0 & 3 & 0 & 0 \\ 4 & 0 & 0 & 0 \end{vmatrix}$.

解 因为行列式展开式中每一项都是行列式中来自不同行且不同列的元素的乘积,乘积中只要有一个因子是零,此项就是零,此行列式非零元素只有 1,2,3,4 恰好来自不同行与列,故得 $D=(-1)^{\tau(4321)}1\times2\times3\times4=24$.

例 1.17 计算 n 阶行列式 $D_n=\begin{vmatrix} a_{11} & 0 & \cdots & 0 \\ a_{21} & a_{22} & \cdots & 0 \\ \vdots & \vdots & & \vdots \\ a_{n1} & a_{n2} & \cdots & a_{nn} \end{vmatrix}$,这个行列式叫作**下三角行列式**(**lower triangular determinant**),它的特点是:当 $i<j$ 时,$a_{ij}=0(i,j=1,2,\cdots,n)$.

解 由行列式的定义 $D_n=\sum\limits_{j_1j_2\cdots j_n}(-1)^{\tau(j_1j_2\cdots j_n)}a_{1j_1}a_{2j_2}\cdots a_{nj_n}$,只有 $j_1=1,j_2=2,\cdots,j_n=$

n 时 $a_{1j_1}a_{2j_2}\cdots a_{nj_n}$ 才不为零，所以

$$D_n=(-1)^{\tau(12\cdots n)}a_{11}a_{22}\cdots a_{nn}=a_{11}a_{22}\cdots a_{nn}.$$

这表明，下三角行列式等于其主对角线上的各元素的乘积.

下面，我们不加证明地给出 n 阶行列式如下的等价定义：(行列式可按列的自然顺序展开)

定义 1.25 $\begin{vmatrix} a_{11} & a_{12} & \cdots & a_{1n} \\ a_{21} & a_{22} & \cdots & a_{2n} \\ \vdots & \vdots & & \vdots \\ a_{n1} & a_{n2} & \cdots & a_{nn} \end{vmatrix}=\sum\limits_{i_1i_2\cdots i_n}(-1)^{\tau(i_1i_2\cdots i_n)}a_{i_11}a_{i_22}\cdots a_{i_nn}.$

三、行列式的性质

显然，根据定义计算行列式，当 n 较大时比较繁琐，为了简化其计算，下面先介绍行列式的相关性质.

定理 1.5 n 阶方阵 $\boldsymbol{A}$ 与其转置矩阵 $\boldsymbol{A}^{\mathrm{T}}$ 有相同的行列式，即 $|\boldsymbol{A}|=|\boldsymbol{A}^{\mathrm{T}}|$.

证明 设行列式 $|\boldsymbol{A}^{\mathrm{T}}|$ 中位于第 i 行，第 j 列的元素为 b_{ij}，则有 $b_{ij}=a_{ji}\,(i,j=1,2,\cdots,n)$，由行列式的定义及其等价定义，可得

$|\boldsymbol{A}^{\mathrm{T}}|=\sum\limits_{j_1j_2\cdots j_n}(-1)^{\tau(j_1j_2\cdots j_n)}b_{1j_1}b_{2j_2}\cdots b_{nj_n}=\sum\limits_{j_1j_2\cdots j_n}(-1)^{\tau(j_1j_2\cdots j_n)}a_{j_11}a_{j_22}\cdots a_{j_nn}=|\boldsymbol{A}|$. 得证.

例如，设 $\boldsymbol{A}=\begin{pmatrix} 2 & 1 \\ 4 & 3 \end{pmatrix}$，则 $|\boldsymbol{A}|=\begin{vmatrix} 2 & 1 \\ 4 & 3 \end{vmatrix}=2$，而 $|\boldsymbol{A}^{\mathrm{T}}|=\begin{vmatrix} 2 & 4 \\ 1 & 3 \end{vmatrix}=2$，即有 $|\boldsymbol{A}|=|\boldsymbol{A}^{\mathrm{T}}|$.

由定理 1.5 知，在行列式中，行与列的地位是相同的，凡行具有的性质，列也具有. 反之亦然.

例 1.18 计算 n 阶行列式 $\begin{vmatrix} a_{11} & a_{12} & \cdots & a_{1n} \\ 0 & a_{22} & \cdots & a_{2n} \\ \vdots & \vdots & & \vdots \\ 0 & 0 & \cdots & a_{nn} \end{vmatrix}$，这个行列式叫作**上三角行列式**(**upper triangular determinant**)，它的特点是：当 $i>j$ 时，$a_{ij}=0\,(i,j=1,2,\cdots,n)$.

解 由定理 1.5 及例 1.17 知，$\begin{vmatrix} a_{11} & a_{12} & \cdots & a_{1n} \\ 0 & a_{22} & \cdots & a_{2n} \\ \vdots & \vdots & & \vdots \\ 0 & 0 & \cdots & a_{nn} \end{vmatrix}=a_{11}a_{22}\cdots a_{nn}$.

上三角行列式和下三角行列式统称为**三角行列式**(**triangular determinant**). 这表明，三角行列式等于其主对角线上的元素的乘积，这个结论非常重要，以后会经常用到.

特别地，$\begin{vmatrix} d_1 & 0 & \cdots & 0 \\ 0 & d_2 & \cdots & 0 \\ \vdots & \vdots & & \vdots \\ 0 & 0 & \cdots & d_n \end{vmatrix}=d_1d_2\cdots d_n$.

定理 1.6 交换行列式中任意的两列(行),行列式的值变号,即

$$\det(\boldsymbol{\alpha}_1,\cdots,\boldsymbol{\alpha}_i,\cdots,\boldsymbol{\alpha}_j,\cdots,\boldsymbol{\alpha}_n)=-\det(\boldsymbol{\alpha}_1,\cdots,\boldsymbol{\alpha}_j,\cdots,\boldsymbol{\alpha}_i,\cdots,\boldsymbol{\alpha}_n)$$

从行列式的定义可以看出,其实就是改变了逆序数的奇偶性.

例如:$|\boldsymbol{A}|=\begin{vmatrix}1&2\\1&3\end{vmatrix}=1$,若交换 $\boldsymbol{A}$ 的一、二两行得到矩阵 $\boldsymbol{B}$,则有 $|\boldsymbol{B}|=\begin{vmatrix}1&3\\1&2\end{vmatrix}=-1$,即 $|\boldsymbol{A}|=-|\boldsymbol{B}|$.

推论 1.1 若行列式中有两列(行)元素相同,则行列式为零.

例如:$|\boldsymbol{A}|=\begin{vmatrix}1&1\\2&2\end{vmatrix}\xlongequal{c_1\leftrightarrow c_2}-\begin{vmatrix}1&1\\2&2\end{vmatrix}=-|\boldsymbol{A}|$,所以 $|\boldsymbol{A}|=0$.

定理 1.7 若行列式中某列(行)中所有的元素都乘以同一个数 k,等于用数 k 乘以此行列式,即 $\det(\boldsymbol{\alpha}_1,\cdots,k\boldsymbol{\alpha}_i,\cdots,\boldsymbol{\alpha}_n)=k\det(\boldsymbol{\alpha}_1,\cdots,\boldsymbol{\alpha}_i,\cdots,\boldsymbol{\alpha}_n)$.

证明 由行列式的定义

$$\begin{aligned}\det(\boldsymbol{\alpha}_1,\cdots,k\boldsymbol{\alpha}_i,\cdots,\boldsymbol{\alpha}_n)&=\sum_{i_1i_2\cdots i_n}(-1)^{\tau(i_1i_2\cdots i_n)}a_{i_11}\cdots ka_{i_ii}\cdots a_{i_nn}\\&=k\sum_{i_1i_2\cdots i_n}(-1)^{\tau(i_1i_2\cdots i_n)}a_{i_11}\cdots a_{i_ii}\cdots a_{i_nn}\\&=k\det(\boldsymbol{\alpha}_1,\cdots,\boldsymbol{\alpha}_i,\cdots,\boldsymbol{\alpha}_n).\end{aligned}$$

特别地,$|k\boldsymbol{A}|=k^n|\boldsymbol{A}|$.(这是为什么?请读者自己思考)

易见,由定理 1.7 及推论 1.1,可得:

推论 1.2 若行列式中某两列(行)的对应元素成比例,则此行列式为零.

定理 1.8 若行列式中某一列(行)中的元素都是两数之和,则此行列式可依此列(行)拆成两个行列式之和.即

$$\det(\boldsymbol{\alpha}_1,\cdots,\boldsymbol{\beta}_i+\boldsymbol{\gamma}_i,\cdots,\boldsymbol{\alpha}_n)=\det(\boldsymbol{\alpha}_1,\cdots,\boldsymbol{\beta}_i,\cdots,\boldsymbol{\alpha}_n)+\det(\boldsymbol{\alpha}_1,\cdots,\boldsymbol{\gamma}_i,\cdots,\boldsymbol{\alpha}_n).$$

该性质通过行列式的定义很容易可以得到.

例如:
$$\begin{aligned}\begin{vmatrix}99&3\\101&2\end{vmatrix}&=\begin{vmatrix}100-1&3\\100+1&2\end{vmatrix}=\begin{vmatrix}100&3\\100&2\end{vmatrix}+\begin{vmatrix}-1&3\\1&2\end{vmatrix}=100\begin{vmatrix}1&3\\1&2\end{vmatrix}+\begin{vmatrix}-1&3\\1&2\end{vmatrix}\\&=-100-5=-105.\end{aligned}$$

思考:$\boldsymbol{A},\boldsymbol{B}$ 均为 n 阶方阵,$|\boldsymbol{A}+\boldsymbol{B}|$ 与 $|\boldsymbol{A}|+|\boldsymbol{B}|$ 是否相等?

例 1.19 设 4 阶矩阵 $\boldsymbol{A}=(\boldsymbol{\alpha},\boldsymbol{\gamma}_2,\boldsymbol{\gamma}_3,\boldsymbol{\gamma}_4)$,$\boldsymbol{B}=(\boldsymbol{\beta},\boldsymbol{\gamma}_2,\boldsymbol{\gamma}_3,\boldsymbol{\gamma}_4)$ 且 $|\boldsymbol{A}|=2$,$|\boldsymbol{B}|=3$,求 $|(\boldsymbol{A}+\boldsymbol{B})^{\mathrm{T}}|$.

解
$$\begin{aligned}|(\boldsymbol{A}+\boldsymbol{B})^{\mathrm{T}}|&=|\boldsymbol{A}+\boldsymbol{B}|=|\boldsymbol{\alpha}+\boldsymbol{\beta},2\boldsymbol{\gamma}_2,2\boldsymbol{\gamma}_3,2\boldsymbol{\gamma}_4|\\&=|\boldsymbol{\alpha},2\boldsymbol{\gamma}_2,2\boldsymbol{\gamma}_3,2\boldsymbol{\gamma}_4|+|\boldsymbol{\beta},2\boldsymbol{\gamma}_2,2\boldsymbol{\gamma}_3,2\boldsymbol{\gamma}_4|\\&=2^3(|\boldsymbol{A}|+|\boldsymbol{B}|)=2^3(2+3)=40.\end{aligned}$$

定理 1.9 将行列式中某列(行)元素的 k 倍加到另一列(行)的相应元素上,行列式值不变,即

$$\det(\boldsymbol{\alpha}_1,\cdots,\boldsymbol{\alpha}_i+k\boldsymbol{\alpha}_j,\cdots,\boldsymbol{\alpha}_j,\cdots,\boldsymbol{\alpha}_n)=\det(\boldsymbol{\alpha}_1,\cdots,\boldsymbol{\alpha}_i,\cdots,\boldsymbol{\alpha}_j,\cdots,\boldsymbol{\alpha}_n).$$

该性质由定理1.8和推论1.2可以得出.

例如：$\begin{vmatrix} 94 & 3 \\ 104 & -2 \end{vmatrix} \xlongequal{c_1+2c_2} \begin{vmatrix} 100 & 3 \\ 100 & -2 \end{vmatrix} = 100 \begin{vmatrix} 1 & 3 \\ 1 & -2 \end{vmatrix} = -500.$

定理1.10 （**行列式的乘积法则**）设 $\boldsymbol{A}_n=(a_{ij})_{n\times n}$ 与 $\boldsymbol{B}_n=(b_{ij})_{n\times n}$，则 $|\boldsymbol{AB}|=|\boldsymbol{A}||\boldsymbol{B}|$.

由以上行列式的性质可知，在计算行列式时，其中一个比较简洁的方法是将行列式化成三角行列式，其值就等于主对角线上元素的乘积.

例1.20 计算行列式

(1) $\begin{vmatrix} 2 & 1 & 5 \\ 1 & 0 & 2 \\ 8 & 4 & 14 \end{vmatrix}$；(2) $\begin{vmatrix} 3 & 1 & 2 & 4 \\ 4 & 1 & 5 & 3 \\ 1 & 2 & -1 & 2 \\ 2 & -1 & 3 & 0 \end{vmatrix}$；(3) $\begin{vmatrix} a & 1 & 1 & 1 \\ 1 & a & 1 & 1 \\ 1 & 1 & a & 1 \\ 1 & 1 & 1 & a \end{vmatrix}$.

解 (1) $\begin{vmatrix} 2 & 1 & 5 \\ 1 & 0 & 2 \\ 8 & 4 & 14 \end{vmatrix} = 2\begin{vmatrix} 2 & 1 & 5 \\ 1 & 0 & 2 \\ 4 & 2 & 7 \end{vmatrix} \xlongequal{r_1\leftrightarrow r_2} -2\begin{vmatrix} 1 & 0 & 2 \\ 2 & 1 & 5 \\ 4 & 2 & 7 \end{vmatrix} \xlongequal[r_3-4r_1]{r_2-2r_1} -2\begin{vmatrix} 1 & 0 & 2 \\ 0 & 1 & 1 \\ 0 & 2 & -1 \end{vmatrix}$

$$\xlongequal{r_3-2r_2} -2\begin{vmatrix} 1 & 0 & 2 \\ 0 & 1 & 1 \\ 0 & 0 & -3 \end{vmatrix} = (-2)\times 1\times 1\times(-3)=6.$$

(2) $\begin{vmatrix} 3 & 1 & 2 & 4 \\ 4 & 1 & 5 & 3 \\ 1 & 2 & -1 & 2 \\ 2 & -1 & 3 & 0 \end{vmatrix} \xlongequal{c_1\leftrightarrow c_2} -\begin{vmatrix} 1 & 3 & 2 & 4 \\ 1 & 4 & 5 & 3 \\ 2 & 1 & -1 & 2 \\ -1 & 2 & 3 & 0 \end{vmatrix} \xlongequal[\substack{c_3-2c_1 \\ c_4-4c_1}]{c_2-3c_1} -\begin{vmatrix} 1 & 0 & 0 & 0 \\ 1 & 1 & 3 & -1 \\ 2 & -5 & -5 & -6 \\ -1 & 5 & 5 & 4 \end{vmatrix}$

$$\xlongequal[c_4+c_2]{c_3-3c_2} -\begin{vmatrix} 1 & 0 & 0 & 0 \\ 1 & 1 & 0 & 0 \\ 2 & -5 & 10 & -11 \\ -1 & 5 & -10 & 9 \end{vmatrix} \xlongequal{\text{第三列提出公因子10}} -10\begin{vmatrix} 1 & 0 & 0 & 0 \\ 1 & 1 & 0 & 0 \\ 2 & -5 & 1 & -11 \\ -1 & 5 & -1 & 9 \end{vmatrix}$$

$$\xlongequal{c_4+11c_3} -10\begin{vmatrix} 1 & 0 & 0 & 0 \\ 1 & 1 & 0 & 0 \\ 2 & -5 & 1 & 0 \\ -1 & 5 & -1 & -2 \end{vmatrix} = 20.$$

(3) $\begin{vmatrix} a & 1 & 1 & 1 \\ 1 & a & 1 & 1 \\ 1 & 1 & a & 1 \\ 1 & 1 & 1 & a \end{vmatrix} \xlongequal{c_1+c_2+c_3+c_4} \begin{vmatrix} a+3 & 1 & 1 & 1 \\ a+3 & a & 1 & 1 \\ a+3 & 1 & a & 1 \\ a+3 & 1 & 1 & a \end{vmatrix} = (a+3)\begin{vmatrix} 1 & 1 & 1 & 1 \\ 1 & a & 1 & 1 \\ 1 & 1 & a & 1 \\ 1 & 1 & 1 & a \end{vmatrix}$

$$\xlongequal[r_4-r_1]{\substack{r_2-r_1 \\ r_3-r_1}} (a+3)\begin{vmatrix} 1 & 1 & 1 & 1 \\ 0 & a-1 & 0 & 0 \\ 0 & 0 & a-1 & 0 \\ 0 & 0 & 0 & a-1 \end{vmatrix} = (a+3)(a-1)^3.$$

例1.21 已知 $\boldsymbol{A}=\begin{pmatrix} 1 & 2 & 3 \\ 0 & 4 & 0 \\ 0 & 0 & 5 \end{pmatrix}$，$\boldsymbol{B}=\begin{pmatrix} 1 & 0 & 0 \\ 10 & 3 & 0 \\ 2 & 1 & 4 \end{pmatrix}$，计算 $|\boldsymbol{AB}|$.

解 可计算$|\boldsymbol{A}|=20$，$|\boldsymbol{B}|=12$，由定理1.10，$|\boldsymbol{AB}|=|\boldsymbol{A}||\boldsymbol{B}|=20\times12=240$.（注意不要先算$\boldsymbol{AB}$，再求$|\boldsymbol{AB}|$，那样就麻烦了）

四、行列式按一行（列）展开

简化行列式的计算的另一种有效方法是降阶，降阶所用的方法是把行列式按一行（列）展开.

首先，引入余子式和代数余子式的概念.

定义1.26 在n阶行列式$D=\begin{vmatrix} a_{11} & \cdots & a_{1j} & \cdots & a_{1n} \\ \vdots & & \vdots & & \vdots \\ a_{i1} & \cdots & a_{ij} & \cdots & a_{in} \\ \vdots & & \vdots & & \vdots \\ a_{n1} & \cdots & a_{nj} & \cdots & a_{nn} \end{vmatrix}$中划去元素$a_{ij}$所在的第$i$行和第$j$列，由剩余的$(n-1)^2$个元素按原来的顺序构成的一个$(n-1)$阶行列式，即
$\begin{vmatrix} a_{11} & \cdots & a_{1,j-1} & a_{1,j+1} & \cdots & a_{1n} \\ \vdots & & \vdots & \vdots & & \vdots \\ a_{i-1,1} & \cdots & a_{i-1,j-1} & a_{i-1,j+1} & \cdots & a_{i-1,n} \\ a_{i+1,1} & \cdots & a_{i+1,j-1} & a_{i+1,j+1} & \cdots & a_{i+1,n} \\ \vdots & & \vdots & \vdots & & \vdots \\ a_{n1} & \cdots & a_{n,j-1} & a_{n,j+1} & \cdots & a_{nn} \end{vmatrix}$称之为**元素$a_{ij}$的余子式(cofactor)**，记为$M_{ij}$，同时，称$(-1)^{i+j}M_{ij}$为**元素$a_{ij}$的代数余子式(algebraic cofactor)**，记为A_{ij}.

例如：行列式$D=\begin{vmatrix} 2 & 3 & 2 \\ 2 & -3 & 4 \\ 4 & -5 & 2 \end{vmatrix}$中，$a_{13}$的余子式为$M_{13}=\begin{vmatrix} 2 & -3 \\ 4 & -5 \end{vmatrix}=2\times(-5)-(-3)\times4=2$，代数余子式$A_{13}=(-1)^{1+3}M_{13}=2$.

定理1.11 n阶行列式$D=\begin{vmatrix} a_{11} & a_{12} & \cdots & a_{1n} \\ a_{21} & a_{22} & \cdots & a_{2n} \\ \vdots & \vdots & & \vdots \\ a_{n1} & a_{n2} & \cdots & a_{nn} \end{vmatrix}$等于它当中任意一行（列）的元素与其代数余子式的乘积之和，即

$$D=a_{i1}A_{i1}+a_{i2}A_{i2}+\cdots+a_{in}A_{in}\ (i=1,2,\cdots,n),$$

或

$$D=a_{1j}A_{1j}+a_{2j}A_{2j}+\cdots+a_{nj}A_{nj}\ (j=1,2,\cdots,n).$$

例如：上述行列式

$$D=\begin{vmatrix} 2 & 3 & 2 \\ 2 & -3 & 4 \\ 4 & -5 & 2 \end{vmatrix}=a_{11}A_{11}+a_{12}A_{12}+a_{13}A_{13}$$
$$=a_{11}(-1)^{1+1}M_{11}+a_{12}(-1)^{1+2}M_{12}+a_{13}(-1)^{1+3}M_{13}$$
$$=2\begin{vmatrix} -3 & 4 \\ -5 & 2 \end{vmatrix}-3\begin{vmatrix} 2 & 4 \\ 4 & 2 \end{vmatrix}+2\begin{vmatrix} 2 & -3 \\ 4 & -5 \end{vmatrix}=2\times14-3\times(-12)+2\times2$$

$=68.$

定理 1.12 n 阶行列式 $D=\begin{vmatrix} a_{11} & a_{12} & \cdots & a_{1n} \\ a_{21} & a_{22} & \cdots & a_{2n} \\ \vdots & \vdots & & \vdots \\ a_{n1} & a_{n2} & \cdots & a_{nn} \end{vmatrix}$ 任一行(列)的元素与另一行(列)的对应元素的代数余子式乘积之和等于零,即

$$a_{i1}A_{j1}+a_{i2}A_{j2}+\cdots+a_{in}A_{jn}=0, i\neq j,$$

或

$$a_{1i}A_{1j}+a_{2i}A_{2j}+\cdots+a_{ni}A_{nj}=0, i\neq j.$$

这是因为相当于在行列式中,第 i 行(列)和第 j 行(列)元素一样了.

综上,可得关于代数余子式的性质:

$$\sum_{k=1}^{n} a_{ik}A_{jk}=\begin{cases} D & i=j \\ 0 & i\neq j \end{cases} \text{或} \sum_{k=1}^{n} a_{ki}A_{kj}=\begin{cases} D & i=j \\ 0 & i\neq j \end{cases}.$$

例 1.22 计算行列式 $D=\begin{vmatrix} 2 & -3 & 4 & 1 \\ 4 & 2 & 3 & 2 \\ 2 & 0 & 2 & 0 \\ 0 & -1 & 4 & 0 \end{vmatrix}$.

解 $D\xlongequal{r_2-2r_1}\begin{vmatrix} 2 & -3 & 4 & 1 \\ 0 & 8 & -5 & 0 \\ 2 & 0 & 2 & 0 \\ 0 & -1 & 4 & 0 \end{vmatrix}\xlongequal[\text{展开}]{\text{按第 4 列}}1\times(-1)^{1+4}\begin{vmatrix} 0 & 8 & -5 \\ 2 & 0 & 2 \\ 0 & -1 & 4 \end{vmatrix}$

$\xlongequal[\text{展开}]{\text{按第 1 列}}-2\times(-1)^{2+1}\begin{vmatrix} 8 & -5 \\ -1 & 4 \end{vmatrix}=2\times(32-5)=54.$

例 1.23 已知 $D=\begin{vmatrix} \lambda+1 & 2 & 2 \\ -2 & \lambda+4 & -5 \\ 2 & -2 & \lambda+1 \end{vmatrix}=0$,求 λ.

解 $D\xlongequal{r_1+r_3}\begin{vmatrix} \lambda+3 & 0 & \lambda+3 \\ -2 & \lambda+4 & -5 \\ 2 & -2 & \lambda+1 \end{vmatrix}\xlongequal{c_3-c_1}\begin{vmatrix} \lambda+3 & 0 & 0 \\ -2 & \lambda+4 & -3 \\ 2 & -2 & \lambda-1 \end{vmatrix}$

$\xlongequal[\text{展开}]{\text{按第 1 行}}(\lambda+3)\begin{vmatrix} \lambda+4 & -3 \\ -2 & \lambda-1 \end{vmatrix}=(\lambda+3)[(\lambda+4)(\lambda-1)-6]$

$=(\lambda+3)(\lambda+5)(\lambda-2)=0.$

求得 $\lambda_1=-3, \lambda_2=-5, \lambda_3=2.$

例 1.24 4 阶行列式 $D=\begin{vmatrix} 3 & 0 & 4 & 0 \\ 2 & 2 & 2 & 2 \\ 0 & -7 & 0 & 0 \\ 5 & 3 & -2 & 2 \end{vmatrix}$,求第四行各元素余子式之和.

解 由余子式与代数余子式的关系可得

$$M_{41}+M_{42}+M_{43}+M_{44}=-A_{41}+A_{42}-A_{43}+A_{44}.$$

根据定理 1.11

$$\text{上式}=\begin{vmatrix}3&0&4&0\\2&2&2&2\\0&-7&0&0\\-1&1&-1&1\end{vmatrix}\xlongequal[\text{展开}]{\text{按第 3 行}}-7\times(-1)^{3+2}\begin{vmatrix}3&4&0\\2&2&2\\-1&-1&1\end{vmatrix}=14\begin{vmatrix}3&4&0\\1&1&1\\-1&-1&1\end{vmatrix}$$

$$\xlongequal{r_3+r_2}14\begin{vmatrix}3&4&0\\1&1&1\\0&0&2\end{vmatrix}\xlongequal[\text{展开}]{\text{按第 3 行}}14\times2\times(-1)^{3+3}\begin{vmatrix}3&4\\1&1\end{vmatrix}=-28.$$

例 1.25 计算行列式 $D=\begin{vmatrix}1&-1&1&x-1\\1&-1&x+1&-1\\1&x-1&1&-1\\x+1&-1&1&-1\end{vmatrix}$.

解 $D\xlongequal[j=2,3,4]{c_1+c_j}\begin{vmatrix}x&-1&1&x-1\\x&-1&x+1&-1\\x&x-1&1&-1\\x&-1&1&-1\end{vmatrix}\xlongequal[\text{提出 }x]{\text{第 1 列}}x\begin{vmatrix}1&-1&1&x-1\\1&-1&x+1&-1\\1&x-1&1&-1\\1&-1&1&-1\end{vmatrix}$

$$\xlongequal[c_4+c_1]{\substack{c_2+c_1\\c_3-c_1}}x\begin{vmatrix}1&0&0&x\\1&0&x&0\\1&x&0&0\\1&0&0&0\end{vmatrix}\xlongequal[\text{展开}]{\text{按第 4 行}}-x\begin{vmatrix}0&0&x\\0&x&0\\x&0&0\end{vmatrix}=x^4.$$

例 1.26 计算 n 阶行列式

$$D=\begin{vmatrix}1+x_1&1&1&\cdots&1\\1&1+x_2&1&\cdots&1\\1&1&1+x_3&\cdots&1\\\vdots&\vdots&\vdots&&\vdots\\1&1&1&\cdots&1+x_n\end{vmatrix}\text{(其中 }x_i\neq0,i=1,2,\cdots,n\text{)}.$$

解

$$D\xlongequal[i=2,\cdots,n]{r_i-r_1}\begin{vmatrix}1+x_1&1&1&\cdots&1\\-x_1&x_2&0&\cdots&0\\-x_1&0&x_3&\cdots&0\\\vdots&\vdots&\vdots&&\vdots\\-x_1&0&0&\cdots&x_n\end{vmatrix}\xlongequal[\text{公因子}]{\text{提出各列}}x_1x_2\cdots x_n\begin{vmatrix}1+\frac{1}{x_1}&\frac{1}{x_2}&\frac{1}{x_3}&\cdots&\frac{1}{x_n}\\-1&1&0&\cdots&0\\-1&0&1&\cdots&0\\\vdots&\vdots&\vdots&&\vdots\\-1&0&0&\cdots&1\end{vmatrix}$$

$$\xlongequal{c_1+c_2+\cdots+c_n} x_1x_2\cdots x_n\begin{vmatrix} 1+\frac{1}{x_1}+\cdots+\frac{1}{x_n} & \frac{1}{x_2} & \frac{1}{x_3} & \cdots & \frac{1}{x_n} \\ 0 & 1 & 0 & \cdots & 0 \\ 0 & 0 & 1 & \cdots & 0 \\ \vdots & \vdots & \vdots & & \vdots \\ 0 & 0 & 0 & \cdots & 1 \end{vmatrix}$$

$$= x_1x_2\cdots x_n\left(1+\sum_{i=1}^{n}\frac{1}{x_i}\right).$$

例 1.27 证明范德蒙(Vandermonde)行列式

$$D_n = \begin{vmatrix} 1 & 1 & \cdots & 1 \\ x_1 & x_2 & \cdots & x_n \\ x_1^2 & x_2^2 & \cdots & x_n^2 \\ \vdots & \vdots & & \vdots \\ x_1^{n-1} & x_2^{n-1} & \cdots & x_n^{n-1} \end{vmatrix} = \prod_{1\leqslant i<j\leqslant n}(x_j-x_i).$$

证明 用归纳法证明. 因为

$$D_2 = \begin{vmatrix} 1 & 1 \\ x_1 & x_2 \end{vmatrix} = x_2-x_1 = \prod_{1\leqslant i<j\leqslant n}(x_j-x_i).$$

所以当 $n=2$ 时成立. 现假设上式对于$(n-1)$阶范德蒙行列式也成立. 现在要证上式对于 n 阶范德蒙行列式也成立.

对范德蒙行列式 D_n,从第 n 行开始,后行减前行的 x_1 倍,有

$$D_n=\begin{vmatrix} 1 & 1 & \cdots & 1 \\ x_1 & x_2 & \cdots & x_n \\ x_1^2 & x_2^2 & \cdots & x_n^2 \\ \vdots & \vdots & & \vdots \\ x_1^{n-1} & x_2^{n-1} & \cdots & x_n^{n-1} \end{vmatrix} \xlongequal[\substack{r_{n-1}-x_1r_{n-2} \\ \cdots \\ r_2-x_1r_1}]{r_n-x_1r_{n-1}} \begin{vmatrix} 1 & 1 & 1 & \cdots & 1 \\ 0 & x_2-x_1 & x_3-x_1 & \cdots & x_n-x_1 \\ 0 & x_2(x_2-x_1) & x_3(x_3-x_1) & \cdots & x_n(x_n-x_1) \\ \vdots & \vdots & \vdots & & \vdots \\ 0 & x_2^{n-2}(x_2-x_1) & x_3^{n-2}(x_3-x_1) & \cdots & x_n^{n-2}(x_n-x_1) \end{vmatrix}.$$

按第 1 列展开,并把每列的公因子(x_i-x_1)提出,就有

$$D_n=(x_2-x_1)(x_3-x_1)\cdots(x_n-x_1)\begin{vmatrix} 1 & 1 & \cdots & 1 \\ x_2 & x_3 & \cdots & x_n \\ \vdots & \vdots & & \vdots \\ x_2^{n-2} & x_3^{n-2} & \cdots & x_n^{n-2} \end{vmatrix}.$$

上式右端的行列式是$(n-1)$阶范德蒙行列式,按照归纳假设,它等于所有(x_j-x_i)因子的乘积,其中 $2\leqslant i<j\leqslant n$,所以

$$D_n = (x_2-x_1)(x_3-x_1)\cdots(x_n-x_1)\prod_{2\leqslant i<j\leqslant n}(x_j-x_i) = \prod_{1\leqslant i<j\leqslant n}(x_j-x_i).$$

例 1.28 设 $\boldsymbol{A}_m=(a_{ij})_{m\times m}$,$\boldsymbol{B}_n=(b_{ij})_{n\times n}$,$\boldsymbol{C}_{m\times n}=(c_{ij})_{m\times n}$,证明:

$$D=\begin{vmatrix} \boldsymbol{A} & \boldsymbol{C} \\ \boldsymbol{O} & \boldsymbol{B} \end{vmatrix}=|\boldsymbol{A}||\boldsymbol{B}|.$$

证明 设 $D=\begin{vmatrix} a_{11} & \cdots & a_{1m} & c_{11} & \cdots & c_{1n} \\ \vdots & & \vdots & \vdots & & \vdots \\ a_{m1} & \cdots & a_{mm} & c_{m1} & \cdots & c_{mn} \\ 0 & \cdots & 0 & b_{11} & \cdots & b_{1n} \\ \vdots & & \vdots & \vdots & & \vdots \\ 0 & \cdots & 0 & b_{n1} & \cdots & b_{nn} \end{vmatrix}$,对 D 的前 m 行做适当的初等行变换,$|\boldsymbol{A}|$变成上三角行列式,设$|\boldsymbol{A}|=\begin{vmatrix} p_{11} & \cdots & p_{1m} \\ \vdots & & \vdots \\ 0 & \cdots & p_{mm} \end{vmatrix}=p_{11}\cdots p_{mm}$,对 D 的后 n 行做适当的初等行变换,$|\boldsymbol{B}|$变成上三角行列式,$|\boldsymbol{B}|=\begin{vmatrix} q_{11} & \cdots & q_{1n} \\ \vdots & & \vdots \\ 0 & \cdots & q_{nn} \end{vmatrix}=q_{11}\cdots q_{nn}$,于是 D 化成了上三角行列式:

$$D=\begin{vmatrix} p_{11} & \cdots & p_{1m} & c'_{11} & \cdots & c'_{1n} \\ \vdots & & \vdots & \vdots & & \vdots \\ 0 & \cdots & p_{mm} & c'_{m1} & \cdots & c'_{mn} \\ 0 & \cdots & 0 & q_{11} & \cdots & q_{1n} \\ \vdots & & \vdots & \vdots & & \vdots \\ 0 & \cdots & 0 & 0 & \cdots & q_{nn} \end{vmatrix}=p_{11}\cdots p_{mm}q_{11}\cdots q_{nn}=|\boldsymbol{A}||\boldsymbol{B}|.$$

同理可得:$D=\begin{vmatrix} \boldsymbol{A} & \boldsymbol{O} \\ * & \boldsymbol{B} \end{vmatrix}=|\boldsymbol{A}||\boldsymbol{B}|$.

五、行列式的应用

首先我们引入伴随矩阵的概念.

设 n 阶方阵 $\boldsymbol{A}=\begin{pmatrix} a_{11} & a_{12} & \cdots & a_{1n} \\ a_{21} & a_{22} & \cdots & a_{2n} \\ \vdots & \vdots & & \vdots \\ a_{n1} & a_{n2} & \cdots & a_{nn} \end{pmatrix}$,称方阵 $\boldsymbol{A}^*=\begin{pmatrix} A_{11} & A_{21} & \cdots & A_{n1} \\ A_{12} & A_{22} & \cdots & A_{n2} \\ \vdots & \vdots & & \vdots \\ A_{1n} & A_{2n} & \cdots & A_{nn} \end{pmatrix}$ 为 $\boldsymbol{A}$ 的**伴随矩阵(adjoint matrix)**,其中 A_{ij} 是 a_{ij} 的代数余子式.

注意伴随矩阵 $\boldsymbol{A}^*=\begin{pmatrix} A_{11} & A_{21} & \cdots & A_{n1} \\ A_{12} & A_{22} & \cdots & A_{n2} \\ \vdots & \vdots & & \vdots \\ A_{1n} & A_{2n} & \cdots & A_{nn} \end{pmatrix}$ 中每个元素的下标与

$A=\begin{pmatrix} a_{11} & a_{12} & \cdots & a_{1n} \\ a_{21} & a_{22} & \cdots & a_{2n} \\ \vdots & \vdots & & \vdots \\ a_{n1} & a_{n2} & \cdots & a_{nn} \end{pmatrix}$中每个元素的下标的关系.

例 1.29 求矩阵$A=\begin{pmatrix}1 & 2\\ 3 & 4\end{pmatrix}$的伴随矩阵.

解 由于$A_{11}=4,A_{12}=-3,A_{21}=-2,A_{22}=1$,所以$A^*=\begin{pmatrix}4 & -2\\ -3 & 1\end{pmatrix}$.

一般地,$A=\begin{pmatrix}a & b\\ c & d\end{pmatrix}$,则$A^*=\begin{pmatrix}d & -b\\ -c & a\end{pmatrix}$.

例 1.30 求$A^*A=\begin{pmatrix} A_{11} & A_{21} & \cdots & A_{n1} \\ A_{12} & A_{22} & \cdots & A_{n2} \\ \vdots & \vdots & & \vdots \\ A_{1n} & A_{2n} & \cdots & A_{nn} \end{pmatrix}\begin{pmatrix} a_{11} & a_{12} & \cdots & a_{1n} \\ a_{21} & a_{22} & \cdots & a_{2n} \\ \vdots & \vdots & & \vdots \\ a_{n1} & a_{n2} & \cdots & a_{nn} \end{pmatrix}$.

解 由矩阵乘法及行列式的性质知,A^*A 的第 j 行第 i 列的元素为:

$$a_{1i}A_{1j}+a_{2i}A_{2j}+\cdots a_{ni}A_{nj}=\sum_{k=1}^{n}a_{ki}A_{kj}=\begin{cases}0 & i\neq j\\ |A| & i=j\end{cases},$$

所以$A^*A=\begin{pmatrix}|A| & & & \\ & |A| & & \\ & & \ddots & \\ & & & |A|\end{pmatrix}=|A|E$.

同理$AA^*=|A|E$,即有$A^*A=AA^*=|A|E$.

定理 1.13 方阵 A 可逆的充分必要条件是$|A|\neq 0$,且此时$A^{-1}=\frac{1}{|A|}A^*$.

证明 **充分性**:若$|A|\neq 0$,则由例 1.30 知,$\left(\frac{1}{|A|}A^*\right)A=A\left(\frac{1}{|A|}A^*\right)=E$,因此,$A$ 可逆,且$A^{-1}=\frac{1}{|A|}A^*$.

必要性:若 A 可逆,则$AA^{-1}=E$,两边同取行列式,有$|AA^{-1}|=|A||A^{-1}|=|E|=1$,所以,$|A|\neq 0$.

> **注意**:由定理的必要性可知,$|A^{-1}|=\frac{1}{|A|}$.

> **思考**:若 A 可逆,其伴随矩阵 A^* 是可逆的吗?

推论 1.3 设 A 为 n 阶方阵,若有 n 阶方阵 B,使得$AB=E$(或$BA=E$),则 A 可逆,且$A^{-1}=B$.

由定理 1.13,我们得到了求逆矩阵的另一种方法:伴随矩阵法.

例 1.31 下列矩阵是否可逆？若可逆求出其逆矩阵.

(1) $\boldsymbol{A}=\begin{pmatrix}3&1&1\\2&1&0\\1&1&1\end{pmatrix}$；　　(2) $\boldsymbol{B}=\begin{pmatrix}a_{11}&&\\&a_{22}&\\&&a_{33}\end{pmatrix}$.

解 (1) 可求得$|\boldsymbol{A}|=2\neq0$,因此,$\boldsymbol{A}$可逆. 又

$$A_{11}=1,A_{12}=-2,A_{13}=1,A_{21}=0,A_{22}=2,A_{23}=-2,A_{31}=-1,A_{32}=2,A_{33}=1.$$

从而,$\boldsymbol{A}^{-1}=\dfrac{1}{|\boldsymbol{A}|}\boldsymbol{A}^*=\dfrac{1}{2}\begin{pmatrix}1&0&-1\\-2&2&2\\1&-2&1\end{pmatrix}=\begin{pmatrix}\frac{1}{2}&0&-\frac{1}{2}\\-1&1&1\\\frac{1}{2}&-1&\frac{1}{2}\end{pmatrix}$.

(2) 当$|\boldsymbol{B}|=a_{11}a_{22}a_{23}\neq0$时,$\boldsymbol{B}$可逆,其逆矩阵为对角阵,且

$$\boldsymbol{B}=\begin{pmatrix}a_{11}^{-1}&&\\&a_{22}^{-1}&\\&&a_{33}^{-1}\end{pmatrix}.$$

> **注意**:该方法对2阶、3阶矩阵求逆矩阵较方便,3阶以上矩阵求逆矩阵一般不用该方法,而用初等变换法.

例 1.32 设方阵$\boldsymbol{A}$满足$\boldsymbol{A}^2-2\boldsymbol{A}-9\boldsymbol{E}=\boldsymbol{0}$,问$\boldsymbol{A}$,$\boldsymbol{A}+2\boldsymbol{E}$是否可逆,若可逆,求出其逆矩阵.

解 因为$\boldsymbol{A}^2-2\boldsymbol{A}=9\boldsymbol{E}$,即$\boldsymbol{A}(\boldsymbol{A}-2\boldsymbol{E})=9\boldsymbol{E}$,即$\boldsymbol{A}\dfrac{(\boldsymbol{A}-2\boldsymbol{E})}{9}=\boldsymbol{E}$,由推论1.3知,$\boldsymbol{A}$可逆,$\boldsymbol{A}^{-1}=\dfrac{\boldsymbol{A}-2\boldsymbol{E}}{9}$.

又因为$\boldsymbol{A}^2-2\boldsymbol{A}-9\boldsymbol{E}=(\boldsymbol{A}-4\boldsymbol{E})(\boldsymbol{A}+2\boldsymbol{E})-\boldsymbol{E}=0$,即$(\boldsymbol{A}-4\boldsymbol{E})(\boldsymbol{A}+2\boldsymbol{E})=\boldsymbol{E}$,所以$\boldsymbol{A}+2\boldsymbol{E}$可逆,且$(\boldsymbol{A}+2\boldsymbol{E})^{-1}=\boldsymbol{A}-4\boldsymbol{E}$.

例 1.33 设矩阵$\boldsymbol{A}=\begin{pmatrix}0&0&1\\0&1&0\\1&0&0\end{pmatrix}$,$\boldsymbol{C}=\begin{pmatrix}1&-1&0\\0&1&0\\0&0&1\end{pmatrix}$,$\boldsymbol{D}=\begin{pmatrix}1&2&3\\0&2&3\\0&0&3\end{pmatrix}$,且3阶矩阵$\boldsymbol{B}$满足$\boldsymbol{ABC}=\boldsymbol{D}$,求$|\boldsymbol{B}^{-1}|$.

解 由$\boldsymbol{ABC}=\boldsymbol{D}$,根据行列式的性质,可得$|\boldsymbol{A}|\,|\boldsymbol{B}|\,|\boldsymbol{C}|=|\boldsymbol{D}|$,而$|\boldsymbol{A}|=-1$,$|\boldsymbol{C}|=1$,$|\boldsymbol{D}|=6$,所以$|\boldsymbol{B}|=-6$,可得$|\boldsymbol{B}^{-1}|=|\boldsymbol{B}|^{-1}=-\dfrac{1}{6}$.

例 1.34 设3阶方阵$\boldsymbol{A}$的伴随矩阵$\boldsymbol{A}^*$,且$|\boldsymbol{A}|=\dfrac{1}{2}$,求$|(3\boldsymbol{A})^{-1}-2\boldsymbol{A}^*|$.

解 由于$(k\boldsymbol{A})^{-1}=\dfrac{1}{k}\boldsymbol{A}^{-1}$,$k\neq0$,$\boldsymbol{A}^*=|\boldsymbol{A}|\boldsymbol{A}^{-1}$,从而$(3\boldsymbol{A})^{-1}-2\boldsymbol{A}^*=\dfrac{1}{3}\boldsymbol{A}^{-1}-2|\boldsymbol{A}|\boldsymbol{A}^{-1}=-\dfrac{2}{3}\boldsymbol{A}^{-1}$,又有$|\boldsymbol{A}^{-1}|=\dfrac{1}{|\boldsymbol{A}|}$,所以$|(3\boldsymbol{A})^{-1}-2\boldsymbol{A}^*|=\left|-\dfrac{2}{3}\boldsymbol{A}^{-1}\right|=\left(-\dfrac{2}{3}\right)^3|\boldsymbol{A}^{-1}|=$

$-\frac{8}{27}\cdot\frac{1}{|\boldsymbol{A}|}=-\frac{16}{27}$.

习题 1.5

1. 计算下列几个排列的逆序数.

(1) $\tau(653241)$； (2) $\tau(54213)$； (3) $\tau(n(n-1)\cdots21)$.

2. 计算行列式：

(1) $\begin{vmatrix} \sin\alpha & \cos\alpha \\ -\cos\alpha & \sin\alpha \end{vmatrix}$； (2) $\begin{vmatrix} 1 & 2 & 1 \\ 3 & 4 & 1 \\ 0 & 2 & 2 \end{vmatrix}$；

(3) $\begin{vmatrix} 1 & 1 & 1 \\ 1 & 2 & 3 \\ 1 & 3 & 6 \end{vmatrix}$； (4) $\begin{vmatrix} 2 & 0 & 0 & 4 \\ 0 & 1 & -1 & 2 \\ 0 & -4 & 0 & 0 \\ 5 & 2 & -3 & 8 \end{vmatrix}$；

(5) $\begin{vmatrix} 1 & 2 & 3 & 4 \\ 2 & 3 & 4 & 1 \\ 3 & 4 & 2 & 1 \\ 4 & 3 & 2 & 1 \end{vmatrix}$； (6) $\begin{vmatrix} 1 & 1 & 2 & 2 \\ 3 & -1 & -1 & 1 \\ 2 & 2 & 1 & -1 \\ 1 & 2 & 3 & 0 \end{vmatrix}$.

3. 求未知量 x 的值.

(1) $\begin{vmatrix} 1 & 2 & 1 \\ 2 & 1 & x \\ 1 & x & 3 \end{vmatrix}=-15$； (2) $\begin{vmatrix} x & -1 & 3 \\ 2 & -1 & x \\ x & 2 & 0 \end{vmatrix}=12$.

4. 设 $\boldsymbol{A}=\begin{pmatrix} 1 & 2 & 0 \\ 0 & 2 & 1 \\ 0 & 1 & 3 \end{pmatrix}$，$\boldsymbol{B}=\begin{pmatrix} 2 & 5 & 6 \\ 0 & 3 & 7 \\ 0 & 0 & 4 \end{pmatrix}$，求 $|\boldsymbol{AB}^{-1}|$.

5. 设 3 阶矩阵 $\boldsymbol{A}=(\boldsymbol{\alpha},\boldsymbol{\gamma}_1,\boldsymbol{\gamma}_2)$，$\boldsymbol{B}=(\boldsymbol{\beta},\boldsymbol{\gamma}_1,\boldsymbol{\gamma}_2)$，且 $|\boldsymbol{A}|=2$，$|\boldsymbol{B}|=3$，计算 $|3\boldsymbol{A}|$，$|\boldsymbol{A}+\boldsymbol{B}|$，$|\boldsymbol{A}-\boldsymbol{B}|$，$|\boldsymbol{A}^{\mathrm{T}}+\boldsymbol{B}^{\mathrm{T}}|$.

6. 计算下列 n 阶行列式：

(1) $\begin{vmatrix} & & & a_1 \\ & & a_2 & \\ & \iddots & & \\ a_n & & & \end{vmatrix}$； (2) $\begin{vmatrix} x & y & 0 & \cdots & 0 & 0 \\ 0 & x & y & \cdots & 0 & 0 \\ \vdots & \vdots & \vdots & & \vdots & \vdots \\ 0 & 0 & 0 & \cdots & x & y \\ y & 0 & 0 & \cdots & 0 & x \end{vmatrix}$；

(3) $\begin{vmatrix} a_0 & b_1 & b_2 & \cdots & b_n \\ c_1 & a_1 & 0 & \cdots & 0 \\ c_2 & 0 & a_2 & \cdots & 0 \\ \vdots & \vdots & \vdots & & \vdots \\ c_n & 0 & 0 & \cdots & a_n \end{vmatrix}$，其中 $a_i\neq0$.

7. 求下列方阵的伴随矩阵及逆矩阵：

(1) $\begin{pmatrix}1 & 3\\ 2 & 5\end{pmatrix}$；　　　　(2) $\begin{pmatrix}1 & 1 & 1\\ 1 & 0 & -1\\ 3 & 2 & 3\end{pmatrix}$.

8. 设行列式 $D=\begin{vmatrix}2 & 1 & -5 & 1\\ 1 & -3 & 0 & -6\\ 0 & 2 & -1 & 2\\ 1 & 4 & -7 & 6\end{vmatrix}$，$M_{ij}$ 和 A_{ij} 为元素 a_{ij} 的余子式和代数余子式，求

(1) $M_{21}+M_{22}+M_{23}+M_{24}$；(2) $A_{31}+A_{32}+A_{33}+A_{34}$；(3) $2A_{41}+A_{42}-5A_{43}+A_{44}$.

第六节　矩阵的秩

秩是矩阵的一个非常重要的概念，对研究后续内容也有较为重要的作用. 本节介绍矩阵的秩的概念、性质和求法.

定义 1.27　在矩阵 $\boldsymbol{A}=(a_{ij})_{m\times n}$ 中任取 k 行 k 列（$k\leqslant\min(m,n)$），位于这些行、列交叉处的 k^2 个元素，按照原来的相对位置所构成的一个 k 阶行列式，称为矩阵 $\boldsymbol{A}=(a_{ij})_{m\times n}$ 的一个 ***k* 阶子式（minor）**.

例如：$\boldsymbol{A}=\begin{pmatrix}2 & 0 & 1 & -3 & 2\\ 8 & -2 & -7 & 0 & 1\\ 2 & 4 & 8 & 3 & 6\\ 8 & 3 & 5 & -6 & 9\end{pmatrix}_{4\times 5}$ 的一个 2 阶子式为 $\boldsymbol{A}=\begin{vmatrix}2 & 1\\ 2 & 8\end{vmatrix}$.

显然，一个 $\boldsymbol{A}=(a_{ij})_{m\times n}$ 矩阵的 k 阶子式共有 $C_m^k\cdot C_n^k$ 个.（请读者思考为什么？）

定义 1.28　若矩阵 $\boldsymbol{A}=(a_{ij})_{m\times n}$ 的 r 阶子式至少有一个不等于 0，而所有 $(r+1)$ 阶子式（如果有的话）都等于 0，则称 r 为矩阵 $\boldsymbol{A}$ 的**秩（rank）**，记为秩 $\boldsymbol{A}$ 或 $r(\boldsymbol{A})$.

对于矩阵 $\boldsymbol{A}=(a_{ij})_{m\times n}$，显然有 $r(\boldsymbol{A})\leqslant m$，$r(\boldsymbol{A})\leqslant n$，即 $r(\boldsymbol{A})\leqslant\min\{m,n\}$.

例 1.35　求矩阵 $\boldsymbol{A}=\begin{pmatrix}2 & 1 & -1 & 3\\ -2 & 3 & 0 & 2\\ 0 & 0 & 0 & 0\end{pmatrix}$ 的秩.

解　易得 $\begin{vmatrix}2 & 1\\ -2 & 3\end{vmatrix}=8\neq 0$，可以验证所有三阶行列式均等于 0，因此 $r(\boldsymbol{A})=2$.

这种用定义来计算行列式的秩的方法，对于稍微复杂一点的矩阵，就显得较为困难，下面我们寻求一种较为简单实用的计算方法.

定理 1.14　矩阵经过初等变换后，其秩不变.

证明　下面只对于初等行变换进行证明，初等列变换的证明类似.

第一，第二种初等行变换的情形较为简单，请读者自己证明.

下面研究第三种初等行变换的情形.

不失一般性，我们假设将矩阵 $\boldsymbol{A}$ 的第二行乘以 k 加到第一行上去得到矩阵 $\boldsymbol{B}$，现在证明 $r(\boldsymbol{A})=r(\boldsymbol{B})$.

当 $\boldsymbol{B}$ 中的 $(r+1)$ 阶子式 D_1 不含有 $\boldsymbol{B}$ 的第一行元素时，D_1 就是 $\boldsymbol{A}$ 中的一个 $(r+1)$ 阶子式，从而 $D_1=0$；当 D_1 同时含有 $\boldsymbol{B}$ 的第一行和第二行时，由行列式的性质可知 $D_1=0$；当 D_1 含有 $\boldsymbol{B}$ 的第一行而不含有第二行元素时，D_1 可表示为 $\boldsymbol{A}$ 的一个 $(r+1)$ 阶子式与另一个 $(r+1)$ 阶子式的 k 倍之和，从而 $D_1=0$，故对 $\boldsymbol{A}$ 施行初等行变换化为 $\boldsymbol{B}$ 时，都有 $r(\boldsymbol{B})\leqslant r$，即 $r(\boldsymbol{B})\leqslant r(\boldsymbol{A})$. 由于初等变换的可逆性，也可以将 $\boldsymbol{A}$ 看成是 $\boldsymbol{B}$ 经过初等行变换得到，所以又有 $r(\boldsymbol{A})\leqslant r(\boldsymbol{B})$，从而得到 $r(\boldsymbol{B})=r(\boldsymbol{A})$. 本定理得证.

所以，我们可以通过初等行变换，将 $\boldsymbol{A}$ 化为与之等价的阶梯型矩阵. 它的秩就等于不全为 0 的行的个数.

例 1.36 求矩阵 $\boldsymbol{A}=\begin{pmatrix}3&3&0&2\\-1&-4&3&0\\1&-5&6&-2\end{pmatrix}$ 的秩.

解

$$\boldsymbol{A}=\begin{pmatrix}3&3&0&2\\-1&-4&3&0\\1&-5&6&-2\end{pmatrix}\xrightarrow{r_1\leftrightarrow r_3}\begin{pmatrix}1&-5&6&-2\\-1&-4&3&0\\3&3&0&2\end{pmatrix}\xrightarrow[r_3-3r_1]{r_2+r_1}\begin{pmatrix}1&-5&6&-2\\0&-9&9&-2\\0&18&-18&8\end{pmatrix}$$

$$\xrightarrow{r_3+2r_2}\begin{pmatrix}1&-5&6&-2\\0&-9&9&-2\\0&0&0&4\end{pmatrix}，所以，r(\boldsymbol{A})=3.$$

若方阵 $\boldsymbol{A}$ 可逆，则称 $\boldsymbol{A}$ 为**满秩矩阵**(**non-singular matrix**)，即 $r(\boldsymbol{A})=n$.

矩阵的秩的性质：设 $\boldsymbol{A}$ 为 $m\times n$ 矩阵，

(1) $r(\boldsymbol{A})=r(\boldsymbol{A}^{\mathrm{T}})$；

(2) $0\leqslant r(\boldsymbol{A})\leqslant\min\{m,n\}$；

(3) 初等变换不改变矩阵的秩，即若 $\boldsymbol{A}$ 与 $\boldsymbol{B}$ 等价，则 $r(\boldsymbol{A})=r(\boldsymbol{B})$；

(4) $r(\boldsymbol{A})=r(\boldsymbol{PA})=r(\boldsymbol{AQ})=r(\boldsymbol{PAQ})$，其中 $\boldsymbol{P},\boldsymbol{Q}$ 为可逆矩阵.

(5) 若 $\boldsymbol{A}$ 与 $\boldsymbol{B}$ 为同型矩阵，则 $r(\boldsymbol{A}+\boldsymbol{B})\leqslant r(\boldsymbol{A})+r(\boldsymbol{B})$；

(6) 若 $\boldsymbol{A}$ 为 $m\times s$ 矩阵，$\boldsymbol{B}$ 为 $s\times n$ 矩阵，则 $r(\boldsymbol{AB})\leqslant\min\{r(\boldsymbol{A}),r(\boldsymbol{B})\}$；

以上性质请读者自己证明，或查阅相关资料.

习题 1.6

1. 求下列矩阵的秩，并找出一个最高阶非零子式：

(1) $\begin{pmatrix}1&-1&5&-1\\1&1&-2&3\\3&-1&8&1\\1&3&-9&7\end{pmatrix}$；　(2) $\begin{pmatrix}3&2&-1&-3&-1\\2&-1&3&1&-3\\7&0&5&-1&-8\end{pmatrix}$.

2. 设 $\boldsymbol{A}=\begin{pmatrix}1&-2&3k\\-1&2k&-3\\k&-2&3\end{pmatrix}$，求 k 为何值时，可使

(1) $r(\boldsymbol{A})=1$；(2) $r(\boldsymbol{A})=2$；(3) $r(\boldsymbol{A})=3$.

3. 设矩阵 $\boldsymbol{A}=\begin{pmatrix}2&3&1&a\\1&0&2&2\\-1&0&a-3&2\\1&1&1&1\end{pmatrix}$,当 a 为何值时,(1) $r(\boldsymbol{A})=2$;(2) $\boldsymbol{A}$ 为满秩矩阵.

4. 设 $\boldsymbol{A}=\begin{pmatrix}1&-1&1&2\\3&a&-1&2\\5&3&b&6\end{pmatrix}$,已知 $r(\boldsymbol{A})=2$,求 a 与 b 的值.

第七节 综合例题

为了满足不同层次学生的学习需求,本教材的每章最后一节,都选择一部分出现在最近几年硕士研究生入学考试中的题目作为综合例题,供读者参考.其中有的题目的解题过程较为简洁,主要介绍了解题方法,有兴趣的读者可以自己验算完成.

例 1.37 设矩阵 $\boldsymbol{A}$ 和 $\boldsymbol{B}$ 满足关系式 $\boldsymbol{AB}=\boldsymbol{A}+2\boldsymbol{B}$,其中 $\boldsymbol{A}=\begin{pmatrix}4&2&3\\1&1&0\\-1&2&3\end{pmatrix}$,求矩阵 $\boldsymbol{B}$.

解 由 $\boldsymbol{AB}=\boldsymbol{A}+2\boldsymbol{B}$,可以推出:$\boldsymbol{B}=(\boldsymbol{A}-2\boldsymbol{E})^{-1}\boldsymbol{A}$

$$=\begin{pmatrix}1&-4&-3\\1&-5&-3\\-1&6&4\end{pmatrix}\begin{pmatrix}4&2&3\\1&1&0\\-1&2&3\end{pmatrix}=\begin{pmatrix}3&-8&-6\\2&-9&-6\\-2&12&9\end{pmatrix}.$$

例 1.38 已知 $\boldsymbol{AP}=\boldsymbol{PB}$,其中

$$\boldsymbol{B}=\begin{pmatrix}1&0&0\\0&0&0\\0&0&-1\end{pmatrix},\boldsymbol{P}=\begin{pmatrix}1&0&0\\2&-1&0\\2&1&1\end{pmatrix}.$$

求 $\boldsymbol{A}$ 及 $\boldsymbol{A}^5$.

解 由 $\boldsymbol{AP}=\boldsymbol{PB}$ 可以得出:$\boldsymbol{A}=\boldsymbol{PBP}^{-1}=\begin{pmatrix}1&0&0\\2&0&0\\6&-1&-1\end{pmatrix}$,

所以:
$$\boldsymbol{A}^5=\boldsymbol{PB}^5\boldsymbol{P}^{-1}=\boldsymbol{PBP}^{-1}=\boldsymbol{A}=\begin{pmatrix}1&0&0\\2&0&0\\6&-1&-1\end{pmatrix}.$$

例 1.39 已知 n 阶方阵 $\boldsymbol{A}$ 满足矩阵方程 $\boldsymbol{A}^2-3\boldsymbol{A}-2\boldsymbol{E}=\boldsymbol{O}$.证明 $\boldsymbol{A}$ 可逆,并求出其逆矩阵 $\boldsymbol{A}^{-1}$.

解 由 $\boldsymbol{A}^2-3\boldsymbol{A}-2\boldsymbol{E}=\boldsymbol{0}$,可以得出 $\boldsymbol{A}\cdot\dfrac{\boldsymbol{A}-3\boldsymbol{E}}{2}=\boldsymbol{E}$,从而 $\boldsymbol{A}$ 可逆,且 $\boldsymbol{A}^{-1}=\dfrac{\boldsymbol{A}-3\boldsymbol{E}}{2}$.

例 1.40 已知 $X=AX+B$,其中 $A=\begin{pmatrix}0&1&0\\-1&1&1\\-1&0&-1\end{pmatrix}$,$B=\begin{pmatrix}1&-1\\2&0\\5&-3\end{pmatrix}$,求矩阵 X.

解 将 $X=AX+B$ 变形,得到:

$$X=(E-A)^{-1}B=\frac{1}{3}\begin{pmatrix}0&2&1\\-3&2&1\\0&-1&1\end{pmatrix}\begin{pmatrix}1&-1\\2&0\\5&-3\end{pmatrix}=\begin{pmatrix}3&-1\\2&0\\1&-1\end{pmatrix}.$$

例 1.41 设四阶矩阵

$$B=\begin{pmatrix}1&-1&0&0\\0&1&-1&0\\0&0&1&-1\\0&0&0&1\end{pmatrix},C=\begin{pmatrix}2&1&3&4\\0&2&1&3\\0&0&2&1\\0&0&0&2\end{pmatrix},$$

且矩阵 A 满足关系式

$$A(E-C^{-1}B)^{\mathrm{T}}C^{\mathrm{T}}=E,$$

其中 E 为四阶单位矩阵,C^{-1} 表示 C 的逆矩阵,C^{T} 表示 C 的转置矩阵,将上述关系式化简并求矩阵 A.

解 由 $A(E-C^{-1}B)^{\mathrm{T}}C^{\mathrm{T}}=E$,得到:$A[C^{-1}(C-B)]^{\mathrm{T}}C^{\mathrm{T}}=E$,从而有:
$A(C-B)^{\mathrm{T}}(C^{-1})^{\mathrm{T}}C^{\mathrm{T}}=E$,即得:$A(C-B)^{\mathrm{T}}(CC^{-1})^{\mathrm{T}}=E$,所以,$A(C-B)^{\mathrm{T}}=E$,

从而得到: $$A=[(C-B)^{\mathrm{T}}]^{-1}=\begin{pmatrix}1&0&0&0\\-1&1&0&0\\1&-2&1&0\\0&1&-2&1\end{pmatrix}.$$

例 1.42 已知对于 n 阶方阵 A,存在自然数 k,使得 $A^k=O$. 试证明矩阵 $E-A$ 可逆,并写出其逆矩阵的表达式(E 为 n 阶单位阵).

证明 $E=E-A^k=E^k-A^k=(E-A)(E+A+\cdots+A^{k-1})$,所以 $E-A$ 可逆,且

$$(E-A)^{-1}=E+A+\cdots+A^{k-1}.$$

例 1.43 设 n 阶矩阵 A 和 B 满足条件 $A+B=AB$.

(1) 证明 $A-E$ 为可逆矩阵;(2) 已知 $B=\begin{pmatrix}1&-3&0\\2&1&0\\0&0&2\end{pmatrix}$,求矩阵 A.

证明 (1) 由 $A+B=AB$,得到:$(A-E)B-(A-E)=E$(请同学们思考怎么得到的?),进而得出:$(A-E)(B-E)=E$,则 $A-E$ 可逆.

(2) 由(1)得,$A=(B-E)^{-1}+E=\begin{pmatrix}1&\frac{1}{2}&0\\-\frac{1}{3}&1&0\\0&0&2\end{pmatrix}$.

例 1.44 设矩阵 $A=\begin{pmatrix}1&0&1\\0&2&0\\1&0&1\end{pmatrix}$,矩阵 X 满足 $AX+E=A^2+X$,其中 E 为三阶单位矩阵. 试求出矩阵 X.

解 由 $AX+E=A^2+X$,得出:$(A-E)X=(A-E)(A+E)$. 又 $|A-E|=-1\neq0$,即 $A-E$ 可逆,等式两边同时左乘 $(A-E)^{-1}$,则

$$X=A+E=\begin{pmatrix}2&0&1\\0&3&0\\1&0&2\end{pmatrix}.$$

例 1.45 已知三阶矩阵 A 的逆矩阵为 $A^{-1}=\begin{pmatrix}1&1&1\\1&2&1\\1&1&3\end{pmatrix}$,试求其伴随矩阵 A^* 的逆矩阵.

解 $(A^*)^{-1}=\dfrac{A}{|A|}=|A^{-1}|(A^{-1})^{-1}=\begin{pmatrix}5&-2&-1\\-2&2&0\\-1&0&1\end{pmatrix}.$

例 1.46 设 A 为 n 阶非零矩阵,A^* 是 A 的伴随矩阵,A^T 是 A 的转置矩阵. 当 $A^*=A^T$ 时,证明 $|A|\neq0$.

证明 由 $A^*=A^T$ 得到 $AA^T=AA^*=|A|E$. 假设 $|A|=0\Rightarrow AA^T=O$. 考虑 AA^T 的主对角线上的元素,令 $AA^T=B=(b_{ij})_{n\times n}$,则

$$b_{ii}=a_{i1}^2+a_{i2}^2+\cdots+a_{in}^2=0\Rightarrow a_{i1}=a_{i2}=\cdots=a_{in}=0,$$

即 A 的第 i 行的元素全为零,由 i 的任意性,得 A 的元素全为零,即 $A=O$,矛盾.

例 1.47 设 A 是 n 阶矩阵,满足 $AA^T=E$(E 是 n 阶单位矩阵,A^T 是 A 的转置矩阵),$|A|<0$,求 $|A+E|$.

解 因为 $|A+E|=|A+AA^T|=|A(E+A^T)|=|A||(A+E)^T|=|A||A+E|$,

所以 $(1-|A|)|A+E|=0$,而 $|A|<0$,得出:$|A+E|=0$.

例 1.48 设 A 是 n 阶可逆阵,将 A 的第 i 行和第 j 行对换后得到的矩阵记为 B.

(1) 证明 B 可逆;(2) 求 AB^{-1}.

解 $B=E(i,j)A$.

(1) $|B|=|E(i,j)|\cdot|A|=-|A|\neq0\Rightarrow B$ 可逆.

(2) $AB^{-1}=A(E(i,j)A)^{-1}=(AA^{-1})E^{-1}(i,j)=E(i,j)$.

例 1.49 已知 $A=\begin{pmatrix}1&1&-1\\0&1&1\\0&0&-1\end{pmatrix}$,且 $A^2-AB=E$,其中 E 是三阶单位矩阵,求矩阵 B.

解 由 $A^2-AB=E$,且 $|A|=-1\neq0$,所以 A 可逆,所以

$$B=A^{-1}(A^2-E)=A-A^{-1}=\begin{pmatrix}0&2&1\\0&0&0\\0&0&0\end{pmatrix}.$$

例 1.50 设$(2E-C^{-1}B)A^{T}=C^{-1}$，其中E是 4 阶单位矩阵，A^{T}是 4 阶矩阵A的转置矩阵，

$$B=\begin{pmatrix}1&2&-3&-2\\0&1&2&-3\\0&0&1&2\\0&0&0&1\end{pmatrix},C=\begin{pmatrix}1&2&0&1\\0&1&2&0\\0&0&1&2\\0&0&0&1\end{pmatrix},$$

求A.

解 由$(2E-C^{-1}B)A^{T}=C^{-1}$，得出$A=[(2C-B)^{T}]^{-1}=\begin{pmatrix}1&0&0&0\\-2&1&0&0\\1&-2&1&0\\0&1&-2&1\end{pmatrix}$(请同学们自行验证一下$A$的求法).

例 1.51 设矩阵$A=\begin{pmatrix}1&1&-1\\-1&1&1\\1&-1&1\end{pmatrix}$，矩阵$X$满足$A^{*}X=A^{-1}+2X$，其中$A^{*}$是$A$的伴随矩阵，求矩阵$X$.

解 由$A^{*}X=A^{-1}+2X$，得$X=(|A|E-2A)^{-1}=\frac{1}{4}\begin{pmatrix}1&1&0\\0&1&1\\1&0&1\end{pmatrix}$.

例 1.52 设矩阵A的伴随矩阵$A^{*}=\begin{pmatrix}1&0&0&0\\0&1&0&0\\1&0&1&0\\0&-3&0&8\end{pmatrix}$，且$ABA^{-1}=BA^{-1}+3E$，其中$E$为 4 阶单位矩阵，求矩阵$B$.

解 由$ABA^{-1}=BA^{-1}+3E$得出$(E-A^{-1})B=3E$(请同学们自行验算). 又$|A^{*}|=|A|^{3}=8$(这是为什么?)，所以$|A|=2$，则由$\left(E-\frac{A^{*}}{|A|}\right)B=3E$得出：

$$B=6(2E-A^{*})^{-1}=\begin{pmatrix}6&0&0&0\\0&6&0&0\\6&0&6&0\\0&3&0&-\frac{1}{6}\end{pmatrix}.$$

例 1.53 已知矩阵$A=\begin{pmatrix}1&0&0\\1&1&0\\1&1&1\end{pmatrix}$，$B=\begin{pmatrix}0&1&1\\1&0&1\\1&1&0\end{pmatrix}$且矩阵$X$满足

$$AXA+BXB=AXB+BXA+E,$$

其中E是 3 阶单位矩阵，求X.

解 由 $\boldsymbol{AXA}+\boldsymbol{BXB}=\boldsymbol{AXB}+\boldsymbol{BXA}+\boldsymbol{E}$ 且 $|\boldsymbol{A}-\boldsymbol{B}|\neq 0$，所以：

$$\boldsymbol{X}=[(\boldsymbol{A}-\boldsymbol{B})^{-1}]^2=\begin{pmatrix}1&2&5\\0&1&2\\0&0&1\end{pmatrix}.$$

习题一

一、填空题

1. 若 $\boldsymbol{A}=\begin{pmatrix}a+1&-1\\2&b+2\end{pmatrix}$，$\boldsymbol{B}=\begin{pmatrix}2&c+1\\d+3&-1\end{pmatrix}$，且 $\boldsymbol{A}=\boldsymbol{B}$，则 $a=$________，$b=$________，$c=$________，$d=$________.

2. 所有可以与矩阵 $\boldsymbol{A}=\begin{pmatrix}1&0\\1&1\end{pmatrix}$ 交换的矩阵________.

3. 如果 $f(x)=3-5x+x^2$，$\boldsymbol{A}=\begin{pmatrix}2&-1\\-3&3\end{pmatrix}$，则 $f(\boldsymbol{A})=$________.

4. $\begin{pmatrix}a&0&0\\0&b&0\\0&0&c\end{pmatrix}^4=$________.

5. 已知列向量 $\boldsymbol{\alpha}=\begin{pmatrix}1\\-1\\2\end{pmatrix}$，则 $\boldsymbol{E}-2\boldsymbol{\alpha}\boldsymbol{\alpha}^{\mathrm{T}}=$________.

6. 设 $\boldsymbol{A},\boldsymbol{B}$ 都是三阶矩阵，且满足方程 $\boldsymbol{A}^{-1}\boldsymbol{BA}=6\boldsymbol{A}+\boldsymbol{BA}$，如果矩阵 $\boldsymbol{A}=\mathrm{diag}\left(\frac{1}{3},\frac{1}{4},\frac{1}{7}\right)$，则 $\boldsymbol{B}=$________.

7. 已知 n 阶矩阵 $\boldsymbol{A}$ 满足 $\boldsymbol{A}^2-3\boldsymbol{A}-2\boldsymbol{E}=\boldsymbol{O}$，则 $\boldsymbol{A}^{-1}=$________.

8. 设矩阵 $\boldsymbol{A}=\begin{pmatrix}1&1&1&1\\1&0&2&2\\-1&0&a-3&-2\\2&3&1&a\end{pmatrix}$，当 a 满足________时，$\boldsymbol{A}$ 为满秩矩阵，$a=$________时，$r(\boldsymbol{A})=2$.

9. 设 $f(x)=\begin{vmatrix}1&2&3&4\\1&x&3&4\\1&2&x&4\\1&2&3&x\end{vmatrix}$，则方程 $f(x)=0$ 的根为________.

10. 设 $\boldsymbol{A},\boldsymbol{B}$ 均为 n 阶矩阵，$|\boldsymbol{A}|=2$，$|\boldsymbol{B}|=-3$，$\boldsymbol{A}^*$ 是 $\boldsymbol{A}$ 的伴随矩阵，则 $|3\boldsymbol{A}^*\boldsymbol{B}^{-1}|=$________.

二、计算题

1. 设$A=\frac{1}{2}\begin{pmatrix}1 & -\sqrt{3}\\ \sqrt{3} & 1\end{pmatrix}$,求$A^{2014}$.

2. 设$A=\begin{pmatrix}3 & 0 & 2\\ 1 & 2 & 0\\ 0 & 4 & 2\end{pmatrix}$,$A^*$是$A$的伴随矩阵,求$(A^*)^{-1}$.

3. 设$A=\begin{pmatrix}0 & a_1 & 0 & \cdots & 0\\ 0 & 0 & a_2 & \cdots & 0\\ \vdots & \vdots & \vdots & & \vdots\\ 0 & 0 & 0 & \cdots & a_{n-1}\\ a_n & 0 & 0 & \cdots & 0\end{pmatrix}$,其中$a_i\neq 0,i=1,2,\cdots,n$,求$A^{-1}$.

4. 求$\begin{pmatrix}a_1b_1 & a_1b_2 & \cdots & a_1b_n\\ a_2b_1 & a_2b_2 & \cdots & a_2b_n\\ \vdots & \vdots & & \vdots\\ a_mb_1 & a_mb_2 & \cdots & a_mb_n\end{pmatrix}$的秩.

5. 设n阶矩阵A,B满足$A+B=AB$,$B=\begin{pmatrix}1 & -3 & 0\\ 2 & 1 & 0\\ 0 & 0 & 2\end{pmatrix}$,求$A$.

6. 已知$A=\begin{pmatrix}1 & 2 & -3\\ 0 & 1 & 2\\ 0 & 0 & 1\end{pmatrix}$,$B=\begin{pmatrix}1 & 2 & 0\\ 0 & 1 & 2\\ 0 & 0 & 1\end{pmatrix}$且满足$(2E-A^{-1}B)C^{\mathrm{T}}=A^{-1}$,求矩阵$C$.

7. 多项式$f(x)=\begin{vmatrix}x & -1 & 0 & x\\ 2 & 2 & 3 & x\\ -7 & 10 & 4 & 3\\ 1 & -7 & 1 & x\end{vmatrix}$,求$f(x)$中常数项的值.

8. 设三阶矩阵$A=\begin{pmatrix}a & b & b\\ b & a & b\\ b & b & a\end{pmatrix}$,若$r(A^*)=1$,求$a,b$的关系.

9. 设矩阵$A=\begin{pmatrix}3 & -2 & a & -16\\ 2 & -3 & 0 & 1\\ 1 & -1 & 1 & -3\\ 3 & b & 1 & -2\end{pmatrix}$,其中$a,b$为参数,求$r(A)$的最大和最小值.

10. 计算行列式$\begin{vmatrix}1-a & a & 0 & 0 & 0\\ -1 & 1-a & a & 0 & 0\\ 0 & -1 & 1-a & a & 0\\ 0 & 0 & -1 & 1-a & a\\ 0 & 0 & 0 & -1 & 1-a\end{vmatrix}$.

三、计算题和证明题

1. 设矩阵 $\boldsymbol{A},\boldsymbol{B}$ 满足 $\boldsymbol{A}^*\boldsymbol{B}\boldsymbol{A}=2\boldsymbol{B}\boldsymbol{A}-8\boldsymbol{E}$，其中 $\boldsymbol{A}=\mathrm{diag}(1,-2,1)$，$\boldsymbol{A}^*$ 为 $\boldsymbol{A}$ 的伴随矩阵，$\boldsymbol{E}$ 为单位矩阵，求矩阵 $\boldsymbol{B}$.

2. 设 $f(x)=x(x-1)(x-2)\cdots(x-n+1)$，计算行列式

$$\begin{vmatrix} f(0) & f(1) & f(2) & \cdots & f(n) \\ f(1) & f(2) & f(3) & \cdots & f(n+1) \\ f(2) & f(3) & f(4) & \cdots & f(n+2) \\ \vdots & \vdots & \vdots & & \vdots \\ f(n) & f(n+1) & f(n+2) & \cdots & f(2n) \end{vmatrix}.$$

3. 证明：若 $\boldsymbol{A},\boldsymbol{B}$ 为 n 阶可逆矩阵，则 $(\boldsymbol{AB})^*=\boldsymbol{B}^*\boldsymbol{A}^*$.

4. 利用分块矩阵，求 $\begin{pmatrix} 2 & 0 & 1 & 0 & 2 \\ 0 & 2 & 0 & 1 & 3 \\ 0 & 0 & 1 & 0 & 0 \\ 0 & 0 & 0 & 1 & 0 \\ 0 & 0 & 0 & 0 & 1 \end{pmatrix}$ 的逆矩阵.

5. 已知 n 阶矩阵 $\boldsymbol{A},\boldsymbol{B}$ 与 $\boldsymbol{A}+\boldsymbol{B}$ 均为可逆矩阵，证明：$\boldsymbol{A}^{-1}+\boldsymbol{B}^{-1}$ 也是可逆矩阵，并求出其逆矩阵.

6. 设 $\boldsymbol{A}^*$ 为 n 阶方阵 A 的伴随矩阵，证明：

(1) 若 $|\boldsymbol{A}|=0$，则 $|\boldsymbol{A}^*|=0$；

(2) $|\boldsymbol{A}^*|=|\boldsymbol{A}|^{n-1}$.

7. 设 $\boldsymbol{A}$ 是 n 阶矩阵，证明 $r(\boldsymbol{A}^*)=\begin{cases} n & r(\boldsymbol{A})=n \\ 1 & r(\boldsymbol{A})=n-1 \\ 0 & r(\boldsymbol{A})<n-1 \end{cases}$.

8. 设 $\boldsymbol{A}=\begin{pmatrix} 2a & 1 & & & & \\ a^2 & 2a & 1 & & & \\ & a^2 & 2a & 1 & & \\ & & \ddots & \ddots & \ddots & \\ & & & a^2 & 2a & 1 \\ & & & & a^2 & 2a \end{pmatrix}$ 是 n 阶矩阵，证明行列式 $|\boldsymbol{A}|=(n+1)a^n$.

第二章　向　量

向量是我们在研究物理学、几何学问题时经常用到的工具.本章我们从代数的角度,以向量为研究对象,讨论 n 维向量及其线性结构、线性相关性等问题.向量是线性代数中最简单的数组,是矩阵的特殊情形,向量的线性结构是研究线性方程组解的结构的基础.

第一节　n 维向量及其运算

本节将几何中二维向量、三维向量的概念推广到 n 维向量,同时给出向量间的线性运算规则.

一、n 维向量及其线性运算

在现实世界中,有许多物理量既有大小,又有方向,如位移、力、速度等,我们把这种既有大小又有方向的量称为向量.向量可用有向线段来表示.二维向量的几何意义是表示平面内的一条有向线段,始点与坐标原点重合时,对应平面内的一个点,因此,二维向量可以用一对有序数组来表示,如 $\boldsymbol{\alpha}=(x,y)$.三维向量的几何意义是空间内的一条有向线段,始点与坐标原点重合时,对应三维空间内的一个点,此时三维向量可用三个数组成的有序数组表示,如 $\boldsymbol{\alpha}=(x,y,z)$.实际上,数学和物理中的许多研究对象需要 3 个以上的实数才能描述,如研究发射中的导弹,除了 3 个实数确定导弹位置,通常还需要研究速度、加速度,也就是说要 4 个或者 5 个实数才能确定导弹的状态.这样我们就可以定义数域上的 n 个数组成的有序数组.

定义 2.1　n 个数组成的有序数组称为 **n 维向量**(vector),记为

$$\boldsymbol{\alpha}=\begin{pmatrix}a_1\\a_2\\\vdots\\a_n\end{pmatrix} \text{或} \boldsymbol{\alpha}^{\mathrm{T}}=(a_1,a_2,\cdots,a_n),$$

$\boldsymbol{\alpha}$ 称为 n **维列向量**,$\boldsymbol{\alpha}^{\mathrm{T}}$ 称为 n **维行向量**,数 a_i 称为向量的**第 i 个分量**(component).

实数域 **R** 上的向量称为实向量(real vector),复数域 **C** 上的向量称为复向量(complex vector).本书中的向量不做特殊说明,都指实向量.

当 $\boldsymbol{\alpha}$ 的所有分量 a_i 为 0 时,$\boldsymbol{\alpha}$ 称为零向量.零向量通常用 **0** 表示,即

$$\mathbf{0}_n=\mathbf{0}=\begin{pmatrix}0\\0\\\vdots\\0\end{pmatrix}.$$

在矩阵 $\boldsymbol{A}=\begin{pmatrix}a_{11}&a_{12}&\cdots&a_{1n}\\a_{21}&a_{22}&\cdots&a_{2n}\\\vdots&\vdots&&\vdots\\a_{m1}&a_{m2}&\cdots&a_{mn}\end{pmatrix}$ 中，每一行 $\boldsymbol{\beta}_i=(a_{i1},a_{i2},\cdots,a_{in})(i=1,2,\cdots,m)$ 都是 n 维行向量，每一列 $\boldsymbol{\alpha}_j=\begin{pmatrix}a_{1j}\\a_{2j}\\\vdots\\a_{mj}\end{pmatrix}(j=1,2,\cdots,n)$ 都是 m 维列向量，它们分别称为矩阵的行向量和列向量. 当 $n=1$ 或 $m=1$ 时，矩阵 $\boldsymbol{A}$ 也可以认为是向量. 也就是说，向量就是特殊的矩阵，它有与矩阵类似的线性运算和运算性质.

定义 2.2 两个 n 维向量 $\boldsymbol{\alpha}=\begin{pmatrix}a_1\\a_2\\\vdots\\a_n\end{pmatrix}$，$\boldsymbol{\beta}=\begin{pmatrix}b_1\\b_2\\\vdots\\b_n\end{pmatrix}$，$k$ 为实数，则 n 维向量

$$\boldsymbol{\alpha}+\boldsymbol{\beta}=\begin{pmatrix}a_1+b_1\\a_2+b_2\\\vdots\\a_n+b_n\end{pmatrix}\text{ 及 }k\boldsymbol{\alpha}=\begin{pmatrix}ka_1\\ka_2\\\vdots\\ka_n\end{pmatrix},$$

分别称为向量 $\boldsymbol{\alpha}$ 与 $\boldsymbol{\beta}$ 的**和**，k 与向量 $\boldsymbol{\alpha}$ 的**数乘**. 当 $a_i=b_i(i=1,\cdots,n)$ 时，称向量 $\boldsymbol{\alpha}$ 与 $\boldsymbol{\beta}$ **相等**，记作 $\boldsymbol{\alpha}=\boldsymbol{\beta}$. 当 $k=-1$ 时，$k\boldsymbol{\alpha}=\begin{pmatrix}-a_1\\-a_2\\\vdots\\-a_n\end{pmatrix}$，称为向量 $\boldsymbol{\alpha}$ 的**负向量**(**negative vector**)，记作 $-\boldsymbol{\alpha}$.

向量的线性运算与平面上矢量的线性运算是一致的. 在平面上，如果矢量 $\boldsymbol{\alpha}=\begin{pmatrix}a_1\\a_2\end{pmatrix}$，$\boldsymbol{\beta}=\begin{pmatrix}b_1\\b_2\end{pmatrix}$，那么 $\boldsymbol{\alpha}+\boldsymbol{\beta}=\begin{pmatrix}a_1+b_1\\a_2+b_2\end{pmatrix}$，$k\boldsymbol{\alpha}=\begin{pmatrix}ka_1\\ka_2\end{pmatrix}$.

向量的加法和数乘运算统称为向量的**线性运算**，它与矩阵的运算律相同，也满足下列运算律，其中 $\boldsymbol{\alpha},\boldsymbol{\beta},\boldsymbol{\gamma}$ 为向量，k,l 为实数：

(1) 加法交换律：$\boldsymbol{\alpha}+\boldsymbol{\beta}=\boldsymbol{\beta}+\boldsymbol{\alpha}$；

(2) 加法结合律：$(\boldsymbol{\alpha}+\boldsymbol{\beta})+\boldsymbol{\gamma}=\boldsymbol{\alpha}+(\boldsymbol{\beta}+\boldsymbol{\gamma})$；

(3) $\boldsymbol{\alpha}+\mathbf{0}=\boldsymbol{\alpha}$；

(4) $\boldsymbol{\alpha}+(-\boldsymbol{\alpha})=\mathbf{0}$；

(5) $1\boldsymbol{\alpha}=\boldsymbol{\alpha}$;

(6) 数乘结合律:$k(l\boldsymbol{\alpha})=(kl)\boldsymbol{\alpha}$;

(7) 数乘分配律:$k(\boldsymbol{\alpha}+\boldsymbol{\beta})=k\boldsymbol{\alpha}+k\boldsymbol{\beta}$;

(8) 数乘分配律:$(k+l)\boldsymbol{\alpha}=k\boldsymbol{\alpha}+l\boldsymbol{\alpha}$.

例 2.1 设 $\boldsymbol{\alpha}_1=\begin{pmatrix}1\\1\\0\end{pmatrix}$,$\boldsymbol{\alpha}_2=\begin{pmatrix}0\\1\\1\end{pmatrix}$,$\boldsymbol{\alpha}_3=\begin{pmatrix}3\\5\\0\end{pmatrix}$. 求 $3\boldsymbol{\alpha}_1+2\boldsymbol{\alpha}_2-\boldsymbol{\alpha}_3$.

解
$$3\boldsymbol{\alpha}_1+2\boldsymbol{\alpha}_2-\boldsymbol{\alpha}_3=3\begin{pmatrix}1\\1\\0\end{pmatrix}+2\begin{pmatrix}0\\1\\1\end{pmatrix}-\begin{pmatrix}3\\5\\0\end{pmatrix}$$
$$=\begin{pmatrix}3\\3\\0\end{pmatrix}+\begin{pmatrix}0\\2\\2\end{pmatrix}-\begin{pmatrix}3\\5\\0\end{pmatrix}=\begin{pmatrix}0\\0\\2\end{pmatrix}.$$

例 2.2 设 $\boldsymbol{\alpha}_1=\begin{pmatrix}2\\-4\\1\\-1\end{pmatrix}$,$\boldsymbol{\alpha}_2=\begin{pmatrix}-3\\-1\\2\\-5\end{pmatrix}$,如果向量 $\boldsymbol{\beta}$ 满足 $3\boldsymbol{\alpha}_1-2(\boldsymbol{\beta}+\boldsymbol{\alpha}_2)=\mathbf{0}$,求 $\boldsymbol{\beta}$.

解 依题意,有 $3\boldsymbol{\alpha}_1-2\boldsymbol{\beta}-2\boldsymbol{\alpha}_2=\mathbf{0}$.

所以 $$\boldsymbol{\beta}=-\frac{1}{2}(2\boldsymbol{\alpha}_2-3\boldsymbol{\alpha}_1)=-\frac{1}{2}\left(2\begin{pmatrix}-3\\-1\\2\\-5\end{pmatrix}-3\begin{pmatrix}2\\-4\\1\\-1\end{pmatrix}\right)=-\frac{1}{2}\begin{pmatrix}-12\\10\\1\\-7\end{pmatrix}=\begin{pmatrix}6\\-5\\-\frac{1}{2}\\\frac{7}{2}\end{pmatrix}.$$

定义 2.3 若干个同维数的列向量(或行向量)所组成的集合称为**向量组**.

例如,一个 $m\times n$ 矩阵

$$\boldsymbol{A}=\begin{pmatrix}a_{11}&a_{12}&\cdots&a_{1n}\\a_{21}&a_{22}&&a_{2n}\\\vdots&\vdots&&\vdots\\a_{m1}&a_{m2}&\cdots&a_{mn}\end{pmatrix},$$

每一列组成的向量组 $\boldsymbol{\alpha}_1,\boldsymbol{\alpha}_2,\cdots,\boldsymbol{\alpha}_n$,称为矩阵 $\boldsymbol{A}$ 的列向量组,而由矩阵 $\boldsymbol{A}$ 的每一行组成的向量组 $\boldsymbol{\beta}_1,\boldsymbol{\beta}_2,\cdots,\boldsymbol{\beta}_m$ 称为矩阵 $\boldsymbol{A}$ 的行向量组.

根据上述讨论,矩阵 $\boldsymbol{A}$ 记为

$$\boldsymbol{A}=(\boldsymbol{\alpha}_1,\boldsymbol{\alpha}_2,\cdots,\boldsymbol{\alpha}_n)\text{或}\boldsymbol{A}=\begin{pmatrix}\boldsymbol{\beta}_1\\\boldsymbol{\beta}_2\\\vdots\\\boldsymbol{\beta}_m\end{pmatrix}.$$

这样,矩阵 $\boldsymbol{A}$ 就与其列向量组或行向量组之间建立了一一对应关系.

二、向量组的线性组合

考察线性方程组

$$\begin{cases} a_{11}x_1+a_{12}x_2+\cdots+a_{1n}x_n=b_1 \\ a_{21}x_1+a_{22}x_2+\cdots+a_{2n}x_n=b_2 \\ \qquad\cdots\cdots \\ a_{m1}x_1+a_{m2}x_2+\cdots+a_{mn}x_n=b_m \end{cases}. \tag{1}$$

令 $\boldsymbol{\alpha}_j=\begin{pmatrix} a_{1j} \\ a_{2j} \\ \vdots \\ a_{mj} \end{pmatrix}(j=1,2,\cdots,n),\boldsymbol{\beta}=\begin{pmatrix} b_1 \\ b_2 \\ \vdots \\ b_m \end{pmatrix}$.

根据矩阵的运算关系,线性方程组(1)可表为如下向量形式:

$$\boldsymbol{\alpha}_1x_1+\boldsymbol{\alpha}_2x_2+\cdots+\boldsymbol{\alpha}_nx_n=\boldsymbol{\beta}. \tag{2}$$

于是,线性方程组(2)是否有解,就相当于是否存在一组数 $x_1,x_2,\cdots,x_n$,使得下列线性关系式成立:

$$\boldsymbol{\beta}=x_1\boldsymbol{\alpha}_1+x_2\boldsymbol{\alpha}_2+\cdots+x_n\boldsymbol{\alpha}_n.$$

定义 2.4 给定向量组 $\boldsymbol{A}:\boldsymbol{\alpha}_1,\boldsymbol{\alpha}_2,\cdots,\boldsymbol{\alpha}_n$,对于任何一组实数 $k_1,k_2,\cdots,k_n$,表达式

$$k_1\boldsymbol{\alpha}_1+k_2\boldsymbol{\alpha}_2+\cdots+k_n\boldsymbol{\alpha}_n$$

称为向量组 $\boldsymbol{A}$ 的**线性组合(linear combination)**,$k_1,k_2,\cdots,k_n$ 称为这个线性组合的系数.

定义 2.5 给定向量组 $\boldsymbol{A}:\boldsymbol{\alpha}_1,\boldsymbol{\alpha}_2,\cdots,\boldsymbol{\alpha}_n$ 和向量 $\boldsymbol{\beta}$,若存在一组数 $k_1,k_2,\cdots,k_n$,使得

$$\boldsymbol{\beta}=k_1\boldsymbol{\alpha}_1+k_2\boldsymbol{\alpha}_2+\cdots+k_n\boldsymbol{\alpha}_n,$$

则称向量 $\boldsymbol{\beta}$ 是向量组 $\boldsymbol{A}$ 的一个**线性组合**,又称向量 $\boldsymbol{\beta}$ 可由向量组 $\boldsymbol{A}$ **线性表示**(或**线性表出**).

例 2.3 零向量是任意向量组 $\boldsymbol{\alpha}_1,\boldsymbol{\alpha}_2,\cdots,\boldsymbol{\alpha}_n$ 的线性组合.这是因为

$$\boldsymbol{0}=0\boldsymbol{\alpha}_1+0\boldsymbol{\alpha}_2+\cdots+0\boldsymbol{\alpha}_n.$$

例 2.4 任何向量都可由它本身所在的向量组线性表示.实际上,向量组 $\boldsymbol{\alpha}_1,\boldsymbol{\alpha}_2,\cdots,\boldsymbol{\alpha}_n$,都有

$$\boldsymbol{\alpha}_i=0\boldsymbol{\alpha}_1+\cdots+0\boldsymbol{\alpha}_{i-1}+1\boldsymbol{\alpha}_i+\cdots+0\boldsymbol{\alpha}_n,i=1,2,\cdots,n.$$

依定义 2.5,我们容易知道:

任何一个 n 维向量 $\boldsymbol{\alpha}=\begin{pmatrix} a_1 \\ a_2 \\ \vdots \\ a_n \end{pmatrix}$ 都是 n 维向量组 $\boldsymbol{\varepsilon}_1=\begin{pmatrix} 1 \\ 0 \\ \vdots \\ 0 \end{pmatrix},\boldsymbol{\varepsilon}_2=\begin{pmatrix} 0 \\ 1 \\ \vdots \\ 0 \end{pmatrix},\cdots,\boldsymbol{\varepsilon}_n=\begin{pmatrix} 0 \\ 0 \\ \vdots \\ 1 \end{pmatrix}$ 的线性

组合. 这是因为 $\boldsymbol{\alpha}=a_1\boldsymbol{\varepsilon}_1+a_2\boldsymbol{\varepsilon}_2+\cdots+a_n\boldsymbol{\varepsilon}_n$. 向量组 $\boldsymbol{\varepsilon}_1,\boldsymbol{\varepsilon}_2,\cdots,\boldsymbol{\varepsilon}_n$ 称为 n **维基本单位向量组**. 任意 n 维向量都可由基本单位向量组唯一地线性表示. 在几何空间中,基本单位向量组相当于直角坐标系中的单位坐标矢量.

那么如何判定向量 $\boldsymbol{\beta}$ 可由向量组 $\boldsymbol{\alpha}_1,\boldsymbol{\alpha}_2,\cdots,\boldsymbol{\alpha}_n$ 线性表示呢? 由线性方程组的一般形式(1)式和向量形式(2)式,可以得到下面的定理.

定理 2.1　$\boldsymbol{\beta}$ 可由向量组 $\boldsymbol{\alpha}_1,\boldsymbol{\alpha}_2,\cdots,\boldsymbol{\alpha}_n$ 线性表示的充分必要条件是以 $\boldsymbol{\alpha}_1,\boldsymbol{\alpha}_2,\cdots,\boldsymbol{\alpha}_n$ 为系数列向量,以向量 $\boldsymbol{\beta}$ 为常数项列向量的线性方程组 $\boldsymbol{\alpha}_1x_1+\boldsymbol{\alpha}_2x_2+\cdots+\boldsymbol{\alpha}_nx_n=\boldsymbol{\beta}$ 有解,并且其中的一个解就是线性表示的一组系数.

例 2.5　已知向量组:$\boldsymbol{\xi}_1=\begin{pmatrix}-\frac{3}{2}\\ \frac{7}{2}\\ 1\\ 0\end{pmatrix},\boldsymbol{\xi}_2=\begin{pmatrix}-1\\ -2\\ 0\\ 1\end{pmatrix},\boldsymbol{\xi}_3=\begin{pmatrix}0\\ 0\\ 0\\ 0\end{pmatrix},\boldsymbol{\xi}_4=\begin{pmatrix}-4\\ 5\\ 2\\ 1\end{pmatrix}$,问:

(1) $\boldsymbol{\xi}_3,\boldsymbol{\xi}_4$ 是否可由 $\boldsymbol{\xi}_1,\boldsymbol{\xi}_2$ 线性表示;

(2) $\boldsymbol{\xi}_4$ 是否可由 $\boldsymbol{\xi}_2,\boldsymbol{\xi}_3$ 线性表示.

解　(1) 因为 $\boldsymbol{\xi}_3=0\boldsymbol{\xi}_1+0\boldsymbol{\xi}_2,\boldsymbol{\xi}_4=2\boldsymbol{\xi}_1+\boldsymbol{\xi}_2$,所以 $\boldsymbol{\xi}_3,\boldsymbol{\xi}_4$ 都是向量组 $\boldsymbol{\xi}_1,\boldsymbol{\xi}_2$ 的线性组合,也就是 $\boldsymbol{\xi}_3,\boldsymbol{\xi}_4$ 都可由 $\boldsymbol{\xi}_1,\boldsymbol{\xi}_2$ 线性表示.

(2) $\boldsymbol{\xi}_4$ 是否可由 $\boldsymbol{\xi}_2,\boldsymbol{\xi}_3$ 线性表示,就看方程组 $x_1\boldsymbol{\xi}_2+x_2\boldsymbol{\xi}_3=\boldsymbol{\xi}_4$ 是否有解,而此方程组

$$\begin{cases}-\ x_1+0x_2=-4\\ -2x_1+0x_2=5\\ 0x_1+0x_2=2\\ x_1+0x_2=1\end{cases}$$

是无解的,所以 $\boldsymbol{\xi}_4$ 不能由 $\boldsymbol{\xi}_2,\boldsymbol{\xi}_3$ 线性表示.

例 2.6　设 $\boldsymbol{\beta}=\begin{pmatrix}3\\ 2\\ 7\end{pmatrix},\boldsymbol{\alpha}_1=\begin{pmatrix}3\\ 1\\ 2\end{pmatrix},\boldsymbol{\alpha}_2=\begin{pmatrix}1\\ 2\\ 3\end{pmatrix},\boldsymbol{\alpha}_3=\begin{pmatrix}2\\ 3\\ 1\end{pmatrix}$,试判断 $\boldsymbol{\beta}$ 是否是向量组 $\boldsymbol{\alpha}_1,\boldsymbol{\alpha}_2,\boldsymbol{\alpha}_3$ 的线性组合.

分析　要判断 $\boldsymbol{\beta}$ 是否可由向量组 $\boldsymbol{\alpha}_1,\boldsymbol{\alpha}_2,\boldsymbol{\alpha}_3$ 线性表示,就是要看是否存在实数 k_1,k_2,k_3,使得 $\boldsymbol{\beta}=k_1\boldsymbol{\alpha}_1+k_2\boldsymbol{\alpha}_2+k_3\boldsymbol{\alpha}_3$ 成立.

解　设 $\boldsymbol{\beta}=k_1\boldsymbol{\alpha}_1+k_2\boldsymbol{\alpha}_2+k_3\boldsymbol{\alpha}_3$,即 $\begin{pmatrix}3\\ 2\\ 7\end{pmatrix}=k_1\begin{pmatrix}3\\ 1\\ 2\end{pmatrix}+k_2\begin{pmatrix}1\\ 2\\ 3\end{pmatrix}+k_3\begin{pmatrix}2\\ 3\\ 1\end{pmatrix}$,也就是

$$\begin{cases}3k_1+k_2+2k_3=3\\ k_1+2k_2+3k_3=2\\ 2k_1+3k_2+1k_3=7\end{cases}.$$

这是以 k_1,k_2,k_3 为未知量的三元一次线性方程组,利用消元法,可解得方程组有唯一解为 $k_1=1,k_2=2,k_3=-1$,所以 $\boldsymbol{\beta}=\boldsymbol{\alpha}_1+2\boldsymbol{\alpha}_2-\boldsymbol{\alpha}_3$ 是向量组 $\boldsymbol{\alpha}_1,\boldsymbol{\alpha}_2,\boldsymbol{\alpha}_3$ 的线性组合.

三、向量组间的线性表示

定义 2.6 设有两个向量组 $A:\boldsymbol{\alpha}_1,\boldsymbol{\alpha}_2,\cdots,\boldsymbol{\alpha}_s$；$B:\boldsymbol{\beta}_1,\boldsymbol{\beta}_2,\cdots,\boldsymbol{\beta}_t$. 若向量组 B 中的每一个向量都能由向量组 A 线性表示，则称**向量组 B 能由向量组 A 线性表示.** 若向量组 A 与向量组 B 能相互线性表示，则称这**两个向量组等价(equivalence)**.

例如，$\boldsymbol{\alpha}_1=\begin{pmatrix}1\\0\end{pmatrix}$，$\boldsymbol{\alpha}_2=\begin{pmatrix}0\\1\end{pmatrix}$与 $\boldsymbol{\beta}_1=\begin{pmatrix}1\\1\end{pmatrix}$，$\boldsymbol{\beta}_2=\begin{pmatrix}1\\-1\end{pmatrix}$，由于 $\boldsymbol{\beta}_1=\boldsymbol{\alpha}_1+\boldsymbol{\alpha}_2$，$\boldsymbol{\beta}_2=\boldsymbol{\alpha}_1-\boldsymbol{\alpha}_2$，$\boldsymbol{\alpha}_1=\frac{1}{2}\boldsymbol{\beta}_1+\frac{1}{2}\boldsymbol{\beta}_2$，$\boldsymbol{\alpha}_2=\frac{1}{2}\boldsymbol{\beta}_1-\frac{1}{2}\boldsymbol{\beta}_2$，可知 $\boldsymbol{\alpha}_1,\boldsymbol{\alpha}_2$ 与 $\boldsymbol{\beta}_1,\boldsymbol{\beta}_2$ 可以相互线性表示，所以 $\boldsymbol{\alpha}_1,\boldsymbol{\alpha}_2$ 与 $\boldsymbol{\beta}_1,\boldsymbol{\beta}_2$ 是等价的向量组.

又如 $\boldsymbol{\alpha}_1=(0,0)^{\mathrm{T}}$，$\boldsymbol{\alpha}_2=(0,3)^{\mathrm{T}}$，$\boldsymbol{\alpha}_3=(0,-1)^{\mathrm{T}}$ 与 $\boldsymbol{\beta}_1=(1,2)^{\mathrm{T}}$，$\boldsymbol{\beta}_2=(1,3)^{\mathrm{T}}$，因为 $\boldsymbol{\alpha}_1=0\boldsymbol{\beta}_1+0\boldsymbol{\beta}_2$，$\boldsymbol{\alpha}_2=-3\boldsymbol{\beta}_1+3\boldsymbol{\beta}_2$，$\boldsymbol{\alpha}_3=\boldsymbol{\beta}_1-\boldsymbol{\beta}_2$，所以 $\boldsymbol{\alpha}_1,\boldsymbol{\alpha}_2,\boldsymbol{\alpha}_3$ 可由 $\boldsymbol{\beta}_1,\boldsymbol{\beta}_2$ 线性表示，但是 $\boldsymbol{\beta}_1,\boldsymbol{\beta}_2$ 不能由 $\boldsymbol{\alpha}_1,\boldsymbol{\alpha}_2,\boldsymbol{\alpha}_3$ 线性表示.

等价向量组有下面 3 个重要性质：

(1) 自反性：每个向量组都与它自身等价；

(2) 对称性：若向量组Ⅰ与向量组Ⅱ等价，则向量组Ⅱ也与向量组Ⅰ等价；

(3) 传递性：若向量组Ⅰ与向量组Ⅱ等价，且向量组Ⅱ与向量组Ⅲ等价，则向量组Ⅰ与向量组Ⅲ等价.

由向量组线性表示的定义可知，如果向量 $\boldsymbol{\alpha}$ 可由向量组 $\boldsymbol{\alpha}_1,\boldsymbol{\alpha}_2,\boldsymbol{\alpha}_s$ 线性表示，向量组 $\boldsymbol{\alpha}_1,\boldsymbol{\alpha}_2,\cdots,\boldsymbol{\alpha}_s$ 可由向量组 $\boldsymbol{\beta}_1,\boldsymbol{\beta}_2,\cdots,\boldsymbol{\beta}_t$ 线性表示，那么 $\boldsymbol{\alpha}$ 可由向量组 $\boldsymbol{\beta}_1,\boldsymbol{\beta}_2,\cdots,\boldsymbol{\beta}_t$ 线性表示.

> **注意**：矩阵等价与向量组等价是两个不同的概念，请读者思考一下它们的联系与区别.

习题 2.1

1. 设 $\boldsymbol{\alpha}=\begin{pmatrix}2\\0\\-1\\3\end{pmatrix}$，$\boldsymbol{\beta}=\begin{pmatrix}1\\7\\4\\-2\end{pmatrix}$，$\boldsymbol{\gamma}=\begin{pmatrix}0\\1\\0\\1\end{pmatrix}$.

(1) 求 $2\boldsymbol{\alpha}+\boldsymbol{\beta}-3\boldsymbol{\gamma}$；(2) 若有 $\boldsymbol{x}$ 满足 $3\boldsymbol{\alpha}-\boldsymbol{\beta}+5\boldsymbol{\gamma}+2\boldsymbol{x}=\boldsymbol{0}$，求 $\boldsymbol{x}$.

2. 设 $2\boldsymbol{\alpha}+3\boldsymbol{\beta}=\begin{pmatrix}-1\\1\\4\\2\end{pmatrix}$，$3\boldsymbol{\alpha}+\boldsymbol{\beta}=\begin{pmatrix}2\\1\\0\\1\end{pmatrix}$，求 $\boldsymbol{\alpha},\boldsymbol{\beta}$.

3. 把向量 $\boldsymbol{\beta}=\begin{pmatrix}-1\\1\\5\end{pmatrix}$ 表成向量组 $\boldsymbol{\alpha}_1=\begin{pmatrix}1\\2\\3\end{pmatrix}$，$\boldsymbol{\alpha}_2=\begin{pmatrix}0\\1\\4\end{pmatrix}$，$\boldsymbol{\alpha}_3=\begin{pmatrix}2\\3\\6\end{pmatrix}$ 的线性组合.

4. 把向量 $\boldsymbol{\beta}=\begin{pmatrix}4\\5\\5\end{pmatrix}$ 表成向量组 $\boldsymbol{\alpha}_1=\begin{pmatrix}1\\2\\3\end{pmatrix}$，$\boldsymbol{\alpha}_2=\begin{pmatrix}-1\\1\\4\end{pmatrix}$，$\boldsymbol{\alpha}_3=\begin{pmatrix}3\\3\\4\end{pmatrix}$ 的线性组合.

5. 已知向量组 $\boldsymbol{B}$：$\boldsymbol{\beta}_1,\boldsymbol{\beta}_2,\boldsymbol{\beta}_3$ 由向量组 $\boldsymbol{A}$：$\boldsymbol{\alpha}_1,\boldsymbol{\alpha}_2,\boldsymbol{\alpha}_3$ 线性表示的表达式为

$$\boldsymbol{\beta}_1=\boldsymbol{\alpha}_1-\boldsymbol{\alpha}_2+\boldsymbol{\alpha}_3,\boldsymbol{\beta}_2=\boldsymbol{\alpha}_1+\boldsymbol{\alpha}_2-\boldsymbol{\alpha}_3,\boldsymbol{\beta}_3=-\boldsymbol{\alpha}_1+\boldsymbol{\alpha}_2+\boldsymbol{\alpha}_3,$$

试将向量组 $\boldsymbol{A}$ 的向量由向量组 $\boldsymbol{B}$ 的向量线性表示.

6. 两个等价向量组所包含的向量个数是否必须相等吗？试举例说明.

第二节　向量组的线性相关性

向量组的线性相关性是在一组 n 维向量中建立的向量之间的一种关系，它是线性代数中最重要的基本概念之一.

一、向量组线性相关的定义

定义 2.7　设有 n 维向量组 $\boldsymbol{\alpha}_1,\boldsymbol{\alpha}_2,\cdots,\boldsymbol{\alpha}_s$，如果存在一组不全为零的数 $k_1,k_2,\cdots,k_s$，使得

$$k_1\boldsymbol{\alpha}_1+k_2\boldsymbol{\alpha}_2+\cdots+k_s\boldsymbol{\alpha}_s=\boldsymbol{0} \tag{3}$$

成立，则称向量组 $\boldsymbol{\alpha}_1,\boldsymbol{\alpha}_2,\cdots,\boldsymbol{\alpha}_s$ **线性相关(linear dependence)**，否则就称向量组 $\boldsymbol{\alpha}_1,\boldsymbol{\alpha}_2,\cdots,\boldsymbol{\alpha}_s$ **线性无关(linear independence)**.

由定义容易看出：

(1) 线性无关的定义也可叙述成：对于向量组 $\boldsymbol{\alpha}_1,\boldsymbol{\alpha}_2,\cdots,\boldsymbol{\alpha}_s$，如果(3)式成立，即

$$k_1\boldsymbol{\alpha}_1+k_2\boldsymbol{\alpha}_2+\cdots+k_s\boldsymbol{\alpha}_s=\boldsymbol{0},$$

则必有 $k_1=k_2=\cdots=k_s=0$.

(2) 一个向量组线性相关或者线性无关，二者必居其一.

(3) 单个向量 $\boldsymbol{\alpha}$ 构成的向量组线性相关的充要条件是 $\boldsymbol{\alpha}=\boldsymbol{0}$.

(4) 两个非零向量组成的向量组是线性相关的当且仅当这两个向量的分量成比例.

线性相关的概念是线性代数中较为抽象的概念，我们从几何的角度来看一下它所描述的意义.

假设两个非零向量 $\boldsymbol{\alpha}_1,\boldsymbol{\alpha}_2$ 线性相关，则存在不全为 0 的数 k_1,k_2，使得 $k_1\boldsymbol{\alpha}_1+k_2\boldsymbol{\alpha}_2=\boldsymbol{0}$. 不妨设 $k_1\neq0$，于是 $\boldsymbol{\alpha}_1=-\dfrac{k_2}{k_1}\boldsymbol{\alpha}_2$，即表示两个向量成比例. 将 $\boldsymbol{\alpha}_1,\boldsymbol{\alpha}_2$ 看成平面几何中的二维向量，此时 $\boldsymbol{\alpha}_1,\boldsymbol{\alpha}_2$ 共线. 反之，若 $\boldsymbol{\alpha}_1,\boldsymbol{\alpha}_2$ 共线，则 $\boldsymbol{\alpha}_1=l\boldsymbol{\alpha}_2,l\neq0$，即 $\boldsymbol{\alpha}_1-l\boldsymbol{\alpha}_2=\boldsymbol{0}$，显然 $1,-l$ 全不为 0，所以 $\boldsymbol{\alpha}_1,\boldsymbol{\alpha}_2$ 线性相关. 也就是说，在二维平面上，两个非零向量线性相关等价于两个向量共线. 这一结论可以推广到三维几何空间中，3 个三维的非零向量 $\boldsymbol{\alpha}_1,\boldsymbol{\alpha}_2,\boldsymbol{\alpha}_3$ 线性相关等价于这 3 个向量共面.

例 2.7 (1) 向量组 $\mathbf{0},\boldsymbol{\alpha}_1,\boldsymbol{\alpha}_2,\boldsymbol{\alpha}_3$ 必线性相关.

(2) 向量组 $\boldsymbol{\alpha}_1,\boldsymbol{\alpha}_1,\boldsymbol{\alpha}_2,\boldsymbol{\alpha}_3$ 必线性相关.

证明 (1) 因为

$$1\mathbf{0}+0\boldsymbol{\alpha}_1+0\boldsymbol{\alpha}_2+0\boldsymbol{\alpha}_3=\mathbf{0},$$

其中 1,0,0,0 是不全为 0 的系数,故向量组 $\mathbf{0},\boldsymbol{\alpha}_1,\boldsymbol{\alpha}_2,\boldsymbol{\alpha}_2$ 线性相关.

一般地,包含零向量的任何向量组线性相关.

(2) 因为

$$1\boldsymbol{\alpha}_1+(-1)\boldsymbol{\alpha}_1+0\boldsymbol{\alpha}_2+0\boldsymbol{\alpha}_3=\mathbf{0},$$

其中 $1,-1,0,0$ 是不全为 0 的系数,故向量组 $\boldsymbol{\alpha}_1,\boldsymbol{\alpha}_1,\boldsymbol{\alpha}_2,\boldsymbol{\alpha}_3$ 线性相关.

一般地,向量组中若至少有两个向量相同,则此向量组一定线性相关.

例 2.8 设 $\boldsymbol{\alpha}_1=\begin{pmatrix}1\\-2\\3\end{pmatrix},\boldsymbol{\alpha}_2=\begin{pmatrix}0\\2\\-5\end{pmatrix},\boldsymbol{\alpha}_3=\begin{pmatrix}2\\0\\-4\end{pmatrix}$,分别讨论向量组 $\boldsymbol{\alpha}_1,\boldsymbol{\alpha}_2$ 及向量组 $\boldsymbol{\alpha}_1,\boldsymbol{\alpha}_2,\boldsymbol{\alpha}_3$ 是线性相关还是线性无关.

解 考察线性方程组 $\lambda_1\boldsymbol{\alpha}_1+\lambda_2\boldsymbol{\alpha}_2=\mathbf{0}$,即

$$\lambda_1\begin{pmatrix}1\\-2\\3\end{pmatrix}+\lambda_2\begin{pmatrix}0\\2\\-5\end{pmatrix}=\begin{pmatrix}0\\0\\0\end{pmatrix},$$

也就是 $\begin{cases}\lambda_1=0\\-2\lambda_1+2\lambda_2=0\\3\lambda_1-5\lambda_2=0\end{cases}$,解得 $\lambda_1=\lambda_2=0$,就是说方程组 $\lambda_1\boldsymbol{\alpha}_1+\lambda_2\boldsymbol{\alpha}_2=\mathbf{0}$ 仅有零解,所以向量组 $\boldsymbol{\alpha}_1,\boldsymbol{\alpha}_2$ 线性无关.

考察线性方程组 $\lambda_1\boldsymbol{\alpha}_1+\lambda_2\boldsymbol{\alpha}_2+\lambda_3\boldsymbol{\alpha}_3=\mathbf{0}$,即

$$\lambda_1\begin{pmatrix}1\\-2\\3\end{pmatrix}+\lambda_2\begin{pmatrix}0\\2\\-5\end{pmatrix}+\lambda_3\begin{pmatrix}2\\0\\-4\end{pmatrix}=\begin{pmatrix}0\\0\\0\end{pmatrix},$$

我们容易求出该方程组有一个非零解:$\lambda_1=-2,\lambda_2=-2,\lambda_3=1$,所以向量组 $\boldsymbol{\alpha}_1,\boldsymbol{\alpha}_2,\boldsymbol{\alpha}_3$ 线性相关.

在此例中,有 $0\boldsymbol{\alpha}_1+0\boldsymbol{\alpha}_2+0\boldsymbol{\alpha}_3=\mathbf{0}$ 成立,但是我们不能说 $\boldsymbol{\alpha}_1,\boldsymbol{\alpha}_2,\boldsymbol{\alpha}_3$ 线性无关,请读者思考这是为什么.

例 2.9 设向量组 $\boldsymbol{\alpha}_1,\boldsymbol{\alpha}_2,\boldsymbol{\alpha}_3$ 线性无关,$\boldsymbol{\beta}_1=\boldsymbol{\alpha}_1+\boldsymbol{\alpha}_2,\boldsymbol{\beta}_2=\boldsymbol{\alpha}_2+\boldsymbol{\alpha}_3,\boldsymbol{\beta}_3=\boldsymbol{\alpha}_3+\boldsymbol{\alpha}_1$,试证向量组 $\boldsymbol{\beta}_1,\boldsymbol{\beta}_2,\boldsymbol{\beta}_3$ 也线性无关.

证明 考虑 $\lambda_1\boldsymbol{\beta}_1+\lambda_2\boldsymbol{\beta}_2+\lambda_3\boldsymbol{\beta}_3=\mathbf{0}$,即

$\lambda_1(\boldsymbol{\alpha}_1+\boldsymbol{\alpha}_2)+\lambda_2(\boldsymbol{\alpha}_2+\boldsymbol{\alpha}_3)+\lambda_3(\boldsymbol{\alpha}_3+\boldsymbol{\alpha}_1)=\mathbf{0}$,整理得

$$(\lambda_1+\lambda_3)\boldsymbol{\alpha}_1+(\lambda_1+\lambda_2)\boldsymbol{\alpha}_2+(\lambda_2+\lambda_3)\boldsymbol{\alpha}_3=\mathbf{0},$$

因为向量组 $\boldsymbol{\alpha}_1,\boldsymbol{\alpha}_2,\boldsymbol{\alpha}_3$ 线性无关,所以有

$$\begin{cases}\lambda_1+\quad+\lambda_3=0\\ \lambda_1+\lambda_2\qquad=0,\\ \qquad\lambda_2+\lambda_3=0\end{cases}$$

用消元法解得 $\lambda_1=0,\lambda_2=0,\lambda_3=0$，因为此方程组只有零解，所以 $\boldsymbol{\beta}_1,\boldsymbol{\beta}_2,\boldsymbol{\beta}_3$ 线性无关.

二、向量组线性相关与线性无关的判定

下面讨论对于线性相关和线性无关的两类向量组，其中的向量之间会具有什么样的关系.

定理 2.2 向量组 $\boldsymbol{\alpha}_1,\boldsymbol{\alpha}_2,\cdots,\boldsymbol{\alpha}_s(s\geqslant 2)$ 线性相关的充分必要条件是其中至少有一个向量是其余 $(s-1)$ 个向量的线性组合.

证明 必要性.

设 $\boldsymbol{\alpha}_1,\boldsymbol{\alpha}_2,\cdots,\boldsymbol{\alpha}_s$ 线性相关，则存在一组不全为零的数 $\lambda_1,\lambda_2,\cdots,\lambda_s$，使得

$$\lambda_1\boldsymbol{\alpha}_1+\lambda_2\boldsymbol{\alpha}_2+\cdots\lambda_s\boldsymbol{\alpha}_s=\mathbf{0},$$

不妨设 $\lambda_1\neq 0$，于是

$$\boldsymbol{\alpha}_1=\left(-\frac{\lambda_2}{\lambda_1}\right)\boldsymbol{\alpha}_2+\left(-\frac{\lambda_3}{\lambda_1}\right)\boldsymbol{\alpha}_3+\cdots+\left(-\frac{\lambda_s}{\lambda_1}\right)\boldsymbol{\alpha}_s,$$

即 $\boldsymbol{\alpha}_1$ 为 $\boldsymbol{\alpha}_2,\cdots,\boldsymbol{\alpha}_s$ 的线性组合.

充分性.

设 $\boldsymbol{\alpha}_1,\boldsymbol{\alpha}_2,\cdots,\boldsymbol{\alpha}_s$ 中至少有一个向量是其余向量的线性组合，不妨设

$$\boldsymbol{\alpha}_1=\lambda_2\boldsymbol{\alpha}_2+\lambda_3\boldsymbol{\alpha}_3+\cdots+\lambda_s\boldsymbol{\alpha}_s,$$

则存在一组不全为零的数 $-1,\lambda_2,\cdots,\lambda_s$，使

$$-1\boldsymbol{\alpha}_1+\lambda_2\boldsymbol{\alpha}_2+\lambda_3\boldsymbol{\alpha}_3+\cdots+\lambda_s\boldsymbol{\alpha}_s=\mathbf{0},$$

即 $\boldsymbol{\alpha}_1,\boldsymbol{\alpha}_2,\cdots,\boldsymbol{\alpha}_s$ 线性相关.

推论 2.1 向量组 $\boldsymbol{\alpha}_1,\boldsymbol{\alpha}_2,\cdots,\boldsymbol{\alpha}_s(s\geqslant 2)$ 线性无关的充分必要条件是：其中每一个向量都不能由其余向量线性表示.

推论 2.1 表明，一个向量组线性无关，那它其中的向量谁也表示不了谁，它们是无关的.

定理 2.3 设有列向量组 $\boldsymbol{\alpha}_j=\begin{pmatrix}a_{1j}\\a_{2j}\\\vdots\\a_{nj}\end{pmatrix}$，$j=1,2,\cdots,s$，则向量组线性相关的充分必要条件是矩阵 $\boldsymbol{A}=(\boldsymbol{\alpha}_1,\boldsymbol{\alpha}_2,\cdots,\boldsymbol{\alpha}_s)$ 的秩小于向量的个数 s.

此定理的另一说法是：n 维列向量组 $\boldsymbol{\alpha}_1,\boldsymbol{\alpha}_2,\cdots,\boldsymbol{\alpha}_s$ 线性无关的充分必要条件是矩阵 $\boldsymbol{A}=(\boldsymbol{\alpha}_1,\boldsymbol{\alpha}_2,\cdots,\boldsymbol{\alpha}_s)$ 的秩等于向量的个数 s.

例如，矩阵 $\begin{pmatrix}1&0&0\\0&1&0\\0&0&1\end{pmatrix}$ 的秩为 3，等于矩阵的列数即矩阵的列向量的个数，则列向量组

$\begin{pmatrix}1\\0\\0\end{pmatrix},\begin{pmatrix}0\\1\\0\end{pmatrix},\begin{pmatrix}0\\0\\1\end{pmatrix}$线性无关；矩阵 $\boldsymbol{\alpha}_1=\begin{pmatrix}1&0&2\\-2&2&0\\3&-5&-4\end{pmatrix}$ 的秩为 2，小于矩阵的列向量的个数，则向量组 $\begin{pmatrix}1\\-2\\3\end{pmatrix},\begin{pmatrix}0\\2\\-5\end{pmatrix},\begin{pmatrix}2\\0\\-4\end{pmatrix}$ 线性相关，这和例 2.8 中的结论是一致的.

由此可知，遇到具体的向量组判定线性相关性的问题，只需构造一个以这些向量为列向量的矩阵，求该矩阵的秩，然后根据定理 2.3 做出判断即可.

例 2.10 判断向量组 $\boldsymbol{\alpha}_1=\begin{pmatrix}1\\2\\-1\\5\end{pmatrix},\boldsymbol{\alpha}_2=\begin{pmatrix}2\\-1\\1\\1\end{pmatrix},\boldsymbol{\alpha}_3=\begin{pmatrix}4\\3\\-1\\11\end{pmatrix}$ 是否线性相关.

解 因为

$$\boldsymbol{A}=(\boldsymbol{\alpha}_1,\boldsymbol{\alpha}_2,\boldsymbol{\alpha}_3)=\begin{pmatrix}1&2&4\\2&-1&3\\-1&1&-1\\5&1&11\end{pmatrix}\xrightarrow[r_4-5r_1]{\substack{r_2-2r_1\\r_3+r_1}}\begin{pmatrix}1&2&4\\0&-5&-5\\0&3&3\\0&-9&-9\end{pmatrix}$$

$$\xrightarrow[r_4+9r_2]{\substack{r_2\times(-1/5)\\r_3-3r_2}}\begin{pmatrix}1&2&4\\0&1&1\\0&0&0\\0&0&0\end{pmatrix},r(\boldsymbol{A})=2<3,$$

所以向量组 $\boldsymbol{\alpha}_1,\boldsymbol{\alpha}_2,\boldsymbol{\alpha}_3$ 线性相关.

根据定理 2.3，读者可以证明如下几个结论：

推论 2.2 基本单位向量组 $\boldsymbol{\varepsilon}_1,\boldsymbol{\varepsilon}_2,\cdots,\boldsymbol{\varepsilon}_n$ 是线性无关的.

推论 2.3 n 个 n 维向量线性相关的充分必要条件是它们所构成的行列式的值等于 0.

推论 2.4 当向量组中所含向量的个数大于向量的维数时，此向量组线性相关. 有时，我们简单说成 $(n+1)$ 个 n 维向量必线性相关.

推论 2.5 设向量组 $\boldsymbol{\alpha}_1,\boldsymbol{\alpha}_2,\cdots,\boldsymbol{\alpha}_n$ 线性无关，且

$$\boldsymbol{\beta}_1=c_{11}\boldsymbol{\alpha}_1+c_{12}\boldsymbol{\alpha}_2+\cdots+c_{1n}\boldsymbol{\alpha}_n,$$
$$\boldsymbol{\beta}_2=c_{21}\boldsymbol{\alpha}_1+c_{22}\boldsymbol{\alpha}_2+\cdots+c_{2n}\boldsymbol{\alpha}_n,$$
$$\cdots\cdots$$
$$\boldsymbol{\beta}_n=c_{n1}\boldsymbol{\alpha}_1+c_{n2}\boldsymbol{\alpha}_2+\cdots+c_{nn}\boldsymbol{\alpha}_n,$$

则向量组 $\boldsymbol{\beta}_1,\boldsymbol{\beta}_2,\cdots,\boldsymbol{\beta}_n$ 线性无关的充要条件是 $r(c_{ij})_{n\times n}=n$，或者 $\det(c_{ij})_{n\times n}\neq 0$.

以上这些结论可以直接用来研究向量组的线性相关性.

例 2.11 讨论向量组的线性相关性：

(1) $\boldsymbol{\alpha}_1=\begin{pmatrix}1\\-2\\3\end{pmatrix},\boldsymbol{\alpha}_2=\begin{pmatrix}0\\2\\-5\end{pmatrix},\boldsymbol{\alpha}_3=\begin{pmatrix}2\\0\\-4\end{pmatrix}$；

(2) $\boldsymbol{\alpha}_1=\begin{pmatrix}1\\2\\0\\1\end{pmatrix},\boldsymbol{\alpha}_2=\begin{pmatrix}1\\3\\0\\-1\end{pmatrix},\boldsymbol{\alpha}_3=\begin{pmatrix}-1\\-1\\1\\0\end{pmatrix}$.

解 (1)向量组 $\boldsymbol{\alpha}_1,\boldsymbol{\alpha}_2,\boldsymbol{\alpha}_3$ 的维数等于向量的个数,可以构成方阵,我们利用推论 2.3 进行讨论.

因为$|\boldsymbol{\alpha}_1\quad\boldsymbol{\alpha}_2\quad\boldsymbol{\alpha}_3|=\begin{vmatrix}1&0&2\\-2&2&0\\3&-5&-4\end{vmatrix}=0$,所以向量组 $\boldsymbol{\alpha}_1,\boldsymbol{\alpha}_2,\boldsymbol{\alpha}_3$ 线性相关.

(2) 因为

$$\boldsymbol{A}=(\boldsymbol{\alpha}_1,\boldsymbol{\alpha}_2,\boldsymbol{\alpha}_3)=\begin{pmatrix}1&1&-1\\2&3&-1\\0&0&1\\1&-1&0\end{pmatrix}\xrightarrow[r_4-r_1]{r_2-2r_1}\begin{pmatrix}1&1&-1\\0&1&1\\0&0&1\\0&-2&1\end{pmatrix}\xrightarrow{r_4+2r_2}\begin{pmatrix}1&1&-1\\0&1&1\\0&0&1\\0&0&3\end{pmatrix}$$

$$\xrightarrow{r_4-3r_3}\begin{pmatrix}1&1&-1\\0&1&1\\0&0&1\\0&0&0\end{pmatrix}.$$

$r(\boldsymbol{A})=3$,所以此向量组线性无关.

例 2.12 判别下列向量组的线性相关性:

(1) $\boldsymbol{\beta}_1=\begin{pmatrix}1\\2\end{pmatrix},\boldsymbol{\beta}_2=\begin{pmatrix}2\\-1\end{pmatrix},\boldsymbol{\beta}_3=\begin{pmatrix}4\\3\end{pmatrix}$;

(2) $\boldsymbol{\beta}_1=(m-1)\boldsymbol{\alpha}_1+3\boldsymbol{\alpha}_2+\boldsymbol{\alpha}_3$,
$\boldsymbol{\beta}_2=2\boldsymbol{\alpha}_1+(m+1)\boldsymbol{\alpha}_2+\boldsymbol{\alpha}_3$,
$\boldsymbol{\beta}_3=-2\boldsymbol{\alpha}_1-(m+1)\boldsymbol{\alpha}_2+(m-1)\boldsymbol{\alpha}_3$,

其中向量组 $\boldsymbol{\alpha}_1,\boldsymbol{\alpha}_2,\boldsymbol{\alpha}_3$ 线性无关.

解 (1) 因为向量组的维数 2 小于其向量的个数 3,所以向量组 $\boldsymbol{\beta}_1,\boldsymbol{\beta}_2,\boldsymbol{\beta}_3$ 是线性相关的.

(2) 我们可以利用上述的推论 2.5 来判别.

$$\begin{vmatrix}m-1&3&1\\2&m+1&1\\-2&-m-1&m-1\end{vmatrix}=m(m-\sqrt{7})(m+\sqrt{7}),$$

当 $m\neq0$ 且 $m\neq\pm\sqrt{7}$时,向量组 $\boldsymbol{\beta}_1,\boldsymbol{\beta}_2,\boldsymbol{\beta}_3$ 线性无关;

当 $m=0$ 或 $m=\pm\sqrt{7}$时,向量组 $\boldsymbol{\beta}_1,\boldsymbol{\beta}_2,\boldsymbol{\beta}_3$ 线性相关.

定理 2.4 设向量组 $\boldsymbol{\alpha}_1,\boldsymbol{\alpha}_2,\cdots,\boldsymbol{\alpha}_s$ 线性无关,而 $\boldsymbol{\alpha}_1,\boldsymbol{\alpha}_2,\cdots,\boldsymbol{\alpha}_s,\boldsymbol{\beta}$ 线性相关,则 $\boldsymbol{\beta}$ 必是 $\boldsymbol{\alpha}_1,\boldsymbol{\alpha}_2,\cdots,\boldsymbol{\alpha}_s$ 的线性组合,且线性表示式唯一.

证明 先证明 $\boldsymbol{\beta}$ 是向量组 $\boldsymbol{\alpha}_1,\boldsymbol{\alpha}_2,\cdots,\boldsymbol{\alpha}_s$ 的线性组合.

因为向量组 $\boldsymbol{\alpha}_1,\boldsymbol{\alpha}_2,\cdots,\boldsymbol{\alpha}_s,\boldsymbol{\beta}$ 线性相关，因而存在一组不全为零的数 $\boldsymbol{\lambda}_1,\boldsymbol{\lambda}_2,\cdots,\boldsymbol{\lambda}_s$ 及 $\boldsymbol{\lambda}$，使

$$\lambda_1\boldsymbol{\alpha}_1+\lambda_2\boldsymbol{\alpha}_2+\cdots\lambda_s\boldsymbol{\alpha}_s+\lambda\boldsymbol{\beta}=\mathbf{0},$$

其中 $\lambda\neq0$. 否则，上式就成为

$$\lambda_1\boldsymbol{\alpha}_1+\lambda_2\boldsymbol{\alpha}_2+\cdots+\lambda_s\boldsymbol{\alpha}_s=\mathbf{0},$$

且 $\lambda_1,\lambda_2,\cdots,\lambda_s$ 不全为零，这与 $\boldsymbol{\alpha}_1,\boldsymbol{\alpha}_2,\cdots,\boldsymbol{\alpha}_s$ 线性无关矛盾，因此 $\lambda\neq0$. 故

$$\boldsymbol{\beta}=\left(-\frac{\lambda_1}{\lambda}\right)\boldsymbol{\alpha}_1+\left(-\frac{\lambda_2}{\lambda}\right)\boldsymbol{\alpha}_2+\cdots+\left(-\frac{\lambda_s}{\lambda}\right)\boldsymbol{\alpha}_s,$$

即 $\boldsymbol{\beta}$ 是向量组 $\boldsymbol{\alpha}_1,\boldsymbol{\alpha}_2,\cdots,\boldsymbol{\alpha}_s$ 的线性组合.

再证线性表示式唯一.

如果 $\boldsymbol{\beta}=\lambda_1\boldsymbol{\alpha}_1+\lambda_2\boldsymbol{\alpha}_2+\cdots\lambda_s\boldsymbol{\alpha}_s$ 且 $\boldsymbol{\beta}=\mu_1\boldsymbol{\alpha}_1+\mu_2\boldsymbol{\alpha}_2+\cdots+\mu_s\boldsymbol{\alpha}_s$，则

$$(\lambda_1-\mu_1)\boldsymbol{\alpha}_1+(\lambda_2-\mu_2)\boldsymbol{\alpha}_2+\cdots+(\lambda_s-\mu_s)\boldsymbol{\alpha}_s=\mathbf{0}.$$

由 $\boldsymbol{\alpha}_1,\boldsymbol{\alpha}_2,\cdots,\boldsymbol{\alpha}_s$ 线性无关可知

$$\lambda_1-\mu_1=\lambda_2-\mu_2=\cdots=\lambda_s-\mu_s=0,$$

从而 $\lambda_1=\mu_1,\lambda_2=\mu_2,\cdots,\lambda_s=\mu_s$，所以线性表示式是唯一的. 得证.

由定理 2.4，我们不难看出，任何一个 n 维向量 $\boldsymbol{\alpha}=(a_1,a_2,\cdots,a_n)^{\mathrm{T}}$ 都可由 n 维基本单位向量组 $\boldsymbol{\varepsilon}_1=(1,0,\cdots,0)^{\mathrm{T}},\boldsymbol{\varepsilon}_2=(0,1,\cdots,0)^{\mathrm{T}},\cdots,\boldsymbol{\varepsilon}_n=(0,0,\cdots,1)^{\mathrm{T}}$ 唯一地线性表示.

例 2.13 若 n 个 n 维向量 $\boldsymbol{\alpha}_1,\boldsymbol{\alpha}_2,\cdots,\boldsymbol{\alpha}_n$ 线性无关. 证明：任一 n 维向量都可以由 $\boldsymbol{\alpha}_1,\boldsymbol{\alpha}_2,\cdots,\boldsymbol{\alpha}_n$ 线性表示.

证明 设 $\boldsymbol{\beta}$ 是 n 维向量，$\boldsymbol{\alpha}_1,\boldsymbol{\alpha}_2,\cdots,\boldsymbol{\alpha}_n$ 线性无关. 由于 $(n+1)$ 个 n 维向量 $\boldsymbol{\alpha}_1,\boldsymbol{\alpha}_2,\cdots,\boldsymbol{\alpha}_n,\boldsymbol{\beta}$ 一定线性相关，因此，由定理 2.4 知，$\boldsymbol{\beta}$ 可以由 $\boldsymbol{\alpha}_1,\boldsymbol{\alpha}_2,\cdots,\boldsymbol{\alpha}_n$ 线性表示.

例 2.14 已知 $\boldsymbol{\alpha}_1=\begin{pmatrix}1\\0\\2\\3\end{pmatrix},\boldsymbol{\alpha}_2=\begin{pmatrix}1\\1\\3\\5\end{pmatrix},\boldsymbol{\alpha}_3=\begin{pmatrix}1\\-1\\a\\1\end{pmatrix},\boldsymbol{\beta}=\begin{pmatrix}1\\b\\4\\7\end{pmatrix}$.

(1) a 为何值时，向量组 $\boldsymbol{\alpha}_1,\boldsymbol{\alpha}_2,\boldsymbol{\alpha}_3$ 线性相关？

(2) a,b 为何值时，$\boldsymbol{\beta}$ 可由向量组 $\boldsymbol{\alpha}_1,\boldsymbol{\alpha}_2,\boldsymbol{\alpha}_3$ 唯一地线性表示？

解 (1)

$$\boldsymbol{A}=(\boldsymbol{\alpha}_1,\boldsymbol{\alpha}_2,\boldsymbol{\alpha}_3)=\begin{pmatrix}1&1&1\\0&1&-1\\2&3&a\\3&5&1\end{pmatrix}\xrightarrow[r_4-3r_1]{r_3-2r_1}\begin{pmatrix}1&1&1\\0&1&-1\\0&1&a-2\\0&2&-2\end{pmatrix}\xrightarrow[r_4-2r_2]{r_3-r_2}\begin{pmatrix}1&1&1\\0&1&-1\\0&0&a-1\\0&0&0\end{pmatrix}.$$

当 $a=1$ 时，$r(\boldsymbol{A})=2<3$，向量组 $\boldsymbol{\alpha}_1,\boldsymbol{\alpha}_2,\boldsymbol{\alpha}_3$ 线性相关.

(2) $\widetilde{\boldsymbol{A}}=(\boldsymbol{\alpha}_1,\boldsymbol{\alpha}_2,\boldsymbol{\alpha}_3,\boldsymbol{\beta})=\begin{pmatrix}1&1&1&1\\0&1&-1&b\\2&3&a&4\\3&5&1&7\end{pmatrix}\xrightarrow[r_4-3r_1]{r_3-2r_1}\begin{pmatrix}1&1&1&1\\0&1&-1&b\\0&1&a-2&2\\0&2&-2&4\end{pmatrix}\xrightarrow[r_4-2r_2]{r_3-r_2}$

$$\begin{pmatrix}1&1&1&1\\0&1&-1&b\\0&0&a-1&2-b\\0&0&0&4-2b\end{pmatrix}.$$

当 $a\neq1,b=2$ 时,$r(\boldsymbol{A})=3,r(\widetilde{\boldsymbol{A}})=3<4$,即 $\boldsymbol{\alpha}_1,\boldsymbol{\alpha}_2,\boldsymbol{\alpha}_3$ 线性无关,而 $\boldsymbol{\alpha}_1,\boldsymbol{\alpha}_2,\boldsymbol{\alpha}_3,\boldsymbol{\beta}$ 线性相关,依定理 2.4,$\boldsymbol{\beta}$ 可由向量组 $\boldsymbol{\alpha}_1,\boldsymbol{\alpha}_2,\boldsymbol{\alpha}_3$ 唯一地线性表示.

三、两个向量组间的线性关系

定理 2.5 (1) 向量组中有一部分向量(称为部分组)线性相关,则整个向量组线性相关;

(2) 线性无关的向量组中任何一个部分组皆线性无关.

证明 (1)设向量组 $\boldsymbol{\alpha}_1,\boldsymbol{\alpha}_2,\cdots,\boldsymbol{\alpha}_n$ 中有 s 个向量的部分组线性相关,不妨设 $\boldsymbol{\alpha}_1,\boldsymbol{\alpha}_2,\cdots,\boldsymbol{\alpha}_s$ 线性相关,则存在一组不全为零的数 $\lambda_1,\lambda_2,\cdots,\lambda_s$,使得

$$\lambda_1\boldsymbol{\alpha}_1+\lambda_2\boldsymbol{\alpha}_2+\cdots\lambda_s\boldsymbol{\alpha}_s=\boldsymbol{0}$$

成立,因而存在一组不全为零的数 $\lambda_1,\lambda_2,\cdots,\lambda_s,0,\cdots,0$,使得

$$\lambda_1\boldsymbol{\alpha}_1+\lambda_2\boldsymbol{\alpha}_2+\cdots+\lambda_s\boldsymbol{\alpha}_s+0\boldsymbol{\alpha}_{s+1}+\cdots+0\boldsymbol{\alpha}_n=\boldsymbol{0}$$

成立,即 $\boldsymbol{\alpha}_1,\boldsymbol{\alpha}_2,\cdots,\boldsymbol{\alpha}_n$ 线性相关.

(2) 利用反证法可以证明,请读者可以自己完成.

定理 2.5 给出了向量个数的增减与线性相关的关系,我们可以类似给出向量维数的增减与线性相关的关系如下.

定理 2.6 设 $\boldsymbol{\alpha}_1,\boldsymbol{\alpha}_2,\cdots,\boldsymbol{\alpha}_s$ 为 m 维列向量,$\boldsymbol{\beta}_1,\boldsymbol{\beta}_2,\cdots,\boldsymbol{\beta}_s$ 为 n 维列向量,令

$$\boldsymbol{\gamma}_1=\begin{pmatrix}\boldsymbol{\alpha}_1\\\boldsymbol{\beta}_1\end{pmatrix},\boldsymbol{\gamma}_2=\begin{pmatrix}\boldsymbol{\alpha}_2\\\boldsymbol{\beta}_2\end{pmatrix},\cdots,\boldsymbol{\gamma}_s=\begin{pmatrix}\boldsymbol{\alpha}_s\\\boldsymbol{\beta}_s\end{pmatrix},$$

则 $\boldsymbol{\gamma}_1,\boldsymbol{\gamma}_2,\cdots,\boldsymbol{\gamma}_s$ 为 $m+n$ 维列向量,如果 $\boldsymbol{\alpha}_1,\boldsymbol{\alpha}_2,\cdots,\boldsymbol{\alpha}_s$ 线性无关,则 $\boldsymbol{\gamma}_1,\boldsymbol{\gamma}_2,\cdots,\boldsymbol{\gamma}_s$ 线性无关;如果 $\boldsymbol{\gamma}_1,\boldsymbol{\gamma}_2,\cdots,\boldsymbol{\gamma}_s$ 线性相关,则 $\boldsymbol{\alpha}_1,\boldsymbol{\alpha}_2,\cdots,\boldsymbol{\alpha}_s$ 线性相关.

读者可以仿照定理 2.5 的方法证明此定理.此定理改为行向量也成立.

定理 2.7 设有两向量组

$$\boldsymbol{A}:\boldsymbol{\alpha}_1,\boldsymbol{\alpha}_2,\cdots,\boldsymbol{\alpha}_s,\boldsymbol{B}:\boldsymbol{\beta}_1,\boldsymbol{\beta}_2,\cdots,\boldsymbol{\beta}_t,$$

向量组 $\boldsymbol{B}$ 可由向量组 $\boldsymbol{A}$ 线性表示,若 $s<t$,则向量组 $\boldsymbol{B}$ 线性相关.

此定理请读者自己证明或查阅相关资料.(提示:由矩阵的秩的性质(6)可得)

例如，$\boldsymbol{\beta}_1=\boldsymbol{\alpha}_1+\boldsymbol{\alpha}_2$，$\boldsymbol{\beta}_2=\boldsymbol{\alpha}_1+2\boldsymbol{\alpha}_2$，$\boldsymbol{\beta}_3=\boldsymbol{\alpha}_1-\boldsymbol{\alpha}_2$，我们把它们看作方程组，由前两个解得$\boldsymbol{\alpha}_1,\boldsymbol{\alpha}_2$，代入第三个方程得到关于$\boldsymbol{\beta}_1,\boldsymbol{\beta}_2,\boldsymbol{\beta}_3$的等式，从而说明$\boldsymbol{\beta}_1,\boldsymbol{\beta}_2,\boldsymbol{\beta}_3$线性相关.

推论 2.6 向量$\boldsymbol{B}$可由向量组$\boldsymbol{A}$线性表示，若向量组$\boldsymbol{B}$线性无关，则$s\geqslant t$.

推论 2.7 设向量组$\boldsymbol{A}$与$\boldsymbol{B}$可以相互线性表示，若$\boldsymbol{A}$与$\boldsymbol{B}$都是线性无关的，则$s=t$，即任意两个等价的线性无关的向量组，它们所含向量的个数相等.

习题 2.2

1. 判别下列向量组是否线性相关，请说明理由.

(1) $\boldsymbol{\alpha}_1=\begin{pmatrix}2\\2\\7\\-1\end{pmatrix},\boldsymbol{\alpha}_2=\begin{pmatrix}3\\-1\\2\\4\end{pmatrix},\boldsymbol{\alpha}_3=\begin{pmatrix}1\\1\\3\\1\end{pmatrix}$；

(2) $\boldsymbol{\alpha}_1=\begin{pmatrix}3\\2\\-5\\4\end{pmatrix},\boldsymbol{\alpha}_2=\begin{pmatrix}3\\-1\\3\\-3\end{pmatrix},\boldsymbol{\alpha}_3=\begin{pmatrix}3\\5\\-13\\11\end{pmatrix}$；

(3) $\boldsymbol{\alpha}_1=\begin{pmatrix}4\\3\\-1\\1\\-1\end{pmatrix},\boldsymbol{\alpha}_2=\begin{pmatrix}2\\1\\-3\\2\\-5\end{pmatrix},\boldsymbol{\alpha}_3=\begin{pmatrix}1\\-3\\0\\1\\-2\end{pmatrix},\boldsymbol{\alpha}_4=\begin{pmatrix}1\\5\\2\\-2\\6\end{pmatrix}$；

(4) $\boldsymbol{\alpha}_1=\begin{pmatrix}1\\-1\\1\\-1\end{pmatrix},\boldsymbol{\alpha}_2=\begin{pmatrix}3\\0\\1\\2\end{pmatrix},\boldsymbol{\alpha}_3=\begin{pmatrix}3\\-3\\3\\-3\end{pmatrix},\boldsymbol{\alpha}_4=\begin{pmatrix}1\\2\\3\\4\end{pmatrix}$；

(5) $\boldsymbol{\alpha}_1=\begin{pmatrix}1\\-1\\0\\3\end{pmatrix},\boldsymbol{\alpha}_2=\begin{pmatrix}2\\3\\1\\-1\end{pmatrix},\boldsymbol{\alpha}_3=\begin{pmatrix}0\\5\\0\\1\end{pmatrix},\boldsymbol{\alpha}_4=\begin{pmatrix}2\\2\\3\\0\end{pmatrix},\boldsymbol{\alpha}_5=\begin{pmatrix}6\\1\\0\\0\end{pmatrix}$.

2. 已知$\boldsymbol{\alpha}_1=\begin{pmatrix}1\\1\\0\\1\end{pmatrix},\boldsymbol{\alpha}_2=\begin{pmatrix}0\\1\\k\\4\end{pmatrix},\boldsymbol{\alpha}_3=\begin{pmatrix}2\\1\\-2\\-2\end{pmatrix}$线性相关，求$k$.

3. 证明：若$\boldsymbol{\alpha},\boldsymbol{\beta}$线性无关，则$\boldsymbol{\alpha}+\boldsymbol{\beta},\boldsymbol{\beta}$也线性无关.

4. 证明：若$\boldsymbol{\alpha}_1,\boldsymbol{\alpha}_2,\cdots,\boldsymbol{\alpha}_s,\boldsymbol{\beta}$线性无关，则$\boldsymbol{\alpha}_1+\boldsymbol{\beta},\boldsymbol{\alpha}_2+\boldsymbol{\beta},\cdots,\boldsymbol{\alpha}_s+\boldsymbol{\beta}$也线性无关.

5. 已知$\boldsymbol{\alpha}_1,\boldsymbol{\alpha}_2,\boldsymbol{\alpha}_3$线性相关，$\boldsymbol{\alpha}_2,\boldsymbol{\alpha}_3,\boldsymbol{\alpha}_4$线性无关，证明：

(1) $\boldsymbol{\alpha}_1$可由$\boldsymbol{\alpha}_2,\boldsymbol{\alpha}_3$唯一地线性表示；

(2) $\boldsymbol{\alpha}_4$不可由$\boldsymbol{\alpha}_1,\boldsymbol{\alpha}_2,\boldsymbol{\alpha}_3$线性表示.（提示：反证法，用(1)的结论）

6. 设 $\boldsymbol{\alpha}_1=\begin{pmatrix}1\\1\\1\end{pmatrix},\boldsymbol{\alpha}_2=\begin{pmatrix}1\\2\\3\end{pmatrix},\boldsymbol{\alpha}_3=\begin{pmatrix}1\\3\\t\end{pmatrix}$.

(1) 问 t 为何值时,向量组 $\boldsymbol{\alpha}_1,\boldsymbol{\alpha}_2,\boldsymbol{\alpha}_3$ 线性无关?

(2) 问 t 为何值时,向量组 $\boldsymbol{\alpha}_1,\boldsymbol{\alpha}_2,\boldsymbol{\alpha}_3$ 线性相关?

第三节　向量组的极大线性无关组与向量组的秩

一个向量组可能含有很多向量,甚至是无穷多个.如果对每个向量都进行研究,情况会比较复杂.我们希望从向量组中选取一部分向量作为代表,它能够表示出向量组中的所有向量,本节引入极大线性无关组就是为了解决这一问题.实际上,n 维向量空间中的基本单位向量组 $\boldsymbol{\varepsilon}_1,\boldsymbol{\varepsilon}_2,\cdots,\boldsymbol{\varepsilon}_n$ 就起到了这一作用.因为这 n 个向量本身线性无关,并且可以线性表示出 n 维空间中的所有向量.

一、向量组的极大线性无关组

定义 2.8　设 $\boldsymbol{\alpha}_1,\boldsymbol{\alpha}_2,\cdots,\boldsymbol{\alpha}_r$ 是某一向量组 $\boldsymbol{A}$ 的部分组,如果满足下面两个条件:

(1) $\boldsymbol{\alpha}_1,\boldsymbol{\alpha}_2,\cdots,\boldsymbol{\alpha}_r$ 线性无关;

(2) 向量组 $\boldsymbol{A}$ 中的每一个向量都可以由 $\boldsymbol{\alpha}_1,\boldsymbol{\alpha}_2,\cdots,\boldsymbol{\alpha}_r$ 线性表示,那么称 $\boldsymbol{\alpha}_1,\boldsymbol{\alpha}_2,\cdots,\boldsymbol{\alpha}_r$ 是向量组 $\boldsymbol{A}$ 的一个**极大线性无关组(maximal linearly independent subset)**,简称**极大无关组**.

例如,一个 2 维向量组 $\boldsymbol{\alpha}_1=(1,0),\boldsymbol{\alpha}_2=(0,1),\boldsymbol{\alpha}_3=(1,1),\boldsymbol{\alpha}_4=(0,2)$,其部分向量组 $\boldsymbol{\alpha}_1=(1,0),\boldsymbol{\alpha}_2=(0,1)$线性无关,且能表示向量 $\boldsymbol{\alpha}_1,\boldsymbol{\alpha}_2,\boldsymbol{\alpha}_3,\boldsymbol{\alpha}_4$,所以向量组 $\boldsymbol{\alpha}_1,\boldsymbol{\alpha}_2$ 是向量组 $\boldsymbol{\alpha}_1,\boldsymbol{\alpha}_2,\boldsymbol{\alpha}_3,\boldsymbol{\alpha}_4$ 的一个极大线性无关组,同样 $\boldsymbol{\alpha}_1,\boldsymbol{\alpha}_3$ 也是一个极大线性无关组,可见向量组的极大线性无关组可能不止一个.读者还能找出其他的极大无关组吗?

注意:一个向量组的极大线性无关组 $\boldsymbol{\alpha}_1,\boldsymbol{\alpha}_2,\cdots,\boldsymbol{\alpha}_r$ 应该具有以下性质

(1) 无关性:这 r 个向量组成的部分组线性无关.

(2) 极大性:这 r 个向量中再增加任一向量得到的$(r+1)$个向量的部分组必定线性相关.

定义 2.8 也有其他等价说法:

(1) $\boldsymbol{A}_0$ 是向量组 $\boldsymbol{A}$ 的部分线性无关组,若 $\boldsymbol{A}$ 中其他向量可由 $\boldsymbol{A}_0$ 线性表示,则称 $\boldsymbol{A}_0$ 为向量组 $\boldsymbol{A}$ 的极大线性无关组.

(2) $\boldsymbol{A}_0$ 是向量组 $\boldsymbol{A}$ 的部分线性无关组,若 $\boldsymbol{A}_0$ 与 $\boldsymbol{A}$ 等价,则称 $\boldsymbol{A}_0$ 为向量组 $\boldsymbol{A}$ 的极大线性无关组.

(3) $\boldsymbol{\alpha}_1,\boldsymbol{\alpha}_2,\cdots,\boldsymbol{\alpha}_s$ 是向量组 $\boldsymbol{A}$ 的部分线性无关组,任取 $\boldsymbol{A}$ 中一个向量 $\boldsymbol{\beta}$,若 $\boldsymbol{\alpha}_1,\boldsymbol{\alpha}_2,\cdots,\boldsymbol{\alpha}_s,\boldsymbol{\beta}$ 线性相关,则称 $\boldsymbol{\alpha}_1,\boldsymbol{\alpha}_2,\cdots,\boldsymbol{\alpha}_s$ 为向量组 $\boldsymbol{A}$ 的极大线性无关组.

由极大线性无关组的定义容易得到:

定理 2.8 一个向量组线性无关的充分必要条件是它的极大线性无关组就是它本身.

下面讨论如何求向量组的极大线性无关组. 首先给出一个定理.

定理 2.9 矩阵经过初等行变换不改变列向量之间的线性关系.

设 $\boldsymbol{A}=(\boldsymbol{\alpha}_1,\boldsymbol{\alpha}_2,\cdots,\boldsymbol{\alpha}_n)$经过初等行变换变成 $\boldsymbol{B}=(\boldsymbol{\beta}_1,\boldsymbol{\beta}_2,\cdots,\boldsymbol{\beta}_n)$，那么 $\boldsymbol{\alpha}_1,\boldsymbol{\alpha}_2,\cdots,\boldsymbol{\alpha}_n$ 之间存在的线性关系，$\boldsymbol{\beta}_1,\boldsymbol{\beta}_2,\cdots,\boldsymbol{\beta}_n$ 之间同样存在. 例如，若 $\boldsymbol{\alpha}_1=2\boldsymbol{\alpha}_2+3\boldsymbol{\alpha}_3$，则必定有 $\boldsymbol{\beta}_1=2\boldsymbol{\beta}_2+3\boldsymbol{\beta}_3$；若 $\boldsymbol{\alpha}_1,\boldsymbol{\alpha}_3,\boldsymbol{\alpha}_4$ 是线性相关的，则 $\boldsymbol{\beta}_1,\boldsymbol{\beta}_3,\boldsymbol{\beta}_4$ 也是线性相关的. 由初等变换的可逆性，反之也成立.

例 2.15 求向量组 $\boldsymbol{\alpha}_1=\begin{pmatrix}1\\2\\2\end{pmatrix},\boldsymbol{\alpha}_2=\begin{pmatrix}1\\0\\-1\end{pmatrix},\boldsymbol{\alpha}_3=\begin{pmatrix}2\\2\\1\end{pmatrix},\boldsymbol{\alpha}_4=\begin{pmatrix}2\\4\\4\end{pmatrix}$ 的极大线性无关组，并将其余向量用此极大线性无关组线性表示.

解 通过初等行变换有

$$(\boldsymbol{\alpha}_1,\boldsymbol{\alpha}_2,\boldsymbol{\alpha}_3,\boldsymbol{\alpha}_4)=\begin{pmatrix}1&1&2&2\\2&0&2&4\\2&-1&1&4\end{pmatrix}\xrightarrow[r_3-2r_1]{r_2-2r_1}\begin{pmatrix}1&1&2&2\\0&-2&-2&0\\0&-3&-3&0\end{pmatrix}\xrightarrow[r_3-r_2]{\substack{r_2\times\left(-\frac{1}{2}\right)\\ r_3\times\left(-\frac{1}{3}\right)}}\begin{pmatrix}1&1&2&2\\0&1&1&0\\0&0&0&0\end{pmatrix}$$

$$\xrightarrow{r_1-r_2}\begin{pmatrix}1&0&1&2\\0&1&1&0\\0&0&0&0\end{pmatrix}.$$

向量 $\begin{pmatrix}1\\0\\0\end{pmatrix},\begin{pmatrix}0\\1\\0\end{pmatrix}$ 是单位坐标向量，故线性无关，而且 $\begin{pmatrix}1\\1\\0\end{pmatrix}=\begin{pmatrix}1\\0\\0\end{pmatrix}+\begin{pmatrix}0\\1\\0\end{pmatrix},\begin{pmatrix}2\\0\\0\end{pmatrix}=2\begin{pmatrix}1\\0\\0\end{pmatrix}$，根据定理 2.9，$\boldsymbol{\alpha}_1,\boldsymbol{\alpha}_2$ 线性无关，$\boldsymbol{\alpha}_3=\boldsymbol{\alpha}_1+\boldsymbol{\alpha}_2,\boldsymbol{\alpha}_4=2\boldsymbol{\alpha}_1$，于是 $\boldsymbol{\alpha}_3,\boldsymbol{\alpha}_4$ 可由 $\boldsymbol{\alpha}_1,\boldsymbol{\alpha}_2$ 线性表示，因此，向量组 $\boldsymbol{\alpha}_1,\boldsymbol{\alpha}_2$ 是向量组 $\boldsymbol{\alpha}_1,\boldsymbol{\alpha}_2,\boldsymbol{\alpha}_3,\boldsymbol{\alpha}_4$ 的极大线性无关组.

在此例中，我们还可以选取其他部分向量组作为极大无关组，如向量组 $\boldsymbol{\alpha}_1,\boldsymbol{\alpha}_3$，或 $\boldsymbol{\alpha}_2,\boldsymbol{\alpha}_3$，或 $\boldsymbol{\alpha}_2,\boldsymbol{\alpha}_4$，或 $\boldsymbol{\alpha}_3,\boldsymbol{\alpha}_4$，但 $\boldsymbol{\alpha}_1,\boldsymbol{\alpha}_4$ 不能构成向量组 $\boldsymbol{\alpha}_1,\boldsymbol{\alpha}_2,\boldsymbol{\alpha}_3,\boldsymbol{\alpha}_4$ 的极大无关组，读者能找到原因吗?

在此例中，我们用初等行变换，为什么不用初等列变换? 如果将 $\boldsymbol{\alpha}_1,\boldsymbol{\alpha}_2,\boldsymbol{\alpha}_3,\boldsymbol{\alpha}_4$ 转置成行向量构成矩阵，该如何用初等变换求其极大无关组? 请读者自己思考.

在此例中，我们看出极大线性无关组的向量是不唯一的，但是个数相等，下面就此进行讨论.

定理 2.10 向量组与它的任意一个极大线性无关组等价.

证明 设 $\boldsymbol{\alpha}_{i_1},\boldsymbol{\alpha}_{i_2},\cdots,\boldsymbol{\alpha}_{i_r}$ 是向量组 $\boldsymbol{\alpha}_1,\boldsymbol{\alpha}_2,\cdots,\boldsymbol{\alpha}_s$ 的任一极大线性无关组. 由定义 2.8，$\boldsymbol{\alpha}_1,\boldsymbol{\alpha}_2,\cdots,\boldsymbol{\alpha}_s$ 中的每一个向量均可由 $\boldsymbol{\alpha}_{i_1},\boldsymbol{\alpha}_{i_2},\cdots,\boldsymbol{\alpha}_{i_r}$ 线性表示，从而向量组 $\boldsymbol{\alpha}_1,\boldsymbol{\alpha}_2,\cdots,\boldsymbol{\alpha}_s$ 可由向量组 $\boldsymbol{\alpha}_{i_1},\boldsymbol{\alpha}_{i_2},\cdots,\boldsymbol{\alpha}_{i_r}$ 线性表示.

另一方面，$\boldsymbol{\alpha}_{i_1},\boldsymbol{\alpha}_{i_2},\cdots,\boldsymbol{\alpha}_{i_r}$ 中的每一个向量可由其所在向量组 $\boldsymbol{\alpha}_1,\boldsymbol{\alpha}_2,\cdots,\boldsymbol{\alpha}_s$ 线性表示，即向量组 $\boldsymbol{\alpha}_{i_1},\boldsymbol{\alpha}_{i_2},\cdots,\boldsymbol{\alpha}_{i_r}$ 可由向量组 $\boldsymbol{\alpha}_1,\boldsymbol{\alpha}_2,\cdots,\boldsymbol{\alpha}_s$ 线性表示. 定理得证.

定理 2.11 向量组的任意两个极大线性无关组相互等价，从而所含向量的个数相等.

证明 由定理 2.10,向量组的任意两个极大线性无关组都与该向量组等价. 由于向量组的等价关系具有传递性,从而向量组的任意两个极大线性无关组是等价的. 由推论 2.7,它们含有的向量个数相同.

于是我们看到,一个向量组的极大线性无关组可以不止一个,但是它的极大线性无关组中所包含的向量个数却是相同的. 这一不变量在向量组的研究中发挥着重要作用,这就是下面所要讨论的向量组的秩.

二、向量组的秩及其求法

定义 2.9 向量组的极大线性无关组所含向量的个数称为该向量组的**秩**(**rank**),记为 $r(\boldsymbol{\alpha}_1,\boldsymbol{\alpha}_2,\cdots,\boldsymbol{\alpha}_n)$.

规定,只含零向量的向量组的秩为 0.

如例 2.15,$r(\boldsymbol{\alpha}_1,\boldsymbol{\alpha}_2,\boldsymbol{\alpha}_3,\boldsymbol{\alpha}_4)=2$. 依向量组的秩的定义,我们易得另一个向量组线性无关判别方法,即:

定理 2.12 向量组 $\boldsymbol{\alpha}_1,\boldsymbol{\alpha}_2,\cdots,\boldsymbol{\alpha}_n$ 线性无关的充分必要条件是向量组的秩 $r(\boldsymbol{\alpha}_1,\boldsymbol{\alpha}_2,\cdots,\boldsymbol{\alpha}_n)=n$.

与定理 2.12 等价的命题就是:向量组 $\boldsymbol{\alpha}_1,\boldsymbol{\alpha}_2,\cdots,\boldsymbol{\alpha}_n$ 线性相关的充分必要条件是向量组的秩 $r(\boldsymbol{\alpha}_1,\boldsymbol{\alpha}_2,\cdots,\boldsymbol{\alpha}_n)<n$.

我们一般利用矩阵来求向量组的秩,向量组的秩与矩阵的秩关系如下.

定理 2.13 矩阵 $\boldsymbol{A}$ 的秩等于其行向量组的秩,也等于其列向量组的秩.

证明 我们对行向量组的情形进行证明,列的向量组的情形类似可证.

设矩阵 $\boldsymbol{A}$ 的秩为 r,则 $\boldsymbol{A}$ 必有一个 r 阶子式 $|\boldsymbol{D}_1|\neq 0$,不妨设 $\boldsymbol{D}_1$ 是由这前 r 个行的左起前 r 个分量排成,即

$$\boldsymbol{D}_1=\begin{pmatrix} a_{1,1} & \cdots & a_{1,r} \\ \vdots & & \vdots \\ a_{r,1} & \cdots & a_{r,r} \end{pmatrix}=\begin{pmatrix} \boldsymbol{\alpha}_1 \\ \vdots \\ \boldsymbol{\alpha}_r \end{pmatrix},$$

则 $\boldsymbol{\alpha}_1,\boldsymbol{\alpha}_2,\cdots,\boldsymbol{\alpha}_r$ 线性无关. 延长此 r 个行向量,成为矩阵 $\boldsymbol{A}$ 的 r 个行向量,依定理 2.6,它们也线性无关,也就是说 $\boldsymbol{A}$ 中不为 0 的 r 阶子式所在的 r 个行向量线性无关. 下面再说明这 r 个行向量就是 $\boldsymbol{A}$ 行向量组的极大无关组.

任取 $\boldsymbol{A}$ 的第 $r+l$ 行,其左起前 r 个分量形成的 r 维向量 $\boldsymbol{\alpha}_{r+l}$,加入 $\boldsymbol{D}_1$ 中,构成 $(r+1)$ 行 r 列的矩阵,即

$$\boldsymbol{D}_2=\begin{pmatrix} a_{1,1} & \cdots & a_{1,r} \\ \vdots & & \vdots \\ a_{r,1} & \cdots & a_{r,r} \\ a_{r+l,1} & \cdots & a_{r+l,r} \end{pmatrix}=\begin{pmatrix} \boldsymbol{\alpha}_1 \\ \vdots \\ \boldsymbol{\alpha}_r \\ \boldsymbol{\alpha}_{r+l} \end{pmatrix},$$

因为向量组 $\boldsymbol{\alpha}_1,\boldsymbol{\alpha}_2,\cdots,\boldsymbol{\alpha}_r,\boldsymbol{\alpha}_{r+l}$ 的向量个数超过向量的维数,所以 $\boldsymbol{\alpha}_1,\boldsymbol{\alpha}_2,\cdots,\boldsymbol{\alpha}_r,\boldsymbol{\alpha}_{r+l}$ 线性相关,即 $\boldsymbol{\alpha}_{r+l}$ 可由 $\boldsymbol{\alpha}_1,\boldsymbol{\alpha}_2,\cdots,\boldsymbol{\alpha}_r$ 唯一地线性表示,设为

$$\boldsymbol{\alpha}_{r+l}=c_1\boldsymbol{\alpha}_1+c_2\boldsymbol{\alpha}_2+\cdots c_r\boldsymbol{\alpha}_r,$$

即 $\boldsymbol{\alpha}_1,\boldsymbol{\alpha}_2,\cdots,\boldsymbol{\alpha}_r$ 的每个分量都满足关系式 $a_{r+l,i}=c_1a_{1,i}+\cdots+c_ra_{r,i}$，$1\leqslant i\leqslant r$.

任取 $\boldsymbol{A}$ 的第 i 列前 $(r+1)$ 元素为第 $(r+1)$ 个分量加入到 $\boldsymbol{\alpha}_1,\boldsymbol{\alpha}_2,\cdots,\boldsymbol{\alpha}_r,\boldsymbol{\alpha}_{r+l}$ 中，设

$$\boldsymbol{D}_3=\begin{pmatrix} a_{1,1} & \cdots & a_{1,r} & a_{1,r+i} \\ \vdots & & \vdots & \vdots \\ a_{r,1} & \cdots & a_{r,r} & a_{r,r+i} \\ a_{r+l,1} & \cdots & a_{r+l,r} & a_{r+l,r+i} \end{pmatrix}=\begin{pmatrix} \boldsymbol{\beta}_1 \\ \vdots \\ \boldsymbol{\beta}_r \\ \boldsymbol{\beta}_{r+l} \end{pmatrix},$$

我们对 $\boldsymbol{D}_3$ 进行初等行变换，把第一行乘以 $-c_1$，第二行乘以 $-c_2$，…，第 r 行乘以 $-c_r$，全都加到第 $(r+1)$ 行，则第 $(r+1)$ 行的前 r 个分量都变为 0，设此时第 $(r+1)$ 行的第 $(r+1)$ 个分量为 $c=a_{r+l,r+i}-c_1a_{1,r+i}-\cdots-c_ra_{r,r+i}$，即

$$\boldsymbol{D}_3\to\begin{pmatrix} a_{1,1} & \cdots & a_{1,r} & a_{1,r+i} \\ \vdots & & \vdots & \vdots \\ a_{r,1} & \cdots & a_{r,r} & a_{r,r+i} \\ 0 & \cdots & 0 & c \end{pmatrix}.$$

因为矩阵 $\boldsymbol{A}$ 的秩为 r，则 $\boldsymbol{A}$ 的所有 $(r+1)$ 阶子式全为 0，则 $|\boldsymbol{D}_3|=0$，则 $c=0$，即

$$a_{r+l,r+i}=c_1a_{1,r+i}+\cdots+c_ra_{r,r+i},$$

即有

$$\begin{cases} a_{r+l,1}=c_1a_{1,1}+\cdots+c_ra_{r,1} \\ \cdots\cdots \\ a_{r+l,r}=c_1a_{1,r}+\cdots+c_ra_{r,r} \\ a_{r+l,r+i}=c_1a_{1,r+i}+\cdots+c_ra_{r,r+i} \end{cases}.$$

用向量表示就是

$$\boldsymbol{\beta}_{r+l}=c_1\boldsymbol{\beta}_1+c_2\boldsymbol{\beta}_2+\cdots c_r\boldsymbol{\beta}_r.$$

这就表明，加入第 $(r+1)$ 个分量，关系式 $\boldsymbol{\alpha}_{r+l}=c_1\boldsymbol{\alpha}_1+c_2\boldsymbol{\alpha}_2+\cdots+c_r\boldsymbol{\alpha}_r$ 仍然成立，依 i 的任意性，说明 $\boldsymbol{A}$ 的第 $(r+l)$ 行向量是前 r 行向量组的线性组合，即 $\boldsymbol{A}$ 的任意一行都能被 r 阶子式所在的 r 个行向量线性表示.

综上所述，$\boldsymbol{A}$ 的行向量组的极大无关组向量个数为 r，说明 $\boldsymbol{A}$ 的秩等于 $\boldsymbol{A}$ 的行向量组的秩. 得证.

由定理 2.13 的证明可知，若 $\boldsymbol{D}_r$ 是矩阵 $\boldsymbol{A}$ 的一个最高阶非零子式，则 $\boldsymbol{D}_r$ 所在的 r 列就是矩阵 $\boldsymbol{A}$ 的列向量组的一个极大无关组；$\boldsymbol{D}_r$ 所在的 r 行就是矩阵 $\boldsymbol{A}$ 的行向量组的一个极大无关组.

由于矩阵的秩与列向量组的秩是一致的，所以在求向量组的秩时，只需要将各向量按列写成列向量组，构成矩阵，只做初等行变换，将该矩阵化为行阶梯矩阵，则可直接写出所求向量组的秩和极大线性无关组.

例 2.16 求向量组 $\boldsymbol{\alpha}_1=\begin{pmatrix}1\\2\\3\\4\end{pmatrix},\boldsymbol{\alpha}_2=\begin{pmatrix}2\\3\\4\\5\end{pmatrix},\boldsymbol{\alpha}_3=\begin{pmatrix}3\\4\\5\\6\end{pmatrix},\boldsymbol{\alpha}_4=\begin{pmatrix}4\\5\\6\\7\end{pmatrix}$ 的秩和一个极大线性无关组，并用极大无关组线性表示其余向量.

解 $$(\boldsymbol{\alpha}_1,\boldsymbol{\alpha}_2,\boldsymbol{\alpha}_3,\boldsymbol{\alpha}_4)=\begin{pmatrix}1&2&3&4\\2&3&4&5\\3&4&5&6\\4&5&6&7\end{pmatrix}\xrightarrow{\text{行变换}}\begin{pmatrix}1&2&3&4\\0&-1&-2&-3\\0&0&0&0\\0&0&0&0\end{pmatrix}$$

$$\xrightarrow[r_1-2r_2]{r_2\times(-1)}\begin{pmatrix}1&0&-1&-2\\0&1&2&3\\0&0&0&0\\0&0&0&0\end{pmatrix}=\boldsymbol{A}.$$

由矩阵 $\boldsymbol{A}$ 可知：$\boldsymbol{A}$ 的秩为 2，所以原向量组的秩为 2；$\boldsymbol{A}$ 的第 1，2 列为单位向量，其对应的 $\boldsymbol{\alpha}_1$，$\boldsymbol{\alpha}_2$ 就是一个极大线性无关组；依 $\boldsymbol{A}$ 的第 3，4 列数据，可以得到 $\boldsymbol{\alpha}_3=-\boldsymbol{\alpha}_1+2\boldsymbol{\alpha}_2$，$\boldsymbol{\alpha}_4=-2\boldsymbol{\alpha}_1+3\boldsymbol{\alpha}_2$.

注意：(1) 初等行变换不改变矩阵列向量组的线性相关性，初等列变换不改变矩阵行向量组的线性相关性，所以用列(行)向量构成矩阵时，只能采用行(列)变换来求极大线性无关组；

(2) 如果仅是求向量组的秩，用行与列变换都可以，化为行阶梯矩阵可直接求得秩，秩的数值是唯一的；

(3) 由于矩阵的初等变换是多样的，所以进行行变换所得到的单位列向量不一定如本题 $\boldsymbol{\alpha}_1$，$\boldsymbol{\alpha}_2$ 对应的第 1，2 列，也可能是第 1，3 列(此时 $\boldsymbol{\alpha}_1$，$\boldsymbol{\alpha}_3$ 为一个极大线性无关组)，也可能是其他两列，所以答案不唯一；

(4) 例 2.16 如果没有要求用极大无关组线性表示其余向量，可以不用行变换求出单位列向量，只要化为行阶梯矩阵即可.

例 2.17 设向量组 $\boldsymbol{\alpha}_1=\begin{pmatrix}0\\1\\1\end{pmatrix},\boldsymbol{\alpha}_2=\begin{pmatrix}1\\2\\1\end{pmatrix},\boldsymbol{\alpha}_3=\begin{pmatrix}1\\0\\-1\end{pmatrix}$，以及向量组 $\boldsymbol{\beta}_1=\begin{pmatrix}1\\1\\0\end{pmatrix},\boldsymbol{\beta}_2=\begin{pmatrix}1\\1\\1\end{pmatrix},\boldsymbol{\beta}_3=\begin{pmatrix}2\\a\\b\end{pmatrix}$，确定 a,b，使得 $\boldsymbol{\alpha}_1,\boldsymbol{\alpha}_2,\boldsymbol{\alpha}_3$ 与 $\boldsymbol{\beta}_1,\boldsymbol{\beta}_2,\boldsymbol{\beta}_3$ 的秩相同，且 $\boldsymbol{\beta}_3$ 由 $\boldsymbol{\alpha}_1,\boldsymbol{\alpha}_2,\boldsymbol{\alpha}_3$ 线性表示.

解 $$(\boldsymbol{\alpha}_1,\boldsymbol{\alpha}_2,\boldsymbol{\alpha}_3)=\begin{pmatrix}0&1&1\\1&2&0\\1&1&-1\end{pmatrix}\xrightarrow{\text{行变换}}\begin{pmatrix}1&0&-2\\0&1&1\\0&0&0\end{pmatrix},$$

$\boldsymbol{\alpha}_1,\boldsymbol{\alpha}_2,\boldsymbol{\alpha}_3$ 的秩为 2，$\boldsymbol{\alpha}_1,\boldsymbol{\alpha}_2$ 为其极大无关组；依题意知道 $\boldsymbol{\beta}_1,\boldsymbol{\beta}_2,\boldsymbol{\beta}_3$ 的秩也为 2，所以 $\boldsymbol{\beta}_1,\boldsymbol{\beta}_2,\boldsymbol{\beta}_3$ 线性相关，即有：

$$\begin{vmatrix}1&1&2\\1&1&a\\0&1&b\end{vmatrix}=0,$$

得到 $a=2$. 因为 $\boldsymbol{\beta}_3$ 可以由 $\boldsymbol{\alpha}_1,\boldsymbol{\alpha}_2,\boldsymbol{\alpha}_3$ 线性表示，所以 $\boldsymbol{\beta}_3$ 也就可由 $\boldsymbol{\alpha}_1,\boldsymbol{\alpha}_2$ 线性表示，于是 $\boldsymbol{\alpha}_1$，$\boldsymbol{\alpha}_2,\boldsymbol{\beta}_3$ 构成的向量组线性相关，所以

$$\begin{vmatrix}0&1&2\\1&2&2\\1&1&b\end{vmatrix}=-b=0,$$

即 $b=0$，综上所述，$a=2,b=0$ 时，满足题意.

例 2.18 设向量 $\boldsymbol{\beta}_1,\boldsymbol{\beta}_2,\boldsymbol{\beta}_3$ 可以由向量组 $\boldsymbol{\alpha}_1,\boldsymbol{\alpha}_2,\boldsymbol{\alpha}_3$ 线性表示，并且 $\boldsymbol{\beta}_1=\boldsymbol{\alpha}_1+\boldsymbol{\alpha}_2,\boldsymbol{\beta}_2=\boldsymbol{\alpha}_2+\boldsymbol{\alpha}_3,\boldsymbol{\beta}_3=\boldsymbol{\alpha}_3+\boldsymbol{\alpha}_1$. 证明：$\boldsymbol{\alpha}_1,\boldsymbol{\alpha}_2,\boldsymbol{\alpha}_3$ 线性无关的充分必要条件是 $\boldsymbol{\beta}_1,\boldsymbol{\beta}_2,\boldsymbol{\beta}_3$ 线性无关.

证明 **证法一** 由已知条件解出 $\boldsymbol{\alpha}_1,\boldsymbol{\alpha}_2,\boldsymbol{\alpha}_3$，将 $\boldsymbol{\beta}_1=\boldsymbol{\alpha}_1+\boldsymbol{\alpha}_2,\boldsymbol{\beta}_2=\boldsymbol{\alpha}_2+\boldsymbol{\alpha}_3,\boldsymbol{\beta}_3=\boldsymbol{\alpha}_3+\boldsymbol{\alpha}_1$，三个式子相加得

$$\boldsymbol{\beta}_1+\boldsymbol{\beta}_2+\boldsymbol{\beta}_3=2(\boldsymbol{\alpha}_1+\boldsymbol{\alpha}_2+\boldsymbol{\alpha}_3),$$

即 $\frac{1}{2}(\boldsymbol{\beta}_1+\boldsymbol{\beta}_2+\boldsymbol{\beta}_3)=\boldsymbol{\alpha}_1+\boldsymbol{\alpha}_2+\boldsymbol{\alpha}_3$，因此

$$\boldsymbol{\alpha}_1=\frac{1}{2}(\boldsymbol{\beta}_1+\boldsymbol{\beta}_2+\boldsymbol{\beta}_3)-\boldsymbol{\beta}_2,$$

$$\boldsymbol{\alpha}_2=\frac{1}{2}(\boldsymbol{\beta}_1+\boldsymbol{\beta}_2+\boldsymbol{\beta}_3)-\boldsymbol{\beta}_3,$$

$$\boldsymbol{\alpha}_3=\frac{1}{2}(\boldsymbol{\beta}_1+\boldsymbol{\beta}_2+\boldsymbol{\beta}_3)-\boldsymbol{\beta}_1.$$

所以，$\boldsymbol{\alpha}_1,\boldsymbol{\alpha}_2,\boldsymbol{\alpha}_3$ 可以由 $\boldsymbol{\beta}_1,\boldsymbol{\beta}_2,\boldsymbol{\beta}_3$ 线性表示. 再由已知条件，我们就证明了这两个向量组是等价的，从而有相同的秩，因此 $\boldsymbol{\alpha}_1,\boldsymbol{\alpha}_2,\boldsymbol{\alpha}_3$ 的秩为 3 当且仅当 $\boldsymbol{\beta}_1,\boldsymbol{\beta}_2,\boldsymbol{\beta}_3$ 的秩为 3，即 $\boldsymbol{\alpha}_1,\boldsymbol{\alpha}_2,\boldsymbol{\alpha}_3$ 线性无关的充分必要条件是 $\boldsymbol{\beta}_1,\boldsymbol{\beta}_2,\boldsymbol{\beta}_3$ 线性无关.

证法二 由已知条件，可得矩阵等式

$$(\boldsymbol{\beta}_1,\boldsymbol{\beta}_2,\boldsymbol{\beta}_3)=(\boldsymbol{\alpha}_1,\boldsymbol{\alpha}_2,\boldsymbol{\alpha}_3)\boldsymbol{P},$$

其中 $\boldsymbol{P}=\begin{pmatrix}1&0&1\\1&1&0\\0&1&1\end{pmatrix}$ 是可逆的，由第一章的结论可知，右乘一可逆矩阵不会改变矩阵的秩，故矩阵 $(\boldsymbol{\beta}_1,\boldsymbol{\beta}_2,\boldsymbol{\beta}_3)$ 与 $(\boldsymbol{\alpha}_1,\boldsymbol{\alpha}_2,\boldsymbol{\alpha}_3)$ 有相同的秩，因此，$\boldsymbol{\alpha}_1,\boldsymbol{\alpha}_2,\boldsymbol{\alpha}_3$ 的秩为 3 当且仅当 $\boldsymbol{\beta}_1,\boldsymbol{\beta}_2,\boldsymbol{\beta}_3$ 的秩为 3，即 $\boldsymbol{\alpha}_1,\boldsymbol{\alpha}_2,\boldsymbol{\alpha}_3$ 线性无关的充分必要条件是 $\boldsymbol{\beta}_1,\boldsymbol{\beta}_2,\boldsymbol{\beta}_3$ 线性无关.

习题 2.3

1. 求向量组 $\boldsymbol{\alpha}_1=\begin{pmatrix}4\\-1\\3\\-2\end{pmatrix},\boldsymbol{\alpha}_2=\begin{pmatrix}8\\-2\\6\\-4\end{pmatrix},\boldsymbol{\alpha}_3=\begin{pmatrix}3\\-1\\4\\-2\end{pmatrix},\boldsymbol{\alpha}_4=\begin{pmatrix}6\\-2\\8\\-4\end{pmatrix}$ 包含 $\boldsymbol{\alpha}_3$ 的所有极大线性无

关组.

2. 已知向量 $\boldsymbol{\alpha}_1=\begin{pmatrix}1\\1\\2\\-4\end{pmatrix}$, $\boldsymbol{\alpha}_2=\begin{pmatrix}2\\-3\\3\\1\end{pmatrix}$, $\boldsymbol{\alpha}_3=\begin{pmatrix}1\\1\\2\\0\end{pmatrix}$, $\boldsymbol{\alpha}_4=\begin{pmatrix}4\\-6\\6\\2\end{pmatrix}$,求该向量组的秩;讨论它的线性相关性;求出它的所有极大线性无关组.

3. 已知向量组 $\boldsymbol{\alpha}_1=\begin{pmatrix}1\\2\\-1\\1\end{pmatrix}$, $\boldsymbol{\alpha}_2=\begin{pmatrix}2\\0\\t\\0\end{pmatrix}$, $\boldsymbol{\alpha}_3=\begin{pmatrix}0\\-4\\5\\-2\end{pmatrix}$ 的秩为 2,求 t.

4. 求下列向量组的秩及一个极大无关组,并用该极大无关组线性表示其余向量.

(1) $\boldsymbol{\alpha}_1=\begin{pmatrix}1\\1\\1\\2\end{pmatrix}$, $\boldsymbol{\alpha}_2=\begin{pmatrix}3\\1\\2\\5\end{pmatrix}$, $\boldsymbol{\alpha}_3=\begin{pmatrix}2\\0\\1\\3\end{pmatrix}$, $\boldsymbol{\alpha}_4=\begin{pmatrix}1\\-1\\0\\1\end{pmatrix}$, $\boldsymbol{\alpha}_5=\begin{pmatrix}4\\2\\3\\7\end{pmatrix}$;

(2) $\boldsymbol{\alpha}_1=\begin{pmatrix}1\\0\\2\\1\end{pmatrix}$, $\boldsymbol{\alpha}_2=\begin{pmatrix}1\\2\\0\\1\end{pmatrix}$, $\boldsymbol{\alpha}_3=\begin{pmatrix}2\\1\\3\\0\end{pmatrix}$, $\boldsymbol{\alpha}_4=\begin{pmatrix}2\\5\\-1\\4\end{pmatrix}$, $\boldsymbol{\alpha}_5=\begin{pmatrix}1\\-1\\3\\-1\end{pmatrix}$.

5. 证明:若向量组 $\boldsymbol{\alpha}_1,\boldsymbol{\alpha}_2,\cdots,\boldsymbol{\alpha}_s$ 与向量组 $\boldsymbol{\alpha}_1,\boldsymbol{\alpha}_2,\cdots,\boldsymbol{\alpha}_s,\boldsymbol{\beta}$ 等秩,则 $\boldsymbol{\beta}$ 可由 $\boldsymbol{\alpha}_1,\boldsymbol{\alpha}_2,\cdots,\boldsymbol{\alpha}_s$ 线性表示.

6. 若向量组 $\boldsymbol{\alpha}_1,\boldsymbol{\alpha}_2,\cdots,\boldsymbol{\alpha}_s$ 的秩为 r,证明:$\boldsymbol{\alpha}_1,\boldsymbol{\alpha}_2,\cdots,\boldsymbol{\alpha}_s$ 中任意 r 个线性无关的向量都构成它的一个极大线性无关组.

第四节　向量空间

向量空间又称为线性空间,是线性代数的一个基本概念,它是学习下一章线性方程组解的结构的基础. 我们以前学过的二维空间和三维空间,分别表示平面空间和立体空间,记作 $\mathbf{R}^2$ 和 $\mathbf{R}^3$. 我们把所有 n 维实列向量的集合记作 $\mathbf{R}^n$.

一、向量空间的定义

定义 2.10　设 $\mathbf{V}$ 是 $\mathbf{R}^n$ 的非空子集,如果 $\mathbf{V}$ 关于线性运算是封闭的,即对任意 $\boldsymbol{\alpha},\boldsymbol{\beta}\in\mathbf{V}$ 和实数 k,有 $\boldsymbol{\alpha}+\boldsymbol{\beta}\in\mathbf{V}$, $k\boldsymbol{\alpha}\in\mathbf{V}$,则称 $\mathbf{V}$ 是 $\mathbf{R}^n$ 的子空间(**subspace**),或简称为**向量空间**(**vector space**).

例 2.19　判别下列集合是否为向量空间.

(1) $\boldsymbol{v}_1=\{(0,x_2,\cdots,x_n)\mid x_2,\cdots,x_n\in\mathbf{R}\}$,

(2) $\boldsymbol{v}_2=\{(1,x_2,\cdots,x_n)\mid x_2,\cdots,x_n\in\mathbf{R}\}$.

解　(1) 因为对于 $\boldsymbol{v}_1$ 的任意两个元素：

$\boldsymbol{\alpha}=(0,a_2,\cdots,a_n),\boldsymbol{\beta}=(0,b_2,\cdots,b_n)\in\boldsymbol{v}_1$，有

$$\boldsymbol{\alpha}+\boldsymbol{\beta}=(0,a_2+b_2,\cdots,a_n+b_n)\in\boldsymbol{v}_1,\lambda\boldsymbol{\alpha}=(0,\lambda a_2,\cdots,\lambda a_n)\in\boldsymbol{v}_1,$$

所以 $\boldsymbol{v}_1$ 是向量空间.

(2) 因为 $\boldsymbol{\alpha}=(1,a_2,\cdots,a_n)\in\boldsymbol{v}_2$，而 $2\boldsymbol{\alpha}=(2,2a_2,\cdots,2a_n)\notin\boldsymbol{v}_2$，所以 $\boldsymbol{v}_2$ 不是向量空间.

显然，2 维向量全体 $\mathbf{R}^2$ 是一向量空间，这是因为任意两个 2 维向量之和仍是 2 维向量；任意一个 2 维向量与一数之积仍是 2 维向量，因此，$\mathbf{R}^2$ 关于 2 维向量的线性运算是封闭的. 类似，$\mathbf{R}^3=\{(x,y,z)\mid x,y,z\in\mathbf{R}\}$ 是向量空间，$\mathbf{R}^n$ 也构成向量空间. 注意到 $\mathbf{R}^2$ 和 $\mathbf{R}^3$ 都具有明确的几何意义，而 $\mathbf{R}^n$ 则不具备这样的几何解释. 我们称 $\mathbf{R}^n$ 和 $\{\mathbf{0}\}$ 为 $\mathbf{R}^n$ 的平凡子空间(**trivial subspace**).

线性方程组 $\boldsymbol{AX}=\mathbf{0}$ 全部解的集合 $\{\boldsymbol{X}\in\mathbf{R}^n\mid\boldsymbol{AX}=\mathbf{0}\}$ 构成该线性方程组的解向量空间，请读者自己证明.

例 2.20　考虑 $\mathbf{R}^3$ 的子集

$$\boldsymbol{W}=\{(x,y,z)^{\mathrm{T}}\in\mathbf{R}^3\mid x-2y+4z=2\}.$$

容易验证，$\boldsymbol{W}$ 关于向量的线性运算不封闭，事实上，$\boldsymbol{\alpha}=(2,0,0)^{\mathrm{T}}\in\boldsymbol{W}$，但 $2\boldsymbol{\alpha}=(4,0,0)^{\mathrm{T}}\notin\boldsymbol{W}$. 因此，$\boldsymbol{W}$ 关于向量的数乘运算不封闭，故 $\boldsymbol{W}$ 不是向量空间.

但是，如果我们给出一个齐次线性方程

$$\boldsymbol{V}=\{(x,y,z)^{\mathrm{T}}\in\mathbf{R}^3\mid x-2y+4z=0\},$$

可以验证集合 $\boldsymbol{V}$ 关于向量的加法和数乘运算封闭，它是一个向量空间.

定义 2.11　设 $\boldsymbol{\alpha}_1,\boldsymbol{\alpha}_2,\cdots,\boldsymbol{\alpha}_s$ 是一组 n 维向量，考虑这组向量的所有可能的线性组合

$$\lambda_1\boldsymbol{\alpha}_1+\lambda_2\boldsymbol{\alpha}_2+\cdots+\lambda_s\boldsymbol{\alpha}_s(\lambda_1,\lambda_2,\cdots,\lambda_s\in\mathbf{R}),$$

它们所组成的集合，显然这个集合是非空的，并且对于线性运算是封闭的，因此它是向量空间. 我们称它是**由 $\boldsymbol{\alpha}_1,\boldsymbol{\alpha}_2,\cdots,\boldsymbol{\alpha}_s$ 生成的向量空间**，记为 $L(\boldsymbol{\alpha}_1,\boldsymbol{\alpha}_2,\cdots,\boldsymbol{\alpha}_s)=\left\{\sum_{i=1}^{s}\lambda_i\boldsymbol{\alpha}_i\mid\lambda_i\in\mathbf{R},i=1,\cdots,s\right\}$，向量组 $\boldsymbol{\alpha}_1,\boldsymbol{\alpha}_2,\cdots,\boldsymbol{\alpha}_s$ 称为此向量空间的一组**生成元**.

二、向量空间的基与维数

定义 2.12　向量空间 $\boldsymbol{V}$ 中向量组 $\boldsymbol{\alpha}_1,\boldsymbol{\alpha}_2,\cdots,\boldsymbol{\alpha}_s$，如果它满足：

(1) $\boldsymbol{\alpha}_1,\boldsymbol{\alpha}_2,\cdots,\boldsymbol{\alpha}_s$ 线性无关；

(2) $\boldsymbol{V}$ 中任一向量 $\boldsymbol{\alpha}$ 都可由 $\boldsymbol{\alpha}_1,\boldsymbol{\alpha}_2,\cdots,\boldsymbol{\alpha}_s$ 线性表示，则称此向量组 $\boldsymbol{\alpha}_1,\boldsymbol{\alpha}_2,\cdots,\boldsymbol{\alpha}_s$ 是向量空间 $\boldsymbol{V}$ 的一组**基**(**basis**).

依定义我们不难看出，$\boldsymbol{V}$ 的一组基就是向量空间 $\boldsymbol{V}$ 的一个极大线性无关组. 向量空间 $\boldsymbol{V}$ 的基可能不止一个，但所有基中的向量个数都为 s.

定义 2.13　如果向量空间 $\boldsymbol{V}$ 的一组基中所含向量的个数为 s，则称 $\boldsymbol{V}$ 为 s 维向量空间，称 s 为向量空间 $\boldsymbol{V}$ 的**维数**(**dimension**)，记为 $\dim\boldsymbol{V}=s$.

> **注意**:(1) 零空间$\{\mathbf{0}\}$没有基,规定 $\dim\{\mathbf{0}\}=0$.
>
> (2) 由条件(2)可得:$\boldsymbol{V}$ 中任意 $r+1$ 个向量线性相关.(请读者自己证明)
>
> (3) 若 $\dim \boldsymbol{V}=r$,则 $\boldsymbol{V}$ 中任意 r 个线性无关的向量都可作为 $\boldsymbol{V}$ 的基.

例 2.21 (1) 在 $\mathbf{R}^n$ 中,n 维基本单位向量组 $\boldsymbol{\varepsilon}_1,\boldsymbol{\varepsilon}_2,\cdots,\boldsymbol{\varepsilon}_n$ 显然是线性无关的,且 $\mathbf{R}^n$ 中任一向量 $\boldsymbol{\alpha}=(a_1,a_2,\cdots,a_n)$都可以表示为 $\boldsymbol{\alpha}=a_1\boldsymbol{\varepsilon}_1+a_2\boldsymbol{\varepsilon}_2+\cdots+a_n\boldsymbol{\varepsilon}_n$,故 $\boldsymbol{\varepsilon}_1,\boldsymbol{\varepsilon}_2,\cdots,\boldsymbol{\varepsilon}_n$ 是 $\mathbf{R}^n$ 的一个基,并且 $\dim \mathbf{R}^n=n$. 此基 $\boldsymbol{\varepsilon}_1,\boldsymbol{\varepsilon}_2,\cdots,\boldsymbol{\varepsilon}_n$ 通常称为常用基或标准基.

(2) 在二次多项式空间 $P_2(x)$中,向量组 $\boldsymbol{\varepsilon}_1=1,\boldsymbol{\varepsilon}_2=x,\boldsymbol{\varepsilon}_3=x^2$ 就是 $P_2(x)$的一个基,故 $\dim P_2(x)=3$.

例 2.22 求 $\boldsymbol{V}=\left\{\begin{pmatrix}x\\y\\0\end{pmatrix}\middle|\, x,y\text{ 是实数}\right\}$的基与维数.

解 因为 $\boldsymbol{\varepsilon}_1=\begin{pmatrix}1\\0\\0\end{pmatrix},\boldsymbol{\varepsilon}_2=\begin{pmatrix}0\\1\\0\end{pmatrix}\in\boldsymbol{V}$ 是线性无关的,且对任意 $\boldsymbol{\alpha}=\begin{pmatrix}x\\y\\0\end{pmatrix}\in\boldsymbol{V}$,有 $\boldsymbol{\alpha}=x\boldsymbol{\varepsilon}_1+y\boldsymbol{\varepsilon}_2$,即 $\boldsymbol{\alpha}$ 可以由 $\boldsymbol{\varepsilon}_1,\boldsymbol{\varepsilon}_2$ 线性表示,因此,$\boldsymbol{\varepsilon}_1,\boldsymbol{\varepsilon}_2$ 是 $\boldsymbol{V}$ 的一组基,从而 $\dim \boldsymbol{V}=2$.

有人会认为,$\boldsymbol{V}$ 中的向量都是 3 维向量,怎么会 $\dim \boldsymbol{V}=2$ 呢? 请读者仔细想一想,其实 $\boldsymbol{V}$ 只是 $\mathbf{R}^3$的一个子集.

定理 2.14 设 $\boldsymbol{\alpha}_1,\boldsymbol{\alpha}_2,\cdots,\boldsymbol{\alpha}_s$ 是向量空间 $\boldsymbol{V}$ 的一组向量,则生成子空间 $L(\boldsymbol{\alpha}_1,\boldsymbol{\alpha}_2,\cdots,\boldsymbol{\alpha}_s)$的维数等于向量组 $\boldsymbol{\alpha}_1,\boldsymbol{\alpha}_2,\cdots,\boldsymbol{\alpha}_s$ 的秩,即

$$\dim L(\boldsymbol{\alpha}_1,\boldsymbol{\alpha}_2,\cdots,\boldsymbol{\alpha}_s)=r(\boldsymbol{\alpha}_1,\boldsymbol{\alpha}_2,\cdots,\boldsymbol{\alpha}_s),$$

且向量组 $\boldsymbol{\alpha}_1,\boldsymbol{\alpha}_2,\cdots,\boldsymbol{\alpha}_s$ 的一个极大无关组就是此子空间的一组基.

证明 设向量组 $\boldsymbol{\alpha}_1,\boldsymbol{\alpha}_2,\cdots,\boldsymbol{\alpha}_s$ 的秩为 r,并设 $\boldsymbol{\alpha}_{i_1},\boldsymbol{\alpha}_{i_2},\cdots,\boldsymbol{\alpha}_{i_r}$ 是它的一个极大线性无关组,则 $\boldsymbol{\alpha}_1,\boldsymbol{\alpha}_2,\cdots,\boldsymbol{\alpha}_s$ 与 $\boldsymbol{\alpha}_{i_1},\boldsymbol{\alpha}_{i_2},\cdots,\boldsymbol{\alpha}_{i_r}$ 等价,$L(\boldsymbol{\alpha}_1,\boldsymbol{\alpha}_2,\cdots,\boldsymbol{\alpha}_s)$中的每个向量都可由 $\boldsymbol{\alpha}_{i_1},\boldsymbol{\alpha}_{i_2},\cdots,\boldsymbol{\alpha}_{i_r}$ 线性表示,由向量空间基和维数的定义可知,$\dim L(\boldsymbol{\alpha}_1,\boldsymbol{\alpha}_2,\cdots,\boldsymbol{\alpha}_s)=r(\boldsymbol{\alpha}_1,\boldsymbol{\alpha}_2,\cdots,\boldsymbol{\alpha}_s)$,且 $\boldsymbol{\alpha}_{i_1},\boldsymbol{\alpha}_{i_2},\cdots,\boldsymbol{\alpha}_{i_r}$ 是 $L(\boldsymbol{\alpha}_1,\boldsymbol{\alpha}_2,\cdots,\boldsymbol{\alpha}_s)$的一组基.

三、向量的坐标

定义 2.14 设向量组 $\boldsymbol{\alpha}_1,\boldsymbol{\alpha}_2,\cdots,\boldsymbol{\alpha}_s$ 是向量空间 $\boldsymbol{V}$ 的一组基,$\boldsymbol{\alpha}$ 是 $\boldsymbol{V}$ 中任意一个向量,如有

$$\boldsymbol{\alpha}=x_1\boldsymbol{\alpha}_1+x_2\boldsymbol{\alpha}_2+\cdots+x_s\boldsymbol{\alpha}_s,$$

即

$$\boldsymbol{\alpha}=(\boldsymbol{\alpha}_1,\boldsymbol{\alpha}_2,\cdots,\boldsymbol{\alpha}_s)\begin{pmatrix}x_1\\x_2\\\vdots\\x_s\end{pmatrix},$$

称列向量 $\begin{pmatrix} x_1 \\ x_2 \\ \vdots \\ x_s \end{pmatrix}$ 是向量 $\boldsymbol{\alpha}$ 在基 $\boldsymbol{\alpha}_1,\boldsymbol{\alpha}_2,\cdots,\boldsymbol{\alpha}_s$ 下的坐标列向量，简称为**坐标(coordinate)**.

例 2.23 在向量空间 $\mathbf{R}^3$ 中，设向量 $\boldsymbol{\alpha}=\begin{pmatrix} 1 \\ -1 \\ 7 \end{pmatrix}$，求 $\boldsymbol{\alpha}$ 在下面两组基下的坐标.

(1) $\boldsymbol{\varepsilon}_1=(1,0,0)^{\mathrm{T}},\boldsymbol{\varepsilon}_2=(0,1,0)^{\mathrm{T}},\boldsymbol{\varepsilon}_3=(0,0,1)^{\mathrm{T}}$;

(2) $\boldsymbol{e}_1=(1,0,0)^{\mathrm{T}},\boldsymbol{e}_2=(1,1,0)^{\mathrm{T}},\boldsymbol{e}_3=(1,1,1)^{\mathrm{T}}$.

解 (1) 显然有 $\boldsymbol{\alpha}=\boldsymbol{\varepsilon}_1-\boldsymbol{\varepsilon}_2+7\boldsymbol{\varepsilon}_3$，所以 $\boldsymbol{\alpha}$ 在基 $\boldsymbol{\varepsilon}_1,\boldsymbol{\varepsilon}_2,\boldsymbol{\varepsilon}_3$ 下的坐标为 $\begin{pmatrix} 1 \\ -1 \\ 7 \end{pmatrix}$.

(2) 设 $\boldsymbol{\alpha}=(\boldsymbol{e}_1,\boldsymbol{e}_2,\boldsymbol{e}_3)\begin{pmatrix} x_1 \\ x_2 \\ x_3 \end{pmatrix}$，于是

$$\begin{pmatrix} x_1 \\ x_2 \\ x_3 \end{pmatrix}=(\boldsymbol{e}_1,\boldsymbol{e}_2,\boldsymbol{e}_3)^{-1}\boldsymbol{\alpha}=\begin{pmatrix} 1 & 1 & 1 \\ 0 & 1 & 1 \\ 0 & 0 & 1 \end{pmatrix}^{-1}\begin{pmatrix} 1 \\ -1 \\ 7 \end{pmatrix}=\begin{pmatrix} 1 & -1 & 0 \\ 0 & 1 & -1 \\ 0 & 0 & 1 \end{pmatrix}\begin{pmatrix} 1 \\ -1 \\ 7 \end{pmatrix}=\begin{pmatrix} 2 \\ -8 \\ 7 \end{pmatrix},$$

$\boldsymbol{\alpha}$ 在基 $\boldsymbol{e}_1,\boldsymbol{e}_2,\boldsymbol{e}_3$ 下的坐标为 $\begin{pmatrix} 2 \\ -8 \\ 7 \end{pmatrix}$.

向量空间的基是不唯一的，一个向量在不同的基下有不同的坐标. 同时应注意到，坐标与基之间的对应关系，只要调整这组基中向量的次序，我们所得到的坐标是不一样的. 例如，在例 2.23 中，我们看到，$\boldsymbol{\varepsilon}_1,\boldsymbol{\varepsilon}_2,\boldsymbol{\varepsilon}_3$ 是向量空间 $\mathbf{R}^3$ 的一组基，$\boldsymbol{\alpha}$ 在这组基下的坐标是 $\begin{pmatrix} 1 \\ -1 \\ 7 \end{pmatrix}$. 同样，$\boldsymbol{\varepsilon}_2,\boldsymbol{\varepsilon}_1,\boldsymbol{\varepsilon}_3$ 也是 $\mathbf{R}^3$ 的一组基，$\boldsymbol{\alpha}$ 在这组基下的坐标是 $\begin{pmatrix} -1 \\ 1 \\ 7 \end{pmatrix}$. 这两组基中向量的次序不同，我们认为是两组不同的基.

四、基变换与坐标变换

我们看到，同一个向量在不同基下的坐标一般是不一样的，那么同一个向量在不同基下的坐标间有什么联系呢？下面我们来研究这一问题.

定义 2.15 设 $\boldsymbol{\alpha}_1,\boldsymbol{\alpha}_2,\cdots,\boldsymbol{\alpha}_s$ 和 $\boldsymbol{\beta}_1,\boldsymbol{\beta}_2,\cdots,\boldsymbol{\beta}_s$ 是向量空间 $\boldsymbol{V}$ 的两组基，它们可以互相线性表示，假如

$$\begin{cases}\boldsymbol{\beta}_1=m_{11}\boldsymbol{\alpha}_1+m_{21}\boldsymbol{\alpha}_2+\cdots+m_{s1}\boldsymbol{\alpha}_s\\ \boldsymbol{\beta}_2=m_{12}\boldsymbol{\alpha}_1+m_{22}\boldsymbol{\alpha}_2+\cdots+m_{s2}\boldsymbol{\alpha}_s\\ \cdots\cdots\\ \boldsymbol{\beta}_s=m_{1s}\boldsymbol{\alpha}_1+m_{2s}\boldsymbol{\alpha}_2+\cdots+m_{ss}\boldsymbol{\alpha}_s\end{cases},$$

将上式写成矩阵形式,

$$(\boldsymbol{\beta}_1,\boldsymbol{\beta}_2,\cdots,\boldsymbol{\beta}_s)=(\boldsymbol{\alpha}_1,\boldsymbol{\alpha}_2,\cdots,\boldsymbol{\alpha}_s)\begin{pmatrix}m_{11}&m_{12}&\cdots&m_{1s}\\m_{21}&m_{22}&\cdots&m_{2s}\\\vdots&\vdots&&\vdots\\m_{s1}&m_{s2}&\cdots&m_{ss}\end{pmatrix},$$

称矩阵 $\boldsymbol{M}=\begin{pmatrix}m_{11}&m_{12}&\cdots&m_{1s}\\m_{21}&m_{22}&\cdots&m_{2s}\\\vdots&\vdots&&\vdots\\m_{s1}&m_{s2}&\cdots&m_{ss}\end{pmatrix}$ 为由基 $\boldsymbol{\alpha}_1,\boldsymbol{\alpha}_2,\cdots,\boldsymbol{\alpha}_s$ 到基 $\boldsymbol{\beta}_1,\boldsymbol{\beta}_2,\cdots,\boldsymbol{\beta}_s$ 的**过渡矩阵**(**transition matrix**).

在定义 2.15 中,过渡矩阵 $\boldsymbol{M}$ 是可逆的,且有

$$(\boldsymbol{\beta}_1,\boldsymbol{\beta}_2,\cdots,\boldsymbol{\beta}_s)=(\boldsymbol{\alpha}_1,\boldsymbol{\alpha}_2,\cdots,\boldsymbol{\alpha}_s)\boldsymbol{M}.$$

坐标变换:$\forall\boldsymbol{\alpha}\in\boldsymbol{V}$,有

$$\boldsymbol{\alpha}=x_1\boldsymbol{\alpha}_1+\cdots+x_s\boldsymbol{\alpha}_s=(\boldsymbol{\alpha}_1,\boldsymbol{\alpha}_2,\cdots,\boldsymbol{\alpha}_s)\begin{pmatrix}x_1\\x_2\\\vdots\\x_s\end{pmatrix},$$

$$\boldsymbol{\alpha}=y_1\boldsymbol{\beta}_1+\cdots+y_s\boldsymbol{\beta}_s=(\boldsymbol{\beta}_1,\boldsymbol{\beta}_2,\cdots,\boldsymbol{\beta}_s)\begin{pmatrix}y_1\\y_2\\\vdots\\y_s\end{pmatrix}=(\boldsymbol{\alpha}_1,\boldsymbol{\alpha}_2,\cdots,\boldsymbol{\alpha}_s)\boldsymbol{M}\begin{pmatrix}y_1\\y_2\\\vdots\\y_s\end{pmatrix}.$$

因为 $\boldsymbol{\alpha}$ 在基 $\boldsymbol{\alpha}_1,\boldsymbol{\alpha}_2,\cdots,\boldsymbol{\alpha}_s$ 下的坐标唯一,所以

$$\begin{pmatrix}x_1\\x_2\\\vdots\\x_s\end{pmatrix}=\boldsymbol{M}\begin{pmatrix}y_1\\y_2\\\vdots\\y_s\end{pmatrix},\text{或者}\begin{pmatrix}y_1\\y_2\\\vdots\\y_s\end{pmatrix}=\boldsymbol{M}^{-1}\begin{pmatrix}x_1\\x_2\\\vdots\\x_s\end{pmatrix},$$

称上式为**坐标变换公式**.

例 2.24 在 $\mathbf{R}^3$ 中,取定两个基:$\boldsymbol{\alpha}_1=\begin{pmatrix}1\\2\\1\end{pmatrix},\boldsymbol{\alpha}_2=\begin{pmatrix}2\\3\\3\end{pmatrix},\boldsymbol{\alpha}_3=\begin{pmatrix}3\\7\\1\end{pmatrix}$ 与 $\boldsymbol{\beta}_1=\begin{pmatrix}3\\1\\4\end{pmatrix},\boldsymbol{\beta}_2=\begin{pmatrix}5\\2\\1\end{pmatrix},\boldsymbol{\beta}_3=$

$\begin{pmatrix}1\\1\\-6\end{pmatrix}$.

(1) 求由基 $\boldsymbol{\alpha}_1,\boldsymbol{\alpha}_2,\boldsymbol{\alpha}_3$ 到基 $\boldsymbol{\beta}_1,\boldsymbol{\beta}_2,\boldsymbol{\beta}_3$ 的过渡矩阵；

(2) 设向量 $\boldsymbol{\alpha}$ 在基 $\boldsymbol{\beta}_1,\boldsymbol{\beta}_2,\boldsymbol{\beta}_3$ 下的坐标为 $\begin{pmatrix}0\\-1\\1\end{pmatrix}$，求 $\boldsymbol{\alpha}$ 在基 $\boldsymbol{\alpha}_1,\boldsymbol{\alpha}_2,\boldsymbol{\alpha}_3$ 下的坐标.

解 (1)设所求过渡矩阵为 $\boldsymbol{M}$，则 $(\boldsymbol{\beta}_1,\boldsymbol{\beta}_2,\boldsymbol{\beta}_3)=(\boldsymbol{\alpha}_1,\boldsymbol{\alpha}_2,\boldsymbol{\alpha}_3)\boldsymbol{M}$，即

$$\begin{pmatrix}1&2&3\\2&3&7\\1&3&1\end{pmatrix}\boldsymbol{M}=\begin{pmatrix}3&5&1\\1&2&1\\4&1&-6\end{pmatrix},$$

解之得：

$$\boldsymbol{M}=\begin{pmatrix}1&2&3\\2&3&7\\1&3&1\end{pmatrix}^{-1}\begin{pmatrix}3&5&1\\1&2&1\\4&1&-6\end{pmatrix}=\begin{pmatrix}-18&7&5\\5&-2&-1\\3&-1&-1\end{pmatrix}\begin{pmatrix}3&5&1\\1&2&1\\4&1&-6\end{pmatrix}=\begin{pmatrix}-27&-71&-41\\9&20&9\\4&12&8\end{pmatrix}.$$

(2) 因为 $\boldsymbol{\alpha}$ 在基 $\boldsymbol{\beta}_1,\boldsymbol{\beta}_2,\boldsymbol{\beta}_3$ 下的坐标为 $\begin{pmatrix}0\\-1\\1\end{pmatrix}$，所以

$$\boldsymbol{\alpha}=(\boldsymbol{\beta}_1,\boldsymbol{\beta}_2,\boldsymbol{\beta}_3)\begin{pmatrix}0\\-1\\1\end{pmatrix}.$$

设 $\boldsymbol{\alpha}$ 在基 $\boldsymbol{\alpha}_1,\boldsymbol{\alpha}_2,\boldsymbol{\alpha}_3$ 下的坐标为 $\begin{pmatrix}x_1\\x_2\\x_3\end{pmatrix}$，即有 $\boldsymbol{\alpha}=(\boldsymbol{\alpha}_1,\boldsymbol{\alpha}_2,\boldsymbol{\alpha}_3)\begin{pmatrix}x_1\\x_2\\x_3\end{pmatrix}$，

则

$$(\boldsymbol{\alpha}_1,\boldsymbol{\alpha}_2,\boldsymbol{\alpha}_3)\begin{pmatrix}x_1\\x_2\\x_3\end{pmatrix}=(\boldsymbol{\beta}_1,\boldsymbol{\beta}_2,\boldsymbol{\beta}_3)\begin{pmatrix}0\\-1\\1\end{pmatrix};$$

依(1)结论：$(\boldsymbol{\beta}_1,\boldsymbol{\beta}_2,\boldsymbol{\beta}_3)=(\boldsymbol{\alpha}_1,\boldsymbol{\alpha}_2,\boldsymbol{\alpha}_3)\boldsymbol{M}$，所以有

$$(\boldsymbol{\alpha}_1,\boldsymbol{\alpha}_2,\boldsymbol{\alpha}_3)\begin{pmatrix}x_1\\x_2\\x_3\end{pmatrix}=(\boldsymbol{\alpha}_1,\boldsymbol{\alpha}_2,\boldsymbol{\alpha}_3)\boldsymbol{M}\begin{pmatrix}0\\-1\\1\end{pmatrix},$$

则要求的坐标即为 $\begin{pmatrix}x_1\\x_2\\x_3\end{pmatrix}=\boldsymbol{M}\begin{pmatrix}0\\-1\\1\end{pmatrix}=\begin{pmatrix}-27&-71&-41\\9&20&9\\4&12&8\end{pmatrix}\begin{pmatrix}0\\-1\\1\end{pmatrix}=\begin{pmatrix}30\\-11\\-4\end{pmatrix}$.

第五节 内积与正交矩阵

一、内积与标准正交基

定义 2.16 n 维向量 $\boldsymbol{\alpha}$ 与 $\boldsymbol{\beta}$ 的对应分量乘积之和称为 $\boldsymbol{\alpha}$ 与 $\boldsymbol{\beta}$ 的内积(inner product)，记为 $\langle\boldsymbol{\alpha},\boldsymbol{\beta}\rangle$，即对于向量 $\boldsymbol{\alpha}=\begin{pmatrix}x_1\\x_2\\\vdots\\x_n\end{pmatrix}$，$\boldsymbol{\beta}=\begin{pmatrix}y_1\\y_2\\\vdots\\y_n\end{pmatrix}$，有

$$\langle\boldsymbol{\alpha},\boldsymbol{\beta}\rangle=x_1y_1+x_2y_2+\cdots+x_ny_n=\boldsymbol{\alpha}^{\mathrm{T}}\boldsymbol{\beta}=\boldsymbol{\beta}^{\mathrm{T}}\boldsymbol{\alpha}.$$

向量内积就是高等数学中的数量积(点乘).

利用内积的定义容易证明，n 维向量的内积满足下列性质：

(1) $\langle\boldsymbol{\alpha},\boldsymbol{\beta}\rangle=\langle\boldsymbol{\beta},\boldsymbol{\alpha}\rangle$；

(2) $\langle k\boldsymbol{\alpha},\boldsymbol{\beta}\rangle=k\langle\boldsymbol{\alpha},\boldsymbol{\beta}\rangle$；

(3) $\langle\boldsymbol{\alpha}+\boldsymbol{\beta},\boldsymbol{\gamma}\rangle=\langle\boldsymbol{\alpha},\boldsymbol{\gamma}\rangle+\langle\boldsymbol{\beta},\boldsymbol{\gamma}\rangle$；

(4) $\langle\boldsymbol{\alpha},\boldsymbol{\alpha}\rangle\geqslant0$，且 $\langle\boldsymbol{\alpha},\boldsymbol{\alpha}\rangle=0$ 当且仅当 $\boldsymbol{\alpha}=\boldsymbol{0}$.

其中，k 是数，$\boldsymbol{\alpha},\boldsymbol{\beta},\boldsymbol{\gamma}$ 是 n 维向量.

定义 2.17 设 $\boldsymbol{\alpha},\boldsymbol{\beta}$ 是 n 维向量.

(1) $\boldsymbol{\alpha}$ 的**长度**定义为 $\sqrt{\langle\boldsymbol{\alpha},\boldsymbol{\alpha}\rangle}$，记为 $\|\boldsymbol{\alpha}\|$；

(2) 若 $\boldsymbol{\alpha},\boldsymbol{\beta}$ 均不为零向量，则它们的**夹角**定义为 $\arccos\dfrac{\langle\boldsymbol{\alpha},\boldsymbol{\beta}\rangle}{\|\boldsymbol{\alpha}\|\|\boldsymbol{\beta}\|}$；

(3) 若 $\|\boldsymbol{\alpha}\|=1$，则称 $\boldsymbol{\alpha}$ 是**单位向量**(unit vector)；

(4)若 $\langle\boldsymbol{\alpha},\boldsymbol{\beta}\rangle=0$，则称 $\boldsymbol{\alpha},\boldsymbol{\beta}$ 是**正交**的(orthogonal)，记为 $\boldsymbol{\alpha}\perp\boldsymbol{\beta}$.

若 $\boldsymbol{\alpha}\neq\boldsymbol{0}$，则 $\|\boldsymbol{\alpha}\|\neq0$，此时 $\dfrac{1}{\|\boldsymbol{\alpha}\|}\boldsymbol{\alpha}$ 一定是单位向量，通过 $\boldsymbol{\alpha}$ 求这个单位向量的过程叫作将向量 $\boldsymbol{\alpha}$ 单位化.

由定义知，零向量与任何向量正交，两个非零向量正交当且仅当两向量夹角为 $\dfrac{\pi}{2}$.

定义 2.18 两两正交的非零向量所组成的向量组称为**正交向量组**(orthogonal vector group)，两两正交的单位向量所组成的向量组称为**标准正交向量组**(或正交规范向量组).

例如 n 维基本单位向量组 $\boldsymbol{\varepsilon}_1,\boldsymbol{\varepsilon}_2,\cdots,\boldsymbol{\varepsilon}_n$ 为标准正交向量组.

定理 2.15 设 $\boldsymbol{\alpha}_1,\boldsymbol{\alpha}_2,\cdots,\boldsymbol{\alpha}_s$ 是一个正交向量组，则 $\boldsymbol{\alpha}_1,\boldsymbol{\alpha}_2,\cdots,\boldsymbol{\alpha}_s$ 是线性无关的.

证明 作正交向量组 $\boldsymbol{\alpha}_1,\boldsymbol{\alpha}_2,\cdots,\boldsymbol{\alpha}_s$ 的线性组合，使得 $\lambda_1\boldsymbol{\alpha}_1+\lambda_2\boldsymbol{\alpha}_2+\cdots+\lambda_s\boldsymbol{\alpha}_s=\boldsymbol{0}$，两边与向量 $\boldsymbol{\alpha}_i(i=1,\cdots,s)$ 作内积，由正交性有 $\langle\boldsymbol{\alpha}_i,\boldsymbol{\alpha}_j\rangle\begin{cases}=0 & i\neq j\\\neq0 & i=j\end{cases}$，得 $\lambda_i=0(i=1,\cdots,s)$，所以 $\boldsymbol{\alpha}_1,\boldsymbol{\alpha}_2,\cdots,\boldsymbol{\alpha}_s$ 线性无关.

定义 2.19 向量空间中,两两正交的基称为**正交基**(**orthogonal basis**),由单位向量构成的正交基称为**标准正交基**(或**正交规范基**).

设 $\boldsymbol{\alpha}_1,\boldsymbol{\alpha}_2,\cdots,\boldsymbol{\alpha}_s$ 是一个标准正交基,则有 $\langle\boldsymbol{\alpha}_i,\boldsymbol{\alpha}_j\rangle=\begin{cases}0 & i\neq j\\ 1 & i=j\end{cases}(i,j=1,2,\cdots,s)$.

例如,n 维基本单位向量组 $\boldsymbol{\varepsilon}_1,\boldsymbol{\varepsilon}_2,\cdots,\boldsymbol{\varepsilon}_n$ 为标准正交基;向量组 $\boldsymbol{\alpha}_1=(0,0,1)^{\mathrm{T}}$,$\boldsymbol{\alpha}_2=\left(\frac{1}{\sqrt{2}},\frac{1}{\sqrt{2}},0\right)^{\mathrm{T}}$,$\boldsymbol{\alpha}_3=\left(-\frac{1}{\sqrt{2}},\frac{1}{\sqrt{2}},0\right)^{\mathrm{T}}$ 是 $\mathbf{R}^3$ 的一个标准正交基. 请大家自己验证.

由标准正交基生成的向量空间就是直角坐标系. 如 3 维基本单位向量组 $\boldsymbol{\varepsilon}_1,\boldsymbol{\varepsilon}_2,\boldsymbol{\varepsilon}_3$ 生成的空间为空间直角坐标系,$\boldsymbol{\varepsilon}_1,\boldsymbol{\varepsilon}_2,\boldsymbol{\varepsilon}_3$ 就是高等数学中讲的单位向量 $\boldsymbol{i},\boldsymbol{j},\boldsymbol{k}$,3 维向量(坐标)$(x,y,z)$用标准正交基 $\boldsymbol{\varepsilon}_1,\boldsymbol{\varepsilon}_2,\boldsymbol{\varepsilon}_3$ 线性表示简单. 所以对于任一个向量空间,我们希望找到它的一个标准正交基,用此标准正交基能够简单表示出该向量空间. 下面我们介绍施密特(Schmidt)正交化方法,由向量空间的基修正为正交基,再将向量单位化就可以得到标准正交基.

施密特(Schmidt)正交化方法:$\boldsymbol{\alpha}_1,\boldsymbol{\alpha}_2,\cdots,\boldsymbol{\alpha}_n$ 为一个线性无关向量组,进行如下递归:

$$
\begin{aligned}
&\boldsymbol{\beta}_1=\boldsymbol{\alpha}_1,\\
&\boldsymbol{\beta}_2=\boldsymbol{\alpha}_2-\frac{\langle\boldsymbol{\alpha}_2,\boldsymbol{\beta}_1\rangle}{\langle\boldsymbol{\beta}_1,\boldsymbol{\beta}_1\rangle}\boldsymbol{\beta}_1,\\
&\boldsymbol{\beta}_3=\boldsymbol{\alpha}_3-\frac{\langle\boldsymbol{\alpha}_3,\boldsymbol{\beta}_1\rangle}{\langle\boldsymbol{\beta}_1,\boldsymbol{\beta}_1\rangle}\boldsymbol{\beta}_1-\frac{\langle\boldsymbol{\alpha}_3,\boldsymbol{\beta}_2\rangle}{\langle\boldsymbol{\beta}_2,\boldsymbol{\beta}_2\rangle}\boldsymbol{\beta}_2,\\
&\cdots\cdots\\
&\boldsymbol{\beta}_n=\boldsymbol{\alpha}_n-\frac{\langle\boldsymbol{\alpha}_n,\boldsymbol{\beta}_1\rangle}{\langle\boldsymbol{\beta}_1,\boldsymbol{\beta}_1\rangle}\boldsymbol{\beta}_1-\frac{\langle\boldsymbol{\alpha}_n,\boldsymbol{\beta}_2\rangle}{\langle\boldsymbol{\beta}_2,\boldsymbol{\beta}_2\rangle}\boldsymbol{\beta}_2-\cdots-\frac{\langle\boldsymbol{\alpha}_n,\boldsymbol{\beta}_{n-1}\rangle}{\langle\boldsymbol{\beta}_{n-1},\boldsymbol{\beta}_{n-1}\rangle}\boldsymbol{\beta}_{n-1}.
\end{aligned}
$$

由此得到的 $\boldsymbol{\beta}_1,\boldsymbol{\beta}_2,\cdots,\boldsymbol{\beta}_n$,每个向量与其前面的所有向量都是正交的(读者可以自己验证),再将正交向量组 $\boldsymbol{\beta}_1,\boldsymbol{\beta}_2,\cdots,\boldsymbol{\beta}_n$ 单位化,即

$$
\boldsymbol{\eta}_1=\frac{\boldsymbol{\beta}_1}{\|\boldsymbol{\beta}_1\|},\boldsymbol{\eta}_2=\frac{\boldsymbol{\beta}_2}{\|\boldsymbol{\beta}_2\|},\cdots,\boldsymbol{\eta}_n=\frac{\boldsymbol{\beta}_n}{\|\boldsymbol{\beta}_n\|},
$$

则 $\boldsymbol{\eta}_1,\boldsymbol{\eta}_2,\cdots,\boldsymbol{\eta}_n$ 就是与 $\boldsymbol{\alpha}_1,\boldsymbol{\alpha}_2,\cdots,\boldsymbol{\alpha}_n$ 等价的标准正交基.

例 2.25 试求与向量组 $\boldsymbol{\alpha}_1,\boldsymbol{\alpha}_2,\boldsymbol{\alpha}_3$ 等价的标准正交向量组,其中 $\boldsymbol{\alpha}_1=\begin{pmatrix}1\\0\\1\\0\end{pmatrix}$,$\boldsymbol{\alpha}_2=\begin{pmatrix}0\\1\\2\\1\end{pmatrix}$,$\boldsymbol{\alpha}_3=\begin{pmatrix}-2\\1\\0\\2\end{pmatrix}$.

解 利用施密特正交化方法,将 $\boldsymbol{\alpha}_1,\boldsymbol{\alpha}_2,\boldsymbol{\alpha}_3$ 正交化. 令

$$
\boldsymbol{\beta}_1=\boldsymbol{\alpha}_1=\begin{pmatrix}1\\0\\1\\0\end{pmatrix};
$$

$$\boldsymbol{\beta}_2=\boldsymbol{\alpha}_2-\frac{\langle\boldsymbol{\alpha}_2,\boldsymbol{\beta}_1\rangle}{\langle\boldsymbol{\beta}_1,\boldsymbol{\beta}_1\rangle}\boldsymbol{\beta}_1=\begin{pmatrix}0\\1\\2\\1\end{pmatrix}-\begin{pmatrix}1\\0\\1\\0\end{pmatrix}=\begin{pmatrix}-1\\1\\1\\1\end{pmatrix};$$

$$\begin{aligned}\boldsymbol{\beta}_3&=\boldsymbol{\alpha}_3-\frac{\langle\boldsymbol{\alpha}_3,\boldsymbol{\beta}_1\rangle}{\langle\boldsymbol{\beta}_1,\boldsymbol{\beta}_1\rangle}\boldsymbol{\beta}_1-\frac{\langle\boldsymbol{\alpha}_3,\boldsymbol{\beta}_2\rangle}{\langle\boldsymbol{\beta}_2,\boldsymbol{\beta}_2\rangle}\boldsymbol{\beta}_2=\boldsymbol{\alpha}_3-\frac{-2}{2}\boldsymbol{\beta}_1-\frac{5}{4}\boldsymbol{\beta}_2\\&=\begin{pmatrix}1/4\\-1/4\\-1/4\\3/4\end{pmatrix}.\end{aligned}$$

将 $\boldsymbol{\beta}_1,\boldsymbol{\beta}_2,\boldsymbol{\beta}_3$ 单位化：

$$\boldsymbol{\eta}_1=\frac{\boldsymbol{\beta}_1}{\|\boldsymbol{\beta}_1\|}=\begin{pmatrix}\frac{1}{\sqrt{2}}\\0\\\frac{1}{\sqrt{2}}\\0\end{pmatrix},\boldsymbol{\eta}_2=\frac{\boldsymbol{\beta}_2}{\|\boldsymbol{\beta}_2\|}=\begin{pmatrix}-\frac{1}{2}\\\frac{1}{2}\\\frac{1}{2}\\\frac{1}{2}\end{pmatrix},\boldsymbol{\eta}_3=\frac{\boldsymbol{\beta}_3}{\|\boldsymbol{\beta}_3\|}=\begin{pmatrix}\frac{\sqrt{3}}{6}\\-\frac{\sqrt{3}}{6}\\-\frac{\sqrt{3}}{6}\\\frac{\sqrt{3}}{2}\end{pmatrix}.$$

则 $\boldsymbol{\eta}_1,\boldsymbol{\eta}_2,\boldsymbol{\eta}_3$ 就是与向量组 $\boldsymbol{\alpha}_1,\boldsymbol{\alpha}_2,\boldsymbol{\alpha}_3$ 等价的标准正交向量组.

对于给定的向量空间,如果已知其一组基,只要利用 Schmidt 正交化方法将之正交化、单位化,就可得到这个空间的一组标准正交基.

二、正交矩阵

定义 2.20 如果 n 阶实矩阵 $\boldsymbol{A}$ 满足 $\boldsymbol{A}^{\mathrm{T}}\boldsymbol{A}=\boldsymbol{E}$,则称 $\boldsymbol{A}$ 是**正交矩阵(orthogonal matrix)**,简称**正交阵**.

定理 2.16 设 $\boldsymbol{A},\boldsymbol{B}$ 都是 n 阶正交矩阵,则有

(1) $\det\boldsymbol{A}=|\boldsymbol{A}|=1$ 或者 -1;

(2) $\boldsymbol{A}^{-1}=\boldsymbol{A}^{\mathrm{T}}$;

(3) $\boldsymbol{A}^{\mathrm{T}}$(即 $\boldsymbol{A}^{-1}$)也是正交矩阵;

(4) $\boldsymbol{AB}$ 也是正交矩阵.

证明 我们证明一下(3),(1)(2)(4)读者可以自证.

(3) $\boldsymbol{A}$ 是正交矩阵,于是它满足 $\boldsymbol{A}^{\mathrm{T}}\boldsymbol{A}=\boldsymbol{E}$,由可逆矩阵的性质知道,

$$\boldsymbol{A}\boldsymbol{A}^{\mathrm{T}}=\boldsymbol{E},$$

即 $(\boldsymbol{A}^{\mathrm{T}})^{\mathrm{T}}\boldsymbol{A}^{\mathrm{T}}=\boldsymbol{E}$,可得 $\boldsymbol{A}^{\mathrm{T}}$ 是正交矩阵.

正交矩阵具有什么样的内部特征呢？矩阵可以看成一个向量组,我们用向量的内积来刻画正交矩阵.事实上,将 $\boldsymbol{A}$ 用其列向量表示 $\boldsymbol{A}=(\boldsymbol{\alpha}_1,\boldsymbol{\alpha}_2,\cdots,\boldsymbol{\alpha}_n)$,则

$$A^{T}=\begin{pmatrix}\boldsymbol{\alpha}_1^{T}\\ \boldsymbol{\alpha}_2^{T}\\ \vdots\\ \boldsymbol{\alpha}_n^{T}\end{pmatrix}.$$

于是

$$A^{T}A=\begin{pmatrix}\boldsymbol{\alpha}_1^{T}\\ \boldsymbol{\alpha}_2^{T}\\ \vdots\\ \boldsymbol{\alpha}_n^{T}\end{pmatrix}(\boldsymbol{\alpha}_1,\boldsymbol{\alpha}_2,\cdots,\boldsymbol{\alpha}_n)=\begin{pmatrix}\boldsymbol{\alpha}_1^{T}\boldsymbol{\alpha}_1 & \boldsymbol{\alpha}_1^{T}\boldsymbol{\alpha}_2 & \cdots & \boldsymbol{\alpha}_1^{T}\boldsymbol{\alpha}_n\\ \boldsymbol{\alpha}_2^{T}\boldsymbol{\alpha}_1 & \boldsymbol{\alpha}_2^{T}\boldsymbol{\alpha}_2 & \cdots & \boldsymbol{\alpha}_2^{T}\boldsymbol{\alpha}_n\\ \vdots & \vdots & & \vdots\\ \boldsymbol{\alpha}_n^{T}\boldsymbol{\alpha}_1 & \boldsymbol{\alpha}_n^{T}\boldsymbol{\alpha}_2 & \cdots & \boldsymbol{\alpha}_n^{T}\boldsymbol{\alpha}_n\end{pmatrix}.$$

注意到 $\boldsymbol{\alpha}_i^{T}\boldsymbol{\alpha}_j=\langle\boldsymbol{\alpha}_i,\boldsymbol{\alpha}_j\rangle$，故 A 是正交矩阵当且仅当

$$\langle\boldsymbol{\alpha}_i,\boldsymbol{\alpha}_j\rangle=\delta_{ij}=\begin{cases}1 & 当\ i=j\ 时\\ 0 & 当\ i\neq j\ 时\end{cases},$$

即 $\boldsymbol{\alpha}_1,\boldsymbol{\alpha}_2,\cdots,\boldsymbol{\alpha}_n$ 是标准正交向量组.

由于 $A^{T}A=E$ 当且仅当 $AA^{T}=E$，用类似的方法可以证明，A 是正交矩阵当且仅当 A 的行向量组是标准正交向量组，于是，我们得到下面的定理.

定理 2.17 n 阶实矩阵 A 是正交矩阵的充分必要条件是 A 的列（行）向量组是标准正交向量组.

注意：定理表明，只要找到 n 个两两正交的 n 维单位向量，则以它们为列（或行）做成的 n 阶矩阵一定是正交矩阵.

习题 2.4－2.5

1. 求由向量 $\boldsymbol{\alpha}_1,\boldsymbol{\alpha}_2,\boldsymbol{\alpha}_3,\boldsymbol{\alpha}_4$ 生成的子空间的维数和一组基：

(1) $\boldsymbol{\alpha}_1=\begin{pmatrix}2\\1\\3\\1\end{pmatrix},\boldsymbol{\alpha}_2=\begin{pmatrix}-1\\1\\2\\3\end{pmatrix},\boldsymbol{\alpha}_3=\begin{pmatrix}0\\1\\2\\1\end{pmatrix},\boldsymbol{\alpha}_4=\begin{pmatrix}1\\1\\2\\-1\end{pmatrix}$；

(2) $\boldsymbol{\alpha}_1=\begin{pmatrix}2\\1\\3\\-1\end{pmatrix},\boldsymbol{\alpha}_2=\begin{pmatrix}1\\-1\\3\\-1\end{pmatrix},\boldsymbol{\alpha}_3=\begin{pmatrix}4\\5\\3\\-1\end{pmatrix},\boldsymbol{\alpha}_4=\begin{pmatrix}1\\5\\-3\\1\end{pmatrix}$.

2. 试求 $\mathbf{R}^3$ 的从基 $\boldsymbol{\alpha}_1=\begin{pmatrix}1\\2\end{pmatrix},\boldsymbol{\alpha}_2=\begin{pmatrix}2\\1\end{pmatrix}$ 到基 $\boldsymbol{\beta}_1=\begin{pmatrix}3\\2\end{pmatrix},\boldsymbol{\beta}_2=\begin{pmatrix}2\\3\end{pmatrix}$ 的过渡矩阵，并分别求向量 $\boldsymbol{\alpha}=\begin{pmatrix}1\\-1\end{pmatrix}$ 在这两个基下的坐标.

3. 利用施密特正交化方法,求与下列向量组等价的标准正交向量组.

(1) $\boldsymbol{\alpha}_1=\begin{pmatrix}1\\1\\1\end{pmatrix},\boldsymbol{\alpha}_2=\begin{pmatrix}0\\1\\2\end{pmatrix},\boldsymbol{\alpha}_3=\begin{pmatrix}1\\2\\2\end{pmatrix}$;

(2) $\boldsymbol{\alpha}_1=\begin{pmatrix}1\\1\\1\end{pmatrix},\boldsymbol{\alpha}_2=\begin{pmatrix}1\\2\\3\end{pmatrix},\boldsymbol{\alpha}_3=\begin{pmatrix}1\\4\\9\end{pmatrix}$.

4. 已知向量组

$$\boldsymbol{\alpha}_1=\frac{1}{2}\begin{pmatrix}1\\1\\1\\1\end{pmatrix},\boldsymbol{\alpha}_2=\frac{1}{2}\begin{pmatrix}1\\1\\-1\\-1\end{pmatrix},\boldsymbol{\alpha}_3=\frac{1}{2}\begin{pmatrix}1\\-1\\1\\-1\end{pmatrix},\boldsymbol{\alpha}_4=\frac{1}{2}\begin{pmatrix}1\\-1\\-1\\1\end{pmatrix}.$$

证明 $\boldsymbol{\alpha}_1,\boldsymbol{\alpha}_2,\boldsymbol{\alpha}_3,\boldsymbol{\alpha}_4$ 是 $\mathbf{R}^4$ 的一个标准正交基.

5. 判断下列矩阵是不是正交矩阵,并说明理由.

(1) $\begin{pmatrix}1 & -\frac{1}{2} & \frac{1}{3}\\ -\frac{1}{2} & 1 & \frac{1}{2}\\ \frac{1}{3} & \frac{1}{2} & -1\end{pmatrix}$;(2) $\begin{pmatrix}\frac{\sqrt{3}}{3} & -\frac{\sqrt{2}}{2} & \frac{\sqrt{6}}{6}\\ \frac{\sqrt{3}}{3} & 0 & -\frac{\sqrt{6}}{3}\\ \frac{\sqrt{3}}{3} & \frac{\sqrt{2}}{2} & \frac{\sqrt{6}}{6}\end{pmatrix}$.

6. 设 $\boldsymbol{A},\boldsymbol{B}$ 都是正交矩阵,证明 $\boldsymbol{AB}$ 也是正交矩阵.

第六节　综合例题

例 2.26　向量组 $\boldsymbol{\alpha}_1,\boldsymbol{\alpha}_2,\cdots,\boldsymbol{\alpha}_s$ 线性无关的充分必要条件是(　　).

A. $\boldsymbol{\alpha}_1,\boldsymbol{\alpha}_2,\cdots,\boldsymbol{\alpha}_s$ 中任意向量都不是零向量

B. $\boldsymbol{\alpha}_1,\boldsymbol{\alpha}_2,\cdots,\boldsymbol{\alpha}_s$ 中任意两个向量的分量都不成比例

C. 由 $\boldsymbol{\alpha}_1,\boldsymbol{\alpha}_2,\cdots,\boldsymbol{\alpha}_s$ 构成的矩阵中有一个 s 阶子式不为零

D. 由 $\boldsymbol{\alpha}_1,\boldsymbol{\alpha}_2,\cdots,\boldsymbol{\alpha}_s$ 构成的矩阵中任意 s 阶子式都不为零

分析　A,B 是向量组 $\boldsymbol{\alpha}_1,\boldsymbol{\alpha}_2,\cdots,\boldsymbol{\alpha}_s$ 线性无关的必要条件但不是充分条件,D 是向量组 $\boldsymbol{\alpha}_1,\boldsymbol{\alpha}_2,\cdots,\boldsymbol{\alpha}_s$ 线性无关的充分条件但不是必要条件,只有 C 是充分必要条件.

A 的反例:$\boldsymbol{\alpha}_1=\begin{pmatrix}1\\0\\0\end{pmatrix},\boldsymbol{\alpha}_2=\begin{pmatrix}3\\0\\0\end{pmatrix}$ 都不是零向量,但是 $\boldsymbol{\alpha}_1,\boldsymbol{\alpha}_2$ 线性相关.

B 的反例:$\boldsymbol{\alpha}_1=\begin{pmatrix}1\\0\\0\end{pmatrix},\boldsymbol{\alpha}_2=\begin{pmatrix}0\\1\\0\end{pmatrix},\boldsymbol{\alpha}_3=\begin{pmatrix}1\\1\\0\end{pmatrix}$,任意两个向量的分量都不成比例,但是 $\boldsymbol{\alpha}_1,\boldsymbol{\alpha}_2$,

$\boldsymbol{\alpha}_3$ 线性相关.

D 的反例:向量组 $\boldsymbol{\alpha}_1=\begin{pmatrix}1\\0\\0\end{pmatrix}$,$\boldsymbol{\alpha}_2=\begin{pmatrix}0\\1\\0\end{pmatrix}$ 线性无关,但是 $\begin{pmatrix}1&0\\0&1\\0&0\end{pmatrix}$ 的 2 阶子式 $\begin{vmatrix}1&0\\0&0\end{vmatrix}=0$.

例 2.27 向量组 $\boldsymbol{\alpha}_1,\boldsymbol{\alpha}_2,\cdots,\boldsymbol{\alpha}_s$ 线性无关的充分必要条件是(　　).

A. 存在全为零的数 $k_1,k_2,\cdots,k_s$,使得 $k_1\boldsymbol{\alpha}_1+k_2\boldsymbol{\alpha}_2+\cdots+k\boldsymbol{\alpha}_s=\mathbf{0}$

B. $k_1\boldsymbol{\alpha}_1+k_2\boldsymbol{\alpha}_2+\cdots+k_s\boldsymbol{\alpha}_s\neq\mathbf{0}$ 时,数 $k_1,k_2,\cdots,k_s$ 不全为零

C. $\boldsymbol{\alpha}_1,\boldsymbol{\alpha}_2,\cdots,\boldsymbol{\alpha}_s$ 中任意一个向量都不能由其余的$(s-1)$个向量线性表示

D. $\boldsymbol{\alpha}_1,\boldsymbol{\alpha}_2,\cdots,\boldsymbol{\alpha}_s$ 中存在一个向量不能由其余的$(s-1)$个向量线性表示

分析 A,B 是始终成立的结论.

D 是向量组 $\boldsymbol{\alpha}_1,\boldsymbol{\alpha}_2,\cdots,\boldsymbol{\alpha}_s$ 线性无关的必要条件但是不是充分条件. 反例:向量组 $\boldsymbol{\alpha}_1=\begin{pmatrix}1\\0\\0\end{pmatrix}$,$\boldsymbol{\alpha}_2=\begin{pmatrix}2\\0\\0\end{pmatrix}$,$\boldsymbol{\alpha}_3=\begin{pmatrix}1\\1\\0\end{pmatrix}$,$\boldsymbol{\alpha}_3$ 不能由 $\boldsymbol{\alpha}_1,\boldsymbol{\alpha}_2$ 线性表示,但是 $\boldsymbol{\alpha}_1,\boldsymbol{\alpha}_2,\boldsymbol{\alpha}_3$ 线性相关. 答案选 C.

例 2.28 向量组 $\boldsymbol{\alpha}_1,\boldsymbol{\alpha}_2,\cdots,\boldsymbol{\alpha}_s$ 的秩为 r 的充分必要条件是(　　).

A. $\boldsymbol{\alpha}_1,\boldsymbol{\alpha}_2,\cdots,\boldsymbol{\alpha}_s$ 中任意 r 个向量线性无关

B. $\boldsymbol{\alpha}_1,\boldsymbol{\alpha}_2,\cdots,\boldsymbol{\alpha}_s$ 中存在 r 个线性无关的向量

C. $\boldsymbol{\alpha}_1,\boldsymbol{\alpha}_2,\cdots,\boldsymbol{\alpha}_s$ 中任意 $r+1$ 个向量线性相关

D. $\boldsymbol{\alpha}_1,\boldsymbol{\alpha}_2,\cdots,\boldsymbol{\alpha}_s$ 中存在 r 个线性无关的向量,但任意 $r+1$ 个向量线性相关.

分析 A 不正确,反例:向量组 $\boldsymbol{\alpha}_1=\begin{pmatrix}1\\0\\0\end{pmatrix}$,$\boldsymbol{\alpha}_2=\begin{pmatrix}2\\0\\0\end{pmatrix}$,$\boldsymbol{\alpha}_3=\begin{pmatrix}1\\1\\0\end{pmatrix}$ 的秩为 2,但是 $\boldsymbol{\alpha}_1,\boldsymbol{\alpha}_2$ 线性相关.

B,C 都是向量组 $\boldsymbol{\alpha}_1,\boldsymbol{\alpha}_2,\cdots,\boldsymbol{\alpha}_s$ 的秩为 r 的必要条件,答案选 D.

例 2.29 设向量组 $\boldsymbol{\alpha}_1,\boldsymbol{\alpha}_2,\boldsymbol{\alpha}_3,\boldsymbol{\alpha}_4$ 线性无关,则(　　).

A. $\boldsymbol{\alpha}_1+\boldsymbol{\alpha}_2,\boldsymbol{\alpha}_2+\boldsymbol{\alpha}_3,\boldsymbol{\alpha}_3+\boldsymbol{\alpha}_4,\boldsymbol{\alpha}_4+\boldsymbol{\alpha}_1$ 线性无关

B. $\boldsymbol{\alpha}_1-\boldsymbol{\alpha}_2,\boldsymbol{\alpha}_2-\boldsymbol{\alpha}_3,\boldsymbol{\alpha}_3-\boldsymbol{\alpha}_4,\boldsymbol{\alpha}_4-\boldsymbol{\alpha}_1$ 线性无关

C. $\boldsymbol{\alpha}_1+\boldsymbol{\alpha}_2,\boldsymbol{\alpha}_2+\boldsymbol{\alpha}_3,\boldsymbol{\alpha}_3-\boldsymbol{\alpha}_4,\boldsymbol{\alpha}_4-\boldsymbol{\alpha}_1$ 线性无关

D. $\boldsymbol{\alpha}_1+\boldsymbol{\alpha}_2,\boldsymbol{\alpha}_2-\boldsymbol{\alpha}_3,\boldsymbol{\alpha}_3-\boldsymbol{\alpha}_4,\boldsymbol{\alpha}_4-\boldsymbol{\alpha}_1$ 线性无关

分析 由观察法可知,$(\boldsymbol{\alpha}_1+\boldsymbol{\alpha}_2)-(\boldsymbol{\alpha}_2+\boldsymbol{\alpha}_3)+(\boldsymbol{\alpha}_3+\boldsymbol{\alpha}_4)-(\boldsymbol{\alpha}_4+\boldsymbol{\alpha}_1)=\mathbf{0}$,即 A 线性相关.

对于 B,$(\boldsymbol{\alpha}_1-\boldsymbol{\alpha}_2)+(\boldsymbol{\alpha}_2-\boldsymbol{\alpha}_3)+(\boldsymbol{\alpha}_3-\boldsymbol{\alpha}_4)+(\boldsymbol{\alpha}_4-\boldsymbol{\alpha}_1)=\mathbf{0}$,即 B 线性相关.

对于 C,$(\boldsymbol{\alpha}_1+\boldsymbol{\alpha}_2)-(\boldsymbol{\alpha}_2+\boldsymbol{\alpha}_3)+(\boldsymbol{\alpha}_3-\boldsymbol{\alpha}_4)+(\boldsymbol{\alpha}_4-\boldsymbol{\alpha}_1)=\mathbf{0}$,即 C 线性相关

对于 D,可以根据向量组线性无关的定义直接验证,还可以根据$(\boldsymbol{\alpha}_1+\boldsymbol{\alpha}_2,\boldsymbol{\alpha}_2-\boldsymbol{\alpha}_3,\boldsymbol{\alpha}_3-\boldsymbol{\alpha}_4,\boldsymbol{\alpha}_4-\boldsymbol{\alpha}_1)=(\boldsymbol{\alpha}_1,\boldsymbol{\alpha}_2,\boldsymbol{\alpha}_3,\boldsymbol{\alpha}_4)\begin{pmatrix}1&0&0&-1\\1&1&0&0\\0&-1&1&0\\0&0&-1&1\end{pmatrix}$,其中 $\begin{pmatrix}1&0&0&-1\\1&1&0&0\\0&-1&1&0\\0&0&-1&1\end{pmatrix}$ 是可逆矩阵.

答案选 D.

例 2.30 设向量组 $\boldsymbol{\alpha}_1,\boldsymbol{\alpha}_2,\cdots,\boldsymbol{\alpha}_s(s\geqslant 2)$线性无关,且

$$\boldsymbol{\beta}_1=\boldsymbol{\alpha}_1+\boldsymbol{\alpha}_2,\boldsymbol{\beta}_2=\boldsymbol{\alpha}_2+\boldsymbol{\alpha}_3,\cdots,\boldsymbol{\beta}_{s-1}=\boldsymbol{\alpha}_{s-1}+\boldsymbol{\alpha}_s,\boldsymbol{\beta}_s=\boldsymbol{\alpha}_s+\boldsymbol{\alpha}_1,$$

讨论向量组 $\boldsymbol{\beta}_1,\boldsymbol{\beta}_2,\cdots,\boldsymbol{\beta}_s$ 的线性相关性.

解

$$(\boldsymbol{\beta}_1,\boldsymbol{\beta}_2,\cdots,\boldsymbol{\beta}_s)=(\boldsymbol{\alpha}_1,\boldsymbol{\alpha}_2,\cdots,\boldsymbol{\alpha}_s)\begin{pmatrix}1&0&0&\cdots&0&1\\1&1&0&\cdots&0&0\\0&1&1&\cdots&0&0\\\vdots&\vdots&\vdots&&\vdots&\vdots\\0&0&0&\cdots&1&1\end{pmatrix}=(\boldsymbol{\alpha}_1,\boldsymbol{\alpha}_2,\cdots,\boldsymbol{\alpha}_s)\boldsymbol{K}_{s\times s},$$

因为 $\boldsymbol{\alpha}_1,\boldsymbol{\alpha}_2,\cdots,\boldsymbol{\alpha}_s$ 线性无关,则

$$r(\boldsymbol{\beta}_1,\boldsymbol{\beta}_2,\cdots,\boldsymbol{\beta}_s)\leqslant\min\{r(\boldsymbol{\alpha}_1,\boldsymbol{\alpha}_2,\cdots,\boldsymbol{\alpha}_s),r(\boldsymbol{K})\}=r(\boldsymbol{K})$$

(1) $r(\boldsymbol{K})=s\Leftrightarrow|\boldsymbol{K}|=1+(-1)^{s-1}\neq0$, s 为奇数时, $r(\boldsymbol{\beta}_1,\boldsymbol{\beta}_2,\cdots,\boldsymbol{\beta}_s)=s$,则向量组 $\boldsymbol{\beta}_1,\boldsymbol{\beta}_2,\cdots,\boldsymbol{\beta}_s$线性无关;

(2) $r(\boldsymbol{K})<s\Leftrightarrow|\boldsymbol{K}|=1+(-1)^{s-1}=0$, s 为偶数时, $r(\boldsymbol{\beta}_1,\boldsymbol{\beta}_2,\cdots,\boldsymbol{\beta}_s)<s$,则向量组 $\boldsymbol{\beta}_1,\boldsymbol{\beta}_2,\cdots,\boldsymbol{\beta}_s$线性相关.

注意:若 $\boldsymbol{B}$ 可逆,则 $r(\boldsymbol{AB})=r(\boldsymbol{A})$. 一般地, $r(\boldsymbol{AB})\leqslant\min\{r(\boldsymbol{A}),r(\boldsymbol{B})\}$.

例 2.31 已知向量组 $\boldsymbol{T}:\boldsymbol{\alpha}_1=\begin{pmatrix}1\\1\\1\\3\end{pmatrix},\boldsymbol{\alpha}_2=\begin{pmatrix}-1\\-3\\5\\1\end{pmatrix},\boldsymbol{\alpha}_3=\begin{pmatrix}3\\2\\-1\\c+2\end{pmatrix},\boldsymbol{\alpha}_4=\begin{pmatrix}-2\\-6\\10\\c\end{pmatrix}$,求向量组 $\boldsymbol{T}$ 的一个极大线性无关组.

解 对矩阵 $\boldsymbol{A}=(\boldsymbol{\alpha}_1,\boldsymbol{\alpha}_2,\boldsymbol{\alpha}_3,\boldsymbol{\alpha}_4)$进行初等行变换可得

$$\boldsymbol{A}=\begin{pmatrix}1&-1&3&-2\\1&-3&2&-6\\1&5&-1&10\\3&1&c+2&c\end{pmatrix}\xrightarrow[r_4-3r_1]{\substack{r_2-r_1\\r_3-r_1}}\begin{pmatrix}1&-1&3&-2\\0&-2&-1&-4\\0&6&-4&12\\0&4&c-7&c+6\end{pmatrix}\to\begin{pmatrix}1&-1&3&-2\\0&-2&-1&-4\\0&0&-7&0\\0&0&c-9&c-2\end{pmatrix}$$

$$\to\begin{pmatrix}1&-1&3&-2\\0&-2&-1&-4\\0&0&1&0\\0&0&0&c-2\end{pmatrix}=\boldsymbol{B}.$$

(1) $c\neq2$:秩 $r(\boldsymbol{A})=r(\boldsymbol{B})=4$.

$\boldsymbol{B}$ 的 1,2,3,4 列线性无关$\Rightarrow\boldsymbol{A}$ 的 1,2,3,4 列线性无关,

故 $\boldsymbol{\alpha}_1,\boldsymbol{\alpha}_2,\boldsymbol{\alpha}_3,\boldsymbol{\alpha}_4$ 是 $\boldsymbol{T}$ 的一个极大线性无关组.

(2) $c=2$:秩 $r(\boldsymbol{A})=r(\boldsymbol{B})=3$.

$\boldsymbol{B}$ 的 1,2,3 列线性无关$\Rightarrow\boldsymbol{A}$ 的 1,2,3 列线性无关,

故 $\boldsymbol{\alpha}_1,\boldsymbol{\alpha}_2,\boldsymbol{\alpha}_3$ 是 $\boldsymbol{T}$ 的一个极大线性无关组.

例 2.32 设 $\boldsymbol{\alpha}_1=(1,1,1),\boldsymbol{\alpha}_2=(1,2,3),\boldsymbol{\alpha}_3=(1,3,t)$.

(1) 问当 t 为何值时，向量组 $\boldsymbol{\alpha}_1,\boldsymbol{\alpha}_2,\boldsymbol{\alpha}_3$ 线性无关？

(2) 问当 t 为何值时，向量组 $\boldsymbol{\alpha}_1,\boldsymbol{\alpha}_2,\boldsymbol{\alpha}_3$ 线性相关？

(3) 当向量组 $\boldsymbol{\alpha}_1,\boldsymbol{\alpha}_2,\boldsymbol{\alpha}_3$ 线性相关时，将 $\boldsymbol{\alpha}_3$ 表示为 $\boldsymbol{\alpha}_1$ 和 $\boldsymbol{\alpha}_2$ 的线性组合.

解法一 （一般情形）

$$\boldsymbol{A}=(\boldsymbol{\alpha}_1^{\mathrm{T}},\boldsymbol{\alpha}_2^{\mathrm{T}},\boldsymbol{\alpha}_3^{\mathrm{T}})=\begin{pmatrix}1&1&1\\1&2&3\\1&3&t\end{pmatrix}\xrightarrow{r}\begin{pmatrix}1&1&1\\0&1&2\\0&0&t-5\end{pmatrix}.$$

(1) 当 $t\neq5$ 时，$r(\boldsymbol{\alpha}_1,\boldsymbol{\alpha}_2,\boldsymbol{\alpha}_3)=r(\boldsymbol{\alpha}_1^{\mathrm{T}},\boldsymbol{\alpha}_2^{\mathrm{T}},\boldsymbol{\alpha}_3^{\mathrm{T}})=3\Rightarrow\boldsymbol{\alpha}_1,\boldsymbol{\alpha}_2,\boldsymbol{\alpha}_3$ 线性无关；

(2) 当 $t=5$ 时，$r(\boldsymbol{\alpha}_1,\boldsymbol{\alpha}_2,\boldsymbol{\alpha}_3)=r(\boldsymbol{\alpha}_1^{\mathrm{T}},\boldsymbol{\alpha}_2^{\mathrm{T}},\boldsymbol{\alpha}_3^{\mathrm{T}})=2<3\Rightarrow\boldsymbol{\alpha}_1,\boldsymbol{\alpha}_2,\boldsymbol{\alpha}_3$ 线性相关；

(3) 当 $t=5$ 时，$(\boldsymbol{\alpha}_1^{\mathrm{T}},\boldsymbol{\alpha}_2^{\mathrm{T}},\boldsymbol{\alpha}_3^{\mathrm{T}})=\begin{pmatrix}1&1&1\\1&2&3\\1&3&5\end{pmatrix}\xrightarrow{r}\begin{pmatrix}1&0&-1\\0&1&2\\0&0&0\end{pmatrix}$，则

$$\boldsymbol{\alpha}_3^{\mathrm{T}}=-\boldsymbol{\alpha}_1^{\mathrm{T}}+2\boldsymbol{\alpha}_2^{\mathrm{T}}\Rightarrow\boldsymbol{\alpha}_3=-\boldsymbol{\alpha}_1+2\boldsymbol{\alpha}_2.$$

解法二 （特殊情形）(1) $\boldsymbol{\alpha}_1,\boldsymbol{\alpha}_2,\boldsymbol{\alpha}_3$ 线性无关 $\Leftrightarrow|\boldsymbol{A}|=|\boldsymbol{\alpha}_1^{\mathrm{T}},\boldsymbol{\alpha}_2^{\mathrm{T}},\boldsymbol{\alpha}_3^{\mathrm{T}}|=\begin{vmatrix}1&1&1\\1&2&3\\1&3&t\end{vmatrix}=t-5$

$\neq0$

$\Leftrightarrow t\neq5$；

(2) 当 $t=5$ 时，$\boldsymbol{\alpha}_1,\boldsymbol{\alpha}_2,\boldsymbol{\alpha}_3$ 线性相关；

(3) 令 $\boldsymbol{\alpha}_3=x_1\boldsymbol{\alpha}_1+x_2\boldsymbol{\alpha}_2\Rightarrow\boldsymbol{\alpha}_3=-\boldsymbol{\alpha}_1+2\boldsymbol{\alpha}_2$.

> **注意**：解法二只有在向量组所含向量的个数等于向量的维数时才适用.

例 2.33 试证明 n 维列向量 $\boldsymbol{\alpha}_1,\boldsymbol{\alpha}_2,\cdots,\boldsymbol{\alpha}_n$ 线性无关的充分必要条件是

$$D=\begin{vmatrix}\boldsymbol{\alpha}_1^{\mathrm{T}}\boldsymbol{\alpha}_1&\boldsymbol{\alpha}_1^{\mathrm{T}}\boldsymbol{\alpha}_2&\cdots&\boldsymbol{\alpha}_1^{\mathrm{T}}\boldsymbol{\alpha}_n\\\boldsymbol{\alpha}_2^{\mathrm{T}}\boldsymbol{\alpha}_1&\boldsymbol{\alpha}_2^{\mathrm{T}}\boldsymbol{\alpha}_2&\cdots&\boldsymbol{\alpha}_2^{\mathrm{T}}\boldsymbol{\alpha}_n\\\vdots&\vdots&&\vdots\\\boldsymbol{\alpha}_n^{\mathrm{T}}\boldsymbol{\alpha}_1&\boldsymbol{\alpha}_n^{\mathrm{T}}\boldsymbol{\alpha}_2&\cdots&\boldsymbol{\alpha}_n^{\mathrm{T}}\boldsymbol{\alpha}_n\end{vmatrix}\neq0,$$

其中 $\boldsymbol{\alpha}_i^{\mathrm{T}}$ 表示列向量 $\boldsymbol{\alpha}_i$ 的转置，$i=1,2,\cdots,n$.

证明 n 维列向量 $\boldsymbol{\alpha}_1,\boldsymbol{\alpha}_2,\cdots,\boldsymbol{\alpha}_n$ 线性无关 $\Leftrightarrow|\boldsymbol{A}|=|\boldsymbol{\alpha}_1,\boldsymbol{\alpha}_2,\cdots,\boldsymbol{\alpha}_n|\neq0$. 又

$$\boldsymbol{A}^{\mathrm{T}}\boldsymbol{A}=\begin{pmatrix}\boldsymbol{\alpha}_1^{\mathrm{T}}\\\boldsymbol{\alpha}_2^{\mathrm{T}}\\\vdots\\\boldsymbol{\alpha}_n^{\mathrm{T}}\end{pmatrix}(\boldsymbol{\alpha}_1,\boldsymbol{\alpha}_2,\cdots,\boldsymbol{\alpha}_n)=\begin{pmatrix}\boldsymbol{\alpha}_1^{\mathrm{T}}\boldsymbol{\alpha}_1&\boldsymbol{\alpha}_1^{\mathrm{T}}\boldsymbol{\alpha}_2&\cdots&\boldsymbol{\alpha}_1^{\mathrm{T}}\boldsymbol{\alpha}_n\\\boldsymbol{\alpha}_2^{\mathrm{T}}\boldsymbol{\alpha}_1&\boldsymbol{\alpha}_2^{\mathrm{T}}\boldsymbol{\alpha}_2&\cdots&\boldsymbol{\alpha}_2^{\mathrm{T}}\boldsymbol{\alpha}_n\\\vdots&\vdots&&\vdots\\\boldsymbol{\alpha}_n^{\mathrm{T}}\boldsymbol{\alpha}_1&\boldsymbol{\alpha}_n^{\mathrm{T}}\boldsymbol{\alpha}_2&\cdots&\boldsymbol{\alpha}_n^{\mathrm{T}}\boldsymbol{\alpha}_n\end{pmatrix},$$

则 $D=|\boldsymbol{A}^{\mathrm{T}}\boldsymbol{A}|=|\boldsymbol{A}|^2$，即 $D\neq0\Leftrightarrow|\boldsymbol{A}|\neq0$，结论成立.

例 2.34 设向量组 $\boldsymbol{\alpha}_1,\boldsymbol{\alpha}_2,\boldsymbol{\alpha}_3$ 线性相关，向量组 $\boldsymbol{\alpha}_2,\boldsymbol{\alpha}_3,\boldsymbol{\alpha}_4$ 线性无关，问：

(1) $\boldsymbol{\alpha}_1$ 能否由 $\boldsymbol{\alpha}_2,\boldsymbol{\alpha}_3$ 线性表示？证明你的结论.

(2) $\boldsymbol{\alpha}_4$ 能否由 $\boldsymbol{\alpha}_1,\boldsymbol{\alpha}_2,\boldsymbol{\alpha}_3$ 线性表示？证明你的结论.

解 (1) $\boldsymbol{\alpha}_1$ 能由 $\boldsymbol{\alpha}_2,\boldsymbol{\alpha}_3$ 线性表示. 事实上，$\boldsymbol{\alpha}_2,\boldsymbol{\alpha}_3,\boldsymbol{\alpha}_4$ 线性无关，则 $\boldsymbol{\alpha}_2,\boldsymbol{\alpha}_3$ 线性无关，又 $\boldsymbol{\alpha}_1,\boldsymbol{\alpha}_2,\boldsymbol{\alpha}_3$ 线性相关，所以 $\boldsymbol{\alpha}_1$ 能由 $\boldsymbol{\alpha}_2,\boldsymbol{\alpha}_3$ 线性表出.

(2) $\boldsymbol{\alpha}_4$ 不能由 $\boldsymbol{\alpha}_1,\boldsymbol{\alpha}_2,\boldsymbol{\alpha}_3$ 线性表示. 假设 $\boldsymbol{\alpha}_4$ 能由 $\boldsymbol{\alpha}_1,\boldsymbol{\alpha}_2,\boldsymbol{\alpha}_3$ 线性表示. 由(1)知 $\boldsymbol{\alpha}_1$ 能由 $\boldsymbol{\alpha}_2,\boldsymbol{\alpha}_3$ 线性表示，则 $\boldsymbol{\alpha}_4$ 能由 $\boldsymbol{\alpha}_2,\boldsymbol{\alpha}_3$ 线性表示，与 $\boldsymbol{\alpha}_2,\boldsymbol{\alpha}_3,\boldsymbol{\alpha}_4$ 线性无关矛盾.

例 2.35 已知

$$\boldsymbol{\alpha}_1=(1,4,0,2)^{\mathrm{T}},\boldsymbol{\alpha}_2=(2,7,1,3)^{\mathrm{T}},\boldsymbol{\alpha}_3=(0,1,-1,a)^{\mathrm{T}},\boldsymbol{\beta}=(3,10,b,4)^{\mathrm{T}}.$$

问

(1) a,b 取何值时，$\boldsymbol{\beta}$ 不能由 $\boldsymbol{\alpha}_1,\boldsymbol{\alpha}_2,\boldsymbol{\alpha}_3$ 线性表示？

(2) a,b 取何值时，$\boldsymbol{\beta}$ 可由 $\boldsymbol{\alpha}_1,\boldsymbol{\alpha}_2,\boldsymbol{\alpha}_3$ 线性表示？并写出此表示式.

解

$$(\boldsymbol{\alpha}_1,\boldsymbol{\alpha}_2,\boldsymbol{\alpha}_3\mid\boldsymbol{\beta})=\left(\begin{array}{ccc|c}1&2&0&3\\4&7&1&10\\0&1&-1&b\\2&3&a&4\end{array}\right)\xrightarrow{r}\left(\begin{array}{ccc|c}1&2&0&3\\0&-1&1&-2\\0&0&a-1&0\\0&0&0&b-2\end{array}\right).$$

(1) 当 $b\neq2$ 时，$r(\boldsymbol{\alpha}_1,\boldsymbol{\alpha}_2,\boldsymbol{\alpha}_3)\neq r(\boldsymbol{\alpha}_1,\boldsymbol{\alpha}_2,\boldsymbol{\alpha}_3\mid\boldsymbol{\beta})\Rightarrow\boldsymbol{\beta}$ 不能由$(\boldsymbol{\alpha}_1,\boldsymbol{\alpha}_2,\boldsymbol{\alpha}_3)$线性表示；

(2) 当 $b=2$ 时，

$$(\boldsymbol{\alpha}_1,\boldsymbol{\alpha}_2,\boldsymbol{\alpha}_3\mid\boldsymbol{\beta})=\left(\begin{array}{ccc|c}1&2&0&3\\4&7&1&10\\0&1&-1&b\\2&3&a&4\end{array}\right)\xrightarrow{r}\left(\begin{array}{ccc|c}1&2&0&3\\0&-1&1&-2\\0&0&a-1&0\\0&0&0&0\end{array}\right),$$

则 $r(\boldsymbol{\alpha}_1,\boldsymbol{\alpha}_2,\boldsymbol{\alpha}_3)=r(\boldsymbol{\alpha}_1,\boldsymbol{\alpha}_2,\boldsymbol{\alpha}_3\mid\boldsymbol{\beta})$，$\boldsymbol{\beta}$ 可由 $\boldsymbol{\alpha}_1,\boldsymbol{\alpha}_2,\boldsymbol{\alpha}_3$ 线性表示；

① 若 $a=1$，$(\boldsymbol{\alpha}_1,\boldsymbol{\alpha}_2,\boldsymbol{\alpha}_3\mid\boldsymbol{\beta})\xrightarrow{r}\left(\begin{array}{ccc|c}1&0&2&-1\\0&1&-1&2\\0&0&0&0\\0&0&0&0\end{array}\right)$，得

$\boldsymbol{\beta}=-(2k+1)\boldsymbol{\alpha}_1+(k+2)\boldsymbol{\alpha}_2+k\boldsymbol{\alpha}_3$，$k$ 为任意常数；

② 若 $a\neq1$，$(\boldsymbol{\alpha}_1,\boldsymbol{\alpha}_2,\boldsymbol{\alpha}_3\mid\boldsymbol{\beta})\xrightarrow{r}\left(\begin{array}{ccc|c}1&0&0&-1\\0&1&0&2\\0&0&1&0\\0&0&0&0\end{array}\right)$，得 $\boldsymbol{\beta}=-\boldsymbol{\alpha}_1+2\boldsymbol{\alpha}_2$.

注意：(1) 向量 $\boldsymbol{\beta}$ 可由 $\boldsymbol{\alpha}_1,\boldsymbol{\alpha}_2,\cdots,\boldsymbol{\alpha}_m$ 线性表示 $\Rightarrow x_1\boldsymbol{\alpha}_1+x_2\boldsymbol{\alpha}_2+\cdots+x_m\boldsymbol{\alpha}_m=\boldsymbol{\beta}$ 有解.

(2) 其表达式中的系数就是线性方程组 $x_1\boldsymbol{\alpha}_1+x_2\boldsymbol{\alpha}_2+\cdots+x_m\boldsymbol{\alpha}_m=\boldsymbol{\beta}$ 的解.

例 2.36 已知 $\mathbf{R}^3$ 的两组基

$$\boldsymbol{\alpha}_1=\begin{pmatrix}1\\0\\-1\end{pmatrix},\boldsymbol{\alpha}_2=\begin{pmatrix}2\\1\\1\end{pmatrix},\boldsymbol{\alpha}_3=\begin{pmatrix}1\\1\\1\end{pmatrix},$$

与
$$\boldsymbol{\beta}_1=\begin{pmatrix}0\\1\\1\end{pmatrix},\boldsymbol{\beta}_2=\begin{pmatrix}-1\\1\\0\end{pmatrix},\boldsymbol{\beta}_3=\begin{pmatrix}1\\2\\1\end{pmatrix}.$$

(1) 求由基 $\boldsymbol{\alpha}_1,\boldsymbol{\alpha}_2,\boldsymbol{\alpha}_3$ 到基 $\boldsymbol{\beta}_1,\boldsymbol{\beta}_2,\boldsymbol{\beta}_3$ 的过渡矩阵；

(2) 求 $\boldsymbol{\gamma}=\begin{pmatrix}9\\6\\5\end{pmatrix}$ 在这两组基下的坐标；

(3) 求向量 $\boldsymbol{\delta}$，使它在这两组基下有相同的坐标.

解 (1) 设由基 $\boldsymbol{\alpha}_1,\boldsymbol{\alpha}_2,\boldsymbol{\alpha}_3$ 到基 $\boldsymbol{\beta}_1,\boldsymbol{\beta}_2,\boldsymbol{\beta}_3$ 的过渡矩阵是 $\boldsymbol{C}$，则

$$(\boldsymbol{\beta}_1,\boldsymbol{\beta}_2,\boldsymbol{\beta}_3)=(\boldsymbol{\alpha}_1,\boldsymbol{\alpha}_2,\boldsymbol{\alpha}_3)\boldsymbol{C},$$

于是，$\boldsymbol{C}=(\boldsymbol{\alpha}_1,\boldsymbol{\alpha}_2,\boldsymbol{\alpha}_3)^{-1}(\boldsymbol{\beta}_1,\boldsymbol{\beta}_2,\boldsymbol{\beta}_3)=\begin{pmatrix}1&2&1\\0&1&1\\-1&1&1\end{pmatrix}^{-1}\begin{pmatrix}0&-1&1\\1&1&2\\1&0&1\end{pmatrix}=\begin{pmatrix}0&1&1\\-1&-3&-2\\2&4&4\end{pmatrix}.$

(2) 设 $\boldsymbol{\gamma}=\begin{pmatrix}9\\6\\5\end{pmatrix}$ 在 $\boldsymbol{\beta}_1,\boldsymbol{\beta}_2,\boldsymbol{\beta}_3$ 下的坐标是 $\begin{pmatrix}y_1\\y_2\\y_3\end{pmatrix}$，于是 $y_1\boldsymbol{\beta}_1+y_2\boldsymbol{\beta}_2+y_3\boldsymbol{\beta}_3=\boldsymbol{\gamma}$，即

$\begin{cases}-y_2+y_3=9\\y_1+y_2+2y_3=6\\y_1+y_3=5\end{cases}$，可得 $\begin{pmatrix}y_1\\y_2\\y_3\end{pmatrix}=\begin{pmatrix}0\\-4\\5\end{pmatrix}.$

设 $\boldsymbol{\gamma}$ 在 $\boldsymbol{\alpha}_1,\boldsymbol{\alpha}_2,\boldsymbol{\alpha}_3$ 下的坐标是 $\begin{pmatrix}x_1\\x_2\\x_3\end{pmatrix}$，按坐标变换公式 $\boldsymbol{X}=\boldsymbol{CY}$，有

$$\begin{pmatrix}x_1\\x_2\\x_3\end{pmatrix}=\begin{pmatrix}0&1&1\\-1&-3&-2\\2&4&4\end{pmatrix}\begin{pmatrix}0\\-4\\5\end{pmatrix}=\begin{pmatrix}1\\2\\4\end{pmatrix}.$$

(3) 设 $\boldsymbol{\delta}=x_1\boldsymbol{\alpha}_1+x_2\boldsymbol{\alpha}_2+x_3\boldsymbol{\alpha}_3=x_1\boldsymbol{\beta}_1+x_2\boldsymbol{\beta}_2+x_3\boldsymbol{\beta}_3$，即

$$x_1(\boldsymbol{\alpha}_1-\boldsymbol{\beta}_1)+x_2(\boldsymbol{\alpha}_2-\boldsymbol{\beta}_2)+x_3(\boldsymbol{\alpha}_3-\boldsymbol{\beta}_3)=\boldsymbol{0},$$

$\begin{cases}x_1+3x_2=0\\-x_1-x_3=0\\-2x_1+x_2=0\end{cases}$，可得 $x_1=x_2=x_3=0$.

所以仅零向量在这两组基下有相同的坐标.

习题二

一、填空题

1. 已知向量组 $\boldsymbol{\alpha}_1=\begin{pmatrix}1\\2\\-1\\0\end{pmatrix}$，$\boldsymbol{\alpha}_2=\begin{pmatrix}1\\1\\0\\2\end{pmatrix}$，$\boldsymbol{\alpha}_3=\begin{pmatrix}2\\1\\1\\a\end{pmatrix}$，若由 $\boldsymbol{\alpha}_1,\boldsymbol{\alpha}_2,\boldsymbol{\alpha}_3$ 形成的向量组的秩为 2，则 $a=$__________.

2. 已知向量组 $\boldsymbol{\alpha}_1=\begin{pmatrix}1\\1\\1\end{pmatrix}$，$\boldsymbol{\alpha}_2=\begin{pmatrix}1\\3\\2\end{pmatrix}$，$\boldsymbol{\alpha}_3=\begin{pmatrix}a\\0\\1\end{pmatrix}$线性相关，则 $a=$__________.

3. 设三阶矩阵 $\boldsymbol{A}=\begin{pmatrix}1&2&-2\\2&1&2\\3&0&4\end{pmatrix}$，三维列向量 $\boldsymbol{\alpha}=\begin{pmatrix}b\\1\\1\end{pmatrix}$，已知 $\boldsymbol{A\alpha}$ 与 $\boldsymbol{\alpha}$ 线性相关，则 $b=$__________.

4. 当 c_1,c_2 满足__________时，向量组 $\boldsymbol{\beta}-\boldsymbol{\alpha}_1,\boldsymbol{\beta}-\boldsymbol{\alpha}_2$ 线性相关，其中向量组 $\boldsymbol{\alpha}_1,\boldsymbol{\alpha}_2$ 线性无关，且 $\boldsymbol{\beta}=c_1\boldsymbol{\alpha}_1+c_2\boldsymbol{\alpha}_2$.

5. 设 $\boldsymbol{\alpha}_1=\begin{pmatrix}1\\1\\1\end{pmatrix}$，$\boldsymbol{\alpha}_2=\begin{pmatrix}a\\0\\b\end{pmatrix}$，$\boldsymbol{\alpha}_3=\begin{pmatrix}1\\3\\2\end{pmatrix}$，若 $\boldsymbol{\alpha}_1,\boldsymbol{\alpha}_2,\boldsymbol{\alpha}_3$ 线性相关，则 a,b 满足的关系式为__________.

6. 已知三维线性空间的一组基底为 $\boldsymbol{\alpha}_1=\begin{pmatrix}1\\1\\0\end{pmatrix}$，$\boldsymbol{\alpha}_2=\begin{pmatrix}1\\0\\1\end{pmatrix}$，$\boldsymbol{\alpha}_3=\begin{pmatrix}0\\1\\1\end{pmatrix}$，则向量 $\boldsymbol{\beta}=\begin{pmatrix}2\\0\\0\end{pmatrix}$ 在上述基底下的坐标是__________.

7. 从 $\mathbf{R}^2$ 的基 $\boldsymbol{\alpha}_1=\begin{pmatrix}1\\0\end{pmatrix}$，$\boldsymbol{\alpha}_2=\begin{pmatrix}1\\-1\end{pmatrix}$到基 $\boldsymbol{\beta}_1=\begin{pmatrix}1\\1\end{pmatrix}$，$\boldsymbol{\beta}_2=\begin{pmatrix}1\\2\end{pmatrix}$的过渡矩阵为________.

8. 当 $k=$__________时，向量 $\boldsymbol{\alpha}_1=\begin{pmatrix}2\\1\\0\\3\end{pmatrix}$ 与 $\boldsymbol{\alpha}_2=\begin{pmatrix}1\\-2\\1\\k\end{pmatrix}$ 的内积为 2.

9. 若 $\boldsymbol{\alpha}_1=\begin{pmatrix}1\\s\end{pmatrix}$与 $\boldsymbol{\alpha}_2=\begin{pmatrix}t\\2\end{pmatrix}$正交，则 s,t 满足条件__________.

10. 若矩阵 $\boldsymbol{A}=\begin{pmatrix}a&b\\c&a+2\end{pmatrix}$是正交矩阵，则 a,b,c 满足条件__________.

二、选择题

1. 若矩阵 $\boldsymbol{H}$ 经过初等行变换变为 $\boldsymbol{G}$，则(　　).

A. $\boldsymbol{H}$ 的行向量组与 $\boldsymbol{G}$ 的行向量组等价

B. $\boldsymbol{H}$ 的列向量组与 $\boldsymbol{G}$ 的列向量组等价

C. $\boldsymbol{H}$ 的行向量组与 $\boldsymbol{G}$ 的列向量组等价

D. $\boldsymbol{H}$ 的列向量组与 $\boldsymbol{G}$ 的行向量组等价

2. 向量组 $\boldsymbol{\alpha}_1,\boldsymbol{\alpha}_2,\cdots,\boldsymbol{\alpha}_s$ 线性无关的充分必要条件是(　　).

A. $\boldsymbol{\alpha}_1,\boldsymbol{\alpha}_2,\cdots,\boldsymbol{\alpha}_s$ 均为非零向量

B. $\boldsymbol{\alpha}_1,\boldsymbol{\alpha}_2,\cdots,\boldsymbol{\alpha}_s$ 中任意两个向量的分量不成比例

C. $\boldsymbol{\alpha}_1,\boldsymbol{\alpha}_2,\cdots,\boldsymbol{\alpha}_s$ 中有一个部分组线性无关

D. $\boldsymbol{\alpha}_1,\boldsymbol{\alpha}_2,\cdots,\boldsymbol{\alpha}_s$ 中任意一个向量不能被其余向量线性表示

3. 设 $\boldsymbol{\alpha}_1,\boldsymbol{\alpha}_2,\cdots,\boldsymbol{\alpha}_s$ 均为 n 维向量,则下列结论正确的是(　　).

A. 若 $k_1\boldsymbol{\alpha}_1+k_2\boldsymbol{\alpha}_2+\cdots+k_s\boldsymbol{\alpha}_s=\boldsymbol{0}$,则 $\boldsymbol{\alpha}_1,\boldsymbol{\alpha}_2,\cdots,\boldsymbol{\alpha}_s$ 线性相关

B. 若对任一组不全为零的数 $k_1,k_2,\cdots,k_s$,都有 $k_1\boldsymbol{\alpha}_1+k_2\boldsymbol{\alpha}_2+\cdots+k_s\boldsymbol{\alpha}_s\neq\boldsymbol{0}$,则 $\boldsymbol{\alpha}_1,\boldsymbol{\alpha}_2,\cdots,\boldsymbol{\alpha}_s$ 线性无关

C. 若 $\boldsymbol{\alpha}_1,\boldsymbol{\alpha}_2,\cdots,\boldsymbol{\alpha}_s$ 线性相关,则对任一组不全为零的数 $k_1,k_2,\cdots,k_s$ 都有 $k_1\boldsymbol{\alpha}_1+k_2\boldsymbol{\alpha}_2+\cdots+k_s\boldsymbol{\alpha}_s=\boldsymbol{0}$

D. $0\boldsymbol{\alpha}_1+0\boldsymbol{\alpha}_2+\cdots+0\boldsymbol{\alpha}_s=\boldsymbol{0}$,则 $\boldsymbol{\alpha}_1,\boldsymbol{\alpha}_2,\cdots,\boldsymbol{\alpha}_s$ 线性相关

4. 设 $\boldsymbol{H}$ 是 4 阶矩阵,且 $\boldsymbol{H}$ 的行列式 $|\boldsymbol{H}|=0$,则 $\boldsymbol{H}$ 中(　　).

A. 必有一列元素全为 0

B. 必有两列元素对应成比例

C. 必有一列向量是其余列向量的线性组合

D. 任一列向量是其余列向量的线性组合

5. 假设 $\boldsymbol{A}$ 是 n 阶方阵,其秩 $r<n$,那么在 $\boldsymbol{A}$ 的 n 个行向量中(　　).

A. 必有 r 个行向量线性无关

B. 任意 r 个行向量线性无关

C. 任意 r 个行向量都构成最大线性无关向量组

D. 任何一个行向量都可以由其他 r 个行向量线性表出

6. 设向量组 $\boldsymbol{\alpha}_1,\boldsymbol{\alpha}_2,\boldsymbol{\alpha}_3$ 线性无关,则下列向量组中线性相关的是(　　).

A. $\boldsymbol{\alpha}_1-\boldsymbol{\alpha}_2,\boldsymbol{\alpha}_2-\boldsymbol{\alpha}_3,\boldsymbol{\alpha}_3-\boldsymbol{\alpha}_1$

B. $\boldsymbol{\alpha}_1+\boldsymbol{\alpha}_2,\boldsymbol{\alpha}_2+\boldsymbol{\alpha}_3,\boldsymbol{\alpha}_3+\boldsymbol{\alpha}_1$

C. $\boldsymbol{\alpha}_1-2\boldsymbol{\alpha}_2,\boldsymbol{\alpha}_2-2\boldsymbol{\alpha}_3,\boldsymbol{\alpha}_3-2\boldsymbol{\alpha}_1$

D. $\boldsymbol{\alpha}_1+2\boldsymbol{\alpha}_2,\boldsymbol{\alpha}_2+2\boldsymbol{\alpha}_3,\boldsymbol{\alpha}_3+2\boldsymbol{\alpha}_1$

7. 设向量组 $\boldsymbol{\alpha}_1,\boldsymbol{\alpha}_2,\boldsymbol{\alpha}_3$ 线性无关,则下列向量组中线性无关的是(　　).

A. $\boldsymbol{\alpha}_1+\boldsymbol{\alpha}_2,\boldsymbol{\alpha}_2+\boldsymbol{\alpha}_3,\boldsymbol{\alpha}_3-\boldsymbol{\alpha}_1$

B. $\boldsymbol{\alpha}_1+\boldsymbol{\alpha}_2,\boldsymbol{\alpha}_2+\boldsymbol{\alpha}_3,\boldsymbol{\alpha}_1+2\boldsymbol{\alpha}_2+\boldsymbol{\alpha}_3$

C. $\boldsymbol{\alpha}_1+2\boldsymbol{\alpha}_2,2\boldsymbol{\alpha}_2+3\boldsymbol{\alpha}_3,3\boldsymbol{\alpha}_3+\boldsymbol{\alpha}_1$

D. $\boldsymbol{\alpha}_1+\boldsymbol{\alpha}_2+\boldsymbol{\alpha}_3,2\boldsymbol{\alpha}_1-3\boldsymbol{\alpha}_2+22\boldsymbol{\alpha}_3,3\boldsymbol{\alpha}_1+5\boldsymbol{\alpha}_2-5\boldsymbol{\alpha}_3$

8. 设矩阵 $\boldsymbol{A}_{m\times n}$ 的秩为 $r(\boldsymbol{A})=m<n$,$\boldsymbol{E}_m$ 为 m 阶单位矩阵,下述结论中正确的是(　　).

A. $\boldsymbol{A}_{m\times n}$的任意 m 个列向量必线性无关

B. $\boldsymbol{A}_{m\times n}$的任意一个 m 阶子式不等于零

C. 若矩阵 $\boldsymbol{B}$ 满足 $\boldsymbol{BA}=\boldsymbol{O}$,则 $\boldsymbol{B}=\boldsymbol{O}$

D. $\boldsymbol{A}_{m\times n}$通过初等行变换,必可以化为$(\boldsymbol{I}_m\quad\boldsymbol{O})$的形式

9. 向量组 $\boldsymbol{\alpha}_1,\boldsymbol{\alpha}_2,\boldsymbol{\alpha}_3,\boldsymbol{\alpha}_4,\boldsymbol{\alpha}_5$ 与向量组 $\boldsymbol{\alpha}_1,\boldsymbol{\alpha}_3,\boldsymbol{\alpha}_5$ 的秩相等,则这两个向量组( ).

A. 一定等价　　B. 一定不等价

C. 不一定等价　　D. 以上都不对

10. 已知 $\boldsymbol{V}$ 是一个向量空间,则( ).

A. $\boldsymbol{V}$ 中一定有零向量　　B. $\boldsymbol{V}$ 中一定有非零向量

C. $\boldsymbol{V}$ 中一定有线性无关向量　　D. $\boldsymbol{V}$ 中一定有无穷多个向量

三、解答题

1. 已知向量组 $\boldsymbol{\beta}_1=\begin{pmatrix}0\\1\\-1\end{pmatrix},\boldsymbol{\beta}_2=\begin{pmatrix}a\\2\\1\end{pmatrix},\boldsymbol{\beta}_3=\begin{pmatrix}b\\1\\0\end{pmatrix}$ 与向量组 $\boldsymbol{\alpha}_1=\begin{pmatrix}1\\2\\-3\end{pmatrix},\boldsymbol{\alpha}_2=\begin{pmatrix}3\\0\\1\end{pmatrix},\boldsymbol{\alpha}_3=\begin{pmatrix}9\\6\\-7\end{pmatrix}$ 具有相同的秩,且 $\boldsymbol{\beta}_3$ 可由 $\boldsymbol{\alpha}_1,\boldsymbol{\alpha}_2,\boldsymbol{\alpha}_3$ 线性表示,求 a,b 的值.

2. 已知向量组 $\boldsymbol{\alpha}_1,\boldsymbol{\alpha}_2,\boldsymbol{\alpha}_3$ 线性无关,若 $\boldsymbol{\alpha}_1+\boldsymbol{\alpha}_2,\boldsymbol{\alpha}_2+\boldsymbol{\alpha}_3,\boldsymbol{\alpha}_3+k\boldsymbol{\alpha}_1$ 也线性无关,求 k 的取值范围.

3. 已知向量组 $\boldsymbol{\alpha}_1=\begin{pmatrix}1\\-2\\3\end{pmatrix},\boldsymbol{\alpha}_2=\begin{pmatrix}2\\-1\\0\end{pmatrix}$,求实数 λ,使得 $\boldsymbol{\alpha}_1+\lambda\boldsymbol{\alpha}_2$ 与 $\boldsymbol{\alpha}_2$ 正交.

4. 利用向量组相关性定理,判别多项式 $f_1=1+2x+x^3,f_2=1+x+x^2,f_3=1+x^2,f_4=1+3x+x^3$ 是否线性相关.

5. 设 3 维向量

$$\boldsymbol{\alpha}_1=\begin{pmatrix}1\\1\\0\end{pmatrix},\boldsymbol{\alpha}_2=\begin{pmatrix}5\\3\\2\end{pmatrix},\boldsymbol{\alpha}_3=\begin{pmatrix}1\\3\\-1\end{pmatrix},\boldsymbol{\alpha}_4=\begin{pmatrix}-2\\2\\-3\end{pmatrix},$$

又设 $\boldsymbol{A}$ 是 3 阶矩阵,满足 $\boldsymbol{A}\boldsymbol{\alpha}_1=\boldsymbol{\alpha}_2,\boldsymbol{A}\boldsymbol{\alpha}_2=\boldsymbol{\alpha}_3,\boldsymbol{A}\boldsymbol{\alpha}_3=\boldsymbol{\alpha}_4$,求 $\boldsymbol{A}$.

6. 已知向量组 $\boldsymbol{A}:\boldsymbol{\alpha}_1,\boldsymbol{\alpha}_2,\boldsymbol{\alpha}_3$;$\boldsymbol{B}:\boldsymbol{\alpha}_1,\boldsymbol{\alpha}_2,\boldsymbol{\alpha}_3,\boldsymbol{\alpha}_4$;$\boldsymbol{C}:\boldsymbol{\alpha}_1,\boldsymbol{\alpha}_2,\boldsymbol{\alpha}_3,\boldsymbol{\alpha}_5$,如果它们的秩分别为 $r(\boldsymbol{A})=r(\boldsymbol{B})=3,r(\boldsymbol{C})=4$,求 $r(\boldsymbol{\alpha}_1,\boldsymbol{\alpha}_2,\boldsymbol{\alpha}_3,\boldsymbol{\alpha}_5-\boldsymbol{\alpha}_4)$.

7. 设 $\boldsymbol{A}$ 是 $m\times n$ 矩阵,$\boldsymbol{B}$ 是 $n\times m$ 矩阵,$\boldsymbol{E}$ 是 n 阶单位矩阵($n<m$),已知 $\boldsymbol{BA}=\boldsymbol{E}$,证明矩阵 $\boldsymbol{A}$ 的列向量组线性无关.

8. 设 $\boldsymbol{A}$ 是 $m\times n$ 矩阵,$\boldsymbol{B}$ 是 $n\times p$ 矩阵,若 $\boldsymbol{AB}=\boldsymbol{C}$ 且 $r(\boldsymbol{C})=m$,证明 $\boldsymbol{A}$ 的行向量线性无关.

9. 设 $\boldsymbol{\alpha},\boldsymbol{\beta}$ 为 3 维列向量,矩阵 $\boldsymbol{A}=\boldsymbol{\alpha}\boldsymbol{\alpha}^{\mathrm{T}}+\boldsymbol{\beta}\boldsymbol{\beta}^{\mathrm{T}}$,其中 $\boldsymbol{\alpha}^{\mathrm{T}},\boldsymbol{\beta}^{\mathrm{T}}$ 分别是 $\boldsymbol{\alpha},\boldsymbol{\beta}$ 的转置,证明:

(1) 秩 $r(\boldsymbol{A})\leqslant 2$;(2) 若 $\boldsymbol{\alpha},\boldsymbol{\beta}$ 线性相关,则秩 $r(\boldsymbol{A})<2$.

10. 设 $\boldsymbol{x}$ 为 n 维列向量,且 $\boldsymbol{x}^{\mathrm{T}}\boldsymbol{x}=1$,令 $\boldsymbol{H}=\boldsymbol{E}-2\boldsymbol{x}\boldsymbol{x}^{\mathrm{T}}$,证明 $\boldsymbol{H}$ 是对称的正交阵.

第三章　线性方程组

线性方程组是科学和工程技术中处理数据常用的工具.线性方程组的求解问题,是线性代数的一个重要而基本的内容.在中国古代的《九章算术》中就用类似于今天的方法详细地讨论了线性方程组的解法.随着科技、经济的蓬勃发展,在有关生物、化学、计算机工程学、电子、工程、经济、社会等许多方面的问题都可以用线性方程组的模型来求解.本章我们将详细讨论线性方程组的基本理论及求解方法.

第一节　克拉默法则

在初中,我们利用加减消元法解决了如下的二元一次方程组问题:

$\begin{cases}a_{11}x_1+a_{12}x_2=b_1\\a_{21}x_1+a_{22}x_2=b_2\end{cases}$,在 $D=\begin{vmatrix}a_{11}&a_{12}\\a_{21}&a_{22}\end{vmatrix}=a_{11}a_{22}-a_{12}a_{21}\neq 0$ 时,我们得到:

$\begin{cases}x_1=\dfrac{a_{22}b_1-a_{12}b_2}{a_{11}a_{22}-a_{12}a_{21}}\\x_2=\dfrac{a_{11}b_2-a_{21}b_1}{a_{11}a_{22}-a_{12}a_{21}}\end{cases}$,也可以简洁地表示为 $\begin{cases}x_1=\dfrac{D_1}{D}\\x_2=\dfrac{D_2}{D}\end{cases}$,其中 $D_1=a_{22}b_1-a_{12}b_2=\begin{vmatrix}b_1&a_{12}\\b_2&a_{22}\end{vmatrix}$,

$D_2=a_{11}b_2-a_{21}b_1=\begin{vmatrix}a_{11}&b_1\\a_{21}&b_2\end{vmatrix}$ 是将 D 中的第一列、第二列分别换成常数项而得到.

与上述二元线性方程组相类似,含有 n 个未知数 $x_1,x_2,\cdots,x_n$ 的 n 个线性方程的方程组

$$\begin{cases}a_{11}x_1+a_{12}x_2+\cdots+a_{1n}x_n=b_1\\a_{21}x_1+a_{22}x_2+\cdots+a_{2n}x_n=b_2\\\cdots\cdots\\a_{n1}x_1+a_{n2}x_2+\cdots+a_{nn}x_n=b_n\end{cases}. \tag{1}$$

它的解可以用行列式来表示,即有如下的法则:**克拉默法则(Cramer's rule)**.

如果线性方程组(1)的系数行列式不等于零,即 $D=\begin{vmatrix}a_{11}&\cdots&a_{1n}\\\vdots&&\vdots\\a_{n1}&\cdots&a_{nn}\end{vmatrix}\neq 0$,那么,方程组有唯一解 $x_1=\dfrac{D_1}{D},x_2=\dfrac{D_2}{D},\cdots,x_n=\dfrac{D_n}{D}$,其中 $D_j(j=1,2,\cdots,n)$,是把系数行列式 D 中第 j 列的元素用常数项代替后所得到的 n 阶行列式,即有

$$D_j=\begin{vmatrix} a_{11} & \cdots & a_{1,j-1} & b_1 & a_{1,j+1} & \cdots & a_{1n} \\ \vdots & & \vdots & \vdots & \vdots & & \vdots \\ a_{n1} & \cdots & a_{n,j-1} & b_n & a_{n,j+1} & \cdots & a_{nn} \end{vmatrix}.$$

该定理的证明略去，有兴趣的读者可查阅相关资料.

例 3.1　求解线性方程组

$$\begin{cases} x_1+3x_2+2x_3+x_4=1 \\ x_1+3x_2-2x_3+x_4=0 \\ 4x_1+2x_2+x_4=-2 \\ x_1-x_2+x_3+2x_4=3 \end{cases}.$$

解　$D=\begin{vmatrix} 1 & 3 & 2 & 1 \\ 1 & 3 & -2 & 1 \\ 4 & 2 & 0 & 1 \\ 1 & -1 & 1 & 2 \end{vmatrix}=-88, D_1=\begin{vmatrix} 1 & 3 & 2 & 1 \\ 0 & 3 & -2 & 1 \\ -2 & 2 & 0 & 1 \\ 3 & -1 & 1 & 2 \end{vmatrix}=77,$

$$D_2=\begin{vmatrix} 1 & 1 & 2 & 1 \\ 1 & 0 & -2 & 1 \\ 4 & -2 & 0 & 1 \\ 1 & 3 & 1 & 2 \end{vmatrix}=11, D_3=\begin{vmatrix} 1 & 3 & 1 & 1 \\ 1 & 3 & 0 & 1 \\ 4 & 2 & -2 & 1 \\ 1 & -1 & 3 & 2 \end{vmatrix}=-22,$$

$$D_4=\begin{vmatrix} 1 & 3 & 2 & 1 \\ 1 & 3 & -2 & 0 \\ 4 & 2 & 0 & -2 \\ 1 & -1 & 1 & 3 \end{vmatrix}=-154.$$

于是得到：$x_1=-\frac{7}{8}, x_2=-\frac{1}{8}, x_3=\frac{1}{4}, x_4=\frac{7}{4}$.

例 3.2　设线性方程组

$$\begin{cases} ax_1+x_2+x_3=4 \\ x_1+bx_2+x_3=3 \\ x_1+2bx_2+x_3=4 \end{cases}.$$

问参数 a,b 取何值时该方程组无解，有唯一解，有无穷多解？

解　方程组的系数矩阵行列式

$$\begin{vmatrix} a & 1 & 1 \\ 1 & b & 1 \\ 1 & 2b & 1 \end{vmatrix}=b(1-a).$$

当且仅当 $b\neq0$，且 $a\neq1$ 时，有唯一解.

当 $b=0$ 时，由第二、三个方程组知道，原方程组无解.

当 $a=1$ 时，方程组变为$\begin{cases} x_1+x_2+x_3=4 \\ x_1+bx_2+x_3=3 \\ x_1+2bx_2+x_3=4 \end{cases}.$

当 $b\neq\frac{1}{2}$ 时，第一，第三个方程矛盾，无解；

若 $a=1$，且 $b=\frac{1}{2}$ 时，原方程组有无穷多解.

利用克拉默法则，我们可以得到下面结论：

定理 3.1 如果线性方程组(1)的系数行列式 $D\neq0$，则(1)一定有解，且解是唯一的.

推论 3.1 如果线性方程组(1)无解或有不同的解，则它的系数行列式一定为零.

习题 3.1

1. 用克拉默法则解线性方程组：

(1) $\begin{cases}2x_1+2x_2-x_3=6\\x_1-2x_2+4x_3=3\\5x_1+7x_2+x_3=28\end{cases}$；

(2) $\begin{cases}x_1-x_2+5x_3-x_4=-1\\x_1+x_2-2x_3+x_4=0\\3x_1-x_2+8x_3+x_4=2\\x_1+x_2-9x_3+7x_4=3\end{cases}$；

(3) $\begin{cases}x_1+x_2+x_3+x_4=5\\x_1+2x_2-x_3+4x_4=-2\\2x_1-3x_2-x_3-5x_4=-2\\3x_1+x_2+2x_3+11x_4=0\end{cases}$.

2. 当 λ 为何值时，方程组 $\begin{cases}(1+\lambda)x_1+x_2+x_3=0\\x_1+(1+\lambda)x_2+x_3=3\\x_1+x_2+(1+\lambda)x_3=\lambda\end{cases}$ 有唯一解？

3. 问 λ 和 μ 取何值时，齐次方程组 $\begin{cases}\lambda x_1+x_2+x_3=0\\x_1+\mu x_2+x_3=0\\x_1+2\mu x_2+x_3=0\end{cases}$ 有非零解？

4. 问 λ 取何值时，齐次方程组 $\begin{cases}(1-\lambda)x_1-2x_2+4x_3=0\\2x_1+(3-\lambda)x_2+x_3=0\\x_1+x_2+(1-\lambda)x_3=0\end{cases}$ 有非零解？

第二节　线性方程组与高斯消元法

克拉默法则是针对含有 n 个未知数，n 个方程的情形，即在方程组的个数与未知数个数相同时使用的. 而有时，我们还会遇到方程组的个数与未知数个数不同的情况. 在这一节中，我们就介绍方程组的一般概念以及求解方程组的高斯消元法.

一、线性方程组的一般概念

在空间解析几何中，我们研究三个平面的位置关系时，实际上就是将问题转化为线性方程组的求解问题进行研究的.

设三个平面 $\pi_i: A_ix+B_iy+C_iz+D_i=0(i=1,2,3)$，这三个平面的公共点的坐标满足线性方程组 $\begin{cases}A_1x+B_1y+C_1z+D_1=0\\A_2x+B_2y+C_2z+D_2=0\\A_3x+B_3y+C_3z+D_3=0\end{cases}$，反之，如果空间一个点的坐标满足该线性方程组，那么该点就一定在这三个平面上. 显然，空间三个平面的交点可能只有一个、无数个或没有的问题也就是该方程组有唯一解、无数个解或无解的情形.

一般地，一个线性方程组可表示为：

$$\begin{cases}a_{11}x_1+a_{12}x_2+\cdots+a_{1n}x_n=b_1\\a_{21}x_1+a_{22}x_2+\cdots+a_{2n}x_n=b_2\\\quad\cdots\cdots\\a_{m1}x_1+a_{m2}x_2+\cdots+a_{mn}x_n=b_m\end{cases}. \tag{2}$$

式中 a_{ij} 称为该方程组中未知数的系数，x_i 称为该方程组的未知量，b_i 为该方程组的常数项. 它是一个含有 n 个未知量，由 m 个方程组成的线性方程组.

线性方程组可分为两类：常数项 b_i 全为零的方程组称为**齐次线性方程组**(**system of homogeneous linear equations**)，如(3)；常数项不全为零的方程组称为**非齐次线性方程组**(**system of inhomogeneous linear equations**).

$$\begin{cases}a_{11}x_1+a_{12}x_2+\cdots+a_{1n}x_n=0\\a_{21}x_1+a_{22}x_2+\cdots+a_{2n}x_n=0\\\quad\cdots\cdots\\a_{m1}x_1+a_{m2}x_2+\cdots+a_{mn}x_n=0\end{cases}. \tag{3}$$

有时候，称(3)为与(2)**相应的齐次线性方程组**，或(2)的**导出组**(**derived group**)，且称矩阵 $\boldsymbol{A}=\begin{pmatrix}a_{11}&a_{12}&\cdots&a_{1n}\\a_{21}&a_{22}&\cdots&a_{2n}\\\vdots&\vdots&&\vdots\\a_{m1}&a_{m2}&\cdots&a_{mn}\end{pmatrix}$ 为方程组(2)的**系数矩阵**(**coefficien matrix**).

称矩阵

$$(\boldsymbol{A},\boldsymbol{b})=\begin{pmatrix}a_{11}&a_{12}&\cdots&a_{1n}&b_1\\a_{21}&a_{22}&\cdots&a_{2n}&b_2\\\vdots&\vdots&&\vdots&\vdots\\a_{m1}&a_{m2}&\cdots&a_{mn}&b_m\end{pmatrix}$$

为方程组(2)的**增广矩阵**(**augmented matrix**),若记 $\boldsymbol{x}=\begin{pmatrix}x_1\\x_2\\\vdots\\x_n\end{pmatrix}$,$\boldsymbol{b}=\begin{pmatrix}b_1\\b_2\\\vdots\\b_m\end{pmatrix}$,该方程组可以用矩阵表示为:$\boldsymbol{Ax}=\boldsymbol{b}$.

如果 $x_1=c_1,x_2=c_2,\cdots,x_n=c_n$,适合方程组(2)中的每一个方程,称其为**方程组的解**(**solution**),或称 $\boldsymbol{x}=\begin{pmatrix}c_1\\c_2\\\vdots\\c_n\end{pmatrix}$ 为(2)的**解向量**(**solution vector**).

一个线性方程组的全体解的集合称为该线性方程组的**解集**(**sets**),或解向量的集合.表示线性方程组的全体解的表达式称为该**线性方程组的通解**(**general solution**).

二、高斯(Gauss)消元法

解线性方程组的高斯消元法为:

(1) 用一非零的数乘某一方程;

(2) 把一个方程的倍数加到另一个方程上去;

(3) 互换两个方程的位置.

上述这个过程,其实就是矩阵的初等变换.可以证明一个线性方程组经过若干次初等变换,所得到的新的线性方程组与原方程组同解.

这是因为,若 $\boldsymbol{x}_0$ 是 $\boldsymbol{Ax}=\boldsymbol{b}$ 的解,即 $\boldsymbol{Ax}_0=\boldsymbol{b}$,施行行变换,相当于左乘一个可逆矩阵 $\boldsymbol{C}$,使得 $\boldsymbol{CAx}_0=\boldsymbol{Cb}$,记 $\boldsymbol{CA}=\boldsymbol{A}_1$,$\boldsymbol{Cb}=\boldsymbol{b}_1$,则有 $\boldsymbol{A}_1\boldsymbol{x}_0=\boldsymbol{b}_1$,即 $\boldsymbol{x}_0$ 是 $\boldsymbol{A}_1\boldsymbol{x}=\boldsymbol{b}_1$ 的解;反之,若 $\boldsymbol{A}_1\boldsymbol{x}_0=\boldsymbol{b}_1$,有 $\boldsymbol{CAx}_0=\boldsymbol{Cb}$,因为 $\boldsymbol{C}$ 可逆,得出 $\boldsymbol{Ax}_0=\boldsymbol{b}$,于是 $\boldsymbol{Ax}=\boldsymbol{b}$ 与 $\boldsymbol{A}_1\boldsymbol{x}=\boldsymbol{b}_1$ 同解.

用高斯消元法解方程组,实际上就是对它的增广矩阵施行初等行变换.

根据第一章中矩阵的初等变换,我们对$(\boldsymbol{A},\boldsymbol{b})$进行行初等变换,可以将$(\boldsymbol{A},\boldsymbol{b})$化为行阶梯矩阵:

$$(\boldsymbol{A},\boldsymbol{b})\rightarrow\begin{pmatrix}s_{11}&s_{12}&\cdots&s_{1r}&s_{1,r+1}&\cdots&s_{1n}&t_1\\0&s_{22}&\cdots&s_{2r}&s_{2,r+1}&\cdots&s_{2n}&t_2\\\vdots&\vdots&&\vdots&\vdots&&\vdots&\vdots\\0&0&\cdots&s_{rr}&s_{r,r+1}&\cdots&s_{rn}&t_r\\0&0&\cdots&0&0&\cdots&0&t_{r+1}\\0&0&\cdots&0&0&\cdots&0&0\\\vdots&\vdots&&\vdots&\vdots&&\vdots&\vdots\\0&0&\cdots&0&0&\cdots&0&0\end{pmatrix}$$

$$\rightarrow\begin{pmatrix}1&0&\cdots&0&c_{1,r+1}&\cdots&c_{1n}&d_1\\0&1&\cdots&0&c_{2,r+1}&\cdots&c_{2n}&d_2\\\vdots&\vdots&&\vdots&\vdots&&\vdots&\vdots\\0&0&\cdots&1&c_{r,r+1}&\cdots&c_{rn}&d_r\\0&0&\cdots&0&0&\cdots&0&d_{r+1}\\0&0&\cdots&0&0&\cdots&0&0\\\vdots&\vdots&&\vdots&\vdots&&\vdots&\vdots\\0&0&\cdots&0&0&\cdots&0&0\end{pmatrix}. \tag{4}$$

由于我们只对增广矩阵施行行变换，则以矩阵(4)为增广矩阵的方程组与方程组(2)同解.

可将矩阵(4)表示的方程组还原为：

$$\begin{cases}x_1+c_{1,r+1}x_{r+1}+\cdots+c_{1n}x_n=d_1\\x_2+c_{2,r+1}x_{r+1}+\cdots+c_{2n}x_n=d_2\\\qquad\cdots\cdots\\x_r+c_{r,r+1}x_{r+1}+\cdots+c_{rn}x_n=d_r\\0=d_{r+1}\end{cases}.$$

由此我们可以讨论方程组(2)的解的情况：

(1) 若 $d_{r+1}\neq 0$，则方程组无解.

(2) 若 $d_{r+1}=0$，则方程组有解，当$\begin{cases}r=n & \text{有唯一解}\\r<n & \text{有无穷多解}\end{cases}$.

(3) 特别地，方程组(2)的导出组(3)，即对应的齐次线性方程组一定有解.(请读者思考为什么?)

当$\begin{cases}r=n & \text{有唯一的解，即零解}\\r<n & \text{有无穷多解，有非零解}\end{cases}$.

当 $r<n$ 时，此时 $n-r$ 个未知量 $x_{r+1},x_{r+2},\cdots,x_n$ 称为**自由未知量(free unknown quantity)**.

下面举例说明初等变换或高斯消元法具体解题步骤：

例 3.3　求解齐次线性方程组$\begin{cases}x_1+2x_2+2x_3+x_4=0\\2x_1+x_2-2x_3-2x_4=0\\x_1-x_2-4x_3-3x_4=0\end{cases}$.

解

$$\boldsymbol{A}=\begin{pmatrix}1&2&2&1\\2&1&-2&-2\\1&-1&-4&-3\end{pmatrix}\rightarrow\begin{pmatrix}1&2&2&1\\0&-3&-6&-4\\0&-3&-6&-4\end{pmatrix}\rightarrow\begin{pmatrix}1&2&2&1\\0&1&2&\frac{4}{3}\\0&0&0&0\end{pmatrix}\rightarrow\begin{pmatrix}1&0&-2&-\frac{5}{3}\\0&1&2&\frac{4}{3}\\0&0&0&0\end{pmatrix}.$$

得原方程的同解方程组为$\begin{cases}x_1-2x_3-\dfrac{5}{3}x_4=0\\ x_2+2x_3+\dfrac{4}{3}x_4=0\end{cases}$，即$\begin{cases}x_1=2x_3+\dfrac{5}{3}x_4\\ x_2=-2x_3-\dfrac{4}{3}x_4\end{cases}$.

取自由变量 x_3,x_4 为 c_1,c_2，得方程的通解为

$$\boldsymbol{x}=\begin{pmatrix}x_1\\x_2\\x_3\\x_4\end{pmatrix}=\begin{pmatrix}2c_1+\dfrac{5}{3}c_2\\-2c_1-\dfrac{4}{3}c_2\\c_1\\c_2\end{pmatrix}=c_1\begin{pmatrix}2\\-2\\1\\0\end{pmatrix}+c_2\begin{pmatrix}\dfrac{5}{3}\\-\dfrac{4}{3}\\0\\1\end{pmatrix},$$

其中 c_1,c_2 为任意常数.

例 3.4 解线性方程组

$$\begin{cases}2x_1-x_2+3x_3=1\\4x_1-2x_2+5x_3=4.\\2x_1-x_2+4x_3=0\end{cases}$$

解

$$(\boldsymbol{A},\boldsymbol{b})=\begin{pmatrix}2&-1&3&1\\4&-2&5&4\\2&-1&4&0\end{pmatrix}\rightarrow\begin{pmatrix}2&-1&3&1\\0&0&-1&2\\0&0&1&-1\end{pmatrix}\rightarrow\begin{pmatrix}2&-1&3&1\\0&0&-1&2\\0&0&0&1\end{pmatrix}.$$

最后一行即为 $0=1$，可知方程组无解.

例 3.5 解线性方程组$\begin{cases}x_1-2x_2+3x_3-4x_4=1\\x_2-x_3+x_4=0\\x_1+3x_2\qquad-3x_4=1\\-7x_2+3x_3+x_4=0\end{cases}$.

解 $$(\boldsymbol{A},\boldsymbol{b})=\begin{pmatrix}1&-2&3&-4&1\\0&1&-1&1&0\\1&3&0&-3&1\\0&-7&3&1&0\end{pmatrix}\rightarrow\begin{pmatrix}1&-2&3&-4&1\\0&1&-1&1&0\\0&0&2&-4&0\\0&0&-4&8&0\end{pmatrix}$$

$$\rightarrow\begin{pmatrix}1&-2&3&-4&1\\0&1&-1&1&0\\0&0&1&-2&0\\0&0&0&0&0\end{pmatrix}\rightarrow\begin{pmatrix}1&-2&0&2&1\\0&1&0&-1&0\\0&0&1&-2&0\\0&0&0&0&0\end{pmatrix}\rightarrow\begin{pmatrix}1&0&0&0&1\\0&1&0&-1&0\\0&0&1&-2&0\\0&0&0&0&0\end{pmatrix}.$$

对应的方程组为$\begin{cases}x_1=1\\x_2-x_4=0\\x_3-2x_4=0\end{cases}$，即$\begin{cases}x_1=1\\x_2=x_4\\x_3=2x_4\end{cases}$.

取 $x_4=c$，所以一般解为 $\begin{pmatrix}x_1\\x_2\\x_3\\x_4\end{pmatrix}=\begin{pmatrix}1\\0\\0\\0\end{pmatrix}+c\begin{pmatrix}0\\1\\2\\1\end{pmatrix}$（$c$ 为任意常数）.

例 3.6　解线性方程组

$$\begin{cases}2x_1-x_2+4x_3-3x_4=-4\\x_1+x_3-x_4=-3\\3x_1+x_2+x_3=1\\7x_1+7x_3-3x_4=3\end{cases}.$$

解　$(\boldsymbol{A},\boldsymbol{b})=\begin{pmatrix}2&-1&4&-3&-4\\1&0&1&-1&-3\\3&1&1&0&1\\7&0&7&-3&3\end{pmatrix}\to\begin{pmatrix}1&0&1&0&3\\0&1&-2&0&-8\\0&0&0&1&6\\0&0&0&0&0\end{pmatrix}$.

由 $r(\boldsymbol{A})=r(\boldsymbol{B})=3<4$，得方程组有无穷多解. 方程组的解 $\begin{cases}x_1=-x_3+3\\x_2=2x_3-8\\x_4=6\end{cases}$，令 $x_3=c$，得方程组的通解

$$\begin{pmatrix}x_1\\x_2\\x_3\\x_4\end{pmatrix}=\begin{pmatrix}3\\-8\\0\\6\end{pmatrix}+c\begin{pmatrix}-1\\2\\1\\0\end{pmatrix}，c \text{ 为任意常数}.$$

例 3.7　已知三阶矩阵 $\boldsymbol{B}\neq\boldsymbol{O}$，且 $\boldsymbol{B}$ 的每一个列向量都是以下方程组的解：

$$\begin{cases}x_1+2x_2-2x_3=0\\2x_1-x_2+\lambda x_3=0.\\3x_1+x_2-x_3=0\end{cases}$$

(1) 求 λ 的值；(2) 证明 $|\boldsymbol{B}|=0$.

解　(1) 由题意知，齐次线性方程组有非零解，则方程组的系数行列式

$$|\boldsymbol{A}|=\begin{vmatrix}1&2&-2\\2&-1&\lambda\\3&1&-1\end{vmatrix}=5(\lambda-1)=0\Rightarrow\lambda=1.$$

(2) 由题意，得 $\boldsymbol{AB}=\boldsymbol{O}$，若 $|\boldsymbol{B}|\neq0$，则 $\boldsymbol{B}$ 可逆，推出 $\boldsymbol{A}=\boldsymbol{O}$，矛盾，所以 $|\boldsymbol{B}|=0$.

习题 3.2

用高斯消元法求下列线性方程组的解：

1. $\begin{cases} x_1+2x_2+2x_3+x_4=0 \\ 2x_1+x_2-2x_3-2x_4=0 \\ x_1-x_2-4x_3-3x_4=0 \end{cases}$.

2. $\begin{cases} x_1+x_2+2x_3-x_4=0 \\ 2x_1+x_2+x_3-x_4=0 \\ 2x_1+2x_2+x_3+2x_4=0 \end{cases}$.

3. $\begin{cases} x_1-x_2+5x_3-x_4=0 \\ x_1+x_2-2x_3+3x_4=0 \\ 3x_1-x_2+8x_3+x_4=0 \\ x_1+3x_2-9x_3+7x_4=0 \end{cases}$.

4. $\begin{cases} x_1-2x_2+3x_3-x_4=1 \\ 3x_1-x_2+5x_3-3x_4=2 \\ 2x_1+x_2+2x_3-2x_4=3 \end{cases}$.

5. $\begin{cases} 2x_1+3x_2+x_3=4 \\ x_1-2x_2+4x_3=-5 \\ 3x_1+8x_2-2x_3=13 \\ 4x_1-x_2+9x_3=-6 \end{cases}$.

6. $\begin{cases} 2x_1+x_2-x_3+x_3=1 \\ 3x_1-2x_2+x_3-3x_3=4 \\ x_1+4x_2-3x_3+5x_3=-2 \end{cases}$.

第三节　齐次线性方程组

由上节内容可知，任何一个齐次线性方程组，都至少有一个零解，每个未知量取零即可，我们称之为**平凡解**(**general solution**). 若还有其他的解，就称为非零解，或非平凡解. 因此，对于齐次线性方程组来说，最重要的是它有无非零解. 本节中将讨论齐次线性方程组有非零解的充分必要条件、基础解系的求法以及一般解的表示.

由上节研究可知，当 $r(\boldsymbol{A})=r(\boldsymbol{A},\boldsymbol{b})=r<n$ 时，(3)有无穷多个解，下面先讨论方程组(3)解的结构.

一、齐次线性方程组解的结构

齐次线性方程组(3)的矩阵形式为 $\boldsymbol{Ax}=\boldsymbol{0}$，其解具备下列性质：

(1) 若 $\boldsymbol{\eta}_1,\boldsymbol{\eta}_2$ 是齐次线性方程组(3)的两个解，则 $\boldsymbol{\eta}_1+\boldsymbol{\eta}_2$ 也是它的解.

证明　因为 $\boldsymbol{\eta}_1,\boldsymbol{\eta}_2$ 都是方程组(3)的解，则有 $\boldsymbol{A\eta}_1=\mathbf{0},\boldsymbol{A\eta}_2=\mathbf{0}$.

$$\boldsymbol{A}(\boldsymbol{\eta}_1+\boldsymbol{\eta}_2)=\boldsymbol{A\eta}_1+\boldsymbol{A\eta}_2=\mathbf{0}+\mathbf{0}=\mathbf{0}.$$

即 $\boldsymbol{\eta}_1+\boldsymbol{\eta}_2$ 也是方程组(3)的解.

(2) 若 $\boldsymbol{\eta}$ 是齐次线性方程组(3)的解，则 $c\boldsymbol{\eta}$ 也是它的解(c 是常数).

证明　由于 $\boldsymbol{A\eta}=\mathbf{0}$，则有 $\boldsymbol{A}(c\boldsymbol{\eta})=c(\boldsymbol{A\eta})=c\,\mathbf{0}=\mathbf{0}$.

即 $c\boldsymbol{\eta}$ 也是方程组(3)的解.

(3) 若 $\boldsymbol{\eta}_1,\boldsymbol{\eta}_2,\cdots,\boldsymbol{\eta}_t$ 都是齐次线性方程组(3)的解，则它们的线性组合 $c\boldsymbol{\eta}_1+c_2\boldsymbol{\eta}_2+\cdots+c_t\boldsymbol{\eta}_t=\mathbf{0}$ 也是它的解，其中 $c_1,c_2,\cdots,c_t$ 是任意常数.

可知，一个齐次线性方程组(3)若有非零解，则它就有无穷多解，这无穷多解就构成了一个 n 维向量组. 若能够求出该向量组的一个极大无关组，我们就能用它的线性组合来表示(3)的全部解.

定义 3.1　若 $\boldsymbol{\eta}_1,\boldsymbol{\eta}_2,\cdots,\boldsymbol{\eta}_t$ 是齐次线性方程组(3)的解向量组的一个极大无关向量组，则称 $\boldsymbol{\eta}_1,\boldsymbol{\eta}_2,\cdots,\boldsymbol{\eta}_t$ 是方程组(3)的一个**基础解系(fundamental system of solutions)**.

定理 3.2　若齐次线性方程组(3)的系数矩阵 $\boldsymbol{A}$ 的秩 $r(\boldsymbol{A})=r<n$，则方程组的基础解系存在，且每个基础解系中含有$(n-r)$个解.

证明　因为 $r(\boldsymbol{A})=r<n$，所以对方程组(3)的增广矩阵$(\boldsymbol{A},\mathbf{0})$进行初等变换，得到如下形式：

$$\begin{pmatrix} 1 & 0 & \cdots & 0 & s_{1,r+1} & s_{1,r+2} & \cdots & s_{1n} & 0 \\ 0 & 1 & \cdots & 0 & s_{2,r+1} & s_{1,r+2} & \cdots & s_{2n} & 0 \\ \vdots & \vdots & & \vdots & \cdots & \vdots & & \vdots & \vdots \\ 0 & 0 & \cdots & 1 & s_{r,r+1} & s_{r,r+2} & \cdots & s_{rn} & 0 \\ 0 & 0 & \cdots & 0 & 0 & \cdots & \cdots & 0 & 0 \\ \vdots & \vdots & & \vdots & \vdots & \vdots & & \vdots & \vdots \\ 0 & 0 & \cdots & 0 & 0 & \cdots & \cdots & 0 & 0 \end{pmatrix}.$$

即方程组(3)与下面的方程组

$$\begin{cases} x_1=-s_{1,r+1}x_{r+1}-s_{1,r+2}x_{r+2}-\cdots-s_{1n}x_n \\ x_2=-s_{2,r+1}x_{r+1}-s_{2,r+2}x_{r+2}-\cdots-s_{2n}x_n \\ \cdots\cdots \\ x_r=-s_{r,r+1}x_{r+1}-s_{r,r+2}x_{r+2}-\cdots-s_{rn}x_n \end{cases}\text{同解，}$$

其中 $x_{r+1},x_{r+2},\cdots,x_n$ 为自由未知量. 取这 $n-r$ 个自由未知量分别为：

$$\begin{pmatrix}1\\0\\\vdots\\0\end{pmatrix},\begin{pmatrix}0\\1\\\vdots\\0\end{pmatrix},\cdots,\begin{pmatrix}0\\0\\\vdots\\1\end{pmatrix}.$$

得到方程组(3)的 $n-r$ 个解.

$$\boldsymbol{\eta}_1=\begin{pmatrix}-s_{1,r+1}\\-s_{2,r+1}\\\vdots\\-s_{r,r+1}\\1\\0\\\vdots\\0\end{pmatrix},\boldsymbol{\eta}_2=\begin{pmatrix}-s_{1,r+2}\\-s_{2,r+2}\\\vdots\\-s_{r,r+2}\\0\\1\\\vdots\\0\end{pmatrix},\cdots,\boldsymbol{\eta}_{n-r}=\begin{pmatrix}-s_{1n}\\-s_{2n}\\\vdots\\-s_{rn}\\0\\0\\\vdots\\1\end{pmatrix}.$$

下面证明 $\boldsymbol{\eta}_1,\boldsymbol{\eta}_2,\cdots,\boldsymbol{\eta}_{n-r}$就是方程组(3)的一个基础解系.

首先证明 $\boldsymbol{\eta}_1,\boldsymbol{\eta}_2,\cdots,\boldsymbol{\eta}_{n-r}$线性无关.

设$\boldsymbol{W}=\begin{pmatrix}-s_{1,r+1}&-s_{1,r+2}&\cdots&-s_{1n}\\-s_{2,r+1}&-s_{2,r+2}&\cdots&-s_{2n}\\\vdots&\vdots&&\vdots\\-s_{r,r+1}&-s_{r,r+2}&\cdots&-s_{rn}\\1&0&\cdots&0\\0&1&\cdots&0\\\vdots&\vdots&&\vdots\\0&0&\cdots&1\end{pmatrix}_{n\times(n-r)}.$

有$(n-r)$阶子式$\begin{vmatrix}1&0&0&\cdots&0\\0&1&0&\cdots&0\\0&0&1&\cdots&0\\\vdots&\vdots&\vdots&&\vdots\\0&0&0&\cdots&1\end{vmatrix}=1\neq0$,即 $r(\boldsymbol{W})=n-r$.

所以 $\boldsymbol{\eta}_1,\boldsymbol{\eta}_2,\cdots,\boldsymbol{\eta}_{n-r}$线性无关.

再证明方程组(3)的任意一个解 $\boldsymbol{\xi}=\begin{pmatrix}d_1\\d_2\\\vdots\\d_n\end{pmatrix}$都是$\boldsymbol{\eta}_1,\boldsymbol{\eta}_2,\cdots,\boldsymbol{\eta}_{n-r}$的线性组合.

因为$\begin{cases}d_1=-s_{1,r+1}d_{r+1}-s_{1,r+2}d_{r+2}-\cdots-s_{1n}d_{1n}\\d_2=-s_{2,r+1}d_{r+1}-s_{2,r+2}d_{r+2}-\cdots-s_{2n}d_{1n}\\\cdots\cdots\\d_r=-s_{r,r+1}d_{r+1}-s_{r,r+2}d_{r+2}-\cdots-s_{rn}d_{1n}\end{cases}$,

所以

$$\boldsymbol{\xi}=\begin{pmatrix}-s_{1,r+1}d_{r+1}-s_{1,r+2}d_{r+2}-\cdots-s_{1n}d_n\\-s_{2,r+1}d_{r+1}-s_{2,r+2}d_{r+2}-\cdots-s_{2n}d_n\\\vdots\\-s_{r,r+1}d_{r+1}-s_{r,r+2}d_{r+2}-\cdots-s_{rn}d_n\\d_{r+1}\\d_{r+2}\\\vdots\\d_n\end{pmatrix}$$

$$=d_{r+1}\begin{pmatrix}-s_{1,r+1}\\-s_{2,r+1}\\\vdots\\-s_{r,r+1}\\1\\0\\\vdots\\0\end{pmatrix}+d_{r+2}\begin{pmatrix}-s_{1,r+2}\\-s_{2,r+2}\\\vdots\\-s_{r,r+2}\\0\\1\\\vdots\\0\end{pmatrix}+\cdots+d_n\begin{pmatrix}-s_{1n}\\-s_{2n}\\\vdots\\-s_{rn}\\0\\0\\\vdots\\1\end{pmatrix}$$

$$=d_{r+1}\boldsymbol{\eta}_1+d_{r+2}\boldsymbol{\eta}_2+\cdots+d_n\boldsymbol{\eta}_{n-r},$$

即 $\boldsymbol{\xi}$ 是 $\boldsymbol{\eta}_1,\boldsymbol{\eta}_2,\cdots,\boldsymbol{\eta}_{n-r}$ 的线性组合.

所以 $\boldsymbol{\eta}_1,\boldsymbol{\eta}_2,\cdots,\boldsymbol{\eta}_{n-r}$ 是方程组(3)的一个基础解系,因此,方程组(3)的通解为:$c_1\boldsymbol{\eta}_1+c_2\boldsymbol{\eta}_2+\cdots+c_{n-r}\boldsymbol{\eta}_{n-r}$,其中 $c_1,c_2,\cdots,c_{n-r}$ 是任意常数.

注意:定理的证明过程同时也给出了求齐次线性方程组的基础解系的方法.

例 3.8　求下列齐次方程组的通解

$$\begin{cases}x_1+2x_2+4x_3+x_4=0\\2x_1+4x_2+8x_3+2x_4=0.\\3x_1+6x_2+2x_3=0\end{cases}$$

解　$$\boldsymbol{A}=\begin{pmatrix}1&2&4&1\\2&4&8&2\\3&6&2&0\end{pmatrix}\rightarrow\begin{pmatrix}1&2&4&1\\0&0&-10&-3\\0&0&0&0\end{pmatrix}\rightarrow\begin{pmatrix}1&2&0&-\frac{1}{5}\\0&0&1&\frac{3}{10}\\0&0&0&0\end{pmatrix}.$$

行最简型矩阵对应的方程组为

$$\begin{cases}x_1+2x_2-\frac{1}{5}x_4=0\\x_3+\frac{3}{10}x_4=0\end{cases},\text{即}\begin{cases}x_1=-2x_2+\frac{1}{5}x_4\\x_3=-\frac{3}{10}x_4\end{cases}.$$

x_2,x_4 是自由未知量. 令 $x_2=c_1,x_4=c_2$ 得原方程的通解为$\begin{cases}x_1=-2c_1+\frac{1}{5}c_2\\x_2=c_1\\x_3=-\frac{3}{10}c_2\\x_4=c_2\end{cases}$，即

$$\begin{pmatrix}x_1\\x_2\\x_3\\x_4\end{pmatrix}=c_1\begin{pmatrix}-2\\1\\0\\0\end{pmatrix}+c_2\begin{pmatrix}\frac{1}{5}\\0\\-\frac{3}{10}\\1\end{pmatrix}(c_1,c_2\text{为任意常数}).$$

或令$\begin{pmatrix}x_2\\x_4\end{pmatrix}=\begin{pmatrix}1\\0\end{pmatrix}$,得到 $\boldsymbol{\eta}_1=\begin{pmatrix}-2\\1\\0\\0\end{pmatrix}$，$\begin{pmatrix}x_2\\x_4\end{pmatrix}=\begin{pmatrix}0\\1\end{pmatrix}$,得到 $\boldsymbol{\eta}_2=\begin{pmatrix}\frac{1}{5}\\0\\-\frac{3}{10}\\1\end{pmatrix}$.

$\boldsymbol{\eta}_1,\boldsymbol{\eta}_2$ 为基础解系,原方程的通解为$\begin{pmatrix}x_1\\x_2\\x_3\\x_4\end{pmatrix}=c_1\begin{pmatrix}-2\\1\\0\\0\end{pmatrix}+c_2\begin{pmatrix}\frac{1}{5}\\0\\-\frac{3}{10}\\1\end{pmatrix}$($c_1,c_2$ 为任意常数).

例 3.9 讨论方程组$\begin{cases}x_1+2x_2+3x_3=0\\3x_1+6x_2+10x_3=0\\2x_1+5x_2+7x_3=0\\x_1+2x_2+4x_3=0\end{cases}$的解.

解 $\boldsymbol{A}=\begin{pmatrix}1&2&3\\3&6&10\\2&5&7\\1&2&4\end{pmatrix}\to\begin{pmatrix}1&2&3\\0&1&1\\0&0&1\\0&0&0\end{pmatrix}\to\begin{pmatrix}1&2&0\\0&1&0\\0&0&1\\0&0&0\end{pmatrix}\to\begin{pmatrix}1&0&0\\0&1&0\\0&0&1\\0&0&0\end{pmatrix}$,

$r(\boldsymbol{A})=3=n$,所以只有零解,没有基础解系.

例 3.10 设 $\boldsymbol{\alpha}_1,\boldsymbol{\alpha}_2,\boldsymbol{\alpha}_3$ 是齐次线性方程组 $\boldsymbol{Ax}=\boldsymbol{0}$ 的一个基础解系. 证明 $\boldsymbol{\alpha}_1+\boldsymbol{\alpha}_2,\boldsymbol{\alpha}_2+\boldsymbol{\alpha}_3,\boldsymbol{\alpha}_3+\boldsymbol{\alpha}_1$ 也是该方程组的一个基础解系.

证明 显然 $\boldsymbol{Ax}=\boldsymbol{0}$ 的基础解系含三个线性无关的解向量. 由齐次线性方程组解的性质,知 $\boldsymbol{\alpha}_1+\boldsymbol{\alpha}_2,\boldsymbol{\alpha}_2+\boldsymbol{\alpha}_3,\boldsymbol{\alpha}_3+\boldsymbol{\alpha}_1$ 为 $\boldsymbol{Ax}=\boldsymbol{0}$ 的解. 只须证明 $\boldsymbol{\alpha}_1+\boldsymbol{\alpha}_2,\boldsymbol{\alpha}_2+\boldsymbol{\alpha}_3,\boldsymbol{\alpha}_3+\boldsymbol{\alpha}_1$ 线性无关.

$$(\boldsymbol{\alpha}_1+\boldsymbol{\alpha}_2,\boldsymbol{\alpha}_2+\boldsymbol{\alpha}_3,\boldsymbol{\alpha}_3+\boldsymbol{\alpha}_1)=(\boldsymbol{\alpha}_1,\boldsymbol{\alpha}_2,\boldsymbol{\alpha}_3)\begin{pmatrix}1&0&1\\1&1&0\\0&1&1\end{pmatrix}=(\boldsymbol{\alpha}_1,\boldsymbol{\alpha}_2,\boldsymbol{\alpha}_3)\boldsymbol{B}.$$

而 $r(\boldsymbol{B})=3\Rightarrow r(\boldsymbol{\alpha}_1+\boldsymbol{\alpha}_2,\boldsymbol{\alpha}_2+\boldsymbol{\alpha}_3,\boldsymbol{\alpha}_3+\boldsymbol{\alpha}_1)=r(\boldsymbol{\alpha}_1,\boldsymbol{\alpha}_2,\boldsymbol{\alpha}_3)=3$，即 $\boldsymbol{\alpha}_1+\boldsymbol{\alpha}_2,\boldsymbol{\alpha}_2+\boldsymbol{\alpha}_3,\boldsymbol{\alpha}_3+\boldsymbol{\alpha}_1$ 线性无关.

习题 3.3

1. 求一个齐次线性方程组，使它的基础解系为 $\boldsymbol{\xi}_1=\begin{pmatrix}0\\1\\2\\3\end{pmatrix},\boldsymbol{\xi}_2=\begin{pmatrix}3\\2\\1\\0\end{pmatrix}$.

2. 求齐次线性方程组的基础解系

$$nx_1+(n-1)x_2+(n-2)x_3+\cdots+2x_{n-1}+x_n=0.$$

3. 求下列齐次线性方程组的一个基础解系与通解：

(1) $\begin{cases}x_1+x_2+2x_3-x_4=0\\2x_1+x_2+2x_3-x_4=0\\2x_1+2x_2+x_3+2x_4=0\end{cases}$；

(2) $\begin{cases}x_1+x_2-x_3-x_4=0\\2x_1-5x_2+3x_3+2x_4=0\\7x_1-7x_2+3x_3+x_4=0\end{cases}$；

(3) $\begin{cases}x_1-x_2+4x_3-2x_4=0\\x_1-x_2+x_3+4x_4=0\\3x_1+x_2+4x_3+2x_4=0\\x_1-3x_2+8x_3-6x_4=0\end{cases}$.

4. 设线性方程组 $\begin{cases}(\lambda+3)x_1+x_2+2x_3=0\\\lambda x_1+(\lambda-1)x_2+x_3=0\\3(\lambda+1)x_1+\lambda x_2+(\lambda+3)x_3=0\end{cases}$，$\lambda$ 为何值时有非零解，并求其通解.

第四节　非齐次线性方程组

对于非齐次线性方程组来说，最重要的是它有无解，若有解，写出解的一般形式. 前面已经讨论了齐次线性方程组解的结构，本节中将讨论非齐次线性方程组有解的充分必要条件以及一般解的表示.

一、非齐次线性方程组解的结构

非齐次线性方程组(2)的矩阵形式为 $\boldsymbol{Ax}=\boldsymbol{b}$，若 $\boldsymbol{b}=\boldsymbol{0}$，得到对应的齐次线性方程组

$$\boldsymbol{Ax}=\boldsymbol{0}.\tag{3}$$

非齐次线性方程组(2)的解与它的导出组(3)的解之间有如下性质：

(1) 若 $\boldsymbol{\eta}^*$ 是(2)的一个解，ξ 是其导出组(3)的解，则 $\boldsymbol{\eta}^*+\xi$ 也是(2)的解.

证明 因为 $\boldsymbol{A\eta}^*=\boldsymbol{b}$，$\boldsymbol{A}\xi=\boldsymbol{0}$，则由 $\boldsymbol{A}(\boldsymbol{\eta}^*+\xi)=\boldsymbol{A\eta}^*+\boldsymbol{A}\xi=\boldsymbol{b}+\boldsymbol{0}=\boldsymbol{b}$，所以 $\boldsymbol{\eta}^*+\xi$ 是非齐次线性方程组(2)的解.

(2) 若 $\boldsymbol{\xi}_1,\boldsymbol{\xi}_2$ 是非齐次线性方程组(2)的两个解，则 $\boldsymbol{\xi}_1-\boldsymbol{\xi}_2$ 是其导出组(3)的解.

证明 由 $\boldsymbol{A\xi}_1=\boldsymbol{b}$，$\boldsymbol{A\xi}_2=\boldsymbol{b}$，及 $\boldsymbol{A}(\xi_1-\xi_2)=\boldsymbol{A}\xi_1-\boldsymbol{A}\xi_2=\boldsymbol{b}-\boldsymbol{b}=\boldsymbol{0}$.

即为导出组的解.

定理 3.3 若 $\boldsymbol{\eta}^*$ 是非齐次线性方程组(2)的一个解，ξ 是其导出组(3)的全部解，则 $\boldsymbol{x}=\boldsymbol{\eta}^*+\boldsymbol{\xi}$ 是非齐次线性方程组(2)的全部解.

证明 由性质(1)知道，$\boldsymbol{\eta}^*$ 加上其导出组(3)的解仍是非齐次线性方程组的解，所以只需证明，非齐次线性方程组的任意一个解 $\boldsymbol{\gamma}$，一定是 $\boldsymbol{\eta}^*$ 与其导出组的解 $\boldsymbol{\xi}$ 的和.

取 $\boldsymbol{\zeta}=\boldsymbol{\gamma}-\boldsymbol{\eta}^*$，由性质(2)，$\boldsymbol{\zeta}$ 是导出组的一个解，于是有 $\boldsymbol{\gamma}=\boldsymbol{\eta}^*+\boldsymbol{\zeta}$，表明非齐次线性方程组的任意一个解 $\boldsymbol{\gamma}$，都是其一个解 $\boldsymbol{\eta}^*$ 与其导出组的解的和.

二、非齐次线性方程组及其有解的条件

若将线性方程组的系数矩阵用列向量表示为 $\boldsymbol{A}=(\boldsymbol{\alpha}_1,\boldsymbol{\alpha}_2,\cdots,\boldsymbol{\alpha}_n)$，其中 $\boldsymbol{\alpha}_1=\begin{pmatrix}a_{11}\\a_{21}\\\vdots\\a_{m1}\end{pmatrix}$，$\boldsymbol{\alpha}_2=\begin{pmatrix}a_{12}\\a_{22}\\\vdots\\a_{m2}\end{pmatrix}$，$\cdots$，$\boldsymbol{\alpha}_n=\begin{pmatrix}a_{1n}\\a_{2n}\\\vdots\\a_{mn}\end{pmatrix}$，常数项所构成的列向量记为 $\boldsymbol{b}$，则非齐次线性方程组(2)可以等价表示为

$$x_1\boldsymbol{\alpha}_1+x_2\boldsymbol{\alpha}_2+\cdots+x_n\boldsymbol{\alpha}_n=\boldsymbol{b}. \tag{5}$$

于是，由向量组的相关性可知，齐次线性方程组(5)有解当且仅当向量 $\boldsymbol{b}$ 可由向量组 $\boldsymbol{\alpha}_1,\boldsymbol{\alpha}_2,\cdots,\boldsymbol{\alpha}_n$ 线性表示.

由 Gauss 消元法的分析过程，我们可以得出：

定理 3.4 非齐次线性方程组(2)有解的充分必要条件是系数矩阵 $\boldsymbol{A}$ 的秩等于增广矩阵 $r(\boldsymbol{A},\boldsymbol{b})$ 的秩. 当 $r(\boldsymbol{A})=r(\boldsymbol{A},\boldsymbol{b})<n$，有无穷多组解，通解中含有 $(n-r)$ 个自由未知量，当 $r(\boldsymbol{A})=r(\boldsymbol{A},\boldsymbol{b})=n$ 时，有唯一解.

三、非齐次线性方程组的一般解

定理 3.5 如果非齐次线性方程组(2)有解，只需求出它的一个解 $\boldsymbol{\eta}^*$，并求出其导出组(3)的基础解系 $\boldsymbol{\xi}_1,\boldsymbol{\xi}_2,\cdots,\boldsymbol{\xi}_{n-r}$，则(2)的通解可以表示为：$\boldsymbol{x}=\boldsymbol{\eta}^*+c_1\boldsymbol{\xi}_1+c_2\boldsymbol{\xi}_2+\cdots+c_{n-r}\boldsymbol{\xi}_{n-r}$ (其中 $c_i(i=1,2,\cdots,n-r)$ 为任意常数).

例 3.11　求解非齐次方程组$\begin{cases}x_1+5x_2-x_3-x_4=-1\\x_1-2x_2+x_3+3x_4=3\\3x_1+8x_2-x_3+x_4=1\\x_1-9x_2+3x_3+7x_4=7\end{cases}$.

解

$$(\boldsymbol{A},\boldsymbol{b})=\begin{pmatrix}1&5&-1&-1&-1\\1&-2&1&3&3\\3&8&-1&1&1\\1&-9&3&7&7\end{pmatrix}\to\begin{pmatrix}1&5&-1&-1&-1\\0&-7&2&4&4\\0&0&0&0&0\\0&0&0&0&0\end{pmatrix}\to\begin{pmatrix}1&0&\frac{3}{7}&\frac{13}{7}&\frac{13}{7}\\0&1&-\frac{2}{7}&-\frac{4}{7}&-\frac{4}{7}\\0&0&0&0&0\\0&0&0&0&0\end{pmatrix}$$

$$\begin{cases}x_1=\frac{13}{7}-\frac{3}{7}x_3-\frac{13}{7}x_4\\x_2=-\frac{4}{7}+\frac{2}{7}x_3+\frac{4}{7}x_4\end{cases}.$$

令 $x_3=x_4=0$,得 $\boldsymbol{\eta}^*=\begin{pmatrix}\frac{13}{7}\\-\frac{4}{7}\\0\\0\end{pmatrix}$,又原方程组对应的齐次方程组是$\begin{cases}x_1=-\frac{3}{7}x_3-\frac{13}{7}x_4\\x_2=\frac{2}{7}x_3+\frac{4}{7}x_4\end{cases}$,

令$\begin{bmatrix}x_3\\x_4\end{bmatrix}=\begin{pmatrix}1\\0\end{pmatrix},\begin{pmatrix}0\\1\end{pmatrix}$,得基础解系 $\boldsymbol{\xi}_1=\begin{pmatrix}-\frac{3}{7}\\\frac{2}{7}\\1\\0\end{pmatrix}$,$\boldsymbol{\xi}_2=\begin{pmatrix}-\frac{13}{7}\\\frac{4}{7}\\0\\1\end{pmatrix}$,所以原方程组的通解是 $\boldsymbol{\eta}^*+c_1\boldsymbol{\xi}_1+c_2\boldsymbol{\xi}_2(c_1,c_2\in\mathbf{R})$.

例 3.12　设线性方程组$\begin{cases}x_1+2x_2-2x_3+3x_4=2\\2x_1+4x_2-3x_3+4x_4=6\\3x_1+6x_2-5x_3+7x_4=8\end{cases}$,求其通解.

解　$(\boldsymbol{A},\boldsymbol{b})=\begin{pmatrix}1&2&-2&3&2\\2&4&-3&4&6\\3&6&-5&7&8\end{pmatrix}\to\begin{pmatrix}1&2&-2&3&2\\0&0&1&-2&2\\0&0&1&-2&2\end{pmatrix}\to\begin{pmatrix}1&2&0&-1&6\\0&0&1&-2&2\\0&0&0&0&0\end{pmatrix}$,

得同解方程组$\begin{cases}x_1+2x_2-x_4=6\\x_3-2x_4=2\end{cases}$,取 $x_2=0,x_4=0$,得到 $\boldsymbol{\eta}^*=\begin{pmatrix}6\\0\\2\\0\end{pmatrix}$.

而$\begin{cases} x_1+2x_2-x_4=0 \\ x_3-2x_4=0 \end{cases}$的通解为$c_1\begin{pmatrix}-2\\1\\0\\0\end{pmatrix}+c_2\begin{pmatrix}1\\0\\2\\1\end{pmatrix}$，所以原方程组的通解为：

$$\begin{pmatrix}x_1\\x_2\\x_3\\x_4\end{pmatrix}=\begin{pmatrix}6\\0\\2\\0\end{pmatrix}+c_1\begin{pmatrix}-2\\1\\0\\0\end{pmatrix}+c_2\begin{pmatrix}1\\0\\2\\1\end{pmatrix}$$，其中，$c_1,c_2\in\mathbf{R}$.

例 3.13 设线性方程组$\begin{cases} kx_1+x_2+x_3=5 \\ 3x_1+2x_2+kx_3=18-5k \\ x_2+2x_3=2 \end{cases}$，$k$ 取何值时，方程组有唯一解、无穷多解或无解，有无穷多解时求出通解.

解

$$(\boldsymbol{A},\boldsymbol{b})=\begin{pmatrix}k&1&1&5\\3&2&k&18-5k\\0&1&2&2\end{pmatrix}\rightarrow\begin{pmatrix}3&2&k&18-5k\\k&1&1&5\\0&1&2&2\end{pmatrix}$$

$$\rightarrow\begin{pmatrix}3&2&k&18-5k\\0&0&1-\frac{k^2}{3}-2+\frac{4}{3}k&5-\frac{k}{3}(18-5k)-2\left(1-\frac{2}{3}k\right)\\0&1&2&2\end{pmatrix}$$

$$\rightarrow\begin{pmatrix}3&2&k&18-5k\\0&1&2&2\\0&0&\frac{4}{3}k-\frac{1}{3}k^2-1&\frac{5}{3}k^2-\frac{14}{3}k+3\end{pmatrix}.$$

(1) $\frac{4}{3}k-\frac{1}{3}k^2-1\neq0$ 时，即 $k\neq1$ 且 $k\neq3$，$r(\boldsymbol{A})=r(\boldsymbol{A},\boldsymbol{b})=n=3$ 时，有唯一解.

(2) $k=1$ 时，$r(\boldsymbol{A})=r(\boldsymbol{A},\boldsymbol{b})=2<3$，

$$(\boldsymbol{A},\boldsymbol{b})=\begin{pmatrix}3&2&1&13\\0&1&2&2\\0&0&0&0\end{pmatrix}\rightarrow\begin{pmatrix}1&0&-1&3\\0&1&2&2\\0&0&0&0\end{pmatrix}.$$

通解为$\begin{pmatrix}x_1\\x_2\\x_3\end{pmatrix}=\begin{pmatrix}3\\2\\0\end{pmatrix}+c\begin{pmatrix}1\\-2\\1\end{pmatrix}$（$c$ 为任意常数）.

(3) $k=3$ 时，$r(\boldsymbol{A})\neq r(\boldsymbol{A},\boldsymbol{b})$，无解.

例 3.14　设线性方程组$\begin{cases}(1+\lambda)x_1+x_2+x_3=0\\x_1+(1+\lambda)x_2+x_3=3\\x_1+x_2+(1+\lambda)x_3=\lambda\end{cases}$，问 λ 取何值时，此方程组(1) 有唯一解；(2) 无解；(3) 有无限多解？并在有无限多解时求其通解.

解法一　$(\boldsymbol{A},\boldsymbol{b})=\begin{pmatrix}1+\lambda & 1 & 1 & 0\\1 & 1+\lambda & 1 & 3\\1 & 1 & 1+\lambda & \lambda\end{pmatrix}$

$$\rightarrow\begin{pmatrix}1 & 1 & 1+\lambda & \lambda\\0 & \lambda & -\lambda & 3-\lambda\\0 & -\lambda & -\lambda(2+\lambda) & -\lambda(1+\lambda)\end{pmatrix}$$

$$\rightarrow\begin{pmatrix}1 & 1 & 1+\lambda & \lambda\\0 & \lambda & -\lambda & 3-\lambda\\0 & 0 & -\lambda(3+\lambda) & (1-\lambda)(3+\lambda)\end{pmatrix}.$$

(1) 当 $\lambda\neq0$ 且 $\lambda\neq-3$ 时，$r(\boldsymbol{A})=r(\boldsymbol{A},\boldsymbol{b})=3$，方程组有唯一解；

(2) 当 $\lambda=0$ 时，$r(\boldsymbol{A})=1$，$r(\boldsymbol{A},\boldsymbol{b})=2$，方程组无解；

(3) 当 $\lambda=-3$ 时，$r(\boldsymbol{A})=r(\boldsymbol{A},\boldsymbol{b})=2$，方程组有无限多解，此时 $(\boldsymbol{A},\boldsymbol{b})=\begin{pmatrix}-2 & 1 & 1 & 0\\1 & -2 & 1 & 3\\1 & 1 & -2 & -3\end{pmatrix}\rightarrow\begin{pmatrix}1 & 0 & -1 & -1\\0 & 1 & -1 & -2\\0 & 0 & 0 & 0\end{pmatrix}$，即$\begin{cases}x_1-x_3=-1\\x_2-x_3=-2\end{cases}$.

所以方程组的通解为 $\begin{pmatrix}x_1\\x_2\\x_3\end{pmatrix}=\begin{pmatrix}-1\\-2\\0\end{pmatrix}+c\begin{pmatrix}1\\1\\1\end{pmatrix}$.（$c$ 为任意常数）

解法二　因为 $|\boldsymbol{A}|=\begin{vmatrix}1+\lambda & 1 & 1\\1 & 1+\lambda & 1\\1 & 1 & 1+\lambda\end{vmatrix}=(3+\lambda)\lambda^2$，

所以当 $\lambda\neq0$ 且 $\lambda\neq-3$ 时，$|\boldsymbol{A}|\neq0$，方程组有唯一解.

当 $\lambda=0$ 时，显然，第一式和第二式矛盾，故方程组无解.

当 $\lambda=-3$ 时，$(\boldsymbol{A},\boldsymbol{b})=\begin{pmatrix}-2 & 1 & 1 & 0\\1 & -2 & 1 & 3\\1 & 1 & -2 & -3\end{pmatrix}\rightarrow\begin{pmatrix}1 & 0 & -1 & -1\\0 & 1 & -1 & -2\\0 & 0 & 0 & 0\end{pmatrix}$.

故方程组有无限多解，且方程组的通解为 $\begin{pmatrix}x_1\\x_2\\x_3\end{pmatrix}=\begin{pmatrix}-1\\-2\\0\end{pmatrix}+c\begin{pmatrix}1\\1\\1\end{pmatrix}$（$c$ 为任意常数）.

例 3.15　设线性方程组$\begin{cases}x_1+2x_2+3x_3=1\\x_1+3x_2+6x_3=2\\2x_1+3x_2+ax_3=b\end{cases}$.

问 a,b 为何值时，方程组无解；方程有无穷多组解；方程有唯一解？

解 $(\boldsymbol{A},\boldsymbol{b})=\begin{pmatrix}1&2&3&1\\1&3&6&2\\2&3&a&b\end{pmatrix}\to\begin{pmatrix}1&2&3&1\\0&1&3&1\\0&-1&a-6&b-2\end{pmatrix}\to\begin{pmatrix}1&0&-3&-1\\0&1&3&1\\0&0&a-3&b-1\end{pmatrix}$.

(1) 当 $a=3,b-1\neq0$，即 $b\neq1$ 时，$r(\boldsymbol{A},\boldsymbol{b})=3\neq r(\boldsymbol{A})=2$，方程组无解；

(2) 当 $a=3,b=1$ 时，$r(\boldsymbol{A},\boldsymbol{b})=2=r(\boldsymbol{A})<n=3$，方程组有无穷多组解；

(3) 当 $a\neq3,b\neq1$ 时，$r(\boldsymbol{A},\boldsymbol{b})=3=r(\boldsymbol{A})=n$，方程组有唯一解.

习题 3.4

1. 求下列非齐次线性方程组的通解：

(1) $\begin{cases}x_1-x_2-x_3+x_4=0\\x_1-x_2+x_3-3x_4=1\\x_1-x_2-2x_3+3x_4=-0.5\end{cases}$；

(2) $\begin{cases}x_1+x_2+x_3+x_4+x_5=7\\3x_1+2x_2+x_3+x_4-3x_5=-2\\x_2+2x_3+2x_4+6x_5=23\\5x_1+4x_2+3x_3+3x_4-x_5=12\end{cases}$；

(3) $\begin{cases}2x_1+x_2-x_3+x_4=1\\3x_1-2x_2+x_3-3x_4=4\\x_1+4x_2-3x_3+5x_4=-2\end{cases}$.

2. 设线性方程组 $\begin{cases}x_1+x_2+\lambda x_3=1\\x_1+\lambda x_2+x_3=0\\\lambda x_1+x_2+x_3=-1\end{cases}$，问 λ 为何值时，此方程组(1) 有唯一解；(2) 无解；(3) 有无穷多解？并且求其通解.

3. 设向量组 $\boldsymbol{A}:\boldsymbol{\alpha}_1=\begin{pmatrix}a\\2\\10\end{pmatrix},\boldsymbol{\alpha}_2=\begin{pmatrix}-2\\1\\5\end{pmatrix},\boldsymbol{\alpha}_3=\begin{pmatrix}-1\\1\\4\end{pmatrix}$ 及向量 $\boldsymbol{\beta}=\begin{pmatrix}1\\b\\-1\end{pmatrix}$，问 a,b 为何值时：

(1) 向量 $\boldsymbol{\beta}$ 不能由向量组 $\boldsymbol{A}$ 线性表示；

(2) 向量 $\boldsymbol{\beta}$ 能由向量组 $\boldsymbol{A}$ 线性表示，且表达式唯一；

(3) 向量 $\boldsymbol{\beta}$ 能由向量组 $\boldsymbol{A}$ 线性表示，表达式不唯一，并求一般表示式.

4. 设四元非齐次线性方程组的系数矩阵的秩为 3，已知 $\boldsymbol{\eta}_1,\boldsymbol{\eta}_2,\boldsymbol{\eta}_3$ 是它的三个解向量，且

$$\boldsymbol{\eta}_1=\begin{pmatrix}2\\3\\4\\5\end{pmatrix},\boldsymbol{\eta}_2+\boldsymbol{\eta}_3=\begin{pmatrix}1\\2\\3\\4\end{pmatrix}.$$

求该方程组的通解.

第五节　综合例题

例 3.16　对于线性方程组：$\begin{cases}\lambda x_1+x_2+x_3=\lambda-3\\ x_1+\lambda x_2+x_3=-2\\ x_1+x_2+\lambda x_3=-2\end{cases}$.

讨论 λ 取何值时，方程组无解，有唯一解和无穷多组解. 在方程组有无穷多组解时，试用其导出组的基础解系表示全部解.

解法一　(一般情形)：

$$B=(A\quad b)=\begin{pmatrix}\lambda & 1 & 1 & \lambda-3\\ 1 & \lambda & 1 & -2\\ 1 & 1 & \lambda & -2\end{pmatrix}\to\begin{pmatrix}1 & 1 & \lambda & -2\\ 0 & \lambda-1 & 1-\lambda & 0\\ 0 & 0 & (1-\lambda)(2+\lambda) & 3(\lambda-1)\end{pmatrix}.$$

(1) 方程组有唯一解 $\Leftrightarrow r(A)=r(B)=3\Rightarrow\lambda\neq1$ 且 $\lambda\neq-2$；

(2) 当 $\lambda=1$ 时，$B\to\begin{pmatrix}1 & 1 & 1 & -2\\ 0 & 0 & 0 & 0\\ 0 & 0 & 0 & 0\end{pmatrix}$，$r(A)=r(B)=1<3$，方程组有无穷多解，且

$$x_1=-x_2-x_3-2,$$

则方程组的通解 $x=\begin{pmatrix}-2\\0\\0\end{pmatrix}+c_1\begin{pmatrix}-1\\1\\0\end{pmatrix}+c_2\begin{pmatrix}-1\\0\\1\end{pmatrix}$，其中 c_1,c_2 为任意常数；

(3) 当 $\lambda=-2$ 时，$r(A)=2\neq r(B)=3$，方程组无解.

解法二　(特殊情形)：方程组的系数行列式 $|A|=(1-\lambda)^2(2+\lambda)$.

(1) 当 $|A|\neq0$，即 $\lambda\neq1$ 且 $\lambda\neq-2$ 时方程组有唯一解；

(2) 当 $\lambda=1$ 时，$B\to\begin{pmatrix}1 & 1 & 1 & -2\\ 0 & 0 & 0 & 0\\ 0 & 0 & 0 & 0\end{pmatrix}$，$r(A)=r(B)=1<3$，方程组有无穷多解，且

$$x_1=-x_2-x_3-2,$$

则方程组的通解 $x=\begin{pmatrix}-2\\0\\0\end{pmatrix}+c_1\begin{pmatrix}-1\\1\\0\end{pmatrix}+c_2\begin{pmatrix}-1\\0\\1\end{pmatrix}$，其中 c_1,c_2 为任意常数；

(3) 当 $\lambda=-2$ 时，$r(A)=2\neq r(B)=3$，方程组无解.

例 3.17　已知下列非齐次线性方程组(Ⅰ)，(Ⅱ)：

(Ⅰ) $\begin{cases}x_1+x_2-2x_4=-6\\ 4x_1-x_2-x_3-x_4=1\\ 3x_1-x_2-x_3=3\end{cases}$；(Ⅱ) $\begin{cases}x_1+mx_2-x_3-x_4=-5\\ nx_2-x_3-2x_4=-11\\ x_3-2x_4=-t+1\end{cases}$.

(1) 求解方程组(Ⅰ),用其导出组的基础解系表示通解.

(2) 当方程组(Ⅱ)中的参数 m,n,t 为何值时,方程组(Ⅰ)与(Ⅱ)同解.

解 (1) $\boldsymbol{B}_1=(\boldsymbol{A}_1\quad \boldsymbol{b}_1)=\begin{pmatrix}1&1&0&-2&-6\\4&-1&-1&-1&1\\3&-1&-1&0&3\end{pmatrix}\to\begin{pmatrix}1&0&0&-1&-2\\0&1&0&-1&-4\\0&0&1&-2&-5\end{pmatrix}$,则方程组(Ⅰ)的通解 $\boldsymbol{x}=c\begin{pmatrix}1\\1\\2\\1\end{pmatrix}+\begin{pmatrix}-2\\-4\\-5\\0\end{pmatrix}$,$c$ 为任意常数.

(2) 将方程组(Ⅰ)的通解代入方程组(Ⅱ),解得 $m=2,n=4,t=6$. 此时方程组(Ⅱ)的增广矩阵

$$\boldsymbol{B}_2=(\boldsymbol{A}_2\quad \boldsymbol{b}_2)=\begin{pmatrix}1&2&-1&-1&-5\\0&4&-1&-2&-11\\0&0&1&-2&-5\end{pmatrix}\to\begin{pmatrix}1&0&0&-1&-2\\0&1&0&-1&-4\\0&0&1&-2&-5\end{pmatrix}.$$

则方程组(Ⅱ)的通解 $\boldsymbol{x}=c\begin{pmatrix}1\\1\\2\\1\end{pmatrix}+\begin{pmatrix}-2\\-4\\-5\\0\end{pmatrix}$,$c$ 为任意常数. 与方程组(Ⅰ)的通解相同.

> **注意**:方程组(Ⅰ)的通解代入方程组(Ⅱ),解得 $m=2,n=4,t=6$,只表示方程组(Ⅰ)的解是方程组(Ⅱ)的解.

例 3.18 已知 $\boldsymbol{\alpha}_1,\boldsymbol{\alpha}_2,\boldsymbol{\alpha}_3,\boldsymbol{\alpha}_4$ 是线性方程组 $\boldsymbol{Ax}=\boldsymbol{b}$ 的一个基础解系,若 $\boldsymbol{\beta}_1=\boldsymbol{\alpha}_1+t\boldsymbol{\alpha}_2$,$\boldsymbol{\beta}_2=\boldsymbol{\alpha}_2+t\boldsymbol{\alpha}_3$,$\boldsymbol{\beta}_3=\boldsymbol{\alpha}_3+t\boldsymbol{\alpha}_4$,$\boldsymbol{\beta}_4=\boldsymbol{\alpha}_4+t\boldsymbol{\alpha}_1$,讨论实数 t 满足什么关系时,$\boldsymbol{\beta}_1,\boldsymbol{\beta}_2,\boldsymbol{\beta}_3,\boldsymbol{\beta}_4$ 也是 $\boldsymbol{Ax}=\boldsymbol{0}$ 的一个基础解系.

解 由于齐次线性方程组解的线性组合仍是该方程组的解,故 $\boldsymbol{\beta}_1,\boldsymbol{\beta}_2,\boldsymbol{\beta}_3,\boldsymbol{\beta}_4$ 是 $\boldsymbol{Ax}=\boldsymbol{0}$ 的解.

因此,当且仅当 $\boldsymbol{\beta}_1,\boldsymbol{\beta}_2,\boldsymbol{\beta}_3,\boldsymbol{\beta}_4$ 线性无关时,$\boldsymbol{\beta}_1,\boldsymbol{\beta}_2,\boldsymbol{\beta}_3,\boldsymbol{\beta}_4$ 是基础解系,又$(\boldsymbol{\beta}_1,\boldsymbol{\beta}_2,\boldsymbol{\beta}_3,\boldsymbol{\beta}_4)=(\boldsymbol{\alpha}_1,\boldsymbol{\alpha}_2,\boldsymbol{\alpha}_3,\boldsymbol{\alpha}_4)\begin{pmatrix}1&0&0&t\\t&1&0&0\\0&t&1&0\\0&0&t&1\end{pmatrix}$,故 $\boldsymbol{\beta}_1,\boldsymbol{\beta}_2,\boldsymbol{\beta}_3,\boldsymbol{\beta}_4$ 线性无关,当且仅当 $\begin{vmatrix}1&0&0&t\\t&1&0&0\\0&t&1&0\\0&0&t&1\end{vmatrix}\neq0$,即 $t^4-1\neq0$,亦即 $t\neq\pm1$.

所以 $t\neq\pm1$ 时,$\boldsymbol{\beta}_1,\boldsymbol{\beta}_2,\boldsymbol{\beta}_3,\boldsymbol{\beta}_4$ 是 $\boldsymbol{Ax}=\boldsymbol{0}$ 的基础解系.

例 3.19 已知 4 阶方阵 $\boldsymbol{A}=(\boldsymbol{\alpha}_1,\boldsymbol{\alpha}_2,\boldsymbol{\alpha}_3,\boldsymbol{\alpha}_4)$,$\boldsymbol{\alpha}_1,\boldsymbol{\alpha}_2,\boldsymbol{\alpha}_3,\boldsymbol{\alpha}_4$ 均为 4 维列向量,其中 $\boldsymbol{\alpha}_2,\boldsymbol{\alpha}_3,\boldsymbol{\alpha}_4$ 线性无关,$\boldsymbol{\alpha}_1=2\boldsymbol{\alpha}_2-\boldsymbol{\alpha}_3$. 如果 $\boldsymbol{\beta}=\boldsymbol{\alpha}_1+\boldsymbol{\alpha}_2+\boldsymbol{\alpha}_3+\boldsymbol{\alpha}_4$,求线性方程组 $\boldsymbol{Ax}=\boldsymbol{\beta}$ 的通解.

解　令 $\boldsymbol{x}=\begin{pmatrix}x_1\\x_2\\x_3\\x_4\end{pmatrix}$，则由 $\boldsymbol{A}\boldsymbol{x}=(\boldsymbol{\alpha}_1,\boldsymbol{\alpha}_2,\boldsymbol{\alpha}_3,\boldsymbol{\alpha}_4)\begin{pmatrix}x_1\\x_2\\x_3\\x_4\end{pmatrix}=\boldsymbol{\beta}$，

得 $x_1\boldsymbol{\alpha}_1+x_2\boldsymbol{\alpha}_2+x_3\boldsymbol{\alpha}_3+x_4\boldsymbol{\alpha}_4=\boldsymbol{\alpha}_1+\boldsymbol{\alpha}_2+\boldsymbol{\alpha}_3+\boldsymbol{\alpha}_4$.

将 $\boldsymbol{\alpha}_1=2\boldsymbol{\alpha}_2-\boldsymbol{\alpha}_3$ 代入上式得：$(2x_1+x_2-3)\boldsymbol{\alpha}_2+(-x_1+x_3)\boldsymbol{\alpha}_3+(x_4-1)\boldsymbol{\alpha}_4=\boldsymbol{0}$，由 $\boldsymbol{\alpha}_2$，$\boldsymbol{\alpha}_3$，$\boldsymbol{\alpha}_4$ 线性无关，知 $\begin{cases}2x_1+x_2-3=0\\-x_1+x_3=0\\x_4-1=0\end{cases}$，由此方程组得 $\boldsymbol{x}=\begin{pmatrix}0\\3\\0\\1\end{pmatrix}+c\begin{pmatrix}1\\-2\\1\\0\end{pmatrix}$，其中 c 为任意常数.

例 3.20　设四元齐次线性方程组（Ⅰ）为 $\begin{cases}x_1+x_2=0\\x_2-x_4=0\end{cases}$，又已知某齐次线性方程组（Ⅱ）的通解为 $c_1\begin{pmatrix}0\\1\\1\\0\end{pmatrix}+c_2\begin{pmatrix}-1\\2\\2\\1\end{pmatrix}$ $(c_1,c_2\in\mathbf{R})$.

(1) 求线性方程组（Ⅰ）的基础解系；

(2) 问线性方程组（Ⅰ）和（Ⅱ）是否有非零公共解？若有，则求出所有的非零公共解. 若没有，则说明理由.

解　(1) 线性方程组（Ⅰ）的解为 $\begin{cases}x_1=-x_4\\x_2=x_4\\x_3=x_3\\x_4=x_4\end{cases}$. 取 $\begin{pmatrix}x_3\\x_4\end{pmatrix}=\begin{pmatrix}1\\0\end{pmatrix}$，$\begin{pmatrix}0\\1\end{pmatrix}$，得所求基础解系

$$\boldsymbol{\xi}_1=\begin{pmatrix}0\\0\\1\\0\end{pmatrix},\boldsymbol{\xi}_2=\begin{pmatrix}-1\\1\\0\\1\end{pmatrix}.$$

(2) 将方程组（Ⅱ）的通解代入方程组（Ⅰ），得 $\begin{cases}c_1+c_2=0\\c_1+c_2=0\end{cases}\Rightarrow c_1=-c_2$. 当 $c_1=-c_2\neq0$ 时，方程组（Ⅰ）和（Ⅱ）有非零公共解，且为

$$\boldsymbol{x}=-c_2\begin{pmatrix}0\\1\\1\\0\end{pmatrix}+c_2\begin{pmatrix}-1\\2\\2\\1\end{pmatrix}=c_2\begin{pmatrix}-1\\1\\1\\1\end{pmatrix}=c\begin{pmatrix}-1\\1\\1\\1\end{pmatrix},$$

其中 c 为不为零的任意常数.

习题三

一、填空题

1. 已知方程组$\begin{cases} x_1-x_2-3x_3=2 \\ x_2+(a-2)x_3=a \\ 3x_1+ax_2+5x_3=16 \end{cases}$有无穷多解，则 $a=$________.

2. 已知方程组$\begin{cases} 2x_1+\lambda x_2-x_3=b_1 \\ \lambda x_1-x_2+x_3=b_2 \\ 4x_1+5x_2-5x_3=b_3 \end{cases}$总有解，则 λ 应满足________.

3. 四元方程组$\begin{cases} x_1+x_2=0 \\ x_2-x_4=0 \end{cases}$的基础解系为________.

4. 四元方程组 $\boldsymbol{Ax}=\boldsymbol{b}$ 的三个解是 $\boldsymbol{\alpha}_1,\boldsymbol{\alpha}_2,\boldsymbol{\alpha}_3$，其中 $\boldsymbol{\alpha}_1=\begin{pmatrix}1\\1\\1\\1\end{pmatrix}$，$\boldsymbol{\alpha}_2+\boldsymbol{\alpha}_3=\begin{pmatrix}2\\3\\4\\5\end{pmatrix}$，若 $r(\boldsymbol{A})=3$，则方程组 $\boldsymbol{Ax}=\boldsymbol{b}$ 的通解是________.

5. 设 $\boldsymbol{A}$ 为三阶非零矩阵，$\boldsymbol{B}=\begin{pmatrix}1&2&-2\\4&t&3\\3&-1&1\end{pmatrix}$，且 $\boldsymbol{AB}=\boldsymbol{O}$，则方程组 $\boldsymbol{Ax}=\boldsymbol{0}$ 的通解是________.

6. 设 $\boldsymbol{A}=\begin{pmatrix}1&2&3\\4&5&6\\7&8&9\end{pmatrix}$，且 $\boldsymbol{A}^*$ 是 $\boldsymbol{A}$ 的伴随矩阵，则方程组 $\boldsymbol{A}^*\boldsymbol{x}=\boldsymbol{0}$ 的通解是________.

7. 已知 $\boldsymbol{\alpha}_1,\boldsymbol{\alpha}_2,\cdots,\boldsymbol{\alpha}_t$ 都是非齐次线性方程组 $\boldsymbol{Ax}=\boldsymbol{b}$ 的解，如果 $c_1\boldsymbol{\alpha}_1+c_2\boldsymbol{\alpha}_2+\cdots+c_t\boldsymbol{\alpha}_t$ 仍是 $\boldsymbol{Ax}=\boldsymbol{b}$ 的解，则 $c_1+c_2+\cdots+c_t=$________.

8. 已知方程组$\begin{cases} ax_1+x_2+bx_3+2x_4=c \\ x_1+bx_2-x_3-2x_4=4 \\ -2x_1+x_2-x_3-5x_4=1 \end{cases}$的通解是$\begin{pmatrix}1\\2\\-1\\0\end{pmatrix}+k\begin{pmatrix}-1\\2\\-1\\1\end{pmatrix}$，则 $a=$________.

9. 已知 $\boldsymbol{\eta}_1=\begin{pmatrix}-3\\2\\0\end{pmatrix}$，$\boldsymbol{\eta}_2=\begin{pmatrix}-1\\0\\-2\end{pmatrix}$是方程组$\begin{cases} a_1x_1+a_2x_2+a_3x_3=a_4 \\ x_1+2x_2-x_3=1 \\ 2x_1+x_2+x_3=-4 \end{cases}$的两个解，则方程组的通解为________.

10. 设 $\boldsymbol{A}$ 是 $n\times n$ 矩阵，若对于任意 n 维向量 $\boldsymbol{b}$，线性方程组 $\boldsymbol{Ax}=\boldsymbol{b}$ 均有解，则矩阵 $\boldsymbol{A}$ 的秩为________.

二、选择题

1. 设 $\boldsymbol{A}$ 是 $s\times n$ 矩阵，则齐次线性方程组 $\boldsymbol{Ax}=\boldsymbol{0}$ 有非零解的充分必要条件是(　　).

A. $\boldsymbol{A}$ 的行向量组线性无关

B. $\boldsymbol{A}$ 的列向量组线性无关

C. $\boldsymbol{A}$ 的行向量组线性相关

D. $\boldsymbol{A}$ 的列向量组线性相关

2. 设 $\boldsymbol{A}$ 是 $n\times n$ 矩阵，若 $|\boldsymbol{A}|=0$，但 $\boldsymbol{A}$ 的伴随矩阵 $\boldsymbol{A}^*\neq\boldsymbol{O}$，则齐次线性方程组 $\boldsymbol{Ax}=\boldsymbol{0}$ 的基础解系中的向量个数为(　　).

A. n　　B. $n-1$

C. 1　　D. 0

3. 设 $\boldsymbol{A}$ 是 $s\times n$ 矩阵，则齐次线性方程组 $\boldsymbol{Ax}=\boldsymbol{0}$ 的基础解系中有 t 个解向量，则齐次线性方程组 $\boldsymbol{A}^{\mathrm{T}}\boldsymbol{x}=\boldsymbol{0}$ 的基础解系中向量的个数为(　　).

A. $s+n-t$　　B. $s+n+t$　　C. $s-n+t$　　D. $s-n-t$

4. 设 $\boldsymbol{A}$ 是 $n\times n$ 矩阵，则下列命题错误的是(　　).

A. 当线性方程组 $\boldsymbol{Ax}=\boldsymbol{b}$ 没有解时，$|\boldsymbol{A}|=0$

B. 当线性方程组 $\boldsymbol{Ax}=\boldsymbol{b}$ 有无穷多解时，$|\boldsymbol{A}|=0$

C. 当时 $|\boldsymbol{A}|=0$，线性方程组 $\boldsymbol{Ax}=\boldsymbol{b}$ 没有解

D. 当线性方程组 $\boldsymbol{Ax}=\boldsymbol{b}$ 有唯一解时，$|\boldsymbol{A}|\neq 0$

5. 已知矩阵 $\boldsymbol{Q}=\begin{pmatrix}1&2&3\\2&4&t\\3&6&9\end{pmatrix}$，$\boldsymbol{P}$ 为 3 阶非零矩阵，且满足 $\boldsymbol{PQ}=\boldsymbol{O}$，则(　　).

A. 当 $t=6$ 时，$\boldsymbol{P}$ 的秩为 1

B. 当 $t=6$ 时，$\boldsymbol{P}$ 的秩为 2

C. 当 $t\neq 6$ 时，$\boldsymbol{P}$ 的秩为 1

D. 当 $t\neq 6$ 时，$\boldsymbol{P}$ 的秩为 2

6. 设齐次线性方程组的系数矩阵经初等行变换后得阶梯型矩阵是 $\begin{pmatrix}1&-1&2&0&3\\0&0&1&3&-2\\0&0&0&0&6\end{pmatrix}$，则自由未知数不能取(　　).

A. x_4,x_5　　B. x_2,x_3　　C. x_2,x_4　　D. x_1,x_3

7. 设 $\boldsymbol{A}$ 是 $m\times n$ 矩阵，则下列命题正确的是(　　).

A. 当 $m<n$，则 $\boldsymbol{Ax}=\boldsymbol{b}$ 有无穷多解

B. 如果 $\boldsymbol{Ax}=\boldsymbol{0}$ 只有零解，则 $\boldsymbol{Ax}=\boldsymbol{b}$ 有唯一解

C. 如果 $\boldsymbol{A}$ 有 n 阶子式不为零，则 $\boldsymbol{Ax}=\boldsymbol{0}$ 只有零解

D. $\boldsymbol{Ax}=\boldsymbol{b}$ 有唯一解的充分必要条件是 $r(\boldsymbol{A})=n$

8. 非齐次线性方程组 $\boldsymbol{Ax}=\boldsymbol{b}$ 中未知数的个数为 n，方程的个数为 m，系数矩阵 $\boldsymbol{A}$ 的秩为 r，则正确的命题是(　　).

A. 当 $r=m$ 时，$\boldsymbol{Ax}=\boldsymbol{b}$ 有解

B. 当 $r=n$ 时，$\boldsymbol{Ax}=\boldsymbol{b}$ 有唯一解

C. 当 $m=n$ 时，$\boldsymbol{Ax}=\boldsymbol{b}$ 有唯一解

D. 当 $r<n$ 时，$\boldsymbol{Ax}=\boldsymbol{b}$ 有无穷多解

9. 已知 $\boldsymbol{\eta}_1,\boldsymbol{\eta}_2,\boldsymbol{\eta}_3,\boldsymbol{\eta}_4$ 是齐次线性方程组 $\boldsymbol{Ax}=\boldsymbol{0}$ 的基础解系，则此方程组的基础解系还可以是(　　).

A. $\boldsymbol{\eta}_1+\boldsymbol{\eta}_2,\boldsymbol{\eta}_2+\boldsymbol{\eta}_3,\boldsymbol{\eta}_3+\boldsymbol{\eta}_4,\boldsymbol{\eta}_4+4\boldsymbol{\eta}_1$

B. $\boldsymbol{\eta}_1,\boldsymbol{\eta}_2,\boldsymbol{\eta}_3+\boldsymbol{\eta}_4,\boldsymbol{\eta}_3-\boldsymbol{\eta}_4$

C. $\boldsymbol{\eta}_1,\boldsymbol{\eta}_2,\boldsymbol{\eta}_3,\boldsymbol{\eta}_4$ 的一个等价向量组

D. $\boldsymbol{\eta}_1,\boldsymbol{\eta}_2,\boldsymbol{\eta}_3,\boldsymbol{\eta}_4$ 的一个等秩的向量组

10. 设 $\boldsymbol{A}$ 是 5×4 矩阵，$\boldsymbol{A}=(\boldsymbol{\alpha}_1,\boldsymbol{\alpha}_2,\boldsymbol{\alpha}_3,\boldsymbol{\alpha}_4)$，若 $\boldsymbol{\eta}_1=\begin{pmatrix}1\\1\\-2\\1\end{pmatrix}$，$\boldsymbol{\eta}_2=\begin{pmatrix}0\\1\\0\\1\end{pmatrix}$ 是方程组 $\boldsymbol{Ax}=\boldsymbol{0}$ 的基础解系，则 $\boldsymbol{A}$ 的列向量组的极大线性无关组是(　　).

A. $\boldsymbol{\alpha}_1,\boldsymbol{\alpha}_3$　　B. $\boldsymbol{\alpha}_2,\boldsymbol{\alpha}_4$　　C. $\boldsymbol{\alpha}_2,\boldsymbol{\alpha}_3$　　D. $\boldsymbol{\alpha}_1,\boldsymbol{\alpha}_2,\boldsymbol{\alpha}_4$

三、计算题与证明题

1. 齐次线性方程组 $\begin{cases}x_1+x_2+x_3+x_4=0\\3x_1+2x_2+ax_3-3x_4=0\\5x_1+4x_2+3x_3-x_4=0\end{cases}$ 的一个基础解系.

2. 求方程组 $\begin{cases}x_1-x_2+2x_3+x_4=1\\2x_1-x_2+x_3+2x_4=3\\x_1-x_3+x_4=2\\3x_1-x_2+3x_4=5\end{cases}$ 的通解，并求满足条件 $x_1^2=x_2^2$ 的所有解.

3. 当 a,b 取何值时，方程组 $\begin{cases}ax_1+2x_2+3x_3=4\\2x_2+bx_3=2\\2ax_1+2x_2+3x_3=6\end{cases}$ 有唯一解？无解？无穷多解？并求其一般解.

4. 当方程组 $\begin{cases}x_1+\lambda x_2+\mu x_3+x_4=0\\2x_1+x_2+x_3+2x_4=0\\3x_1+(2+\lambda)x_2+(4+\mu)x_3+4x_4=1\end{cases}$，已知 $\begin{pmatrix}1\\-1\\1\\-1\end{pmatrix}$ 是该方程组的一个解，求方程组的所有解.

5. 已知向量组 $\boldsymbol{A}$:$\boldsymbol{\alpha}_1=\begin{pmatrix}1\\2\\1\end{pmatrix}$,$\boldsymbol{\alpha}_2=\begin{pmatrix}-1\\1\\2\end{pmatrix}$,$\boldsymbol{\alpha}_3=\begin{pmatrix}1\\1\\a\end{pmatrix}$与向量组 $\boldsymbol{B}$:$\boldsymbol{\beta}_1=\begin{pmatrix}1\\0\\b\end{pmatrix}$,$\boldsymbol{\beta}_2=\begin{pmatrix}0\\1\\c\end{pmatrix}$等价.

(1) 求参数 a,b,c 的值;

(2) 令矩阵 $\boldsymbol{A}=(\boldsymbol{\alpha}_1,\boldsymbol{\alpha}_2,\boldsymbol{\alpha}_3)$,矩阵 $\boldsymbol{B}=(\boldsymbol{\beta}_1,\boldsymbol{\beta}_2)$,求满足 $\boldsymbol{BX}=\boldsymbol{A}$ 的矩阵 $\boldsymbol{X}$.

6. 已知 a,b,c 不全为零,证明方程组$\begin{cases}ax_2+bx_3+bx_4=0\\ax_1+x_2=0\\bx_1+x_3=0\\cx_1+x_4=0\end{cases}$只有零解.

7. 设 $\boldsymbol{A}$ 是 n 阶矩阵,证明方程组 $\boldsymbol{Ax}=\boldsymbol{b}$ 对任何 $\boldsymbol{b}$ 都有解的充分必要条件是 $|\boldsymbol{A}|\neq0$.

8. 证明:与基础解系等价的线性无关的向量组也是基础解系.

9. 设 $\boldsymbol{A}$ 是 $n\times n$ 矩阵且满足 $\boldsymbol{A}^2=\boldsymbol{A}$,证明 $r(\boldsymbol{A})+r(\boldsymbol{E}-\boldsymbol{A})=n$.

10. 设 $\boldsymbol{A}$ 是 $n\times n$ 矩阵且满足 $\boldsymbol{A}^2=\boldsymbol{E}$,证明 $r(\boldsymbol{E}+\boldsymbol{A})+r(\boldsymbol{E}-\boldsymbol{A})=n$.

第四章　矩阵的特征值和特征向量

在工程技术领域的许多问题中，常常会将遇到的问题归结为求矩阵的特征值和特征向量. 在数学上，求解微分方程和差分方程及简化矩阵计算等问题时也常用到矩阵的特征值和特征向量的理论和方法. 本章我们将引入矩阵的特征值与特征向量和矩阵相似等概念，讨论矩阵相似于对角阵的条件，证明实对称矩阵一定相似于对角阵，并寻求矩阵化为相似对角阵的方法.

第一节　矩阵的特征值和特征向量

一、矩阵的特征值和特征向量的概念

在一些定量分析模型中，经常会遇到矩阵的特征值和特征向量的问题.

例 4.1　设矩阵 $\boldsymbol{A}=\begin{pmatrix}3 & 0\\ 2 & 2\end{pmatrix}$，向量 $\boldsymbol{\alpha}=\begin{pmatrix}1\\ 2\end{pmatrix}$，求 $\boldsymbol{A\alpha}$.

解　$\boldsymbol{A\alpha}=\begin{pmatrix}3 & 0\\ 2 & 2\end{pmatrix}\begin{pmatrix}1\\ 2\end{pmatrix}=\begin{pmatrix}3\\ 6\end{pmatrix}=3\begin{pmatrix}1\\ 2\end{pmatrix}$.

很明显向量 $\boldsymbol{\alpha}$ 在矩阵 $\boldsymbol{A}$ 左乘作用下有 $\boldsymbol{A\alpha}=3\boldsymbol{\alpha}$. 所以，矩阵 $\boldsymbol{A}$ 只拉伸了向量 $\boldsymbol{\alpha}$，而没有改变向量 $\boldsymbol{\alpha}$ 的方向.

本节主要讨论形如上述例题中的方阵，求那些被方阵左乘作用下的向量相当于被数乘作用的向量和对应的数.

定义 4.1　设 $\boldsymbol{A}$ 为 n 阶矩阵，$\boldsymbol{x}$ 为 n 维非零列向量，若存在数 λ 使得

$$\boldsymbol{Ax}=\lambda\boldsymbol{x}$$

成立，则称数 λ 是矩阵 $\boldsymbol{A}$ 的一个**特征值**(**eigenvalue**)，n 维非零列向量 $\boldsymbol{x}$ 是矩阵 $\boldsymbol{A}$ 的对应于特征值 λ 的**特征向量**(**eigenvector**).

根据定义很容易判断一个给定的向量是否为一个矩阵的特征向量以及一个给定的数是否为一个矩阵的特征值.

例 4.2　设矩阵 $\boldsymbol{A}=\begin{pmatrix}2 & 3\\ 1 & 4\end{pmatrix}$，判断向量 $\boldsymbol{\alpha}=\begin{pmatrix}1\\ 1\end{pmatrix}$，$\boldsymbol{\beta}=\begin{pmatrix}-3\\ 2\end{pmatrix}$ 是否为矩阵 $\boldsymbol{A}$ 的特征向量. 并说明数 1 是矩阵 $\boldsymbol{A}$ 的特征值.

解　$\boldsymbol{A\alpha}=\begin{pmatrix}2 & 3\\ 1 & 4\end{pmatrix}\begin{pmatrix}1\\ 1\end{pmatrix}=\begin{pmatrix}5\\ 5\end{pmatrix}=5\begin{pmatrix}1\\ 1\end{pmatrix}=5\boldsymbol{\alpha}$,

$$A\boldsymbol{\beta}=\begin{pmatrix} 2 & 3 \\ 1 & 4 \end{pmatrix}\begin{pmatrix} -3 \\ 2 \end{pmatrix}=\begin{pmatrix} 0 \\ 5 \end{pmatrix}\neq\lambda\begin{pmatrix} -3 \\ 2 \end{pmatrix}=\lambda\boldsymbol{\beta}.$$

所以向量 $\boldsymbol{\alpha}$ 是矩阵 A 的对应于特征值 $\lambda=5$ 的特征向量,但向量 $\boldsymbol{\beta}$ 不是矩阵 A 的特征向量,因为 $A\boldsymbol{\beta}$ 不是向量 $\boldsymbol{\beta}$ 的倍数.

数 1 是矩阵 A 的特征值就是当且仅当关于 x 线性方程组 $Ax=1x$ 有非零解,即等价于齐次线性方程组 $(A-E)x=0$ 有非零解. 由于 $r(A-E)=1<2$,所以齐次线性方程组 $(A-E)x=0$ 有非零解,因此,数 1 是矩阵 A 的特征值.

例 4.3 已知向量 $x=\begin{bmatrix} 1 \\ 1 \\ -1 \end{bmatrix}$ 是矩阵 $A=\begin{bmatrix} 2 & -1 & 2 \\ 5 & a & 3 \\ -1 & b & -2 \end{bmatrix}$ 的一个特征向量.试确定参数 a,b 及特征向量 x 所对应的特征值 λ.

解 因为向量 x 是矩阵 A 的一个特征向量,所以有 $Ax=\lambda x$,即有

$$\begin{bmatrix} 2 & -1 & 2 \\ 5 & a & 3 \\ -1 & b & -2 \end{bmatrix}\begin{bmatrix} 1 \\ 1 \\ -1 \end{bmatrix}=\lambda\begin{bmatrix} 1 \\ 1 \\ -1 \end{bmatrix},$$

解得 $a=-3,b=0,\lambda=-1$.

二、矩阵的特征值和特征向量的计算

对于给定的一个 n 阶矩阵,下面我们来探求怎样求解其特征值和特征向量.

由于数 λ 是矩阵 A 的特征值就是当且仅当齐次线性方程组

$$(A-\lambda E)x=0 \text{ 或}(\lambda E-A)x=0$$

有非零解. 此方程组是 n 个未知数 n 个方程的齐次线性方程组,它有非零解的充分必要条件是系数行列式

$$|A-\lambda E|=0 \text{ 或}|\lambda E-A|=0,$$

即

$$\begin{vmatrix} a_{11}-\lambda & a_{12} & \cdots & a_{1n} \\ a_{21} & a_{22}-\lambda & \cdots & a_{2n} \\ \vdots & \vdots & & \vdots \\ a_{n1} & a_{2n} & \cdots & a_{nn}-\lambda \end{vmatrix}=0 \text{ 或} \begin{vmatrix} \lambda-a_{11} & -a_{12} & \cdots & -a_{1n} \\ -a_{21} & \lambda-a_{22} & \cdots & -a_{2n} \\ \vdots & \vdots & & \vdots \\ -a_{n1} & -a_{n2} & \cdots & \lambda-a_{nn} \end{vmatrix}=0.$$

其实,这两个多项式的解是一样的.

上式是以数 λ 为未知数的一元 n 次方程,称为矩阵 A 的**特征方程**(characteristic equation). 等式左端是关于 λ 的一元 n 次多项式,记为

$$f_A(\lambda)=|A-\lambda E|,$$

称为矩阵 A 的**特征多项式**(characteristic polynomial).

显然，求矩阵 $\boldsymbol{A}$ 的特征值就是求矩阵 $\boldsymbol{A}$ 的特征方程的根. 一元 n 次方程在复数范围内恒有解，并且其根的个数为 n 个(重根按重数计算)，因此，n 阶矩阵 $\boldsymbol{A}$ 在复数范围内必有 n 个特征值.

设数 λ_i 是矩阵 $\boldsymbol{A}$ 的一个特征值，则由齐次线性方程组

$$(\boldsymbol{A}-\lambda_i\boldsymbol{E})\boldsymbol{x}=\boldsymbol{0}$$

可求得非零解 $\boldsymbol{x}=\boldsymbol{\alpha}$，就是矩阵 $\boldsymbol{A}$ 对应于特征值 λ_i 的特征向量.

因此，对于 n 阶矩阵 $\boldsymbol{A}$，可按以下步骤求解矩阵 $\boldsymbol{A}$ 的特征值和特征向量：

(1) 计算矩阵 $\boldsymbol{A}$ 的特征多项式 $f_A(\lambda)=|\boldsymbol{A}-\lambda\boldsymbol{E}|$.

(2) 求解矩阵 $\boldsymbol{A}$ 的特征方程 $|\boldsymbol{A}-\lambda\boldsymbol{E}|=0$ 的全部特征根 $\lambda_1,\lambda_2,\cdots,\lambda_n$，得到矩阵 $\boldsymbol{A}$ 的全部特征值 $\lambda_1,\lambda_2,\cdots,\lambda_n$.

(3) 对于矩阵 $\boldsymbol{A}$ 的不同的特征值 λ_i，求出相应的线性方程组 $(\boldsymbol{A}-\lambda_i\boldsymbol{E})\boldsymbol{x}=\boldsymbol{0}$ 的一个基础解系 $\boldsymbol{\alpha}_{i_1},\boldsymbol{\alpha}_{i_2},\cdots,\boldsymbol{\alpha}_{i_s}$，则矩阵 $\boldsymbol{A}$ 的对应于 λ_i 的全部的特征向量为

$$k_{i_1}\boldsymbol{\alpha}_{i_1}+k_{i_2}\boldsymbol{\alpha}_{i_2}+\cdots+k_{i_s}\boldsymbol{\alpha}_{i_s},$$

其中 $k_{i_1},k_{i_2},\cdots,k_{i_s}$ 是不同时为零的任意常数.

根据齐次线性方程组解的结构我们知道：对于矩阵的同一个特征值所对应的特征向量的非零线性组合仍是其对应的特征向量.

例 4.4 求矩阵 $\boldsymbol{A}=\begin{pmatrix}3&2\\3&8\end{pmatrix}$ 的特征值和特征向量.

解 矩阵 $\boldsymbol{A}$ 的特征多项式为

$$|\boldsymbol{A}-\lambda\boldsymbol{E}|=\begin{vmatrix}3-\lambda&2\\3&8-\lambda\end{vmatrix}=(2-\lambda)(9-\lambda),$$

由此得矩阵 $\boldsymbol{A}$ 的特征值为 $\lambda_1=2,\lambda_2=9$.

对于 $\lambda_1=2$，解线性方程组

$$\begin{pmatrix}3-2&2\\3&8-2\end{pmatrix}\begin{pmatrix}x_1\\x_2\end{pmatrix}=\begin{pmatrix}0\\0\end{pmatrix},$$

得到一个基础解系：$\boldsymbol{\alpha}_1=\begin{pmatrix}2\\-1\end{pmatrix}$，所以 $k_1\boldsymbol{\alpha}_1(k_1\neq0)$ 为对应于 $\lambda_1=2$ 的全部特征向量.

对于 $\lambda_2=9$，解线性方程组

$$\begin{pmatrix}3-9&2\\3&8-9\end{pmatrix}\begin{pmatrix}x_1\\x_2\end{pmatrix}=\begin{pmatrix}0\\0\end{pmatrix},$$

得到一个基础解系：$\boldsymbol{\alpha}_2=\begin{pmatrix}1\\3\end{pmatrix}$，所以 $k_2\boldsymbol{\alpha}_2(k_2\neq0)$ 为对应于 $\lambda_2=9$ 的全部特征向量.

例 4.5 求矩阵 $\boldsymbol{A}=\begin{pmatrix}-1&4&3\\-2&5&3\\2&-4&-2\end{pmatrix}$ 的特征值和特征向量.

解　矩阵 $\boldsymbol{A}$ 的特征多项式为

$$|\boldsymbol{A}-\lambda\boldsymbol{E}|=\begin{vmatrix}-1-\lambda & 4 & 3\\ -2 & 5-\lambda & 3\\ 2 & -4 & -2-\lambda\end{vmatrix}=-\lambda(1-\lambda)^2,$$

由此得矩阵 $\boldsymbol{A}$ 的特征值为 $\lambda_1=0,\lambda_2=\lambda_3=1$.

对于 $\lambda_1=0$，解线性方程组 $(\boldsymbol{A}-0\boldsymbol{E})\boldsymbol{x}=\boldsymbol{0}$. 由

$$\boldsymbol{A}-0\boldsymbol{E}=\begin{pmatrix}-1 & 4 & 3\\ -2 & 5 & 3\\ 2 & -4 & -2\end{pmatrix}\xrightarrow{r}\begin{pmatrix}1 & 0 & 1\\ 0 & 1 & 1\\ 0 & 0 & 0\end{pmatrix}$$

得到一个基础解系：$\boldsymbol{\alpha}_1=\begin{pmatrix}1\\ 1\\ -1\end{pmatrix}$，所以 $k_1\boldsymbol{\alpha}_1(k_1\neq 0)$ 为对应于 $\lambda_1=0$ 的全部特征向量.

对于 $\lambda_2=\lambda_3=1$，解线性方程组 $(\boldsymbol{A}-\boldsymbol{E})\boldsymbol{x}=\boldsymbol{0}$. 由

$$\boldsymbol{A}-\boldsymbol{E}=\begin{pmatrix}-2 & 4 & 3\\ -2 & 4 & 3\\ 2 & -4 & -3\end{pmatrix}\rightarrow\begin{pmatrix}-2 & 4 & 3\\ 0 & 0 & 0\\ 0 & 0 & 0\end{pmatrix}$$

得到一个基础解系：$\boldsymbol{\alpha}_2=\begin{pmatrix}2\\ 1\\ 0\end{pmatrix}$，$\boldsymbol{\alpha}_3=\begin{pmatrix}3\\ 0\\ 2\end{pmatrix}$，所以 $k_2\boldsymbol{\alpha}_2+k_3\boldsymbol{\alpha}_3$（$k_2,k_3$ 不同时为 0）为对应于 $\lambda_2=\lambda_3=1$ 的全部特征向量.

例 4.6　求矩阵 $\boldsymbol{A}=\begin{pmatrix}-1 & 1 & 0\\ -4 & 3 & 0\\ 3 & 0 & -2\end{pmatrix}$ 的特征值和特征向量.

解　矩阵 $\boldsymbol{A}$ 的特征多项式为

$$|\boldsymbol{A}-\lambda\boldsymbol{E}|=\begin{vmatrix}-1-\lambda & 1 & 0\\ -4 & 3-\lambda & 0\\ 3 & 0 & -2-\lambda\end{vmatrix}=-(2+\lambda)(1-\lambda)^2,$$

由此得矩阵 $\boldsymbol{A}$ 的特征值为 $\lambda_1=-2,\lambda_2=\lambda_3=1$.

当 $\lambda_1=-2$ 时，解线性方程组 $(\boldsymbol{A}+2\boldsymbol{E})\boldsymbol{x}=\boldsymbol{0}$. 由

$$\boldsymbol{A}+2\boldsymbol{E}=\begin{pmatrix}1 & 1 & 0\\ -4 & 5 & 0\\ 3 & 0 & 0\end{pmatrix}\xrightarrow{r}\begin{pmatrix}1 & 0 & 0\\ 0 & 1 & 0\\ 0 & 0 & 0\end{pmatrix}$$

得基础解系 $\boldsymbol{\alpha}_1=\begin{pmatrix}0\\ 0\\ 1\end{pmatrix}$，所以 $k_1\boldsymbol{\alpha}_1(k_1\neq 0)$ 为对应于 $\lambda_1=-2$ 的全部特征向量.

当 $\lambda_2=\lambda_3=1$ 时,解线性方程组 $(\boldsymbol{A}-\boldsymbol{E})\boldsymbol{x}=\boldsymbol{0}$. 由

$$\boldsymbol{A}-\boldsymbol{E}=\begin{pmatrix}-2&1&0\\-4&2&0\\3&0&-3\end{pmatrix}\to\begin{pmatrix}1&0&-1\\0&1&-2\\0&0&0\end{pmatrix},$$

得基础解系 $\boldsymbol{\alpha}_2=\begin{pmatrix}1\\2\\1\end{pmatrix}$,所以 $k_2\boldsymbol{\alpha}_2(k_2\neq0)$ 为对应于 $\lambda_2=\lambda_3=1$ 的全部特征向量.

例 4.7 设数 λ 是 n 阶矩阵 $\boldsymbol{A}$ 的特征值,试证明 $f(\lambda)$ 是 $f(\boldsymbol{A})$ 的特征值,其中 $f(x)=a_0+a_1x+\cdots+a_mx^m$ 是一个 m 次多项式.

解 由于 $f(x)=a_0+a_1x+\cdots+a_mx^m$,则

$$f(\lambda)=a_0+a_1\lambda+\cdots+a_m\lambda^m,$$
$$f(\boldsymbol{A})=a_0\boldsymbol{E}+a_1\boldsymbol{A}+\cdots+a_m\boldsymbol{A}^m.$$

设 n 维非零列向量 $\boldsymbol{x}$ 是矩阵 $\boldsymbol{A}$ 的对应于特征值 λ 的特征向量,即 $\boldsymbol{A}\boldsymbol{x}=\lambda\boldsymbol{x}$,则有对任何正整数 k 有 $\boldsymbol{A}^k\boldsymbol{x}=\lambda^k\boldsymbol{x}$,于是可得

$$\begin{aligned}f(\boldsymbol{A})\boldsymbol{x}&=(a_0\boldsymbol{E}+a_1\boldsymbol{A}+\cdots+a_m\boldsymbol{A}^m)\boldsymbol{x}\\&=a_0\boldsymbol{E}\boldsymbol{x}+a_1\boldsymbol{A}\boldsymbol{x}+\cdots+a_m\boldsymbol{A}^m\boldsymbol{x}\\&=a_0\boldsymbol{x}+a_1\lambda\boldsymbol{x}+\cdots+a_m\lambda^m\boldsymbol{x}\\&=(a_0+a_1\lambda+\cdots+a_m\lambda^m)\boldsymbol{x}\\&=f(\lambda)\boldsymbol{x},\end{aligned}$$

这就表明 $f(\lambda)$ 是 $f(\boldsymbol{A})$ 的特征值,n 维非零列向量 $\boldsymbol{x}$ 仍然是对应的特征向量.

三、矩阵的特征值和特征向量的性质

定义 4.2 设 n 阶矩阵 $\boldsymbol{A}=(a_{ij})_{n\times n}(i,j=1,2,\cdots,n)$,则称 $a_{11}+a_{22}+\cdots+a_{nn}=\sum_{i=1}^{n}a_{ii}$ 为矩阵 $\boldsymbol{A}$ 的**迹(trace)**,记为 $\mathrm{tr}(\boldsymbol{A})$.

定理 4.1 设 $\lambda_1,\lambda_2,\cdots,\lambda_n$ 是 n 阶矩阵 $\boldsymbol{A}$ 的 n 个特征值,则有

$$\sum_{i=1}^{n}\lambda_i=\sum_{i=1}^{n}a_{ii}=\mathrm{tr}(\boldsymbol{A}),$$

$$\prod_{i=1}^{n}\lambda_i=|\boldsymbol{A}|=\det(\boldsymbol{A}).$$

证明 由于矩阵 $\boldsymbol{A}$ 的特征多项式 $f_{\boldsymbol{A}}(\lambda)=|\boldsymbol{A}-\lambda\boldsymbol{E}|$ 是一元 n 次多项式,根据 n 阶行列式的性质可知矩阵 $\boldsymbol{A}$ 的特征多项式 $f_{\boldsymbol{A}}(\lambda)$ 的 n 次项和 $n-1$ 次项的系数均由 n 阶行列式 $|\boldsymbol{A}-\lambda\boldsymbol{E}|$ 的主对角线上元素的乘积 $(a_{11}-\lambda)(a_{22}-\lambda)\cdots(a_{nn}-\lambda)$ 产生.

故 $f_{\boldsymbol{A}}(\lambda)=|\boldsymbol{A}-\lambda\boldsymbol{E}|$

$$=a_0+\cdots+(-1)^{n-1}(a_{11}+a_{22}+\cdots+a_{nn})\lambda^{n-1}+(-1)^n\lambda^n,$$

其中常数项 $a_0=f_{\boldsymbol{A}}(0)=|\boldsymbol{A}|$.

另外,矩阵 $\boldsymbol{A}$ 的特征值 $\lambda_1,\lambda_2,\cdots,\lambda_n$ 是矩阵 $\boldsymbol{A}$ 的特征方程 $f_{\boldsymbol{A}}(\lambda)=|\boldsymbol{A}-\lambda\boldsymbol{E}|=0$ 的全部根. 故由因式分解定理可以得到

$$\begin{aligned}f_{\boldsymbol{A}}(\lambda)&=|\boldsymbol{A}-\lambda\boldsymbol{E}|\\&=(\lambda_1-\lambda)(\lambda_2-\lambda)\cdots(\lambda_n-\lambda)\\&=\lambda_1\lambda_2\cdots\lambda_n+\cdots+(-1)^{n-1}(\lambda_1+\lambda_2+\cdots+\lambda_n)\lambda^{n-1}+(-1)^n\lambda^n,\end{aligned}$$

比较上面两个一元 n 次多项式的系数有

$$\lambda_1+\lambda_2+\cdots+\lambda_n=a_{11}+a_{22}+\cdots+a_{nn},$$
$$\lambda_1\lambda_2\cdots\lambda_n=|\boldsymbol{A}|,$$

即得证

$$\sum_{i=1}^{n}\lambda_i=\sum_{i=1}^{n}a_{ii}=\mathrm{tr}(\boldsymbol{A}),$$

$$\prod_{i=1}^{n}\lambda_i=|\boldsymbol{A}|=\det(\boldsymbol{A}).$$

从定理 4.1 可知:n 阶矩阵 $\boldsymbol{A}$ 可逆的充分必要条件是矩阵 $\boldsymbol{A}$ 的任一特征值不为零.

例 4.8　设数 λ 是可逆矩阵 $\boldsymbol{A}$ 的特征值,证明 $\frac{1}{\lambda}$ 是 $\boldsymbol{A}^{-1}$ 的特征值.

证明　因为矩阵 $\boldsymbol{A}$ 为可逆矩阵,所以矩阵 $\boldsymbol{A}$ 的特征值 $\lambda\neq0$. 故有非零列向量 $\boldsymbol{x}$,使

$$\boldsymbol{A}\boldsymbol{x}=\lambda\boldsymbol{x},$$

对上面等式两边左乘 $\boldsymbol{A}^{-1}$,得

$$\boldsymbol{x}=\lambda\boldsymbol{A}^{-1}\boldsymbol{x}.$$

因为 $\lambda\neq0$,故可得

$$\boldsymbol{A}^{-1}\boldsymbol{x}=\frac{1}{\lambda}\boldsymbol{x},$$

所以 $\frac{1}{\lambda}$ 是 $\boldsymbol{A}^{-1}$ 的特征值.

例 4.9　设三阶矩阵 $\boldsymbol{A}$ 的特征值为 1,2,−2,求 $\boldsymbol{A}^*+3\boldsymbol{A}+2\boldsymbol{E}$ 的特征值.

解　因为矩阵 $\boldsymbol{A}$ 的特征值全不为 0,所以矩阵 $\boldsymbol{A}$ 为可逆矩阵,故 $\boldsymbol{A}^*=|\boldsymbol{A}|\boldsymbol{A}^{-1}$. 而 $|\boldsymbol{A}|=-4$,所以

$$\boldsymbol{A}^*+3\boldsymbol{A}+2\boldsymbol{E}=-4\boldsymbol{A}^{-1}+3\boldsymbol{A}+2\boldsymbol{E}.$$

把上式记作 $f(\boldsymbol{A})=-4\boldsymbol{A}^{-1}+3\boldsymbol{A}+2\boldsymbol{E}$,因此有 $f(\lambda)=-\frac{4}{\lambda}+3\lambda+2$. 这里,$f(\boldsymbol{A})$ 虽不是矩阵多项式,但也具有矩阵多项式的性质,从而可得 $f(\boldsymbol{A})$ 的特征值为

$$f(1)=1,f(-2)=-2,f(2)=6.$$

定理 4.2 设 $\boldsymbol{p}_1,\boldsymbol{p}_2,\cdots,\boldsymbol{p}_m$ 为 n 阶矩阵 $\boldsymbol{A}$ 的对应于 m 个不同的特征值 $\lambda_1,\lambda_2,\cdots,\lambda_m$ 的特征向量，则 $\boldsymbol{p}_1,\boldsymbol{p}_2,\cdots,\boldsymbol{p}_m$ 线性无关，即不同的特征值对应的特征向量线性无关.

证明 假设 $\boldsymbol{p}_1,\boldsymbol{p}_2,\cdots,\boldsymbol{p}_m$ 线性相关. 不妨设 $\boldsymbol{p}_{j_1},\boldsymbol{p}_{j_2},\cdots,\boldsymbol{p}_{j_r}(1\leqslant r\leqslant m-1)$ 是向量组 $\boldsymbol{p}_1,\boldsymbol{p}_2,\cdots,\boldsymbol{p}_m$ 的一个极大无关组，现在证明 $\boldsymbol{p}_{j_1},\boldsymbol{p}_{j_2},\cdots,\boldsymbol{p}_{j_r},\boldsymbol{p}_{j_{r+1}}$ 线性无关，从而导致矛盾.

设存在一组数 $k_{j_1},k_{j_2},\cdots,k_{j_r},k_{j_{r+1}}$ 使得

$$k_{j_1}\boldsymbol{p}_{j_1}+k_{j_2}\boldsymbol{p}_{j_2}+\cdots+k_{j_r}\boldsymbol{p}_{j_r}+k_{j_{r+1}}\boldsymbol{p}_{j_{r+1}}=\boldsymbol{0}. \tag{$*$}$$

（$*$）两边同左乘矩阵 $\boldsymbol{A}$ 得到

$$k_{j_1}\boldsymbol{A}\boldsymbol{p}_{j_1}+k_{j_2}\boldsymbol{A}\boldsymbol{p}_{j_2}+\cdots+k_{j_r}\boldsymbol{A}\boldsymbol{p}_{j_r}+k_{j_{r+1}}\boldsymbol{A}\boldsymbol{p}_{j_{r+1}}=\boldsymbol{0},$$

即

$$k_{j_1}\lambda_{j_1}\boldsymbol{p}_{j_1}+k_{j_2}\lambda_{j_2}\boldsymbol{p}_{j_2}+\cdots+k_{j_r}\lambda_{j_r}\boldsymbol{p}_{j_r}+k_{j_{r+1}}\lambda_{j_{r+1}}\boldsymbol{p}_{j_{r+1}}=\boldsymbol{0}.$$

（$*$）两边同乘数 $\lambda_{j_{r+1}}$ 得

$$k_{j_1}\lambda_{j_{r+1}}\boldsymbol{p}_{j_1}+k_{j_2}\lambda_{j_{r+1}}\boldsymbol{p}_{j_2}+\cdots+k_{j_r}\lambda_{j_{r+1}}\boldsymbol{p}_{j_r}+k_{j_{r+1}}\lambda_{j_{r+1}}\boldsymbol{p}_{j_{r+1}}=\boldsymbol{0}.$$

上面两式相减得到

$$k_{j_1}(\lambda_{j_1}-\lambda_{j_{r+1}})\boldsymbol{p}_{j_1}+k_{j_2}(\lambda_{j_2}-\lambda_{j_{r+1}})\boldsymbol{p}_{j_2}+\cdots+k_{j_r}(\lambda_{j_r}-\lambda_{j_{r+1}})\boldsymbol{p}_{j_r}=\boldsymbol{0}.$$

由于 $\boldsymbol{p}_{j_1},\boldsymbol{p}_{j_2},\cdots,\boldsymbol{p}_{j_r}$ 线性无关且 $\lambda_{j_i}\neq\lambda_{j_{r+1}}(i=1,2,\cdots r)$，所以系数

$$k_{j_1}=k_{j_2}=\cdots=k_{j_r}=0.$$

从而可知 $k_{j_{r+1}}\boldsymbol{p}_{j_{r+1}}=\boldsymbol{0}$，而 $\boldsymbol{p}_{j_{r+1}}\neq\boldsymbol{0}$，从而 $k_{j_{r+1}}=0$，所以 $\boldsymbol{p}_{j_1},\boldsymbol{p}_{j_2},\cdots,\boldsymbol{p}_{j_r},\boldsymbol{p}_{j_{r+1}}$ 线性无关，与已知矛盾，即证.

对于定理 4.2，我们可以得到更一般的结论：

定理 4.3 设 $\lambda_1,\lambda_2,\cdots,\lambda_m$ 为 n 阶矩阵 $\boldsymbol{A}$ 的 m 个不同的特征值，向量 $\boldsymbol{p}_{i1},\boldsymbol{p}_{i2},\cdots,\boldsymbol{p}_{it_i}$ 为矩阵 $\boldsymbol{A}$ 的属于 $\lambda_i(i=1,2,\cdots,m)$ 的 t_i 个线性无关的特征向量，则向量组 $\boldsymbol{p}_{11},\boldsymbol{p}_{12},\cdots,\boldsymbol{p}_{1t_1},\boldsymbol{p}_{21},\boldsymbol{p}_{22},\cdots,\boldsymbol{p}_{2t_2},\cdots,\boldsymbol{p}_{m1},\boldsymbol{p}_{m2},\cdots,\boldsymbol{p}_{mt_m}$ 线性无关.

证明略.

根据这一定理我们可知，对于矩阵 $\boldsymbol{A}$ 的每个不同的特征值 λ_i，可求解齐次线性方程组 $(\boldsymbol{A}-\lambda_i\boldsymbol{E})\boldsymbol{x}=\boldsymbol{0}$，得到其基础解系，就可得到矩阵 $\boldsymbol{A}$ 的对应于 λ_i 的线性无关的特征向量 $\boldsymbol{p}_{i1},\boldsymbol{p}_{i2},\cdots,\boldsymbol{p}_{it_i}$，然后把它们合在一起所得的向量组仍然线性无关.

由上述定理可知，在例 4.5 中所求矩阵 $\boldsymbol{A}=\begin{pmatrix}-1&4&3\\-2&5&3\\2&-4&-2\end{pmatrix}$ 的三个特征向量 $\boldsymbol{\alpha}_1=\begin{pmatrix}1\\1\\-1\end{pmatrix},\boldsymbol{\alpha}_2=\begin{pmatrix}2\\1\\0\end{pmatrix},\boldsymbol{\alpha}_3=\begin{pmatrix}3\\0\\2\end{pmatrix}$ 一定是线性无关的.

例 4.10 设 λ_1,λ_2 是矩阵 $\boldsymbol{A}$ 的两个不同的特征值，对应的特征向量分别为 $\boldsymbol{p}_1,\boldsymbol{p}_2$，证明 $\boldsymbol{p}_1+\boldsymbol{p}_2$ 一定不是矩阵 $\boldsymbol{A}$ 的特征向量.

证明 由题可知，有 $\boldsymbol{A}\boldsymbol{p}_1=\lambda_1\boldsymbol{p}_1,\boldsymbol{A}\boldsymbol{p}_2=\lambda_2\boldsymbol{p}_2$，故

$$\boldsymbol{A}(\boldsymbol{p}_1+\boldsymbol{p}_2)=\lambda_1\boldsymbol{p}_1+\lambda_2\boldsymbol{p}_2.$$

现用反证法,假设 $\boldsymbol{p}_1+\boldsymbol{p}_2$ 是矩阵 $\boldsymbol{A}$ 的特征向量,则一定存在数 λ,使得 $\boldsymbol{A}(\boldsymbol{p}_1+\boldsymbol{p}_2)=\lambda(\boldsymbol{p}_1+\boldsymbol{p}_2)$,于是

$$\lambda(\boldsymbol{p}_1+\boldsymbol{p}_2)=\lambda_1\boldsymbol{p}_1+\lambda_2\boldsymbol{p}_2,\text{即}(\lambda-\lambda_1)\boldsymbol{p}_1+(\lambda-\lambda_2)\boldsymbol{p}_2=\boldsymbol{0},$$

因 $\lambda_1\neq\lambda_2$,按定理4.2可知 $\boldsymbol{p}_1,\boldsymbol{p}_2$ 线性无关,故由上式可得 $\lambda-\lambda_1=\lambda-\lambda_2=0$,即 $\lambda_1=\lambda_2$,与题设已知矛盾.因此,$\boldsymbol{p}_1+\boldsymbol{p}_2$ 不是矩阵 $\boldsymbol{A}$ 的特征向量.

习题 4.1

1. $\lambda=-2$ 是 $\begin{pmatrix}7 & 3\\ 3 & -1\end{pmatrix}$ 的特征值吗?为什么?

2. $\lambda=4$ 是 $\begin{pmatrix}3 & 0 & -1\\ 2 & 3 & 1\\ -3 & 4 & 5\end{pmatrix}$ 的特征值吗?如果是,求出对应于 $\lambda=4$ 的特征值向量.

3. $\begin{pmatrix}1\\ 4\end{pmatrix}$ 是 $\begin{pmatrix}-3 & 1\\ -3 & 8\end{pmatrix}$ 的特征向量吗?如果是,求出对应的特征值.

4. $\begin{pmatrix}4\\ -3\\ 1\end{pmatrix}$ 是 $\begin{pmatrix}3 & 7 & 9\\ -4 & -5 & 1\\ 2 & 4 & 4\end{pmatrix}$ 的特征向量吗?如果是,求出对应的特征值.

5. 求下列矩阵的特征值和特征向量:

(1) $\begin{pmatrix}5 & 0\\ 2 & 1\end{pmatrix}$; (2) $\begin{pmatrix}-1 & 1 & 0\\ -4 & 3 & 0\\ 1 & 0 & 2\end{pmatrix}$; (3) $\begin{pmatrix}-1 & 4 & 3\\ -2 & 5 & 3\\ 2 & -4 & -2\end{pmatrix}$; (4) $\begin{pmatrix}4 & 0 & 0\\ 0 & 0 & 0\\ 1 & 0 & -3\end{pmatrix}$.

6. 设三阶矩阵 $\boldsymbol{A}$ 的特征值为 $1,-1,2$,求 $\boldsymbol{A}^2-5\boldsymbol{A}+2\boldsymbol{E}$ 的特征值.

7. 设三阶矩阵 $\boldsymbol{A}$ 的特征值为 $1,2,3$,求 $|\boldsymbol{A}^*-\boldsymbol{A}+2\boldsymbol{E}|$.

8. 设 $\boldsymbol{A}$ 为 n 阶方阵且 $\boldsymbol{A}^2=\boldsymbol{E}$,求证矩阵 $\boldsymbol{A}$ 的特征值是1或-1.

9. 证明 n 阶方阵 $\boldsymbol{A}$ 和 $\boldsymbol{A}^{\mathrm{T}}$ 具有相同的特征值.

第二节 相似矩阵与矩阵对角化

一、矩阵相似的概念

对于给定的矩阵 $\boldsymbol{A}$,如果可以找到一个可逆矩阵 $\boldsymbol{P}$ 和一个简单矩阵 $\boldsymbol{B}$(如对角阵),使得 $\boldsymbol{P}^{-1}\boldsymbol{A}\boldsymbol{P}=\boldsymbol{B}$,常常可以给矩阵计算和理论研究带来方便,因此十分重要.本节我们主要讨论关于矩阵的相似与对角化的问题.

定义 4.3 设 $\boldsymbol{A},\boldsymbol{B}$ 都是 n 阶矩阵,如果存在一个 n 阶可逆矩阵 $\boldsymbol{P}$,使得

$$P^{-1}AP=B$$

成立，则称矩阵 A 与 B **相似**(similar)，或者说矩阵 B 是 A 的**相似矩阵**(similar matrix)，记为 $A\sim B$，此时称可逆矩阵 P 为由 A 到 B 的**相似变换矩阵**(similarity transformation matrix).

例如：矩阵 $A=\begin{pmatrix}3&4\\5&2\end{pmatrix}$，$P=\begin{pmatrix}1&1\\1&2\end{pmatrix}$，$Q=\begin{pmatrix}4&1\\-5&1\end{pmatrix}$，则矩阵 P,Q 都可逆. 由

$$P^{-1}AP=\begin{pmatrix}1&1\\1&2\end{pmatrix}^{-1}\begin{pmatrix}3&4\\5&2\end{pmatrix}\begin{pmatrix}1&1\\1&2\end{pmatrix}=\begin{pmatrix}7&13\\0&-2\end{pmatrix},$$

可知 $A=\begin{pmatrix}3&4\\5&2\end{pmatrix}$ 与 $\begin{pmatrix}7&13\\0&-2\end{pmatrix}$ 相似. 又

$$Q^{-1}AQ=\begin{pmatrix}4&1\\-5&1\end{pmatrix}^{-1}\begin{pmatrix}3&4\\5&2\end{pmatrix}\begin{pmatrix}4&1\\-5&1\end{pmatrix}=\begin{pmatrix}-2&0\\0&7\end{pmatrix},$$

可知 $A=\begin{pmatrix}3&4\\5&2\end{pmatrix}$ 又与 $\begin{pmatrix}-2&0\\0&7\end{pmatrix}$ 相似.

由此可以看出，与矩阵 A 相似的矩阵不是唯一的，也未必是对角矩阵. 然而，对某些矩阵来说，如果选取适当的可逆矩阵 P，就可以使得 $P^{-1}AP=B$ 为对角阵.

二、矩阵相似的性质

从定义容易看出，矩阵的相似关系也是一种等价关系，即具有：

(1) 反身性：$A\sim A$；

(2) 对称性：若 $A\sim B$，则 $B\sim A$；

(3) 传递性：若 $A\sim B$，$B\sim C$，则 $A\sim C$.

矩阵相似是矩阵之间一种重要的关系，相似矩阵之间存在许多共同的性质.

性质 1 设矩阵 A 与 B 相似，则矩阵 A 与 B 具有相同的特征值.

证明 设矩阵 A 与 B 相似，则必存在可逆矩阵 P 使得 $P^{-1}AP=B$，于是

$$|B-\lambda E|=|P^{-1}AP-\lambda P^{-1}P|=|P^{-1}||A-\lambda E||P|=|A-\lambda E|,$$

所以矩阵 A 与 B 具有相同的特征值.

从证明中可以看出，如果矩阵 A 与 B 相似，则矩阵 A 与 B 的特征多项式相等.

性质 2 设矩阵 A 与 B 相似，则 $|A|=|B|$.

证明 设矩阵 A 与 B 相似，则必存在可逆矩阵 P 使得 $P^{-1}AP=B$，于是

$$|B|=|P^{-1}AP|=|P^{-1}||A||P|=|A|,$$

即

$$|A|=|B|.$$

对于相似矩阵，还具有下列一些性质：(请读者自己证明)

性质 3 设矩阵 A 与 B 相似，则 $r(A)=r(B)$.

性质 4 设矩阵 $\boldsymbol{A}$ 与 $\boldsymbol{B}$ 相似，则 $\mathrm{tr}(\boldsymbol{A})=\mathrm{tr}(\boldsymbol{B})$.

性质 5 设矩阵 $\boldsymbol{A}$ 与 $\boldsymbol{B}$ 相似，则 $f(\boldsymbol{A})$ 与 $f(\boldsymbol{B})$ 也相似，其中 $f(x)=a_0+a_1x+\cdots+a_mx^m$ 是一个 m 次多项式.

三、矩阵的对角化

如果 n 阶矩阵 $\boldsymbol{A}$ 相似于一个 n 阶对角阵 $\boldsymbol{\Lambda}$，则称矩阵 $\boldsymbol{A}$ 可以**对角化**(**diagonalizable**)，对角阵 $\boldsymbol{\Lambda}$ 为矩阵 $\boldsymbol{A}$ 的**相似标准型**(**similarity canonical form**).

若矩阵 $\boldsymbol{A}$ 与对角阵 $\boldsymbol{\Lambda}$ 相似，则存在可逆矩阵 $\boldsymbol{P}$ 使得 $\boldsymbol{P}^{-1}\boldsymbol{AP}=\boldsymbol{\Lambda}$，可以得到 $\boldsymbol{A}=\boldsymbol{P\Lambda P}^{-1}$，现在计算 $\boldsymbol{A}^k$ 就十分容易，

$$\boldsymbol{A}^k=(\boldsymbol{P\Lambda P}^{-1})^k=\boldsymbol{P\Lambda P}^{-1}\boldsymbol{P\Lambda P}^{-1}\cdots\boldsymbol{P\Lambda P}^{-1}=\boldsymbol{P\Lambda\Lambda}\cdots\boldsymbol{\Lambda P}^{-1}=\boldsymbol{P\Lambda}^k\boldsymbol{P}^{-1}.$$

更一般地，我们可以得到：矩阵 $\boldsymbol{A}$ 的多项式

$$f(\boldsymbol{A})=\boldsymbol{P}^{-1}f(\boldsymbol{\Lambda})\boldsymbol{P}.$$

而对于对角阵 $\boldsymbol{\Lambda}$，有

$$\boldsymbol{\Lambda}^k=\begin{pmatrix}\lambda_1^k & & & \\ & \lambda_2^k & & \\ & & \ddots & \\ & & & \lambda_n^k\end{pmatrix},f(\boldsymbol{\Lambda})=\begin{pmatrix}f(\lambda_1) & & & \\ & f(\lambda_2) & & \\ & & \ddots & \\ & & & f(\lambda_n)\end{pmatrix}.$$

由此可以方便地计算出矩阵的多项式.

然而，并非所有的 n 阶矩阵都可以对角化. 下面，我们讨论 n 阶矩阵可对角化的条件.

定理 4.4 n 阶矩阵 $\boldsymbol{A}$ 相似于一个 n 阶对角矩阵 $\boldsymbol{\Lambda}$ 的充分必要条件是矩阵 $\boldsymbol{A}$ 有 n 个线性无关的特征向量.

证明 必要性. 设矩阵 $\boldsymbol{A}$ 与对角阵 $\boldsymbol{\Lambda}$ 相似，其中 $\boldsymbol{\Lambda}=\mathrm{diag}(\lambda_1,\lambda_2,\cdots,\lambda_n)$，则存在可逆矩阵 $\boldsymbol{P}$ 使得

$$\boldsymbol{P}^{-1}\boldsymbol{AP}=\boldsymbol{\Lambda},$$

即有 $\boldsymbol{AP}=\boldsymbol{P\Lambda}$.

把可逆矩阵 $\boldsymbol{P}$ 用列向量组表示为 $\boldsymbol{P}=(\boldsymbol{p}_1,\boldsymbol{p}_2,\cdots,\boldsymbol{p}_n)$，则上式可写成

$$\boldsymbol{A}(\boldsymbol{p}_1,\boldsymbol{p}_2,\cdots,\boldsymbol{p}_n)=(\boldsymbol{p}_1,\boldsymbol{p}_2,\cdots,\boldsymbol{p}_n)\begin{pmatrix}\lambda_1 & & & \\ & \lambda_2 & & \\ & & \ddots & \\ & & & \lambda_n\end{pmatrix}=(\lambda_1\boldsymbol{p}_1\quad\lambda_2\boldsymbol{p}_2\quad\cdots\quad\lambda_n\boldsymbol{p}_n),$$

于是有 $\boldsymbol{Ap}_i=\lambda_i\boldsymbol{p}_i(i=1,2,\cdots,n)$.

因为矩阵 $\boldsymbol{P}$ 为可逆矩阵，故矩阵 $\boldsymbol{P}$ 的列向量组中必不含零向量，即得 $\boldsymbol{p}_i\neq\boldsymbol{0}(i=1,2,\cdots,n)$. 因此，向量 $\boldsymbol{p}_i$ 是矩阵 $\boldsymbol{A}$ 的属于特征值 λ_i 的特征向量，并且 $\boldsymbol{p}_1,\boldsymbol{p}_2,\cdots,\boldsymbol{p}_n$ 线性无关.

充分性. 设 $\boldsymbol{p}_1,\boldsymbol{p}_2,\cdots,\boldsymbol{p}_n$ 是 n 阶矩阵 $\boldsymbol{A}$ 的 n 个线性无关的特征向量,它们对应的特征值分别为 $\lambda_1,\lambda_2,\cdots,\lambda_n$,故有 $\boldsymbol{A}\boldsymbol{p}_i=\lambda_i\boldsymbol{p}_i(i=1,2,\cdots,n)$.

记矩阵 $\boldsymbol{P}=(\boldsymbol{p}_1,\boldsymbol{p}_2,\cdots,\boldsymbol{p}_n)$,则矩阵 $\boldsymbol{P}$ 为可逆矩阵.

又有

$$\begin{aligned}\boldsymbol{AP}&=\boldsymbol{A}(\boldsymbol{p}_1,\boldsymbol{p}_2,\cdots,\boldsymbol{p}_n)\\&=(\boldsymbol{A}\boldsymbol{p}_1,\boldsymbol{A}\boldsymbol{p}_2,\cdots,\boldsymbol{A}\boldsymbol{p}_n)\\&=(\lambda_1\boldsymbol{p}_1,\lambda_2\boldsymbol{p}_2,\cdots,\lambda_n\boldsymbol{p}_n)\\&=(\boldsymbol{p}_1,\boldsymbol{p}_2,\cdots,\boldsymbol{p}_n)\begin{pmatrix}\lambda_1&&&\\&\lambda_2&&\\&&\ddots&\\&&&\lambda_n\end{pmatrix}\\&=\boldsymbol{P\Lambda},\end{aligned}$$

即得

$$\boldsymbol{AP}=\boldsymbol{P\Lambda}.$$

上式两边左乘 $\boldsymbol{P}^{-1}$,得 $\boldsymbol{P}^{-1}\boldsymbol{AP}=\boldsymbol{\Lambda}$,即矩阵 $\boldsymbol{A}$ 与对角阵 $\boldsymbol{\Lambda}$ 相似.

于是,可以得到以下结论:

推论 4.1 如果 n 阶矩阵 $\boldsymbol{A}$ 有 n 个互不相等的特征值,则矩阵 $\boldsymbol{A}$ 与对角阵 $\boldsymbol{\Lambda}$ 相似.

应当注意到,矩阵 $\boldsymbol{A}$ 有 n 个互不相等的特征值只是矩阵 $\boldsymbol{A}$ 与对角阵 $\boldsymbol{\Lambda}$ 相似的充分条件而不是必要条件.

例如:矩阵 $\boldsymbol{A}=\begin{pmatrix}3&2\\3&8\end{pmatrix}$ 有两个不同的特征值 $\lambda_1=2,\lambda_2=9$,对应的特征向量分别为 $\boldsymbol{p}_1=\begin{pmatrix}2\\-1\end{pmatrix}$,$\boldsymbol{p}_2=\begin{pmatrix}1\\3\end{pmatrix}$,所以矩阵 $\boldsymbol{A}$ 可以对角化.

矩阵 $\boldsymbol{A}=\begin{pmatrix}-1&1&0\\-4&3&0\\3&0&-2\end{pmatrix}$ 的特征值为 $\lambda_1=-2,\lambda_2=\lambda_3=1$. 当 $\lambda_1=-2$ 时,对应的特征向量为 $\boldsymbol{p}_1=\begin{pmatrix}0\\0\\1\end{pmatrix}$,而当 $\lambda_2=\lambda_3=1$ 时,对应的只有一个线性无关特征向量 $\boldsymbol{p}_2=\begin{pmatrix}1\\2\\1\end{pmatrix}$,所以矩阵 $\boldsymbol{A}$ 不可以对角化.

矩阵 $\boldsymbol{A}=\begin{pmatrix}-1&4&3\\-2&5&3\\2&-4&-2\end{pmatrix}$ 的特征值为 $\lambda_1=0,\lambda_2=\lambda_3=1$,对应的特征向量 $\boldsymbol{p}_1=\begin{pmatrix}1\\1\\-1\end{pmatrix}$,$\boldsymbol{p}_2=\begin{pmatrix}2\\1\\0\end{pmatrix}$,$\boldsymbol{p}_3=\begin{pmatrix}3\\0\\2\end{pmatrix}$. 易知 $\boldsymbol{p}_1,\boldsymbol{p}_2,\boldsymbol{p}_3$ 线性无关,令 $\boldsymbol{P}=(\boldsymbol{p}_1,\boldsymbol{p}_2,\boldsymbol{p}_3)$,则有 $\boldsymbol{P}^{-1}\boldsymbol{AP}=\begin{pmatrix}0&&\\&1&\\&&1\end{pmatrix}$,所以矩阵 $\boldsymbol{A}$ 与对角阵相似,但是矩阵 $\boldsymbol{A}$ 只有两个互异的特征值 0 和 1,这说明矩阵 $\boldsymbol{A}$ 的特征

值不全相异时也能与某一对角阵相似.

因此,决定 n 阶矩阵 $\boldsymbol{A}$ 能否与对角阵相似的充分必要条件是矩阵 $\boldsymbol{A}$ 是否有 n 个线性无关的特征向量.若数 λ 为矩阵 $\boldsymbol{A}$ 的 $k(1\leqslant k\leqslant n)$ 重特征值,则对应于特征值 λ 的线性无关的特征向量的个数一定小于等于 k.只有取等于 k 个时,即对应于矩阵 $\boldsymbol{A}$ 的 k 重特征值 λ 的线性无关的特征向量的个数为 k 时,矩阵 $\boldsymbol{A}$ 才能与对角阵 $\boldsymbol{\Lambda}$ 相似,因此,可得以下定理.

定理 4.5 n 阶矩阵 $\boldsymbol{A}$ 相似于一个 n 阶对角矩阵的充分必要条件是对于矩阵 $\boldsymbol{A}$ 的 k 重特征值 λ,矩阵 $\boldsymbol{A}-\lambda\boldsymbol{E}$ 的秩 $r(\boldsymbol{A}-\lambda\boldsymbol{E})=n-k$.

证明略.

四、矩阵对角化的步骤与计算

判断一个 n 阶矩阵 $\boldsymbol{A}$ 能否相似对角化以及如何将矩阵 $\boldsymbol{A}$ 相似对角化的一般步骤为:

(1) 求出矩阵 $\boldsymbol{A}$ 的所有特征值 $\lambda_1,\lambda_2,\cdots,\lambda_n$.

若 $\lambda_1,\lambda_2,\cdots,\lambda_n$ 互异,则矩阵 $\boldsymbol{A}$ 一定可以与对角阵 $\boldsymbol{\Lambda}$ 相似;

若 $\lambda_1,\lambda_2,\cdots,\lambda_n$ 中互异的为 $\lambda_1,\lambda_2,\cdots,\lambda_m(1<m<n)$,每个 λ_i 的重数为 k_i,当 $r(\boldsymbol{A}-\lambda_i\boldsymbol{E})=n-k_i,i=1,2,\cdots,m$ 时,矩阵 $\boldsymbol{A}$ 一定可以与对角阵 $\boldsymbol{\Lambda}$ 相似,否则矩阵 $\boldsymbol{A}$ 不能与对角阵 $\boldsymbol{\Lambda}$ 相似.

(2) 当矩阵 $\boldsymbol{A}$ 与对角阵 $\boldsymbol{\Lambda}$ 相似时,求出矩阵 $\boldsymbol{A}$ 的 n 个线性无关的特征向量 $\boldsymbol{p}_1,\boldsymbol{p}_2,\cdots,\boldsymbol{p}_n$,并令 $\boldsymbol{P}=(\boldsymbol{p}_1,\boldsymbol{p}_2,\cdots,\boldsymbol{p}_n)$,则有

$$\boldsymbol{P}^{-1}\boldsymbol{A}\boldsymbol{P}=\boldsymbol{\Lambda}=\begin{pmatrix}\lambda_1 & & & \\ & \lambda_2 & & \\ & & \ddots & \\ & & & \lambda_n\end{pmatrix}.$$

显然,可逆矩阵 $\boldsymbol{P}$ 的取法是不唯一的,因而矩阵 $\boldsymbol{A}$ 的相似对角阵 $\boldsymbol{\Lambda}$ 也不唯一;但若不计对角阵 $\boldsymbol{\Lambda}$ 中主对角线上元素的顺序,则对角阵 $\boldsymbol{\Lambda}$ 是被矩阵 $\boldsymbol{A}$ 唯一确定的.

例 4.11 判断矩阵 $\boldsymbol{A}=\begin{pmatrix}-2 & 1 & 1\\ 0 & 2 & 0\\ -4 & 1 & 3\end{pmatrix}$ 能否与对角阵相似?若可以对角化,求可逆阵 $\boldsymbol{P}$,使得 $\boldsymbol{P}^{-1}\boldsymbol{A}\boldsymbol{P}=\boldsymbol{\Lambda}$ 为对角阵.

解 由 $|\boldsymbol{A}-\lambda\boldsymbol{E}|=\begin{vmatrix}-2-\lambda & 1 & 1\\ 0 & 2-\lambda & 0\\ -4 & 1 & 3-\lambda\end{vmatrix}=-(\lambda+1)(\lambda-2)^2=0$,得矩阵 $\boldsymbol{A}$ 的特征值为 $\lambda_1=-1,\lambda_2=\lambda_3=2$,即 2 为三阶矩阵 $\boldsymbol{A}$ 的二重特征值.

因为 $\boldsymbol{A}-2\boldsymbol{E}=\begin{pmatrix}-4 & 1 & 1\\ 0 & 0 & 0\\ -4 & 1 & 1\end{pmatrix}\xrightarrow{r}\begin{pmatrix}-4 & 1 & 1\\ 0 & 0 & 0\\ 0 & 0 & 0\end{pmatrix}$,所以 $r(\boldsymbol{A}-2\boldsymbol{E})=1=3-2$.因此,由定理 4.5 可知矩阵 $\boldsymbol{A}$ 可以对角化.

对 $\lambda_1=-1$ 时，求得特征向量 $\boldsymbol{p}_1=\begin{pmatrix}1\\0\\1\end{pmatrix}$；对 $\lambda_2=\lambda_3=2$ 时，求得两个线性无关的特征向量 $\boldsymbol{p}_2=\begin{pmatrix}1\\4\\0\end{pmatrix}$，$\boldsymbol{p}_3=\begin{pmatrix}0\\-1\\1\end{pmatrix}$.

令 $\boldsymbol{P}=(\boldsymbol{p}_1,\boldsymbol{p}_2,\boldsymbol{p}_3)=\begin{pmatrix}1&1&0\\0&4&-1\\1&0&1\end{pmatrix}$，则有

$$\boldsymbol{P}^{-1}\boldsymbol{AP}=\boldsymbol{\Lambda}=\begin{pmatrix}-1&&\\&2&\\&&2\end{pmatrix}.$$

例 4.12 已知矩阵 $\boldsymbol{A}=\begin{pmatrix}-2&0&0\\2&x&2\\3&1&0\end{pmatrix}$ 与 $\boldsymbol{B}=\begin{pmatrix}-1&&\\&2&\\&&y\end{pmatrix}$ 相似. (1) 求 x 与 y；(2) 求可逆矩阵 $\boldsymbol{P}$，使得 $\boldsymbol{P}^{-1}\boldsymbol{AP}=\boldsymbol{B}$.

解 (1) 因为矩阵 $\boldsymbol{A}$ 与 $\boldsymbol{B}$ 相似，故

$$|\boldsymbol{A}|=|\boldsymbol{B}|,$$
$$\operatorname{tr}(\boldsymbol{A})=\operatorname{tr}(\boldsymbol{B}),$$

即

$$\begin{cases}-2(0-2)=-2y\\-2+x+0=-1+2+y\end{cases},$$

解得 $x=1, y=-2$，

(2) 因为 $\boldsymbol{B}$ 为对角阵，其特征值为 $\lambda_1=-1,\lambda_2=2,\lambda_3=-2$，它们也是 $\boldsymbol{A}$ 的特征值，依次求出它们对应的特征向量为：

$$\boldsymbol{\xi}_1=\begin{pmatrix}0\\1\\-1\end{pmatrix},\boldsymbol{\xi}_2=\begin{pmatrix}0\\2\\1\end{pmatrix},\boldsymbol{\xi}_3=\begin{pmatrix}-1\\-1\\2\end{pmatrix}.$$

所以 $\boldsymbol{P}=\begin{pmatrix}0&0&-1\\1&2&-1\\-1&1&2\end{pmatrix}$.

例 4.13 设矩阵 $\boldsymbol{A}=\begin{pmatrix}1&2&-3\\-1&4&-3\\1&a&5\end{pmatrix}$ 的特征方程有一个二重根，求 a 的值，并讨论矩阵 $\boldsymbol{A}$ 是否可以相似对角化.

解 矩阵 $\boldsymbol{A}$ 的特征多项式

$$|\boldsymbol{A}-\lambda\boldsymbol{E}|=\begin{vmatrix}1-\lambda & 2 & -3\\ -1 & 4-\lambda & -3\\ 1 & a & 5-\lambda\end{vmatrix}=(2-\lambda)(18+3a-8\lambda+\lambda^2).$$

若 $\lambda=2$ 是特征方程 $|\boldsymbol{A}-\lambda\boldsymbol{E}|=0$ 的二重根，则有 $18+3a-8\times2+2^2=0$，解得 $a=-2$.

当 $a=-2$ 时，可求得矩阵 $\boldsymbol{A}$ 的特征值为 $\lambda_1=\lambda_2=2,\lambda_3=6$. 矩阵

$$\boldsymbol{A}-2\boldsymbol{E}=\begin{pmatrix}-1 & 2 & -3\\ -1 & 2 & -3\\ 1 & -2 & 3\end{pmatrix}\xrightarrow{r}\begin{pmatrix}1 & -2 & 3\\ 0 & 0 & 0\\ 0 & 0 & 0\end{pmatrix}$$

的秩 $r(\boldsymbol{A}-2\boldsymbol{E})=1$，因此，对应 $\lambda_1=\lambda_2=2$ 的矩阵 $\boldsymbol{A}$ 有两个线性无关的特征向量，所以矩阵 $\boldsymbol{A}$ 可以相似对角化.

若 $\lambda=2$ 不是特征方程 $|\boldsymbol{A}-\lambda\boldsymbol{E}|=0$ 的二重根，则方程 $18+3a-8\lambda+\lambda^2=0$ 一定有两个相等的根，由 $(-8)^2-4(18+3a)=0$，解得 $a=-\dfrac{2}{3}$.

当 $a=-\dfrac{2}{3}$ 时，可求得矩阵 $\boldsymbol{A}$ 的特征值为 $\lambda_1=\lambda_2=4,\lambda_3=2$. 矩阵

$$\boldsymbol{A}-4\boldsymbol{E}=\begin{pmatrix}-3 & 2 & -3\\ -1 & 0 & -3\\ 1 & -\dfrac{2}{3} & 1\end{pmatrix}\xrightarrow{r}\begin{pmatrix}1 & 0 & 3\\ 0 & 1 & 3\\ 0 & 0 & 0\end{pmatrix}$$

的秩 $r(\boldsymbol{A}-2\boldsymbol{E})=2$，因此，对应 $\lambda_1=\lambda_2=4$ 的矩阵 $\boldsymbol{A}$ 只有一个线性无关的特征向量，所以矩阵 $\boldsymbol{A}$ 不可以相似对角化.

例 4.14 已知二阶矩阵 $\boldsymbol{A}$ 的特征值为 3 和 6，对应的特征向量分别为

$$\boldsymbol{p}_1=\begin{pmatrix}-1\\ 1\end{pmatrix},\boldsymbol{p}_2=\begin{pmatrix}2\\ 1\end{pmatrix},$$

求矩阵 $\boldsymbol{A}$ 和 $\boldsymbol{A}^{100}$.

解 令

$$\boldsymbol{P}=(\boldsymbol{p}_1,\boldsymbol{p}_2)=\begin{pmatrix}-1 & 2\\ 1 & 1\end{pmatrix},\boldsymbol{\Lambda}=\begin{pmatrix}3 & 0\\ 0 & 6\end{pmatrix},$$

则有 $\boldsymbol{P}^{-1}\boldsymbol{A}\boldsymbol{P}=\boldsymbol{\Lambda}$，所以

$$\boldsymbol{A}=\boldsymbol{P}\boldsymbol{\Lambda}\boldsymbol{P}^{-1}=\begin{pmatrix}-1 & 2\\ 1 & 1\end{pmatrix}\begin{pmatrix}3 & 0\\ 0 & 6\end{pmatrix}\begin{pmatrix}-1 & 2\\ 1 & 1\end{pmatrix}^{-1}=\begin{pmatrix}5 & 2\\ 1 & 4\end{pmatrix}.$$

$$\begin{aligned}\boldsymbol{A}^{100}&=\boldsymbol{P}\boldsymbol{\Lambda}\boldsymbol{P}^{-1}\boldsymbol{P}\boldsymbol{\Lambda}\boldsymbol{P}^{-1}\cdots\boldsymbol{P}\boldsymbol{\Lambda}\boldsymbol{P}^{-1}\\ &=\boldsymbol{P}\boldsymbol{\Lambda}\boldsymbol{\Lambda}\cdots\boldsymbol{\Lambda}\boldsymbol{P}^{-1}\\ &=\boldsymbol{P}\boldsymbol{\Lambda}^{100}\boldsymbol{P}^{-1}\end{aligned}$$

$$=\begin{pmatrix}-1&2\\1&1\end{pmatrix}\begin{pmatrix}3&0\\0&6\end{pmatrix}^{100}\begin{pmatrix}-1&2\\1&1\end{pmatrix}^{-1}$$

$$=\frac{1}{3}\begin{pmatrix}-1&2\\1&1\end{pmatrix}\begin{bmatrix}3^{100}&0\\0&6^{100}\end{bmatrix}\begin{pmatrix}-1&2\\1&1\end{pmatrix}$$

$$=3^{99}\begin{bmatrix}2^{101}+1&2^{101}-2\\2^{100}-1&2^{100}+2\end{bmatrix}.$$

此例求矩阵 $\boldsymbol{A}$ 实际上就是例 4.11 的反演.可以看出,先把矩阵 $\boldsymbol{A}$ 对角化,大大简化了求 $\boldsymbol{A}^{100}$ 的计算.

习题 4.2

1. 若 $\boldsymbol{A}$ 为 n 阶可逆矩阵且 $\boldsymbol{A}$ 与 $\boldsymbol{B}$ 相似,证明 $\boldsymbol{A}^*$ 与 $\boldsymbol{B}^*$ 相似.

2. 设矩阵 $\boldsymbol{A}=\begin{pmatrix}-3&12\\-2&7\end{pmatrix}$,$\boldsymbol{\alpha}=\begin{pmatrix}3\\1\end{pmatrix}$与 $\boldsymbol{\beta}=\begin{pmatrix}2\\1\end{pmatrix}$是矩阵 $\boldsymbol{A}$ 的特征向量,判断矩阵 $\boldsymbol{A}$ 是否可以对角化.

3. 设四阶方阵 $\boldsymbol{A}$ 有特征值 5,3,−2,并且 $\lambda=3$ 时对应有 2 个线性无关的特征向量,判断矩阵 $\boldsymbol{A}$ 是否可以对角化.

4. 设矩阵 $\boldsymbol{A}=\begin{bmatrix}2&0&1\\3&1&x\\4&0&5\end{bmatrix}$可与对角矩阵相似,求 x.

5. 判断下列矩阵是否可与对角矩阵相似,说明理由.

(1) $\begin{bmatrix}1&1&0\\0&1&1\\0&0&1\end{bmatrix}$; (2) $\begin{bmatrix}1&-3&3\\3&-5&3\\6&-6&4\end{bmatrix}$; (3) $\begin{bmatrix}-1&-2&2\\0&1&0\\0&0&1\end{bmatrix}$; (4) $\begin{bmatrix}-3&1&-1\\-7&5&-1\\-6&6&-2\end{bmatrix}$.

6. 设矩阵 $\boldsymbol{A}=\begin{bmatrix}2&2&1\\1&3&1\\1&2&2\end{bmatrix}$,试求可逆矩阵 $\boldsymbol{P}$ 使得 $\boldsymbol{P}^{-1}\boldsymbol{AP}$ 为对角阵,并求 $\boldsymbol{A}^k$(k 为正整数).

7. 设矩阵 $\boldsymbol{A}=\begin{bmatrix}1&4&2\\0&-3&4\\0&4&3\end{bmatrix}$,求 $\boldsymbol{A}^{100}$.

第三节 实对称矩阵的对角化

一、实对称矩阵的性质

一个 n 阶矩阵 $\boldsymbol{A}$ 可以对角化的充分必要条件是矩阵 $\boldsymbol{A}$ 具有 n 个线性无关的特征向量,

然而并非所有 n 阶矩阵 $\boldsymbol{A}$ 都存在有 n 个线性无关的特征向量，使得矩阵 $\boldsymbol{A}$ 与对角阵相似，但是，对于实对称矩阵来说都是可以对角化的. 实对称矩阵是特殊矩阵，它一定可以对角化，即存在可逆矩阵 $\boldsymbol{P}$，使得 $\boldsymbol{P}^{-1}\boldsymbol{AP}=\boldsymbol{\Lambda}$，更可以找到正交可逆矩阵 $\boldsymbol{Q}$，使得 $\boldsymbol{Q}^{-1}\boldsymbol{AQ}=\boldsymbol{\Lambda}$. 本节我们主要讨论实对称矩阵的对角化问题.

定理 4.6 实对称矩阵 $\boldsymbol{A}$ 的特征值全为实数.

证明 设 λ 是实对称矩阵 $\boldsymbol{A}$ 的特征值，$\boldsymbol{x}=(x_1,x_2,\cdots,x_n)^{\mathrm{T}}\neq\boldsymbol{0}$ 是对应于特征值 λ 的特征向量，则 $\boldsymbol{Ax}=\lambda\boldsymbol{x}$. 用 $\bar{\lambda}$ 表示 λ 的共轭复数，$\bar{\boldsymbol{x}}$ 表示 $\boldsymbol{x}$ 的共轭复向量，则

$$\overline{\boldsymbol{Ax}}=\overline{\lambda\boldsymbol{x}}=\bar{\lambda}\,\bar{\boldsymbol{x}}.$$

又因为 $\boldsymbol{A}$ 是实对称矩阵，所以 $\bar{\boldsymbol{A}}=\boldsymbol{A}$ 且 $\boldsymbol{A}^{\mathrm{T}}=\boldsymbol{A}$，故

$$\overline{\boldsymbol{Ax}}=\bar{\boldsymbol{A}}\,\bar{\boldsymbol{x}}=\boldsymbol{A}\,\bar{\boldsymbol{x}},$$

从而得到 $\bar{\lambda}\,\bar{\boldsymbol{x}}=\bar{\boldsymbol{A}}\,\bar{\boldsymbol{x}}$，等式两边同时左乘 $\boldsymbol{x}^{\mathrm{T}}$，

左边 $=\boldsymbol{x}^{\mathrm{T}}(\bar{\lambda}\,\bar{\boldsymbol{x}})=\bar{\lambda}\boldsymbol{x}^{\mathrm{T}}\,\bar{\boldsymbol{x}}$，

右边 $=\boldsymbol{x}^{\mathrm{T}}(\boldsymbol{A}\,\bar{\boldsymbol{x}})=\boldsymbol{x}^{\mathrm{T}}\boldsymbol{A}^{\mathrm{T}}\,\bar{\boldsymbol{x}}=(\boldsymbol{Ax})^{\mathrm{T}}\,\bar{\boldsymbol{x}}=(\lambda\boldsymbol{x})^{\mathrm{T}}\,\bar{\boldsymbol{x}}=\lambda\boldsymbol{x}^{\mathrm{T}}\,\bar{\boldsymbol{x}}$.

得 $\bar{\lambda}\boldsymbol{x}^{\mathrm{T}}\,\bar{\boldsymbol{x}}=\lambda\boldsymbol{x}^{\mathrm{T}}\,\bar{\boldsymbol{x}}$，即 $(\bar{\lambda}-\lambda)\boldsymbol{x}^{\mathrm{T}}\,\bar{\boldsymbol{x}}=0$.

考虑 $\boldsymbol{x}\neq\boldsymbol{0}$，有

$$\boldsymbol{x}^{\mathrm{T}}\,\bar{\boldsymbol{x}}=(x_1,x_2,\cdots,x_n)\begin{pmatrix}\bar{x}_1\\ \bar{x}_2\\ \vdots\\ \bar{x}_n\end{pmatrix}$$

$$=x_1\cdot\bar{x}_1+x_2\cdot\bar{x}_2+\cdots+x_n\cdot\bar{x}_n=|x_1|^2+|x_2|^2+\cdots+|x_n|^2>0,$$

所以 $\bar{\lambda}-\lambda=0$，即 $\bar{\lambda}=\lambda$，故 λ 为实数.

因为实对称矩阵 $\boldsymbol{A}$ 的特征值 λ 为实数，所以齐次线性方程组 $(\boldsymbol{A}-\lambda\boldsymbol{E})\boldsymbol{x}=\boldsymbol{0}$ 是实系数线性方程组，又因为 $|\boldsymbol{A}-\lambda\boldsymbol{E}|=0$，可知该齐次线性方程组一定有实的基础解系，从而对应的特征向量一定为实向量.

定理 4.7 实对称矩阵 $\boldsymbol{A}$ 的对应于不同特征值的特征向量一定正交.

证明 设 λ_1,λ_2 是实对称矩阵 $\boldsymbol{A}$ 的两个特征值，且 $\lambda_1\neq\lambda_2$，$\boldsymbol{p}_1,\boldsymbol{p}_2$ 是依次与之对应的特征向量，则 $\boldsymbol{Ap}_1=\lambda_1\boldsymbol{p}_1,\boldsymbol{Ap}_2=\lambda_2\boldsymbol{p}_2(\lambda_1\neq\lambda_2)$.

因为 $\boldsymbol{A}$ 为实对称矩阵，$\boldsymbol{A}^{\mathrm{T}}=\boldsymbol{A}$，考虑

$$\lambda_1\boldsymbol{p}_1^{\mathrm{T}}=(\lambda_1\boldsymbol{p}_1)^{\mathrm{T}}=(\boldsymbol{Ap}_1)^{\mathrm{T}}=\boldsymbol{p}_1^{\mathrm{T}}\boldsymbol{A}^{\mathrm{T}}=\boldsymbol{p}_1^{\mathrm{T}}\boldsymbol{A},$$

于是

$$\lambda_1\boldsymbol{p}_1^{\mathrm{T}}\boldsymbol{p}_2=\boldsymbol{p}_1^{\mathrm{T}}\boldsymbol{Ap}_2=\boldsymbol{p}_1^{\mathrm{T}}(\lambda_2\boldsymbol{p}_2)=\lambda_2\boldsymbol{p}_1^{\mathrm{T}}\boldsymbol{p}_2,$$

即 $\lambda_1\boldsymbol{p}_1^{\mathrm{T}}\boldsymbol{p}_2=\lambda_2\boldsymbol{p}_1^{\mathrm{T}}\boldsymbol{p}_2$，得 $(\lambda_1-\lambda_2)\boldsymbol{p}_1^{\mathrm{T}}\boldsymbol{p}_2=0$.

又因为 $\lambda_1\neq\lambda_2$，所以 $\boldsymbol{p}_1^{\mathrm{T}}\boldsymbol{p}_2=0$，即 $\boldsymbol{p}_1,\boldsymbol{p}_2$ 正交.

对于 n 阶实对称矩阵 $\boldsymbol{A}$，我们还可以得到以下结论：若数 λ 是矩阵 $\boldsymbol{A}$ 的 k 重特征值，则

矩阵 $\boldsymbol{A}$ 对应于特征值 λ 的特征向量中线性无关的个数一定为 k，即 $(\boldsymbol{A}-\lambda\boldsymbol{E})\boldsymbol{x}=\boldsymbol{0}$ 的基础解系所含向量个数为 k，也就是矩阵 $\boldsymbol{A}-\lambda\boldsymbol{E}$ 的秩 $r(\boldsymbol{A}-\lambda\boldsymbol{E})=n-k$.

于是，我们就可以得到以下关于实对称矩阵相似于对角阵的定理.

定理 4.8 对于任一 n 阶实对称矩阵 $\boldsymbol{A}$，一定存在 n 阶正交矩阵 $\boldsymbol{Q}$，使得 $\boldsymbol{Q}^{-1}\boldsymbol{A}\boldsymbol{Q}=\boldsymbol{Q}^{\mathrm{T}}\boldsymbol{A}\boldsymbol{Q}=\boldsymbol{\Lambda}$，其中 $\boldsymbol{\Lambda}$ 是以矩阵 $\boldsymbol{A}$ 的 n 个特征值为对角元素的对角阵.

证明 设实对称矩阵 $\boldsymbol{A}$ 的 s 个互不相等的特征值为 $\lambda_1,\lambda_2,\cdots,\lambda_s$，它们的重数依次为 $r_1,r_2,\cdots,r_s$，则 $r_1+r_2+\cdots+r_s=n$. 由前面的结论可得，实对称矩阵 $\boldsymbol{A}$ 的特征值 λ_i（重数为 r_i）对应的线性无关的特征向量为 r_i 个. 把它们正交化，再单位化，即得 r_i 个单位正交的特征向量. 因 $r_1+r_2+\cdots+r_s=n$，所以，可得这样的 n 个单位特征向量. 又矩阵 $\boldsymbol{A}$ 是实对称阵，不同特征值对应的特征向量正交，所以上面所得到的 n 个单位特征向量一定两两正交. 故以它们为列向量构成的矩阵 $\boldsymbol{Q}$ 一定为正交矩阵，并且有 $\boldsymbol{Q}^{-1}\boldsymbol{A}\boldsymbol{Q}=\boldsymbol{Q}^{\mathrm{T}}\boldsymbol{A}\boldsymbol{Q}=\boldsymbol{\Lambda}$，其中对角阵 $\boldsymbol{\Lambda}$ 中对角线上元素含有 r_1 个 λ_1，r_2 个 λ_2，$\cdots$，r_s 个 λ_s，恰是矩阵 $\boldsymbol{A}$ 的 n 个特征值.

二、实对称矩阵对角化的步骤

将一个 n 阶实对称矩阵 $\boldsymbol{A}$ 对角化的步骤如下：

(1) 求矩阵 $\boldsymbol{A}$ 的特征方程 $|\boldsymbol{A}-\lambda\boldsymbol{E}|=0$，得到矩阵 $\boldsymbol{A}$ 的全部特征值 $\lambda_1,\lambda_2,\cdots,\lambda_n$.

(2) 对每个不同特征值 λ_i，求出对应的特征向量，即求解齐次线性方程组 $(\boldsymbol{A}-\lambda_i\boldsymbol{E})\boldsymbol{x}=\boldsymbol{0}$ 的基础解系.

(3) 矩阵 $\boldsymbol{A}$ 的 n 个线性无关的特征向量 $\boldsymbol{p}_1,\boldsymbol{p}_2,\cdots,\boldsymbol{p}_n$，先将其正交化，再将其单位化. 这样共可得到 n 个两两正交的单位向量 $\boldsymbol{q}_1,\boldsymbol{q}_2,\cdots,\boldsymbol{q}_n$.

(4) 以 $\boldsymbol{q}_1,\boldsymbol{q}_2,\cdots,\boldsymbol{q}_n$ 为列向量构成正交矩阵 $\boldsymbol{Q}=(\boldsymbol{q}_1,\boldsymbol{q}_2,\cdots,\boldsymbol{q}_n)$，则有

$$\boldsymbol{Q}^{-1}\boldsymbol{A}\boldsymbol{Q}=\boldsymbol{Q}^{\mathrm{T}}\boldsymbol{A}\boldsymbol{Q}=\boldsymbol{\Lambda}=\begin{pmatrix}\lambda_1 & & \\ & \ddots & \\ & & \lambda_n\end{pmatrix}.$$

注意：对角阵 $\boldsymbol{\Lambda}$ 中对角线上元素 $\lambda_1,\lambda_2,\cdots,\lambda_n$ 的顺序，要与特征向量 $\boldsymbol{q}_1,\boldsymbol{q}_2,\cdots,\boldsymbol{q}_n$ 的顺序一致.

例 4.15 设矩阵 $\boldsymbol{A}=\begin{pmatrix}2 & -2 & 0\\ -2 & 1 & -2\\ 0 & -2 & 0\end{pmatrix}$，求一个正交矩阵 $\boldsymbol{Q}$，使得 $\boldsymbol{Q}^{-1}\boldsymbol{A}\boldsymbol{Q}$ 为对角矩阵.

解 由 $|\boldsymbol{A}-\lambda\boldsymbol{E}|=\begin{vmatrix}2-\lambda & -2 & 0\\ -2 & 1-\lambda & -2\\ 0 & -2 & -\lambda\end{vmatrix}=(4-\lambda)(\lambda-1)(\lambda+2)=0$，得矩阵 $\boldsymbol{A}$ 的特征值 $\lambda_1=4,\lambda_2=1,\lambda_3=-2$.

当 $\lambda_1=4$ 时，解方程组 $(\boldsymbol{A}-4\boldsymbol{E})\boldsymbol{x}=\boldsymbol{0}$. 由

$$\boldsymbol{A}-4\boldsymbol{E}=\begin{pmatrix}-2 & -2 & 0\\ -2 & -3 & -2\\ 0 & -2 & -4\end{pmatrix}\xrightarrow{r}\begin{pmatrix}1 & 0 & -2\\ 0 & 1 & 2\\ 0 & 0 & 0\end{pmatrix},$$

得基础解系 $\boldsymbol{p}_1=\begin{pmatrix}2\\-2\\1\end{pmatrix}$. 把 $\boldsymbol{p}_1$ 单位化,得 $\boldsymbol{q}_1=\begin{pmatrix}\frac{2}{3}\\-\frac{2}{3}\\\frac{1}{3}\end{pmatrix}$.

当 $\lambda_2=1$ 时,解方程组 $(\boldsymbol{A}-\boldsymbol{E})\boldsymbol{x}=\boldsymbol{0}$. 由

$$\boldsymbol{A}-\boldsymbol{E}=\begin{pmatrix}1&-2&0\\-2&0&-2\\0&-2&-1\end{pmatrix}\xrightarrow{r}\begin{pmatrix}1&-2&0\\0&2&1\\0&0&0\end{pmatrix},$$

得基础解系 $\boldsymbol{p}_2=\begin{pmatrix}2\\1\\-2\end{pmatrix}$. 把 $\boldsymbol{p}_2$ 单位化,得 $\boldsymbol{q}_2=\begin{pmatrix}\frac{2}{3}\\\frac{1}{3}\\-\frac{2}{3}\end{pmatrix}$.

当 $\lambda_3=-2$ 时,由 $(\boldsymbol{A}+2\boldsymbol{E})\boldsymbol{x}=\boldsymbol{0}$,

$$\boldsymbol{A}+2\boldsymbol{E}=\begin{pmatrix}4&-2&0\\-2&3&-2\\0&-2&2\end{pmatrix}\xrightarrow{r}\begin{pmatrix}2&0&-1\\2&-1&0\\0&0&0\end{pmatrix}\rightarrow\begin{pmatrix}2&0&-1\\0&1&-1\\0&0&0\end{pmatrix},$$

得基础解系 $\boldsymbol{p}_3=\begin{pmatrix}1\\2\\2\end{pmatrix}$,把 $\boldsymbol{p}_3$ 单位化,得 $\boldsymbol{q}_3=\begin{pmatrix}\frac{1}{3}\\\frac{2}{3}\\\frac{2}{3}\end{pmatrix}$.

由定理 4.7 可知 $\boldsymbol{q}_1,\boldsymbol{q}_2,\boldsymbol{q}_3$ 一定为单位正交向量组,这就可得正交矩阵

$$\boldsymbol{Q}=(\boldsymbol{q}_1,\boldsymbol{q}_2,\boldsymbol{q}_3)=\begin{pmatrix}\frac{2}{3}&\frac{2}{3}&\frac{1}{3}\\-\frac{2}{3}&\frac{1}{3}&\frac{2}{3}\\\frac{1}{3}&-\frac{2}{3}&\frac{2}{3}\end{pmatrix},$$

于是有

$$\boldsymbol{Q}^{-1}\boldsymbol{A}\boldsymbol{Q}=\begin{pmatrix}4&0&0\\0&1&0\\0&0&-2\end{pmatrix}.$$

例 4.16　设矩阵 $\boldsymbol{A}=\begin{pmatrix}4&1&1\\1&4&1\\1&1&4\end{pmatrix}$,求一个正交矩阵 $\boldsymbol{Q}$,使得 $\boldsymbol{Q}^{-1}\boldsymbol{A}\boldsymbol{Q}$ 为对角矩阵.

解 由$|\boldsymbol{A}-\lambda\boldsymbol{E}|=\begin{vmatrix}4-\lambda & 1 & 1\\ 1 & 4-\lambda & 1\\ 1 & 1 & 4-\lambda\end{vmatrix}=(3-\lambda)^2(\lambda-6)=0$,得矩阵$\boldsymbol{A}$的特征值$\lambda_1=\lambda_2=3,\lambda_3=6$.

当$\lambda_1=\lambda_2=3$时,解方程组$(\boldsymbol{A}-3\boldsymbol{E})\boldsymbol{x}=\boldsymbol{0}$. 由

$$\boldsymbol{A}-3\boldsymbol{E}=\begin{pmatrix}1 & 1 & 1\\ 1 & 1 & 1\\ 1 & 1 & 1\end{pmatrix}\xrightarrow{r}\begin{pmatrix}1 & 1 & 1\\ 0 & 0 & 0\\ 0 & 0 & 0\end{pmatrix},$$

得基础解系$\boldsymbol{\xi}_1=\begin{pmatrix}-1\\ 1\\ 0\end{pmatrix},\boldsymbol{\xi}_2=\begin{pmatrix}-1\\ 0\\ 1\end{pmatrix}$. 将$\boldsymbol{\xi}_1,\boldsymbol{\xi}_2$正交化.

取

$$\boldsymbol{p}_1=\boldsymbol{\xi}_1=\begin{pmatrix}-1\\ 1\\ 0\end{pmatrix},$$

$$\boldsymbol{p}_2=\boldsymbol{\xi}_2-\frac{\langle\boldsymbol{p}_1,\boldsymbol{\xi}_2\rangle}{\langle\boldsymbol{p}_1,\boldsymbol{p}_1\rangle}\boldsymbol{p}_1=\begin{pmatrix}-1\\ 0\\ 1\end{pmatrix}-\frac{1}{2}\begin{pmatrix}-1\\ 1\\ 0\end{pmatrix}=\frac{1}{2}\begin{pmatrix}-1\\ -1\\ 2\end{pmatrix}.$$

再将$\boldsymbol{p}_1,\boldsymbol{p}_2$单位化,得$\boldsymbol{q}_1=\frac{1}{\sqrt{2}}\begin{pmatrix}-1\\ 1\\ 0\end{pmatrix},\boldsymbol{q}_2=\frac{1}{\sqrt{6}}\begin{pmatrix}-1\\ -1\\ 2\end{pmatrix}$.

当$\lambda_3=6$时,解方程组$(\boldsymbol{A}-6\boldsymbol{E})\boldsymbol{x}=\boldsymbol{0}$. 由

$$\boldsymbol{A}-6\boldsymbol{E}=\begin{pmatrix}-2 & 1 & 1\\ 1 & -2 & 1\\ 1 & 1 & -2\end{pmatrix}\xrightarrow{r}\begin{pmatrix}1 & 0 & -1\\ 0 & 1 & -1\\ 0 & 0 & 0\end{pmatrix},$$

得基础解系$\boldsymbol{p}_3=\begin{pmatrix}1\\ 1\\ 1\end{pmatrix}$,将$\boldsymbol{p}_3$单位化,得$\boldsymbol{q}_3=\frac{1}{\sqrt{3}}\begin{pmatrix}1\\ 1\\ 1\end{pmatrix}$.

这就可得正交矩阵

$$\boldsymbol{Q}=(\boldsymbol{q}_1,\boldsymbol{q}_2,\boldsymbol{q}_3)=\begin{pmatrix}\frac{-1}{\sqrt{2}} & \frac{-1}{\sqrt{6}} & \frac{1}{\sqrt{3}}\\ \frac{1}{\sqrt{2}} & \frac{-1}{\sqrt{6}} & \frac{1}{\sqrt{3}}\\ 0 & \frac{2}{\sqrt{6}} & \frac{1}{\sqrt{3}}\end{pmatrix},$$

有

$$Q^{-1}AQ=\begin{pmatrix}3&0&0\\0&3&0\\0&0&6\end{pmatrix}.$$

例 4.17 设三阶实对称阵 $\boldsymbol{A}$ 的特征值为 $\lambda_1=0,\lambda_2=\lambda_3=1$，矩阵 $\boldsymbol{A}$ 的属于 $\lambda_1=0$ 的特征向量为 $\boldsymbol{p}_1=(0,1,1)^{\mathrm{T}}$，求矩阵 $\boldsymbol{A}$.

解 因为三阶实对称阵 $\boldsymbol{A}$ 一定可以对角化，所以矩阵 $\boldsymbol{A}$ 对应的二重特征值 $\lambda_2=\lambda_3=1$ 的线性无关的特征向量一定有两个，这两个特征向量设为 $\boldsymbol{p}_2,\boldsymbol{p}_3$. 根据定理 4.7，可知向量 $\boldsymbol{p}_2$ 和 $\boldsymbol{p}_3$ 都与向量 $\boldsymbol{p}_1$ 正交.

设与向量 $\boldsymbol{p}_1$ 正交的向量为 $\boldsymbol{p}=\begin{pmatrix}x_1\\x_2\\x_3\end{pmatrix}$，则满足

$$\boldsymbol{p}_1^{\mathrm{T}}\boldsymbol{p}=(0,1,1)\begin{pmatrix}x_1\\x_2\\x_3\end{pmatrix}=x_2+x_3=0.$$

解此齐次线性方程组，可得其基础解系 $\boldsymbol{p}_2=\begin{pmatrix}1\\0\\0\end{pmatrix},\boldsymbol{p}_3=\begin{pmatrix}0\\-1\\1\end{pmatrix}$. 由于 $\boldsymbol{p}_2$ 与 $\boldsymbol{p}_3$ 正交，所以只需将 $\boldsymbol{p}_1,\boldsymbol{p}_2,\boldsymbol{p}_3$ 单位化：

$$\boldsymbol{q}_1=\frac{1}{\sqrt{2}}\begin{pmatrix}0\\1\\1\end{pmatrix},\boldsymbol{q}_2=\begin{pmatrix}1\\0\\0\end{pmatrix},\boldsymbol{q}_3=\frac{1}{\sqrt{2}}\begin{pmatrix}0\\-1\\1\end{pmatrix}.$$

取矩阵

$$\boldsymbol{Q}=(\boldsymbol{q}_1,\boldsymbol{q}_2,\boldsymbol{q}_3)=\begin{pmatrix}0&1&0\\\frac{1}{\sqrt{2}}&0&-\frac{1}{\sqrt{2}}\\\frac{1}{\sqrt{2}}&0&\frac{1}{\sqrt{2}}\end{pmatrix},\boldsymbol{\Lambda}=\begin{pmatrix}0&0&0\\0&1&0\\0&0&1\end{pmatrix},$$

则矩阵 $\boldsymbol{Q}$ 为正交矩阵，且 $\boldsymbol{Q}^{-1}\boldsymbol{A}\boldsymbol{Q}=\boldsymbol{Q}^{\mathrm{T}}\boldsymbol{A}\boldsymbol{Q}=\boldsymbol{\Lambda}$，所以

$$\boldsymbol{A}=\boldsymbol{Q}\boldsymbol{\Lambda}\boldsymbol{Q}^{-1}=\boldsymbol{Q}\boldsymbol{\Lambda}\boldsymbol{Q}^{\mathrm{T}}$$

$$=\begin{pmatrix}0&1&0\\\frac{1}{\sqrt{2}}&0&-\frac{1}{\sqrt{2}}\\\frac{1}{\sqrt{2}}&0&\frac{1}{\sqrt{2}}\end{pmatrix}\begin{pmatrix}0&0&0\\0&1&0\\0&0&1\end{pmatrix}\begin{pmatrix}0&\frac{1}{\sqrt{2}}&\frac{1}{\sqrt{2}}\\1&0&0\\0&-\frac{1}{\sqrt{2}}&\frac{1}{\sqrt{2}}\end{pmatrix}$$

$$=\begin{pmatrix}1 & 0 & 0\\ 0 & \frac{1}{2} & -\frac{1}{2}\\ 0 & -\frac{1}{2} & \frac{1}{2}\end{pmatrix}.$$

例 4.18 若实对称矩阵 $\boldsymbol{A}$ 为幂等矩阵，即满足 $\boldsymbol{A}^2=\boldsymbol{A}$，且矩阵 $\boldsymbol{A}$ 的秩 $r(\boldsymbol{A})=r$，求证：一定存在正交矩阵 $\boldsymbol{Q}$，使 $\boldsymbol{Q}^{-1}\boldsymbol{A}\boldsymbol{Q}=\begin{pmatrix}\boldsymbol{E}_r & \\ & \boldsymbol{O}\end{pmatrix}$.

证明 设 λ 是实对称矩阵 $\boldsymbol{A}$ 的任一特征值，则存在非零列向量 $\boldsymbol{x}$，使得

$$\boldsymbol{A}\boldsymbol{x}=\lambda\boldsymbol{x}.$$

另一方面，

$$\lambda\boldsymbol{x}=\boldsymbol{A}\boldsymbol{x}=\boldsymbol{A}^2\boldsymbol{x}=\boldsymbol{A}(\boldsymbol{A}\boldsymbol{x})=\lambda\boldsymbol{A}\boldsymbol{x}=\lambda^2\boldsymbol{x},$$

所以 $(\lambda-\lambda^2)\boldsymbol{x}=\boldsymbol{0}$. 而列向量 $\boldsymbol{x}\neq\boldsymbol{0}$，得到 $\lambda-\lambda^2=0$，即 $\lambda=0$ 或 $\lambda=1$. 于是，实对称矩阵 $\boldsymbol{A}$ 的特征值只能是 0 或 1.

设 $\lambda=1$ 是实对称矩阵 $\boldsymbol{A}$ 的 k 重特征根，则一定存在正交矩阵 $\boldsymbol{Q}$，使

$$\boldsymbol{Q}^{-1}\boldsymbol{A}\boldsymbol{Q}=\boldsymbol{\Lambda}=\begin{pmatrix}\boldsymbol{E}_k & \\ & \boldsymbol{O}\end{pmatrix}.$$

而相似矩阵有相同的秩，故

$$k=r(\boldsymbol{\Lambda})=r(\boldsymbol{A})=r.$$

即一定存在正交矩阵 $\boldsymbol{Q}$，使

$$\boldsymbol{Q}^{-1}\boldsymbol{A}\boldsymbol{Q}=\begin{pmatrix}\boldsymbol{E}_r & \\ & \boldsymbol{O}\end{pmatrix}.$$

习题 4.3

1. 试求一个正交的相似变换矩阵，将下列对称矩阵对角化：

(1) $\begin{pmatrix}3 & 2 & 4\\ 2 & 0 & 2\\ 4 & 2 & 3\end{pmatrix}$； (2) $\begin{pmatrix}0 & -1 & 1\\ -1 & 0 & 1\\ 1 & 1 & 0\end{pmatrix}$； (3) $\begin{pmatrix}1 & -2 & -4\\ -2 & 4 & -2\\ -4 & -2 & 1\end{pmatrix}$.

2. 设矩阵 $\boldsymbol{A}=\begin{pmatrix}1 & a & 1\\ a & 1 & b\\ 1 & b & 1\end{pmatrix}$，对角阵 $\boldsymbol{\Lambda}=\begin{pmatrix}0 & & \\ & 1 & \\ & & 2\end{pmatrix}$，如果矩阵 $\boldsymbol{A}$ 与对角阵 $\boldsymbol{\Lambda}$ 相似，求 a,b 及正交矩阵 $\boldsymbol{Q}$，使 $\boldsymbol{Q}^{-1}\boldsymbol{A}\boldsymbol{Q}=\boldsymbol{\Lambda}$.

3. 设三阶实对称阵 $\boldsymbol{A}$ 的特征值为 $\lambda_1=1,\lambda_2=-1,\lambda_3=0$，对应于 λ_1,λ_2 的特征向量依次为 $\boldsymbol{p}_1=\begin{pmatrix}1\\ 2\\ 2\end{pmatrix}$，$\boldsymbol{p}_2=\begin{pmatrix}2\\ 1\\ -2\end{pmatrix}$，求矩阵 $\boldsymbol{A}$.

4. 设三阶实对称阵 $\boldsymbol{A}$ 的特征值为 $\lambda_1=-1,\lambda_2=\lambda_3=1$,矩阵 $\boldsymbol{A}$ 的属于 $\lambda_1=-1$ 的特征向量为 $\boldsymbol{p}_1=\begin{pmatrix}0\\1\\-1\end{pmatrix}$,求矩阵 $\boldsymbol{A}$.

第四节 综合例题

例 4.19 设矩阵 $\boldsymbol{A}=\begin{pmatrix}a & -1 & c\\5 & b & 3\\1-c & 0 & a\end{pmatrix}$,其行列式 $|\boldsymbol{A}|=-1$,又矩阵 $\boldsymbol{A}$ 的伴随矩阵 $\boldsymbol{A}^*$ 有一个特征值 λ_0,属于 λ_0 的一个特征向量为 $\boldsymbol{x}=\begin{pmatrix}-1\\-1\\1\end{pmatrix}$,求 a,b,c 和 λ_0.

解 由于 λ_0 是矩阵 $\boldsymbol{A}$ 的伴随矩阵 $\boldsymbol{A}^*$ 的一个特征值,由定义知

$$\boldsymbol{A}^*\boldsymbol{x}=\lambda_0\boldsymbol{x}.$$

上式左乘矩阵 $\boldsymbol{A}$,得到

$$\boldsymbol{A}\boldsymbol{A}^*\boldsymbol{x}=\lambda_0\boldsymbol{A}\boldsymbol{x}.$$

可得

$$|\boldsymbol{A}|\boldsymbol{E}\boldsymbol{x}=\lambda_0\boldsymbol{A}\boldsymbol{x},$$

即

$$\lambda_0\boldsymbol{A}\boldsymbol{x}=-\boldsymbol{x}.$$

因此,可得到

$$\lambda_0\begin{pmatrix}a & -1 & c\\5 & b & 3\\1-c & 0 & -a\end{pmatrix}\begin{pmatrix}-1\\-1\\1\end{pmatrix}=-\begin{pmatrix}-1\\-1\\1\end{pmatrix},$$

即

$$\begin{cases}\lambda_0(-a+1+c)=1\\\lambda_0(-5-b+3)=1\\\lambda_0(-1+c-a)=-1\end{cases}.$$

注意到 $|\boldsymbol{A}|=-1$,可知 $\lambda_0\neq0$,解上面的方程组可得 $\lambda_0=1,a=2,b=-3,c=2$.

例 4.20 设 n 阶方阵 $\boldsymbol{A}=(a_{ij})_{n\times n}$ 的元素全大于零,且矩阵 $\boldsymbol{A}$ 的每行元素之和均等于 1.

(1) 证明:矩阵 $\boldsymbol{A}$ 有一个特征值为 1;

(2) 证明:矩阵 $\boldsymbol{A}$ 的任一特征值 λ 的模 $|\lambda|\leqslant1$;

(3) 若矩阵 $\boldsymbol{A}$ 可逆，试求矩阵 $\boldsymbol{A}$ 的逆矩阵 $\boldsymbol{A}^{-1}$ 的各行元素之和.

证明 (1) 令 n 维向量 $\boldsymbol{\alpha}=\begin{pmatrix}1\\1\\\vdots\\1\end{pmatrix}$，则由题设，可以得到

$$\boldsymbol{A\alpha}=\boldsymbol{\alpha},$$

故 $\lambda=1$ 为矩阵 $\boldsymbol{A}$ 一个特征值.

(2) 设 λ 为矩阵 $\boldsymbol{A}$ 的任一特征值，$x=\begin{pmatrix}x_1\\x_2\\\vdots\\x_n\end{pmatrix}$ 为对应的特征向量，则

$$\boldsymbol{Ax}=\lambda\boldsymbol{x},$$

即

$$\sum_{j=1}^{n}a_{ij}x_j=\lambda x_i(i=1,2,\cdots,n),$$

设 $|x_k|=\max\{|x_1|,|x_2|,\cdots,|x_n|\}$，由 $\sum\limits_{j=1}^{n}a_{kj}x_j=\lambda x_k$，两端取模

$$|\lambda||x_k|=|\lambda x_k|=\left|\sum_{j=1}^{n}a_{kj}x_j\right|$$

$$\leqslant\sum_{j=1}^{n}|a_{kj}||x_j|\leqslant\sum_{j=1}^{n}|a_{kj}||x_k|$$

$$=|x_k|\sum_{j=1}^{n}|a_{kj}|=|x_k|\sum_{j=1}^{n}a_{kj}=|x_k|,$$

两端同除正数 $|x_k|$，即得

$$|\lambda|\leqslant 1.$$

(3) 设 n 维向量 $\boldsymbol{\alpha}=\begin{pmatrix}1\\1\\\vdots\\1\end{pmatrix}$ 为矩阵 $\boldsymbol{A}$ 的对应特征值 $\lambda=1$ 的特征向量，则有

$$\boldsymbol{A\alpha}=\boldsymbol{\alpha},$$

上式左乘 $\boldsymbol{A}^{-1}$ 得

$$\boldsymbol{A}^{-1}\boldsymbol{A\alpha}=\boldsymbol{A}^{-1}\boldsymbol{\alpha},$$

即

$$\boldsymbol{A}^{-1}\boldsymbol{\alpha}=\boldsymbol{\alpha}.$$

令 $\boldsymbol{A}^{-1}=(b_{ij})_{n\times n}$，则有

$$\sum_{j=1}^{n} b_{ij} = 1,$$

所以矩阵 $\boldsymbol{A}$ 的逆矩阵 $\boldsymbol{A}^{-1}$ 的各行元素之和为 1.

例 4.21　设矩阵 $\boldsymbol{A}$ 为三阶方阵，$\boldsymbol{A}=\boldsymbol{E}+\boldsymbol{\alpha\beta}^{\mathrm{T}}$，$\boldsymbol{\alpha}$ 与 $\boldsymbol{\beta}$ 是三维列向量，且 $\boldsymbol{\alpha}^{\mathrm{T}}\boldsymbol{\beta}=a\neq 0$，求矩阵 $\boldsymbol{A}$ 的特征值和特征向量.

解　令 $\boldsymbol{B}=\boldsymbol{\alpha\beta}^{\mathrm{T}}$，则 $\boldsymbol{A}=\boldsymbol{E}+\boldsymbol{B}$.

设 λ 为矩阵 $\boldsymbol{B}$ 的特征值，$\boldsymbol{\xi}$ 为矩阵 $\boldsymbol{B}$ 的对应特征值 λ 的特征向量，则有

$$\boldsymbol{A\xi}=(\boldsymbol{E}+\boldsymbol{B})\boldsymbol{\xi}=\boldsymbol{E\xi}+\boldsymbol{B\xi}=\boldsymbol{\xi}+\lambda\boldsymbol{\xi}=(1+\lambda)\boldsymbol{\xi},$$

可知 $\lambda+1$ 为矩阵 $\boldsymbol{A}$ 的特征值，$\boldsymbol{\xi}$ 为矩阵 $\boldsymbol{A}$ 的对应特征值 $\lambda+1$ 的特征向量.

因此，将求矩阵 $\boldsymbol{A}$ 的特征值和特征向量，转化为求矩阵 $\boldsymbol{B}$ 的特征值和特征向量.

令 $\boldsymbol{B}=\boldsymbol{\alpha\beta}^{\mathrm{T}}=\begin{pmatrix} a_1 \\ a_2 \\ a_3 \end{pmatrix}(b_1 \quad b_2 \quad b_3)=\begin{pmatrix} a_1b_1 & a_1b_2 & a_1b_3 \\ a_2b_1 & a_2b_2 & a_2b_3 \\ a_3b_1 & a_3b_2 & a_3b_3 \end{pmatrix}$，则有

$$\boldsymbol{B}^2=(\boldsymbol{\alpha\beta}^{\mathrm{T}})(\boldsymbol{\alpha\beta}^{\mathrm{T}})=\boldsymbol{\alpha}(\boldsymbol{\beta}^{\mathrm{T}}\boldsymbol{\alpha})\boldsymbol{\beta}^{\mathrm{T}}=a\boldsymbol{B},$$

所以，矩阵 $\boldsymbol{B}$ 的特征值只能为 0 和 a，易知矩阵 $\boldsymbol{B}$ 的秩 $r(\boldsymbol{B})=1$，故齐次线性方程组 $(\boldsymbol{B}-0\boldsymbol{E})\boldsymbol{x}=\boldsymbol{0}$ 的基础解系含有 $3-1=2$ 个解向量.

不妨设 $a_1b_1\neq 0$，

$$\boldsymbol{B}=\begin{pmatrix} a_1b_1 & a_1b_2 & a_1b_3 \\ a_2b_1 & a_2b_2 & a_2b_3 \\ a_3b_1 & a_3b_2 & a_3b_3 \end{pmatrix}\xrightarrow{r}\begin{pmatrix} b_1 & b_2 & b_3 \\ 0 & 0 & 0 \\ 0 & 0 & 0 \end{pmatrix},$$

可得线性方程组 $(\boldsymbol{B}-0\boldsymbol{E})\boldsymbol{x}=\boldsymbol{0}$ 的基础解系为

$$\boldsymbol{\xi}_1=\begin{pmatrix} -b_2 \\ b_1 \\ 0 \end{pmatrix},\boldsymbol{\xi}_2=\begin{pmatrix} -b_3 \\ 0 \\ b_1 \end{pmatrix},$$

则 $\boldsymbol{\xi}_1,\boldsymbol{\xi}_2$ 为矩阵 $\boldsymbol{B}$ 的属于特征值为 0 的两个线性无关特征向量.

由于 $\boldsymbol{B}^2=a\boldsymbol{B}$，记矩阵 $\boldsymbol{B}$ 的 3 个列向量为 $\boldsymbol{\beta}_1,\boldsymbol{\beta}_2,\boldsymbol{\beta}_3$，即有 $\boldsymbol{B}=(\boldsymbol{\beta}_1,\boldsymbol{\beta}_2,\boldsymbol{\beta}_3)$，所以

$$\boldsymbol{B}(\boldsymbol{\beta}_1,\boldsymbol{\beta}_2,\boldsymbol{\beta}_3)=a(\boldsymbol{\beta}_1,\boldsymbol{\beta}_2,\boldsymbol{\beta}_3),$$

即

$$\boldsymbol{B\beta}_i=a\boldsymbol{\beta}_i\ (i=1,2,3).$$

由于 $a_1b_1\neq 0$，所以 $\begin{pmatrix} a_1 \\ a_2 \\ a_3 \end{pmatrix}$ 为矩阵 $\boldsymbol{B}$ 的属于特征值为 a 的特征向量.

由上可知，矩阵 $\boldsymbol{A}$ 的特征值为 $\lambda_1=\lambda_2=1$ 和 $\lambda_3=1+a$，对应的特征向量分别为

$$k_1\begin{pmatrix}-b_2\\b_1\\0\end{pmatrix}+k_2\begin{pmatrix}-b_3\\0\\b_1\end{pmatrix}(k_1,k_2\text{ 不同时为 }0)\text{和 }k_3\begin{pmatrix}a_1\\a_2\\a_3\end{pmatrix}(k_3\neq 0).$$

例 4.22 已知三阶矩阵 $\boldsymbol{A}$ 与三维列向量 $\boldsymbol{\alpha}$ 使得向量组 $\boldsymbol{\alpha},\boldsymbol{A\alpha},\boldsymbol{A}^2\boldsymbol{\alpha}$ 线性无关，且满足 $\boldsymbol{A}^3\boldsymbol{\alpha}=3\boldsymbol{A\alpha}-2\boldsymbol{A}^2\boldsymbol{\alpha}$，记矩阵 $\boldsymbol{P}=(\boldsymbol{\alpha},\boldsymbol{A\alpha},\boldsymbol{A}^2\boldsymbol{\alpha})$.

(1) 求三阶矩阵 $\boldsymbol{B}$，使得 $\boldsymbol{A}=\boldsymbol{PBP}^{-1}$；

(2) 计算行列式 $|\boldsymbol{A}+\boldsymbol{E}|$.

解 设 $\boldsymbol{B}=\begin{pmatrix}a_1&a_2&a_3\\b_1&b_2&b_3\\c_1&c_2&c_3\end{pmatrix}$，则有

$$\boldsymbol{AP}=\boldsymbol{A}(\boldsymbol{\alpha},\boldsymbol{A\alpha},\boldsymbol{A}^2\boldsymbol{\alpha})=(\boldsymbol{A\alpha},\boldsymbol{A}^2\boldsymbol{\alpha},\boldsymbol{A}^3\boldsymbol{\alpha}),$$

$$\boldsymbol{PB}=(\boldsymbol{\alpha},\boldsymbol{A\alpha},\boldsymbol{A}^2\boldsymbol{\alpha})\begin{pmatrix}a_1&a_2&a_3\\b_1&b_2&b_3\\c_1&c_2&c_3\end{pmatrix}$$

$$=(a_1\boldsymbol{\alpha}+b_1\boldsymbol{A\alpha}+c_1\boldsymbol{A}^2\boldsymbol{\alpha},a_2\boldsymbol{\alpha}+b_2\boldsymbol{A\alpha}+c_2\boldsymbol{A}^2\boldsymbol{\alpha},a_3\boldsymbol{\alpha}+b_3\boldsymbol{A\alpha}+c_3\boldsymbol{A}^2\boldsymbol{\alpha}),$$

由 $\boldsymbol{A}=\boldsymbol{PBP}^{-1}$，可得 $\boldsymbol{AP}=\boldsymbol{PB}$，即有

$$\boldsymbol{A\alpha}=a_1\boldsymbol{\alpha}+b_1\boldsymbol{A\alpha}+c_1\boldsymbol{A}^2\boldsymbol{\alpha},$$
$$\boldsymbol{A}^2\boldsymbol{\alpha}=a_2\boldsymbol{\alpha}+b_2\boldsymbol{A\alpha}+c_2\boldsymbol{A}^2\boldsymbol{\alpha},$$
$$\boldsymbol{A}^3\boldsymbol{\alpha}=a_3\boldsymbol{\alpha}+b_3\boldsymbol{A\alpha}+c_3\boldsymbol{A}^2\boldsymbol{\alpha},$$

将 $\boldsymbol{A}^3\boldsymbol{\alpha}=3\boldsymbol{A\alpha}-2\boldsymbol{A}^2\boldsymbol{\alpha}$ 代入 $\boldsymbol{A}^3\boldsymbol{\alpha}=a_3\boldsymbol{\alpha}+b_3\boldsymbol{A\alpha}+c_3\boldsymbol{A}^2\boldsymbol{\alpha}$ 得到

$$3\boldsymbol{A\alpha}-2\boldsymbol{A}^2\boldsymbol{\alpha}=a_3\boldsymbol{\alpha}+b_3\boldsymbol{A\alpha}+c_3\boldsymbol{A}^2\boldsymbol{\alpha},$$

由于向量组 $\boldsymbol{\alpha},\boldsymbol{A\alpha},\boldsymbol{A}^2\boldsymbol{\alpha}$ 线性无关，故可得到

$$a_1=0,b_1=1,c_1=0,$$
$$a_2=0,b_2=0,c_2=1,$$
$$a_3=0,b_3=3,c_3=-2,$$

所以得到

$$\boldsymbol{B}=\begin{pmatrix}0&0&0\\1&0&3\\0&1&-2\end{pmatrix}.$$

(2) 由 $\boldsymbol{A}=\boldsymbol{PBP}^{-1}$，根据定义，可知矩阵 $\boldsymbol{A}$ 与 $\boldsymbol{B}$ 相似，故矩阵 $\boldsymbol{A}+\boldsymbol{E}$ 与 $\boldsymbol{B}+\boldsymbol{E}$ 也相似，所以

$$|\boldsymbol{A}+\boldsymbol{E}|=|\boldsymbol{B}+\boldsymbol{E}|=\begin{vmatrix}1&0&0\\1&1&3\\0&1&-1\end{vmatrix}=-4.$$

例 4.23 设矩阵 $\boldsymbol{A}$ 为三阶方阵，$\boldsymbol{\alpha}_1,\boldsymbol{\alpha}_2$ 为矩阵 $\boldsymbol{A}$ 的分别属于特征值 $-1,1$ 的特征向量，向量 $\boldsymbol{\alpha}_3$ 满足 $\boldsymbol{A\alpha}_3=\boldsymbol{\alpha}_2+\boldsymbol{\alpha}_3$.

(1) 证明向量组 $\boldsymbol{\alpha}_1,\boldsymbol{\alpha}_2,\boldsymbol{\alpha}_3$ 线性无关.

(2) 令 $\boldsymbol{P}=(\boldsymbol{\alpha}_1,\boldsymbol{\alpha}_2,\boldsymbol{\alpha}_3)$，求 $\boldsymbol{P}^{-1}\boldsymbol{AP}$.

解 (1) 假设向量组 $\boldsymbol{\alpha}_1,\boldsymbol{\alpha}_2,\boldsymbol{\alpha}_3$ 线性相关. 由于 $\boldsymbol{\alpha}_1,\boldsymbol{\alpha}_2$ 为矩阵 $\boldsymbol{A}$ 的分别属于特征值 -1，1 的特征向量，所以向量 $\boldsymbol{\alpha}_1,\boldsymbol{\alpha}_2$ 线性无关. 而向量组 $\boldsymbol{\alpha}_1,\boldsymbol{\alpha}_2,\boldsymbol{\alpha}_3$ 线性相关，因此向量 $\boldsymbol{\alpha}_3$ 可由向量 $\boldsymbol{\alpha}_1,\boldsymbol{\alpha}_2$ 线性表示，不妨设 $\boldsymbol{\alpha}_3=l_1\boldsymbol{\alpha}_1+l_2\boldsymbol{\alpha}_2$，其中 l_1,l_2 不全为零(若 l_1,l_2 同时为零，则 $\boldsymbol{\alpha}_3=\boldsymbol{0}$，由 $\boldsymbol{A\alpha}_3=\boldsymbol{\alpha}_2+\boldsymbol{\alpha}_3$ 得 $\boldsymbol{\alpha}_2=\boldsymbol{0}$)，则

$$\boldsymbol{A\alpha}_3=\boldsymbol{\alpha}_2+\boldsymbol{\alpha}_3=\boldsymbol{\alpha}_2+l_1\boldsymbol{\alpha}_1+l_2\boldsymbol{\alpha}_2,$$

而 $\boldsymbol{A\alpha}_1=-\boldsymbol{\alpha}_1,\boldsymbol{A\alpha}_2=\boldsymbol{\alpha}_2$，所以 $\boldsymbol{A\alpha}_3=\boldsymbol{A}(l_1\boldsymbol{\alpha}_1+l_2\boldsymbol{\alpha}_2)=-l_1\boldsymbol{\alpha}_1+l_2\boldsymbol{\alpha}_2$，
由上式可得：$\boldsymbol{\alpha}_2+l_1\boldsymbol{\alpha}_1+l_2\boldsymbol{\alpha}_2=-l_1\boldsymbol{\alpha}_1+l_2\boldsymbol{\alpha}_2$，
即

$$2l_1\boldsymbol{\alpha}_1+\boldsymbol{\alpha}_2=\boldsymbol{0},$$

则向量 $\boldsymbol{\alpha}_1,\boldsymbol{\alpha}_2$ 线性相关，与已得向量 $\boldsymbol{\alpha}_1,\boldsymbol{\alpha}_2$ 线性无关矛盾. 故向量组 $\boldsymbol{\alpha}_1,\boldsymbol{\alpha}_2,\boldsymbol{\alpha}_3$ 线性无关.

(2) 令 $\boldsymbol{P}=(\boldsymbol{\alpha}_1,\boldsymbol{\alpha}_2,\boldsymbol{\alpha}_3)$，则矩阵 $\boldsymbol{P}$ 可逆，且

$$\begin{aligned}\boldsymbol{AP}&=\boldsymbol{A}(\boldsymbol{\alpha}_1,\boldsymbol{\alpha}_2,\boldsymbol{\alpha}_3)\\&=(\boldsymbol{A\alpha}_1,\boldsymbol{A\alpha}_2,\boldsymbol{A\alpha}_3)\\&=(-\boldsymbol{\alpha}_1,\boldsymbol{\alpha}_2,\boldsymbol{\alpha}_2+\boldsymbol{\alpha}_3)\\&=(\boldsymbol{\alpha}_1,\boldsymbol{\alpha}_2,\boldsymbol{\alpha}_3)\begin{pmatrix}-1&0&0\\0&1&1\\0&0&1\end{pmatrix}\\&=\boldsymbol{P}\begin{pmatrix}-1&0&0\\0&1&1\\0&0&1\end{pmatrix},\end{aligned}$$

所以

$$\boldsymbol{P}^{-1}\boldsymbol{AP}=\begin{pmatrix}-1&0&0\\0&1&1\\0&0&1\end{pmatrix}.$$

例 4.24 设矩阵 $\boldsymbol{A}$ 与 $\boldsymbol{B}$ 为同阶方阵.

(1) 如果矩阵 $\boldsymbol{A}$ 与 $\boldsymbol{B}$ 相似，试证矩阵 $\boldsymbol{A}$ 与 $\boldsymbol{B}$ 的特征多项式相等；

(2) 举一个二阶方阵的例子说明(1)的逆命题不成立；

(3) 当矩阵 $\boldsymbol{A}$ 与 $\boldsymbol{B}$ 均为实对称矩阵时，试证(1)的逆命题成立.

解 (1) 若矩阵 $\boldsymbol{A}$ 与 $\boldsymbol{B}$ 相似，则存在可逆矩阵 $\boldsymbol{P}$，使得 $\boldsymbol{P}^{-1}\boldsymbol{AP}=\boldsymbol{B}$，故

$$f_{\boldsymbol{B}}(\lambda)=|\boldsymbol{B}-\lambda\boldsymbol{E}|=|\boldsymbol{P}^{-1}\boldsymbol{AP}-\lambda\boldsymbol{P}^{-1}\boldsymbol{P}|=|\boldsymbol{P}^{-1}|\,|\boldsymbol{A}-\lambda\boldsymbol{E}|\,|\boldsymbol{P}|=|\boldsymbol{A}-\lambda\boldsymbol{E}|=f_{\boldsymbol{A}}(\lambda),$$

所以矩阵 $\boldsymbol{A}$ 与 $\boldsymbol{B}$ 的特征多项式相等.

(2) 令矩阵 $\boldsymbol{A}=\begin{pmatrix}1&0\\0&1\end{pmatrix}$，$\boldsymbol{B}=\begin{pmatrix}1&1\\0&1\end{pmatrix}$，

则

$$f_{\boldsymbol{A}}(\lambda)=|\boldsymbol{A}-\lambda\boldsymbol{E}|=(1-\lambda)^2,$$

$$f_{\boldsymbol{B}}(\lambda)=|\boldsymbol{B}-\lambda\boldsymbol{E}|=(1-\lambda)^2.$$

矩阵 $\boldsymbol{A}$ 与 $\boldsymbol{B}$ 的特征多项式相等，但矩阵 $\boldsymbol{A}$ 与 $\boldsymbol{B}$ 不相似. 否则，存在可逆矩阵 $\boldsymbol{P}$，使得

$$\boldsymbol{B}=\boldsymbol{P}^{-1}\boldsymbol{A}\boldsymbol{P}=\boldsymbol{P}^{-1}\boldsymbol{P}=\boldsymbol{E},$$

与已知矛盾.

(3) 由于矩阵 $\boldsymbol{A}$ 和 $\boldsymbol{B}$ 均为实对称矩阵知，则矩阵 $\boldsymbol{A}$ 和 $\boldsymbol{B}$ 均相似于对角阵，若矩阵 $\boldsymbol{A}$ 和 $\boldsymbol{B}$ 的特征多项式相等，记特征方程的根为 $\lambda_1,\lambda_2,\cdots,\lambda_n$，则有一定存在可逆矩阵 $\boldsymbol{P},\boldsymbol{Q}$ 使得

$$\boldsymbol{P}^{-1}\boldsymbol{A}\boldsymbol{P}=\boldsymbol{\Lambda}=\begin{pmatrix}\lambda_1&&&\\&\lambda_2&&\\&&\ddots&\\&&&\lambda_n\end{pmatrix},$$

$$\boldsymbol{Q}^{-1}\boldsymbol{B}\boldsymbol{Q}=\boldsymbol{\Lambda}=\begin{pmatrix}\lambda_1&&&\\&\lambda_2&&\\&&\ddots&\\&&&\lambda_n\end{pmatrix},$$

$$\boldsymbol{P}^{-1}\boldsymbol{A}\boldsymbol{P}=\boldsymbol{Q}^{-1}\boldsymbol{B}\boldsymbol{Q},$$

$$\boldsymbol{Q}\boldsymbol{P}^{-1}\boldsymbol{A}\boldsymbol{P}\boldsymbol{Q}^{-1}=\boldsymbol{B},$$

即得

$$(\boldsymbol{P}\boldsymbol{Q}^{-1})^{-1}\boldsymbol{A}(\boldsymbol{P}\boldsymbol{Q}^{-1})=\boldsymbol{B},$$

故矩阵 $\boldsymbol{A}$ 与 $\boldsymbol{B}$ 为相似矩阵.

例 4.25 矩阵 $\boldsymbol{A}$ 为三阶实对称矩阵，矩阵 $\boldsymbol{A}$ 的秩 $r(\boldsymbol{A})=2$，且 $\boldsymbol{A}\begin{pmatrix}1&1\\0&0\\-1&1\end{pmatrix}=\begin{pmatrix}-1&1\\0&0\\1&1\end{pmatrix}$.

(1) 求矩阵 $\boldsymbol{A}$ 的特征值和特征向量；

(2) 求矩阵 $\boldsymbol{A}$.

解 (1) 令 $\boldsymbol{\alpha}_1=\begin{pmatrix}1\\0\\-1\end{pmatrix}$，$\boldsymbol{\alpha}_2=\begin{pmatrix}1\\0\\1\end{pmatrix}$，由 $\boldsymbol{A}\begin{pmatrix}1&1\\0&0\\-1&1\end{pmatrix}=\begin{pmatrix}-1&1\\0&0\\1&1\end{pmatrix}$ 可得

$$\boldsymbol{A}\boldsymbol{\alpha}_1=-\boldsymbol{\alpha}_1,\boldsymbol{A}\boldsymbol{\alpha}_2=\boldsymbol{\alpha}_2.$$

即知矩阵 $\boldsymbol{A}$ 有特征值 $\lambda_1=-1,\lambda_2=1$，所以特征值 $\lambda_1=-1$ 对应的特征向量为 $k_1\boldsymbol{\alpha}_1=$

$k_1\begin{pmatrix}1\\0\\-1\end{pmatrix}(k_1\neq 0)$，特征值 $\lambda_2=1$ 对应的特征向量为 $k_2\boldsymbol{\alpha}_2=k_2\begin{pmatrix}1\\0\\1\end{pmatrix}(k_2\neq 0)$.

又因为矩阵 $\boldsymbol{A}$ 的秩 $r(\boldsymbol{A})=2$，故矩阵 $\boldsymbol{A}$ 的行列式 $|\boldsymbol{A}|=0$，所以矩阵 $\boldsymbol{A}$ 一定有一个特征值 $\lambda_3=0$.

设 $\boldsymbol{\alpha}_3=\begin{pmatrix}x_1\\x_2\\x_3\end{pmatrix}$ 是矩阵 $\boldsymbol{A}$ 的特征值 $\lambda_3=0$ 对应的特征向量，则 $\boldsymbol{\alpha}_3=\begin{pmatrix}x_1\\x_2\\x_3\end{pmatrix}$ 必与 $\boldsymbol{\alpha}_1=\begin{pmatrix}1\\0\\-1\end{pmatrix}$，$\boldsymbol{\alpha}_2=\begin{pmatrix}1\\0\\1\end{pmatrix}$ 正交，即满足线性方程组

$$\begin{cases}x_1-x_3=0\\x_1+x_3=0\end{cases}.$$

于是得到特征值 $\lambda_3=0$ 对应的特征向量为 $k_3\boldsymbol{\alpha}_3=k_3\begin{pmatrix}0\\1\\0\end{pmatrix}(k_3\neq 0)$.

(2) 令矩阵 $\boldsymbol{P}=(\boldsymbol{\alpha}_1,\boldsymbol{\alpha}_2,\boldsymbol{\alpha}_3)=\begin{pmatrix}1&1&0\\0&0&1\\-1&1&0\end{pmatrix}$，则 $\boldsymbol{P}^{-1}\boldsymbol{AP}=\boldsymbol{\Lambda}=\begin{pmatrix}1&&\\&-1&\\&&0\end{pmatrix}$，

于是

$$\boldsymbol{A}=\boldsymbol{P\Lambda P}^{-1}=\begin{pmatrix}1&1&0\\0&0&1\\-1&1&0\end{pmatrix}\begin{pmatrix}1&&\\&-1&\\&&0\end{pmatrix}\begin{pmatrix}\frac{1}{2}&0&-\frac{1}{2}\\\frac{1}{2}&0&\frac{1}{2}\\0&1&0\end{pmatrix}=\begin{pmatrix}0&0&1\\0&0&0\\1&0&0\end{pmatrix}.$$

例 4.26 设三阶对称矩阵 $\boldsymbol{A}$ 的特征值 $\lambda_1=1,\lambda_2=2,\lambda_3=-2$，$\boldsymbol{\alpha}_1=\begin{pmatrix}1\\-1\\1\end{pmatrix}$ 是矩阵 $\boldsymbol{A}$ 的属于 λ_1 的一个特征向量，矩阵 $\boldsymbol{B}=\boldsymbol{A}^5-4\boldsymbol{A}^3+\boldsymbol{E}$.

(1) 验证 $\boldsymbol{\alpha}_1$ 是矩阵 $\boldsymbol{B}$ 的特征向量，并求矩阵 $\boldsymbol{B}$ 的全部特征值与特征向量.

(2) 求矩阵 $\boldsymbol{B}$.

解 由 $\boldsymbol{A\alpha}_1=\boldsymbol{\alpha}_1$ 得

$$\boldsymbol{A}^2\boldsymbol{\alpha}_1=\boldsymbol{A}(\boldsymbol{A\alpha}_1)=\boldsymbol{A\alpha}_1=\boldsymbol{\alpha}_1,$$

进一步得到

$$\boldsymbol{A}^3\boldsymbol{\alpha}_1=\boldsymbol{\alpha}_1,\boldsymbol{A}^5\boldsymbol{\alpha}_1=\boldsymbol{\alpha}_1,$$

故

$$B\alpha_1=(A^5-4A^3+E)\alpha_1=A^5\alpha_1-4A^3\alpha_1+E\alpha_1=\alpha_1-4\alpha_1+\alpha_1=-2\alpha_1,$$

从而 α_1 是矩阵 B 的属于特征值-2 的特征向量.

因为矩阵 $B=A^5-4A^3+E$,而矩阵 A 的 3 个特征值 $\lambda_1=1,\lambda_2=2,\lambda_3=-2$,所以,可得矩阵 B 的 3 个特征值为 $\mu_1=-2,\mu_2=1,\mu_3=1$.

设 α_2,α_3 为矩阵 B 的属于 $\mu_2=\mu_3=1$ 的两个线性无关的特征向量,又因为矩阵 A 为对称矩阵,所以矩阵 B 也是对称矩阵,因此 α_1 与 α_2,α_3 正交,即

$$\alpha_1^{\mathrm{T}}\alpha_2=0,\alpha_1^{\mathrm{T}}\alpha_3=0.$$

所以 α_2,α_3 可取为线性方程组 $x_1-x_2+x_3=0$ 两个线性无关的解向量,故有

$$\alpha_2=\begin{pmatrix}1\\1\\0\end{pmatrix},\alpha_3=\begin{pmatrix}-1\\0\\1\end{pmatrix}.$$

矩阵 B 的特征值为 $\mu_1=-2$ 的全部特征向量为 $k_1\alpha_1(k_1\neq0)$;矩阵 B 的特征值为 $\mu_2=\mu_3=1$ 的全部特征向量为 $k_2\alpha_2+k_3\alpha_3$(k_2,k_3 是不同时为零的任意常数).

将 α_2,α_3 正交化得,

$$\beta_2=\alpha_2=\begin{pmatrix}1\\1\\0\end{pmatrix},$$

$$\beta_3=\alpha_3-\frac{\langle\alpha_3,\beta_2\rangle}{\langle\beta_2,\beta_2\rangle}\beta_2=\frac{1}{2}\begin{pmatrix}-1\\1\\2\end{pmatrix},$$

将 α_1,β_2,β_3 单位化得 $\gamma_1=\frac{1}{\sqrt{3}}\begin{pmatrix}1\\-1\\1\end{pmatrix},\gamma_2=\frac{1}{\sqrt{2}}\begin{pmatrix}1\\1\\0\end{pmatrix},\gamma_3=\frac{1}{\sqrt{6}}\begin{pmatrix}-1\\1\\2\end{pmatrix}$.

$$\text{令 }P=(\gamma_1,\gamma_2,\gamma_3)=\begin{pmatrix}\frac{1}{\sqrt{3}}&\frac{1}{\sqrt{2}}&-\frac{1}{\sqrt{6}}\\-\frac{1}{\sqrt{3}}&\frac{1}{\sqrt{2}}&\frac{1}{\sqrt{6}}\\\frac{1}{\sqrt{3}}&0&\frac{2}{\sqrt{6}}\end{pmatrix},$$

则

$$P^{-1}BP=P^{\mathrm{T}}BP=\Lambda=\begin{pmatrix}-2&&\\&1&\\&&1\end{pmatrix},$$

故

$$B=P\Lambda P^{-1}=P\Lambda P^{\mathrm{T}}$$

$$
=\begin{pmatrix}\frac{1}{\sqrt{3}} & \frac{1}{\sqrt{2}} & -\frac{1}{\sqrt{6}}\\ -\frac{1}{\sqrt{3}} & \frac{1}{\sqrt{2}} & \frac{1}{\sqrt{6}}\\ \frac{1}{\sqrt{3}} & 0 & \frac{2}{\sqrt{6}}\end{pmatrix}\begin{pmatrix}-2 & & \\ & 1 & \\ & & 1\end{pmatrix}\begin{pmatrix}\frac{1}{\sqrt{3}} & -\frac{1}{\sqrt{3}} & \frac{1}{\sqrt{3}}\\ \frac{1}{\sqrt{2}} & \frac{1}{\sqrt{2}} & 0\\ -\frac{1}{\sqrt{6}} & \frac{1}{\sqrt{6}} & \frac{2}{\sqrt{6}}\end{pmatrix}
$$

$$
=\begin{pmatrix}0 & 1 & -1\\ 1 & 0 & 1\\ -1 & 1 & 0\end{pmatrix}.
$$

例 4.27 设矩阵 $\boldsymbol{A}=\begin{pmatrix}1 & 1 & a\\ 1 & a & 1\\ a & 1 & 1\end{pmatrix}$，$\boldsymbol{\beta}=\begin{pmatrix}1\\ 1\\ -2\end{pmatrix}$，已知线性方程组 $\boldsymbol{Ax}=\boldsymbol{\beta}$ 有解但不唯一.

(1) 求 a 的值；

(2) 求正交矩阵 $\boldsymbol{Q}$，使 $\boldsymbol{Q}^{\mathrm{T}}\boldsymbol{AQ}$ 为对角矩阵.

解 对线性方程组 $\boldsymbol{Ax}=\boldsymbol{\beta}$ 的增广矩阵施行初等行变换：

$$
(\boldsymbol{A},\boldsymbol{\beta})=\begin{pmatrix}1 & 1 & a & 1\\ 1 & a & 1 & 1\\ a & 1 & 1 & -2\end{pmatrix}\xrightarrow{r}\begin{pmatrix}1 & 1 & a & 1\\ 0 & a-1 & 1-a & 0\\ 0 & 0 & (a-1)(a+2) & a+2\end{pmatrix},
$$

因线性方程组 $\boldsymbol{Ax}=\boldsymbol{\beta}$ 有解但不唯一，故 $r(\boldsymbol{A},\boldsymbol{\beta})=r(\boldsymbol{A})<3$，所以 $a=-2$.

当 $a=-2$ 时，矩阵 $\boldsymbol{A}=\begin{pmatrix}1 & 1 & -2\\ 1 & -2 & 1\\ -2 & 1 & 1\end{pmatrix}$，故矩阵 $\boldsymbol{A}$ 的特征方程为

$$
|\boldsymbol{A}-\lambda\boldsymbol{E}|=\begin{vmatrix}1-\lambda & 1 & -2\\ 1 & -2-\lambda & 1\\ -2 & 1 & 1-\lambda\end{vmatrix}=\lambda(3-\lambda)(3+\lambda)=0,
$$

解得矩阵 $\boldsymbol{A}$ 的特征值为 $\lambda_1=3,\lambda_2=-3,\lambda_3=0$.

解线性方程组 $(\boldsymbol{A}-\lambda_i\boldsymbol{E})\boldsymbol{x}=\boldsymbol{0}(i=1,2,3)$，可求得对应的特征向量

$$
\boldsymbol{p}_1=\begin{pmatrix}1\\ 0\\ -1\end{pmatrix},\boldsymbol{p}_2=\begin{pmatrix}1\\ -2\\ 1\end{pmatrix},\boldsymbol{p}_3=\begin{pmatrix}1\\ 1\\ 1\end{pmatrix},
$$

由于 $\boldsymbol{p}_1,\boldsymbol{p}_2,\boldsymbol{p}_3$ 是属于三个互异特征值的特征向量，故两两正交. 现只需要将 $\boldsymbol{p}_1,\boldsymbol{p}_2,\boldsymbol{p}_3$ 单位化，有 $\boldsymbol{q}_1=\frac{1}{\sqrt{2}}\begin{pmatrix}1\\ 0\\ -1\end{pmatrix}$，$\boldsymbol{q}_2=\frac{1}{\sqrt{6}}\begin{pmatrix}1\\ -2\\ 1\end{pmatrix}$，$\boldsymbol{q}_3=\frac{1}{\sqrt{3}}\begin{pmatrix}1\\ 1\\ 1\end{pmatrix}$，则正交矩阵

$$Q=(q_1,q_2,q_3)=\begin{pmatrix}\frac{1}{\sqrt{2}} & \frac{1}{\sqrt{6}} & \frac{1}{\sqrt{3}}\\ 0 & -\frac{2}{\sqrt{6}} & \frac{1}{\sqrt{3}}\\ -\frac{1}{\sqrt{2}} & \frac{1}{\sqrt{6}} & \frac{1}{\sqrt{3}}\end{pmatrix},$$

使得

$$Q^{\mathrm{T}}AQ=\begin{pmatrix}3 & & \\ & -3 & \\ & & 0\end{pmatrix}.$$

例 4.28 在某一个城市里有甲、乙两个体育俱乐部，甲俱乐部的会员中每年有 10%转去乙俱乐部，其余的仍在甲俱乐部；而乙俱乐部的会员中每年有 15%转去甲俱乐部，其余的仍在乙俱乐郎. 设某一年(第 1 年)甲俱乐部拥有会员 400 人，乙俱乐部拥有会员 500 人. 两俱乐部的总会员数(900 人)保持不变，问：第 2 年这两个俱乐部的会员数各为多少，第 n 年这两个俱乐部的会员数各为多少($n>2$)? 很多年以后这两个俱乐部的会员数最终趋势如何?

解 设第 n 年甲、乙两个俱乐部的会员数各为 x_n, y_n，则依题意有

$$x_{n+1}=0.90x_n+0.15y_n,$$
$$y_{n+1}=0.10x_n+0.85y_n.$$

写成矩阵形式，就是

$$\begin{pmatrix}x_{n+1}\\ y_{n+1}\end{pmatrix}=\begin{pmatrix}0.90 & 0.15\\ 0.10 & 0.85\end{pmatrix}\begin{pmatrix}x_n\\ y_n\end{pmatrix}.$$

记 $\boldsymbol{\xi}_n=\begin{pmatrix}x_n\\ y_n\end{pmatrix}, \boldsymbol{\xi}_{n+1}=\begin{pmatrix}x_{n+1}\\ y_{n+1}\end{pmatrix}, \boldsymbol{A}=\begin{pmatrix}0.90 & 0.15\\ 0.10 & 0.85\end{pmatrix}$，即有

$$\boldsymbol{\xi}_{n+1}=\boldsymbol{A}\boldsymbol{\xi}_n.$$

已知 $x_1=400, y_1=500$，则第 2 年甲俱乐部的会员人数为

$$x_2=0.90x_1+0.15y_1=435,$$

第 2 年乙俱乐部的会员人数为

$$y_2=0.10x_1+0.85y_1=465.$$

用矩阵表示第 2 年甲、乙两个体育俱乐部的会员人数为

$$\begin{pmatrix}x_2\\ y_2\end{pmatrix}=\begin{pmatrix}0.90 & 0.15\\ 0.10 & 0.85\end{pmatrix}\begin{pmatrix}x_1\\ y_1\end{pmatrix}=\begin{pmatrix}0.90 & 0.15\\ 0.10 & 0.85\end{pmatrix}\begin{pmatrix}400\\ 500\end{pmatrix}=\begin{pmatrix}435\\ 465\end{pmatrix}.$$

同样我们可以用矩阵表示第 n 年甲、乙两个体育俱乐部的会员人数为

$$\boldsymbol{\xi}_n=\boldsymbol{A}\boldsymbol{\xi}_{n-1}=\boldsymbol{A}(\boldsymbol{A}\boldsymbol{\xi}_{n-2})=\boldsymbol{A}^2\boldsymbol{\xi}_{n-2}=\cdots=\boldsymbol{A}^{n-1}\boldsymbol{\xi}_1.$$

现计算 $\boldsymbol{A}^{n-1}$，由 $|\boldsymbol{A}-\lambda\boldsymbol{E}|=\begin{vmatrix}0.90-\lambda & 0.15\\ 0.10 & 0.85-\lambda\end{vmatrix}=(1-\lambda)(0.75-\lambda)=0$，得到矩阵 $\boldsymbol{A}$ 的特征值为 $\lambda_1=1,\lambda_2=0.75$.

对 $\lambda_1=1$ 时，求得特征向量 $\boldsymbol{p}_1=\begin{pmatrix}3\\2\end{pmatrix}$，对 $\lambda_2=0.75$ 时，求得特征向量 $\boldsymbol{p}_2=\begin{pmatrix}1\\-1\end{pmatrix}$.

令 $\boldsymbol{P}=(\boldsymbol{p}_1,\boldsymbol{p}_2)=\begin{pmatrix}3 & 1\\ 2 & -1\end{pmatrix}$，$\boldsymbol{\Lambda}=\begin{bmatrix}\lambda_1 & \\ & \lambda_2\end{bmatrix}=\begin{pmatrix}1 & \\ & 0.75\end{pmatrix}$，则有 $\boldsymbol{P}^{-1}\boldsymbol{A}\boldsymbol{P}=\boldsymbol{\Lambda}$，所以

$$\boldsymbol{A}=\boldsymbol{P}\boldsymbol{\Lambda}\boldsymbol{P}^{-1}.$$

因此，

$$\begin{aligned}\boldsymbol{A}^{n-1}&=\boldsymbol{P}\boldsymbol{\Lambda}^{n-1}\boldsymbol{P}^{-1}\\&=\begin{pmatrix}3 & 1\\ 2 & -1\end{pmatrix}\begin{pmatrix}1 & \\ & 0.75\end{pmatrix}^{n-1}\begin{pmatrix}3 & 1\\ 2 & -1\end{pmatrix}^{-1}\\&=\frac{1}{5}\begin{pmatrix}3 & 1\\ 2 & -1\end{pmatrix}\begin{pmatrix}1 & \\ & 0.75^{n-1}\end{pmatrix}\begin{pmatrix}1 & 1\\ 2 & -3\end{pmatrix}\\&=\frac{1}{5}\begin{bmatrix}3+2\times0.75^{n-1} & 3-3\times0.75^{n-1}\\ 2-2\times0.75^{n-1} & 2+3\times0.75^{n-1}\end{bmatrix}.\end{aligned}$$

因此，第 n 年甲、乙两个体育俱乐部的会员人数为

$$\begin{aligned}\begin{bmatrix}x_n\\ y_n\end{bmatrix}&=\frac{1}{5}\begin{bmatrix}3+2\times0.75^{n-1} & 3-3\times0.75^{n-1}\\ 2-2\times0.75^{n-1} & 2+3\times0.75^{n-1}\end{bmatrix}\begin{bmatrix}x_1\\ y_1\end{bmatrix}\\&=\frac{1}{5}\begin{bmatrix}3+2\times0.75^{n-1} & 3-3\times0.75^{n-1}\\ 2-2\times0.75^{n-1} & 2+3\times0.75^{n-1}\end{bmatrix}\begin{pmatrix}400\\ 500\end{pmatrix}\\&=\frac{1}{5}\begin{bmatrix}2\,700-700\times0.75^{n-1}\\ 1\,800+700\times0.75^{n-1}\end{bmatrix}.\end{aligned}$$

最后，求很多年以后这两个俱乐部的会员数最终趋势，可以令 $n\to+\infty$，得

$$\begin{bmatrix}x_n\\ y_n\end{bmatrix}=\frac{1}{5}\begin{bmatrix}2\,700-700\times0.75^{n-1}\\ 1\,800+700\times0.75^{n-1}\end{bmatrix}\to\frac{1}{5}\begin{pmatrix}2\,700\\ 1\,800\end{pmatrix}=\begin{pmatrix}540\\ 360\end{pmatrix}(n\to+\infty).$$

即两个俱乐部的会员数最终趋势为：甲俱乐部的会员人数约为 540 人，乙俱乐部的会员人数约为 360.

习题四

一、填空题

1. 已知矩阵 $\boldsymbol{A}=\begin{bmatrix}3 & 2 & -1\\ a & -2 & 2\\ 3 & b & -1\end{bmatrix}$，如果矩阵 $\boldsymbol{A}$ 的特征值 λ 对应的一个特征向量 $\boldsymbol{\alpha}=$

$\begin{pmatrix}1\\-2\\3\end{pmatrix}$,则 $a=$________,$b=$________,$\lambda=$________.

2. 设 n 阶矩阵 $\boldsymbol{A}$ 满足 $\boldsymbol{A}^2=\boldsymbol{A}$,则矩阵 $\boldsymbol{A}$ 的特征值为________.

3. 如果 n 阶矩阵 $\boldsymbol{A}$ 的任意一行的 n 个元素之和都是 a,则矩阵 $\boldsymbol{A}$ 一定有个特征值为________.

4. 已知三阶矩阵 $\boldsymbol{A}$ 的三个特征值为 $1,-2,3$,则 $|\boldsymbol{A}|=$________,$\boldsymbol{A}^{-1}$ 的特征值为________,$\boldsymbol{A}^{\mathrm{T}}$ 的特征值为________,$\boldsymbol{A}^*$ 的特征值为________,$\boldsymbol{A}^2+2\boldsymbol{A}+\boldsymbol{E}$ 的特征值为________.

5. 设三阶矩阵 $\boldsymbol{A}$ 满足 $|\boldsymbol{A}-\boldsymbol{E}|=|\boldsymbol{A}+2\boldsymbol{E}|=|2\boldsymbol{A}+3\boldsymbol{E}|=0$,则 $|2\boldsymbol{A}^*-3\boldsymbol{E}|=$________.

6. 设 n 阶矩阵 $\boldsymbol{A}$ 有 n 个属于特征值 λ 的线性无关的特征向量,则矩阵 $\boldsymbol{A}=$________.

7. 设矩阵 $\boldsymbol{A}=\begin{pmatrix}1&-1&1\\2&4&a\\-3&-3&5\end{pmatrix}$ 的特征值 $\lambda_1=6,\lambda_2=\lambda_3=2$,如果矩阵 $\boldsymbol{A}$ 有三个线性无关的特征向量,则 $a=$________.

8. 已知矩阵 $\boldsymbol{A}=\begin{pmatrix}7&12\\y&x\end{pmatrix}$ 与 $\boldsymbol{B}=\begin{pmatrix}1&2\\3&4\end{pmatrix}$ 相似,则 $x=$________,$y=$________.

9. 设 $\boldsymbol{\alpha}_1=\begin{pmatrix}1\\-1\\1\end{pmatrix}$,$\boldsymbol{\alpha}_1=\begin{pmatrix}3\\a\\1\end{pmatrix}$ 分别是属于实对称矩阵 $\boldsymbol{A}$ 的两个不同特征值 λ_1,λ_2 的特征向量,则 $a=$________.

10. 设 $\boldsymbol{A}$ 为二阶矩阵,$\boldsymbol{\alpha}_1,\boldsymbol{\alpha}_2$ 为线性无关的 2 维列向量,$\boldsymbol{A}\boldsymbol{\alpha}_1=\boldsymbol{0}$,$\boldsymbol{A}\boldsymbol{\alpha}_2=2\boldsymbol{\alpha}_1+\boldsymbol{\alpha}_2$,则矩阵 $\boldsymbol{A}$ 的非零特征值为________.

二、计算题

1. 求下列矩阵的特征值和特征向量:

(1) $\begin{pmatrix}1&0&2\\0&1&2\\3&-a-2&2a\end{pmatrix}$;　(2) $\begin{pmatrix}a&a&\cdots&a\\a&a&\cdots&a\\\vdots&\vdots&&\vdots\\a&a&\cdots&a\end{pmatrix}$,其中 $a\neq0$.

2. 设四阶矩阵 $\boldsymbol{A}$ 满足 $|\boldsymbol{A}+3\boldsymbol{E}|=0$,$\boldsymbol{A}\boldsymbol{A}^{\mathrm{T}}=2\boldsymbol{E}$,$|\boldsymbol{A}|<0$,求矩阵 $\boldsymbol{A}$ 的伴随矩阵 $\boldsymbol{A}^*$ 的一个特征值.

3. 设 $\boldsymbol{A}$ 为三阶矩阵,且满足条件 $\boldsymbol{A}^2+2\boldsymbol{A}=\boldsymbol{O}$,已知矩阵 $\boldsymbol{A}$ 的秩 $r(\boldsymbol{A})=2$,求矩阵 $\boldsymbol{A}$ 的全部特征值.

4. 已知矩阵 $\boldsymbol{A}=\begin{pmatrix}3&-1&0&0\\-1&x&0&0\\0&0&0&1\\0&0&1&0\end{pmatrix}$ 有一个特征值为 2.

(1) 求 x;

(2) 写出与之相似的对角矩阵.

5. 设矩阵 $A=\begin{pmatrix}0&0&1\\x&1&y\\1&0&0\end{pmatrix}$ 有三个线性无关的特征向量，求 x 和 y 应满足的条件.

6. 判断下列矩阵是否与对角矩阵相似？相似时，求可逆矩阵 P，使 $P^{-1}AP=\Lambda$ 为对角矩阵.

(1) $\begin{pmatrix}-2&1&1\\0&2&0\\-4&1&3\end{pmatrix}$；　(2) $\begin{pmatrix}1&1&0\\0&2&1\\0&0&1\end{pmatrix}$；　(3) $\begin{pmatrix}0&0&1\\0&2&0\\3&0&0\end{pmatrix}$.

7. 设 A 为三阶实对称矩阵，$r(A)=2$，且 $A\begin{pmatrix}1&1\\0&0\\-1&1\end{pmatrix}=\begin{pmatrix}-1&1\\0&0\\1&1\end{pmatrix}$.

(1) 求矩阵 A 的特征值与特征向量；

(2) 求矩阵 A.

8. 设三阶矩阵 A 的特征值为 $\lambda_1=1,\lambda_2=2,\lambda_3=3$，对应的特征向量依次为

$$p_1=\begin{pmatrix}1\\1\\1\end{pmatrix},p_2=\begin{pmatrix}1\\2\\4\end{pmatrix},p_3=\begin{pmatrix}1\\3\\9\end{pmatrix},$$

又向量 $\beta=\begin{pmatrix}1\\1\\3\end{pmatrix}$.

(1) 将向量 β 用向量组 p_1,p_2,p_3 线性表示；

(2) 求 $A^n\beta$（n 为自然数）.

9. 设向量 $\alpha=\begin{pmatrix}a_1\\a_2\\\vdots\\a_n\end{pmatrix},\beta=\begin{pmatrix}b_1\\b_2\\\vdots\\b_n\end{pmatrix}$ 都是非零向量，且满足条件 $\alpha^T\beta=0$，记 n 阶矩阵 $A=\alpha\beta^T$.

(1) 求 A^2；

(2) 求矩阵 A 的特征值和特征向量.

10. 对下列实对称矩阵，求正交矩阵 Q，使 $Q^{-1}AQ$ 为对角矩阵：

(1) $\begin{pmatrix}0&0&1\\0&0&0\\1&0&0\end{pmatrix}$；　(2) $\begin{pmatrix}1&1&1\\1&1&1\\1&1&1\end{pmatrix}$.

三、解答题

1. 设 n 阶矩阵 A 满足 $A^2=O$，试证明矩阵 A 有唯一的特征值 0.

2. 设 λ_1,λ_2 是矩阵 A 的两个不同的特征值，对应的特征向量分别为 α_1,α_2，证明 $\alpha_1+\alpha_2$ 一定不是矩阵 A 的特征向量.

3. 设方阵 A 满足 $A^2-3A+2E=O$，证明矩阵 A 的特征值只能取值 1 或 2.

4. 已知 $A^2=O,A\neq O$，证明 A 不能相似对角化.

5. 设 n 阶矩阵 $\boldsymbol{A}=\begin{pmatrix}1&1&\cdots&1\\1&1&\cdots&1\\\vdots&\vdots&&\vdots\\1&1&\cdots&1\end{pmatrix}$ 与 $\boldsymbol{B}=\begin{pmatrix}0&0&\cdots&1\\0&0&\cdots&2\\\vdots&\vdots&&\vdots\\0&0&\cdots&n\end{pmatrix}$，证明矩阵 $\boldsymbol{A}$ 与 $\boldsymbol{B}$ 相似.

6. 已知矩阵 $\boldsymbol{A}$ 与 $\boldsymbol{C}$ 相似，矩阵 $\boldsymbol{B}$ 与 $\boldsymbol{D}$ 相似，证明分块矩阵 $\begin{pmatrix}\boldsymbol{A}&\boldsymbol{O}\\\boldsymbol{O}&\boldsymbol{B}\end{pmatrix}$ 与 $\begin{pmatrix}\boldsymbol{C}&\boldsymbol{O}\\\boldsymbol{O}&\boldsymbol{D}\end{pmatrix}$ 相似.

7. 设 n 阶矩阵 $\boldsymbol{A},\boldsymbol{B}$ 满足 $r(\boldsymbol{A})+r(\boldsymbol{B})<n$，证明矩阵 $\boldsymbol{A}$ 与 $\boldsymbol{B}$ 有公共的特征值和有公共的特征向量.

8. 已知 $\boldsymbol{\xi}=\begin{pmatrix}1\\1\\-1\end{pmatrix}$ 是矩阵 $\boldsymbol{A}=\begin{pmatrix}2&-1&2\\5&a&3\\-1&b&-2\end{pmatrix}$ 的一个特征向量.

(1) 试确定参数 a,b 及特征向量 $\boldsymbol{\xi}$ 所对应的特征值；

(2) 问矩阵 $\boldsymbol{A}$ 能否相似于对角矩阵？说明理由.

9. 在某城市上班的人群中有两种方式：公共交通和个人交通. 统计分析表明，当前采用公共交通者中将有 70% 在下年度继续采用公共交通，其余转去个人交通；而当前采用个人交通者 80% 在下年度将继续采用个人交通，其余转去公共交通. 记 $\boldsymbol{\alpha}_n=\begin{pmatrix}x_n\\y_n\end{pmatrix}$，其中 x_n,y_n 依次表示第 n 年采用公共交通的人数和采用个人交通的人数，且初始状态公共交通和个人交通人数相等.

(1) 试用矩阵来表示 $\boldsymbol{\alpha}_{n+1}$ 与 $\boldsymbol{\alpha}_n$ 的关系；

(2) 求 $\boldsymbol{\alpha}_n$ 与 $\boldsymbol{\alpha}_0$ 的关系；

(3) 研究多年后 $\boldsymbol{\alpha}_n$ 的变化趋势.

10. 在某栖息地的兔子和狐狸的生态系统中，它们的数量的相互依赖关系的模型如下：

$$\begin{aligned}R_t&=1.1R_{t-1}-0.15F_{t-1}\\F_t&=0.1R_{t-1}+0.85F_{t-1}\end{aligned}\quad(t=1,2,3,\cdots),$$

其中 R_t,F_t 分别表示第 t 年时兔子和狐狸的数量，而 R_0,F_0 分别表示基年（$t=0$）时兔子和狐狸的数量. 记 $\boldsymbol{x}(t)=\begin{pmatrix}R_t\\F_t\end{pmatrix}$，$t=0,1,2,3,\cdots$.

(1) 把此模型写成矩阵形式；

(2) 如果 $\boldsymbol{x}(0)=\begin{pmatrix}R_0\\F_0\end{pmatrix}=\begin{pmatrix}10\\8\end{pmatrix}$，试求 $\boldsymbol{x}(t)$；

(3) 当 $t\to\infty$ 时，可以得到什么结论？

第五章　二次型

二次型就是二次齐次多项式，这是一类重要的多元函数．二次型的研究起源于解析几何中化二次曲线与二次曲面的方程为标准型．它的理论在数学、物理、工程技术及经济管理中都有重要应用．

二次型与对称矩阵有紧密的联系．二次型可以通过对称矩阵表示，对二次型的某些性质的研究可转化为对相应对称矩阵的研究．本章的主要内容是：二次型及其矩阵表示；化二次型为标准型；正定二次型．

第一节　二次型及其矩阵表示

一、二次型的定义

在解析几何中的有心曲线和曲面，当中心和坐标原点重合时，其方程的左边一般为关于未知量的二次齐次多项式，这就是二次型．

例如，在直角坐标系下，平面上的二次曲线的一般方程是：

$$ax^2+2bxy+cy^2=d.$$

左边就是一个二元二次型．选择适当的坐标旋转变换

$$\begin{cases} x=x'\cos\theta-y'\sin\theta \\ y=x'\sin\theta+y'\cos\theta \end{cases},$$

总可以将新方程在新坐标系 $ox'y'$ 中表示成

$$a'x'^2+c'y'^2=d.$$

由此即可识别其图形是圆、椭圆还是双曲线，从而方便地讨论了原来曲线的图形和性质．

从代数的观点看，这一过程就是用适当的可逆的线性变换化简一个二次型，使它仅含平方项．本章就对一般的二次型研究这样的问题．

定义 5.1　含有 n 个变量 $x_1,x_2,\cdots,x_n$ 的二次齐次多项式

$$\begin{aligned} f(x_1,x_2,\cdots,x_n)=&a_{11}x_1^2+2a_{12}x_1x_2+\cdots+2a_{1n}x_1x_n+a_{22}x_2^2 \\ &+2a_{23}x_2x_3+\cdots+2a_{2n}x_2x_n+\cdots+a_{nn}x_n^2, \end{aligned} \tag{1}$$

称为一个 **n 元二次型(quadratic form)**.

当 a_{ij} 为复数时,$f(x_1,x_2,\cdots,x_n)$为复二次型;当 a_{ij} 为实数时,$f(x_1,x_2,\cdots,x_n)$为实二次型. 本章我们仅讨论实二次型.

令 $a_{ij}=a_{ji}$,$1\leqslant i,j\leqslant n$,则 $2a_{ij}x_ix_j=a_{ij}x_ix_j+a_{ji}x_jx_i$,(1)式可改写成

$$\begin{aligned}f(x_1,x_2,\cdots,x_n)=&a_{11}x_1^2+a_{12}x_1x_2+\cdots+a_{1n}x_1x_n\\&+a_{21}x_2x_1+a_{22}x_2^2+\cdots+a_{2n}x_2x_n\\&+\cdots\\&+a_{n1}x_nx_1+a_{n2}x_nx_2+\cdots+a_{nn}x_n^2\\=&\sum_{i=1}^{n}x_i\sum_{j=1}^{n}a_{ij}x_j=\sum_{i=1}^{n}\sum_{j=1}^{n}a_{ij}x_ix_j.\end{aligned}$$

将二次型 $f(x_1,x_2,\cdots,x_n)$的系数按照如下排成矩阵形式为:

$$\boldsymbol{A}=\begin{pmatrix}a_{11}&a_{12}&\cdots&a_{1n}\\a_{21}&a_{22}&\cdots&a_{2n}\\\vdots&\vdots&&\vdots\\a_{n1}&a_{n2}&\cdots&a_{nn}\end{pmatrix}.$$

显然,$\boldsymbol{A}$ 是实对称矩阵,$\boldsymbol{A}$ 的主对角线上的元素依次是 $x_1^2,\cdots,x_n^2$ 的系数,(i,j)位置上的元素 $a_{ij}(=a_{ji})$是 x_ix_j 的系数的一半($i\neq j$). 我们称这样的实对称矩阵 $\boldsymbol{A}$ 为二次型 $f(x_1,x_2,\cdots,x_n)$的**矩阵**,也把 $f(x_1,x_2,\cdots,x_n)$称为**实对称矩阵 $\boldsymbol{A}$ 的二次型**,并称对称矩阵 $\boldsymbol{A}$ 的秩**为二次型的秩(rank of quadratic form)**. 令

$$\boldsymbol{x}=(x_1,x_2,\cdots,x_n)^{\mathrm{T}}.$$

由(1)的改写式,利用矩阵乘法,上述二次型 $f(x_1,x_2,\cdots,x_n)$可以写成矩阵表示式

$$\begin{aligned}f(x_1,x_2,\cdots,x_n)&=x_1(a_{11}x_1+a_{12}x_2+\cdots+a_{1n}x_n)+x_2(a_{21}x_1+a_{22}x_2+\cdots+a_{2n}x_n)\\&\quad+\cdots+x_n(a_{n1}x_1+a_{n2}x_2+\cdots+a_{nn}x_n)\\&=(x_1,x_2,\cdots,x_n)\begin{pmatrix}a_{11}x_1+a_{12}x_2+\cdots+a_{1n}x_n\\a_{21}x_1+a_{22}x_2+\cdots+a_{2n}x_n\\\vdots\\a_{n1}x_1+a_{n2}x_2+\cdots+a_{nn}x_n\end{pmatrix}\\&=(x_1,x_2,\cdots,x_n)\begin{pmatrix}a_{11}&a_{12}&\cdots&a_{1n}\\a_{21}&a_{22}&\cdots&a_{2n}\\\vdots&\vdots&&\vdots\\a_{n1}&a_{n2}&\cdots&a_{nn}\end{pmatrix}\begin{pmatrix}x_1\\x_2\\\vdots\\x_n\end{pmatrix}=\boldsymbol{x}^{\mathrm{T}}\boldsymbol{A}\boldsymbol{x}.\end{aligned}$$

显然,任给一个二次型,就唯一确定一个对称矩阵;反之,任给一个对称矩阵,也唯一确定了一个二次型. 由此可知,二次型与对称矩阵是一一对应的.

例 5.1 求下列二次型的矩阵形式

(1) $f(x_1,x_2,x_3)=3x_1^2+2x_2^2-x_3^2+2x_1x_2-4x_2x_3$；

(2) $f(x_1,x_2,\cdots,x_n)=a_{11}x_1^2+a_{22}x_2^2+\cdots+a_{nn}x_n^2$.

解　(1) 由二次型矩阵的构成规则，二次型 $f(x_1,x_2,x_3)$ 的矩阵是

$$A=\begin{pmatrix}3&1&0\\1&2&-2\\0&-2&-1\end{pmatrix},$$

因此，$f(x_1,x_2,x_3)=(x_1,x_2,x_3)\begin{pmatrix}3&1&0\\1&2&-2\\0&-2&-1\end{pmatrix}\begin{pmatrix}x_1\\x_2\\x_3\end{pmatrix}$.

同理

(2) $f(x_1,x_2,\cdots,x_n)=(x_1,x_2,\cdots,x_n)\begin{pmatrix}a_{11}&&&\\&a_{22}&&\\&&\ddots&\\&&&a_{nn}\end{pmatrix}\begin{pmatrix}x_1\\x_2\\\vdots\\x_n\end{pmatrix}$.

例 5.2　求矩阵 $A=\begin{pmatrix}0&1&-1\\1&0&0\\-1&0&0\end{pmatrix}$ 所对应的二次型.

解　矩阵 A 所对应的二次型为：$f(x_1,x_2,x_3)=2x_1x_2-2x_1x_3$（注意：这里 x_1x_2 的系数是 2，不是 1，x_1x_3 的系数是 -2，不是 -1）.

显然，由例 5.1 的(2)式知，只含平方项的二次型的矩阵是对角阵；反之，矩阵为对角阵的二次型只含平方项.

定义 5.2　只含平方项，不含交叉项（即形如 $x_ix_j(i\neq j)$ 的项）的二次型，即

$$f(x_1,x_2,\cdots,x_n)=k_1x_1^2+k_2x_2^2+\cdots+k_nx_n^2,$$

称为**二次型的标准型(standard form)**. 如果标准型中的系数 $k_1,k_2,\cdots,k_n$ 只在 $1,-1,0$ 三个数中取值，且标准型中的变量按系数为正、负、零的顺序排序的二次型

$$f(x_1,x_2,\cdots,x_n)=x_1^2+\cdots+x_p^2-x_{p+1}^2-\cdots-x_r^2+(0x_{r+1}^2+\cdots+0x_n^2),$$

称为**二次型的规范型(normal form)**.

显然，规范型所对应的矩阵为对角阵，且主对角线上的元素依次为 $1,-1,0$，其中 1 的个数为 p，-1 的个数为 $r-p$，0 的个数为 $n-r$.

研究二次型的目的之一就是找一个可逆的线性变换把它化成标准型.

定义 5.3　令 $y=(y_1,y_2,\cdots,y_n)^T$，如果 P 为 n 阶可逆矩阵，则 $x=Py$ 称为一个可逆的**线性变换(linear transformation)**.

把可逆的线性变换 $x=Py$ 代入 $f(x_1,x_2,\cdots,x_n)=x^TAx$，有

$$f(x_1,x_2,\cdots,x_n)=x^TAx=(Py)^TA(Py)=y^T(P^TAP)y.$$

二、矩阵的合同

定义 5.4 设 $\boldsymbol{A}$ 和 $\boldsymbol{B}$ 是 n 阶矩阵，如果有 n 阶可逆矩阵 $\boldsymbol{P}$，使得 $\boldsymbol{P}^{\mathrm{T}}\boldsymbol{AP}=\boldsymbol{B}$，则称矩阵 $\boldsymbol{A}$ 与 $\boldsymbol{B}$ 合同(matrix contract)，记成 $\boldsymbol{A}\simeq\boldsymbol{B}$.

矩阵的合同关系具有：

(1) 反身性，即 $\boldsymbol{A}\simeq\boldsymbol{A}$；

(2) 对称性，即 $\boldsymbol{A}\simeq\boldsymbol{B}$，则 $\boldsymbol{B}\simeq\boldsymbol{A}$；

(3) 传递性，即若 $\boldsymbol{A}\simeq\boldsymbol{B}$，$\boldsymbol{B}\simeq\boldsymbol{C}$，则 $\boldsymbol{A}\simeq\boldsymbol{C}$.

另外，若 $\boldsymbol{A}$ 为对称矩阵，则 $\boldsymbol{B}=\boldsymbol{P}^{\mathrm{T}}\boldsymbol{AP}$ 也是对称矩阵，且 $r(\boldsymbol{A})=r(\boldsymbol{B})$.

事实上，$\boldsymbol{B}^{\mathrm{T}}=(\boldsymbol{P}^{\mathrm{T}}\boldsymbol{AP})^{\mathrm{T}}=\boldsymbol{P}^{\mathrm{T}}\boldsymbol{A}^{\mathrm{T}}\boldsymbol{P}=\boldsymbol{P}^{\mathrm{T}}\boldsymbol{AP}=\boldsymbol{B}$，即 $\boldsymbol{B}$ 为对称矩阵.

又因为 $\boldsymbol{B}=\boldsymbol{P}^{\mathrm{T}}\boldsymbol{AP}$，而 $\boldsymbol{P}$ 可逆，从而 $\boldsymbol{P}^{\mathrm{T}}$ 可逆，由矩阵性质知，$r(\boldsymbol{A})=r(\boldsymbol{B})$.

由此可知，经可逆线性变换 $\boldsymbol{x}=\boldsymbol{Py}$ 后，二次型 $f(x_1,x_2,\cdots,x_n)$ 的矩阵由 $\boldsymbol{A}$ 变成与 $\boldsymbol{A}$ 合同的矩阵 $\boldsymbol{P}^{\mathrm{T}}\boldsymbol{AP}$，且二次型的秩不变.

因此，二次型 $f(x_1,x_2,\cdots,x_n)$ 可经可逆的线性变换化成标准型，等价于其对应的对称矩阵 $\boldsymbol{A}$，找一个可逆矩阵 $\boldsymbol{P}$，使得 $\boldsymbol{P}^{\mathrm{T}}\boldsymbol{AP}$ 为对角矩阵.

习题 5.1

1. 写出以下二次型的矩阵.

(1) $f(x_1,x_2,x_3)=(a_1x_1+a_2x_2+a_3x_3)^2$；

(2) $f(x_1,x_2,x_3)=2x_1^2+5x_2^2+4x_3^2-4x_1x_2-8x_2x_3$；

(3) $f(x_1,x_2,\cdots,x_n)=5\sum\limits_{i=1}^{n}x_i^2-\sum\limits_{i=1}^{n}\sum\limits_{j=1}^{n}x_ix_j$.

2. 写出以下二次型的矩阵形式，求二次型的秩.

(1) $f(x_1,x_2,x_3,x_4)=2x_1^2+5x_2^2+4x_3^2-4x_1x_2-8x_2x_3$；

(2) $f(x_1,x_2,x_3)=x_1^2+2x_2^2-4x_1x_2$.

3. 已知二次型 $f(x_1,x_2,x_3)=x_1^2+x_2^2+2ax_1x_2+2x_3^2$ 的秩为 2，求参数 a.

4. 按下面给出的对称矩阵，写出其所对应的二次型.

(1) $\boldsymbol{A}=\begin{pmatrix}1&-1&1\\-1&0&2\\1&2&2\end{pmatrix}$；　　(2) $\boldsymbol{B}=\begin{pmatrix}0&2&0&0\\2&0&3&0\\0&3&0&4\\0&0&4&0\end{pmatrix}$.

5. 设矩阵 $\boldsymbol{A}$ 与 $\boldsymbol{B}$ 均为 n 阶方阵，且 $\boldsymbol{A}$ 与 $\boldsymbol{B}$ 合同，矩阵 $\boldsymbol{A}$ 的秩等于 4，求矩阵 $\boldsymbol{B}$ 的秩.

6. 证明 $\begin{pmatrix}d_1&&\\&d_2&\\&&d_3\end{pmatrix}$ 与 $\begin{pmatrix}d_1&&\\&d_3&\\&&d_2\end{pmatrix}$ 合同.

第二节　化二次型为标准型

一、用正交变换法化二次型为标准型

正交变换是一个特殊的可逆变换，几何上，能够保持向量长度不变，是实二次型化成标准型的一种有效方法.

由第四章的实对称矩阵对角化的内容可知，对于任给实对称矩阵 $\boldsymbol{A}$，总有正交矩阵 $\boldsymbol{Q}$，使得 $\boldsymbol{Q}^{-1}\boldsymbol{A}\boldsymbol{Q}=\boldsymbol{\Lambda}$，即 $\boldsymbol{Q}^{\mathrm{T}}\boldsymbol{A}\boldsymbol{Q}=\boldsymbol{\Lambda}$. 把此结论应用于二次型，则有

定理 5.1　（**主轴定理**）实二次型 $f(x_1,x_2,\cdots,x_n)=\boldsymbol{x}^{\mathrm{T}}\boldsymbol{A}\boldsymbol{x}$ 可经正交变换 $\boldsymbol{x}=\boldsymbol{Q}\boldsymbol{y}$ 化成标准型 $\lambda_1 y_1^2+\lambda_2 y_2^2+\cdots+\lambda_n y_n^2$，其中 $\lambda_1,\lambda_2,\cdots,\lambda_n$ 为 $\boldsymbol{A}$ 的特征值.

推论 5.1　实二次型 $f(x_1,x_2,\cdots,x_n)=\boldsymbol{x}^{\mathrm{T}}\boldsymbol{A}\boldsymbol{x}$ 可经正交变换 $\boldsymbol{x}=\boldsymbol{C}\boldsymbol{z}$ 化成规范型 $z_1^2+\cdots+z_p^2-z_{p+1}^2-\cdots-z_r^2$，且规范型是唯一的.

> **注意**：实二次型 $f(x_1,x_2,\cdots,x_n)$ 经正交变换化成的标准型中系数非零的平方项的个数恰为 $\boldsymbol{A}$ 的非零特征值个数，亦为 $\boldsymbol{A}$ 的秩.

用正交变换法化实二次型为标准型的步骤是：

(1) 写出实二次型 $f(x_1,x_2,\cdots,x_n)$ 的系数矩阵 $\boldsymbol{A}$ 并求 $\boldsymbol{A}$ 的全部特征值 $\lambda_1,\lambda_2,\cdots,\lambda_n$.

(2) 求出属于每个 λ_i 的特征向量，并正交化、单位化，写出正交矩阵 $\boldsymbol{Q}$，做变换 $\boldsymbol{x}=\boldsymbol{Q}\boldsymbol{y}$.

(3) 写出二次型的标准型.

例 5.3　已知二次型 $f(x_1,x_2,x_3)=4x_2^2-3x_3^2+4x_1x_2-4x_1x_3+8x_2x_3$.

(1) 写出二次型 f 的矩阵表达式；

(2) 用正交变换把二次型 f 化为标准型，并写出相应的正交矩阵.

解　(1) 二次型的矩阵 $\boldsymbol{A}=\begin{pmatrix}0&2&-2\\2&4&4\\-2&4&-3\end{pmatrix}$，则二次型 f 的矩阵表达式 $f=\boldsymbol{x}^{\mathrm{T}}\boldsymbol{A}\boldsymbol{x}$.

(2) $\boldsymbol{A}$ 的特征多项式 $|\boldsymbol{A}-\lambda\boldsymbol{E}|=(\lambda+6)(\lambda-1)(\lambda-6)$，则 $\boldsymbol{A}$ 的特征值 $\lambda_1=-6,\lambda_2=1,\lambda_3=6$.

对 $\lambda_1=-6$，解齐次线性方程组 $(\boldsymbol{A}+6\boldsymbol{E})\boldsymbol{x}=\boldsymbol{0}$，得属于 λ_1 的线性无关的特征向量为：$\boldsymbol{p}_1=(1,-1,2)^{\mathrm{T}}$；

对 $\lambda_2=1$，解齐次线性方程组 $(\boldsymbol{A}-\boldsymbol{E})\boldsymbol{x}=\boldsymbol{0}$，得属于 λ_2 的线性无关的特征向量为：$\boldsymbol{p}_2=(-2,0,1)^{\mathrm{T}}$；

对 $\lambda_3=6$，解齐次线性方程组 $(\boldsymbol{A}-6\boldsymbol{E})\boldsymbol{x}=\boldsymbol{0}$，得属于 λ_3 的线性无关的特征向量为：$\boldsymbol{p}_3=(1,5,2)^{\mathrm{T}}$.

再单位化得对应特征值 $\lambda_1,\lambda_2,\lambda_3$ 的单位特征向量为

$$e_1=\left(\frac{1}{\sqrt{6}},-\frac{1}{\sqrt{6}},\frac{2}{\sqrt{6}}\right)^{\mathrm{T}};e_2=\left(\frac{-2}{\sqrt{5}},0,\frac{1}{\sqrt{5}}\right)^{\mathrm{T}};e_3=\left(\frac{1}{\sqrt{30}},\frac{5}{\sqrt{30}},\frac{2}{\sqrt{30}}\right)^{\mathrm{T}},$$

令

$$Q=(e_1,e_2,e_3)=\begin{pmatrix}\frac{1}{\sqrt{6}} & -\frac{2}{\sqrt{5}} & \frac{1}{\sqrt{30}}\\ -\frac{1}{\sqrt{6}} & 0 & \frac{5}{\sqrt{30}}\\ \frac{2}{\sqrt{6}} & \frac{1}{\sqrt{5}} & \frac{2}{\sqrt{30}}\end{pmatrix},$$

那么 Q 为正交矩阵，且

$$Q^{-1}AQ=Q^{\mathrm{T}}AQ=\begin{pmatrix}-6 & 0 & 0\\ 0 & 1 & 0\\ 0 & 0 & 6\end{pmatrix}.$$

于是做正交变换 $x=Qy$，得二次型 f 的标准型为 $f=-6y_1^2+y_2^2+6y_3^2$.

例 5.4 设二次型 $f(x_1,x_2,x_3)=2x_1x_2+2x_1x_3+2x_2x_3$，求正交变换 $x=Qy$，使其化成标准型.

解 此二次型对应的矩阵为 $A=\begin{pmatrix}0 & 1 & 1\\ 1 & 0 & 1\\ 1 & 1 & 0\end{pmatrix}$.

由 $|A-\lambda E|=(\lambda+1)^2(\lambda-2)$，可得 A 的三个特征值 $\lambda_1=\lambda_2=-1,\lambda_3=2$.

对 $\lambda_1=\lambda_2=-1$，解齐次线性方程组 $(A+E)x=0$，得一个基础解系：

$$\alpha_1=(-1,1,0)^{\mathrm{T}},\alpha_2=(-1,0,1)^{\mathrm{T}}.$$

用 Schmidt 正交化，再单位化，得到两个标准正交特征向量：

$$e_1=\left(-\frac{1}{\sqrt{2}},\frac{1}{\sqrt{2}},0\right)^{\mathrm{T}},e_2=\left(-\frac{1}{\sqrt{6}},-\frac{1}{\sqrt{6}},\frac{2}{\sqrt{6}}\right)^{\mathrm{T}}$$

对 $\lambda_3=2$ 解齐次线性方程组 $(A-2E)x=0$，得一个基础解系：$\alpha_3=(1,1,1)^{\mathrm{T}}$，单位化得 $e_3=\left(\frac{1}{\sqrt{3}},\frac{1}{\sqrt{3}},\frac{1}{\sqrt{3}}\right)^{\mathrm{T}}$.

令 $Q=(e_1,e_2,e_3)=\begin{pmatrix}-\frac{1}{\sqrt{2}} & -\frac{1}{\sqrt{6}} & \frac{1}{\sqrt{3}}\\ \frac{1}{\sqrt{2}} & -\frac{1}{\sqrt{6}} & \frac{1}{\sqrt{3}}\\ 0 & \frac{2}{\sqrt{6}} & \frac{1}{\sqrt{3}}\end{pmatrix}$,

那么 Q 为正交矩阵，且 $Q^{-1}AQ=Q^{\mathrm{T}}AQ=\begin{pmatrix}-1 & & \\ & -1 & \\ & & 2\end{pmatrix}$.

于是,做正交变换 $\boldsymbol{x}=\boldsymbol{Q}\boldsymbol{y}$,则其标准型为 $f(x_1,x_2,x_3)=-y_1^2-y_2^2+2y_3^2$.

例 5.5　已知二次型

$$f(x_1,x_2,x_3)=5x_1^2+5x_2^2+cx_3^2-2x_1x_2+6x_1x_3-6x_2x_3$$

的秩为 2.

(1) 求参数 c 及此二次型对应矩阵的特征值.

(2) 写出二次型的标准型.

解　(1) 二次型的矩阵为 $\boldsymbol{A}=\begin{pmatrix}5&-1&3\\-1&5&-3\\3&-3&c\end{pmatrix}$. 由 $r(\boldsymbol{A})=2$,可得 $|\boldsymbol{A}|=0$,即 $c=3$,又 $\boldsymbol{A}$ 的特征多项式为 $|\boldsymbol{A}-\lambda\boldsymbol{E}|=\lambda(\lambda-4)(\lambda-9)$,则 $\boldsymbol{A}$ 的特征值 $\lambda_1=0,\lambda_2=4,\lambda_3=9$.

(2) 此二次型在某一正交变换下的标准型为 $f=4y_2^2+9y_3^2$.

例 5.6　已知二次型

$$f(x_1,x_2,x_3)=x_1^2+ax_2^2+x_3^2+2bx_1x_2+2x_1x_3+2x_2x_3$$

经正交变换 $\boldsymbol{x}=\boldsymbol{Q}\boldsymbol{y}$ 化成 $y_2^2+4y_3^2$,求(1) a,b;(2) 正交矩阵 $\boldsymbol{Q}$.

(1) **解法一**　变换前后实二次型的矩阵分别为:

$$\boldsymbol{A}=\begin{pmatrix}1&b&1\\b&a&1\\1&1&1\end{pmatrix},\boldsymbol{B}=\begin{pmatrix}0&&\\&1&\\&&4\end{pmatrix}.$$

因为 $\boldsymbol{B}=\boldsymbol{Q}^{\mathrm{T}}\boldsymbol{A}\boldsymbol{Q}=\boldsymbol{Q}^{-1}\boldsymbol{A}\boldsymbol{Q}$,即 $\boldsymbol{A}$ 与 $\boldsymbol{B}$ 相似,故有

$$\mathrm{tr}(\boldsymbol{A})=\mathrm{tr}(\boldsymbol{B}),|\boldsymbol{A}|=|\boldsymbol{B}|,\text{即 } a+2=5,(b-1)^2=0,$$

解得:$a=3,b=1$.

解法二　同上,知 $\boldsymbol{A}$ 与 $\boldsymbol{B}$ 相似,故有 $|\boldsymbol{A}-\lambda\boldsymbol{E}|=|\boldsymbol{B}-\lambda\boldsymbol{E}|$,

即 $\lambda^3-(a+2)\lambda^2+(2a-b^2-1)\lambda+(b-1)^2=\lambda^3-5\lambda^2+4\lambda$,

比较两边 λ 同次项的系数,可得 $a=3,b=1$.

(2) **解**　由 $\boldsymbol{A}$ 的特征值为 $\lambda_1=0,\lambda_2=1,\lambda_3=4$,可求得对应特征值 $\lambda_1=0$ 的单位特征向量为:$\boldsymbol{e}_1=\left(\frac{1}{\sqrt{2}},0,-\frac{1}{\sqrt{2}}\right)^{\mathrm{T}}$.

对应 $\lambda_2=1$ 的单位特征向量为 $\boldsymbol{e}_2=\left(\frac{1}{\sqrt{3}},-\frac{1}{\sqrt{3}},\frac{1}{\sqrt{3}}\right)^{\mathrm{T}}$.

对应 $\lambda_3=4$ 的单位特征向量为 $\boldsymbol{e}_3=\left(\frac{1}{\sqrt{6}},\frac{2}{\sqrt{6}},\frac{1}{\sqrt{6}}\right)^{\mathrm{T}}$.

于是,所求正交矩阵 $\boldsymbol{Q}=(\boldsymbol{e}_1,\boldsymbol{e}_2,\boldsymbol{e}_3)$,即

$$\boldsymbol{Q}=\begin{pmatrix}\frac{1}{\sqrt{2}}&\frac{1}{\sqrt{3}}&\frac{1}{\sqrt{6}}\\0&-\frac{1}{\sqrt{3}}&\frac{2}{\sqrt{6}}\\-\frac{1}{\sqrt{2}}&\frac{1}{\sqrt{3}}&\frac{1}{\sqrt{6}}\end{pmatrix}.$$

例 5.7 设二次型

$$f(x_1,x_2,x_3)=\boldsymbol{x}^{\mathrm{T}}\boldsymbol{A}\boldsymbol{x}=ax_1^2+2x_2^2-2x_3^2+2bx_1x_3\ (b>0),$$

其中二次型的矩阵 $\boldsymbol{A}$ 的特征值之和为 1，特征值之积为 -12.

(1) 求 a,b 的值；

(2) 利用正交变换将二次型 f 化为标准型，并写出所用的正交变换和对应的正交矩阵.

解 二次型的矩阵为 $\boldsymbol{A}=\begin{pmatrix} a & 0 & b \\ 0 & 2 & 0 \\ b & 0 & -2 \end{pmatrix}$.

(1) 设 $\boldsymbol{A}$ 的特征值为 λ_i，$i=1,2,3$，由题设，有

$$\lambda_1+\lambda_2+\lambda_3=a+2+(-2)=1,$$

$$\lambda_1\lambda_2\lambda_3=\begin{vmatrix} a & 0 & b \\ 0 & 2 & 0 \\ b & 0 & -2 \end{vmatrix}=-2(2a+b^2)=-12,$$

解得 $a=1,b=2$.

(2) 由 $\boldsymbol{A}$ 的特征多项式 $|\boldsymbol{A}-\lambda\boldsymbol{E}|=(\lambda-2)^2(\lambda+3)$，得 $\boldsymbol{A}$ 的特征值 $\lambda_1=\lambda_2=2,\lambda_3=-3$.

对于 $\lambda_1=\lambda_2=2$，解齐次线性方程组 $(\boldsymbol{A}-2\boldsymbol{E})\boldsymbol{x}=\boldsymbol{0}$，得基础解系：$\boldsymbol{p}_1=(0,1,0)^{\mathrm{T}}$，$\boldsymbol{p}_2=(2,0,1)^{\mathrm{T}}$.

对于 $\lambda_3=-3$，解齐次线性方程组 $(\boldsymbol{A}+3\boldsymbol{E})\boldsymbol{x}=\boldsymbol{0}$，得基础解系：$\boldsymbol{p}_3=(1,0,-2)^{\mathrm{T}}$.

由于 $\boldsymbol{p}_1,\boldsymbol{p}_2,\boldsymbol{p}_3$ 已经是正交向量组，只需将其单位化，由此得

$$\boldsymbol{e}_1=(0,1,0)^{\mathrm{T}},\boldsymbol{e}_2=\left(\frac{2}{\sqrt{5}},0,\frac{1}{\sqrt{5}}\right)^{\mathrm{T}},\boldsymbol{e}_3=\left(\frac{1}{\sqrt{5}},0,-\frac{2}{\sqrt{5}}\right)^{\mathrm{T}},$$

令矩阵

$$\boldsymbol{Q}=(\boldsymbol{e}_1,\boldsymbol{e}_2,\boldsymbol{e}_3)=\begin{pmatrix} 0 & \frac{2}{\sqrt{5}} & \frac{1}{\sqrt{5}} \\ 1 & 0 & 0 \\ 0 & \frac{1}{\sqrt{5}} & -\frac{2}{\sqrt{5}} \end{pmatrix},$$

则 $\boldsymbol{Q}$ 为正交矩阵，在正交变换 $\boldsymbol{x}=\boldsymbol{Q}\boldsymbol{y}$ 下，有

$$\boldsymbol{Q}^{\mathrm{T}}\boldsymbol{A}\boldsymbol{Q}=\begin{pmatrix} 2 & & \\ & 2 & \\ & & -3 \end{pmatrix},$$

且二次型的标准型 $f=2y_1^2+2y_2^2-3y_3^2$.

二、用配方法化二次型为标准型

下面介绍的任意二次型化为标准型的方法，称为**拉格朗日配方法**. 在变量不太多时，此

方法简单易行.下面通过两个例题说明这种方法.

例 5.8　化二次型 $f(x_1,x_2,x_3)=x_1^2+2x_2^2+2x_1x_2+2x_1x_3+6x_2x_3$ 为标准型,并写出所用的可逆的线性变换.

解　因为此二次型中含有 x_1 的平方项,所以先集中含 x_1 的项,再配方,然后再集中含 x_2 的各项配方,如此继续下去,直到配成平方和为止.

$$\begin{aligned}f(x_1,x_2,x_3)&=x_1^2+2(x_2+x_3)x_1+2x_2^2+6x_2x_3\\&=[x_1^2+2(x_2+x_3)x_1+(x_2+x_3)^2]-(x_2+x_3)^2+2x_2^2+6x_2x_3\\&=(x_1+x_2+x_3)^2+x_2^2+4x_2x_3-x_3^2\\&=(x_1+x_2+x_3)^2+(x_2+2x_3)^2-5x_3^2.\end{aligned}$$

令 $\begin{cases}y_1=x_1+x_2+x_3\\y_2=x_2+2x_3\\y_3=x_3\end{cases}$,解得 $\begin{cases}x_1=y_1-y_2+y_3\\x_2=y_2-2y_3\\x_3=y_3\end{cases}$,

则此变换将原二次型化成标准型:$f(x_1,x_2,x_3)=y_1^2+y_2^2-5y_3^2$.

$\boldsymbol{x}=\begin{pmatrix}1&-1&1\\0&1&-2\\0&0&1\end{pmatrix}\boldsymbol{y}$,其中 $\boldsymbol{x}=(x_1,x_2,x_3)^{\mathrm{T}}$,$\boldsymbol{y}=(y_1,y_2,y_3)^{\mathrm{T}}$,$\boldsymbol{P}=\begin{pmatrix}1&-1&1\\0&1&-2\\0&0&1\end{pmatrix}$ 为所求的可逆的线性变换.

例 5.9　化二次型 $f(x_1,x_2,x_3)=2x_1x_2+4x_1x_3$ 为标准型,并求所做的可逆的线性变换.

解　由于此二次型中没有平方项,为出现平方项,先做可逆变换

$$\begin{cases}x_1=y_1+y_2\\x_2=y_1-y_2\\x_3=y_3\end{cases},$$

即 $\boldsymbol{x}=\boldsymbol{P}_1\boldsymbol{y}$,$\boldsymbol{P}_1=\begin{pmatrix}1&1&0\\1&-1&0\\0&0&1\end{pmatrix}$.

得 $f=2y_1^2-2y_2^2+4y_1y_3+4y_2y_3$.

将含 y_1 的项集中配方,再将含 y_2 的项集中配方,得

$$f=2(y_1+y_3)^2-2(y_2-y_3)^2,$$

令 $\begin{cases}z_1=y_1+y_3\\z_2=y_2-y_3\\z_3=y_3\end{cases}$,

即 $\boldsymbol{z}=\boldsymbol{P}_2\boldsymbol{y}$,$\boldsymbol{P}_2=\begin{pmatrix}1&0&1\\0&1&-1\\0&0&1\end{pmatrix}$.

二次型就化成了标准型 $f(x_1,x_2,x_3)=2z_1^2-2z_2^2$,

于是 $y=P_2^{-1}z, P_2^{-1}=\begin{pmatrix}1 & 0 & -1\\ 0 & 1 & 1\\ 0 & 0 & 1\end{pmatrix}$,

则 $x=P_1P_2^{-1}z=\begin{pmatrix}1 & 1 & 0\\ 1 & -1 & -2\\ 0 & 0 & 1\end{pmatrix}z$,就是所求的可逆的线性变换.

进一步,若令 $\begin{cases} z_1=\frac{1}{\sqrt{2}}w_1\\ z_2=\frac{1}{\sqrt{2}}w_2\\ z_3=w_3\end{cases}$,

即 $z=\begin{pmatrix}\frac{1}{\sqrt{2}} & 0 & 0\\ 0 & \frac{1}{\sqrt{2}} & 0\\ 0 & 0 & 1\end{pmatrix}w$.

此时,$f(x_1,x_2,x_3)=w_1^2-w_2^2$,

其中 $x=(x_1,x_2,x_3)^{\mathrm{T}}, y=(y_1,y_2,y_3)^{\mathrm{T}}, z=(z_1,z_2,z_3)^{\mathrm{T}}, w=(w_1,w_2,w_3)^{\mathrm{T}}$.

注意:二次型的标准型不唯一,用配方法所得的标准型系数不一定是二次型矩阵的特征值,但规范型是唯一的.

习题 5.2

1. 设二次型 $f(x_1,x_2)=x_1^2+x_2^2+4x_1x_2$,写出其正交变换下的标准型.

2. 用正交变换化二次型为标准型,并写出所用的正交变换.

(1) $f(x_1,x_2,x_3)=2x_1^2+3x_2^2+3x_3^2+4x_2x_3$;

(2) $f(x_1,x_2,x_3)=3x_1^2+3x_3^2+4x_1x_3+8x_1x_3+4x_2x_3$;

(3) $f(x_1,x_2,x_3,x_4)=2x_1x_2-2x_3x_4$.

3. 用配方法化二次型为标准型,并写出所用的可逆的线性变换.

(1) $f(x_1,x_2,x_3)=x_1^2+2x_3^2+2x_1x_3+2x_2x_3$;

(2) $f(x_1,x_2,x_3)=2x_1x_2+2x_1x_3-6x_2x_3$.

4. 已知二次型 $f(x_1,x_2,x_3,x_4)=2x_1x_2+2x_1x_3-2x_1x_4-2x_2x_3+2x_2x_4+2x_3x_4$,写出其标准型和规范型.

5. 已知二次型 $f(x_1,x_2,x_3)=2x_1^2+3x_2^2+3x_3^2+2ax_2x_3\ (a>0)$,通过正交变换化成标准型 $f(x_1,x_2,x_3)=y_1^2+2y_2^2+5y_3^2$,求参数 a.

6. 设二次型 $f(x_1,x_2,x_3)=x_1^2+x_2^2+x_3^2+2ax_1x_2+2x_1x_3$ 通过正交变换 $x=Qy$ 化为标准型 $f(x_1,x_2,x_3)=y_1^2+2y_3^2$,求参数 a 及正交矩阵 Q.

第三节 正定二次型

一、惯性定理

用不同的线性变换化二次型为标准型，其标准型一般是不同的，但可证明，不同的标准型中，正平方项的个数和负平方项的个数是相同的. 这就是下面的惯性定理.

定理 5.2 （惯性定理）二次型 $f(x_1,x_2,\cdots,x_n)=\boldsymbol{x}^{\mathrm{T}}\boldsymbol{A}\boldsymbol{x}$ 可通过可逆的线性变换化成标准型 $f(x_1,x_2,\cdots,x_n)=d_1y_1^2+d_2y_2^2+\cdots+d_ny_n^2$，其中正平方项的个数 p（称为二次型或矩阵 **A** 的**正惯性指数**）(**positive inertia index**)，负平方项的个数 q（称为二次型或矩阵 **A** 的**负惯性指数**）(**negative inertia index**)都是唯一确定的，且 $p+q=r(\boldsymbol{A})=r(f)$.

例如：求 $f(x_1,x_2,x_3)=2x_1x_2+4x_1x_3$ 的秩及正、负惯性指数.

由上一节例 5.9 知，其标准型为 $f(x_1,x_2,x_3)=w_1^2-w_2^2$，所以 $r(f)=2,p=1,q=1$.

二、二次型的正定

定义 5.5 如果对于任意的非零实向量 $\boldsymbol{x}=(x_1,x_2,\cdots,x_n)^{\mathrm{T}}$，有 $f(x_1,x_2,\cdots,x_n)=\boldsymbol{x}^{\mathrm{T}}\boldsymbol{A}\boldsymbol{x}>0$（或 <0），则称 $f(x_1,x_2,\cdots,x_n)$ 为**正定（负定）二次型**(**positive(negative) definite quadratic form**)，它所对应的矩阵为**正定（负定）矩阵**(**positive(negative) definite matrix**).

显然，二次型 $f(x_1,x_2,x_3)=x_1^2+3x_2^2+2x_3^2$ 是正定的，而 $f(x_1,x_2,x_3)=x_1^2+2x_2^2$ 不是正定的（这是为什么？读者可以自己考虑）.

根据定义 5.5，可得以下结论：

引理 5.1 二次型 $f(x_1,x_2,\cdots,x_n)=d_1x_1^2+d_2x_2^2+\cdots+d_nx_n^2$ 正定的充要条件是 $d_i>0$ $(i=1,2,\cdots,n)$.

证明 充分性显然. 下证必要性，若 $f(x_1,x_2,\cdots,x_n)$ 正定，取 $\boldsymbol{x}=\boldsymbol{\varepsilon}_i=(0,\cdots,0,1,0,\cdots,0)^{\mathrm{T}}$，则 $f(x_1,x_2,\cdots,x_n)=d_i>0$，则 $d_i>0(i=1,2,\cdots,n)$.

引理 5.2 可逆的线性变换不改变二次型的正定性.

证明 $f(x_1,x_2,\cdots,x_n)=\boldsymbol{x}^{\mathrm{T}}\boldsymbol{A}\boldsymbol{x}\xlongequal{\boldsymbol{x}=\boldsymbol{P}\boldsymbol{y}}\boldsymbol{y}^{\mathrm{T}}(\boldsymbol{P}^{\mathrm{T}}\boldsymbol{A}\boldsymbol{P})\boldsymbol{y}$，$\boldsymbol{P}$ 可逆. $\boldsymbol{x}\neq\boldsymbol{0}$ 当且仅当 $\boldsymbol{y}\neq\boldsymbol{0}$，对任意的 $\boldsymbol{x}\neq\boldsymbol{0}$，$f(x_1,x_2,\cdots,x_n)=\boldsymbol{x}^{\mathrm{T}}\boldsymbol{A}\boldsymbol{x}>\boldsymbol{0}$ 当且仅当对任意的 $\boldsymbol{y}\neq\boldsymbol{0}$，$\boldsymbol{y}^{\mathrm{T}}(\boldsymbol{P}^{\mathrm{T}}\boldsymbol{A}\boldsymbol{P})\boldsymbol{y}>0$.

由此可见，根据标准型或规范型可得到判断二次型为正定的方法.

定理 5.3 设 **A** 是 n 阶实对称矩阵，则下列命题等价：

(1) $\boldsymbol{x}^{\mathrm{T}}\boldsymbol{A}\boldsymbol{x}$ 是正定二次型（或 **A** 是正定矩阵）；

(2) **A** 的正惯性指数为 n；

(3) **A** 的 n 个特征值 $\lambda_i>0(i=1,2,\cdots,n)$.

证明 (1)⇒(2) 由惯性定理，存在可逆变换 $\boldsymbol{x}=\boldsymbol{P}\boldsymbol{y}$，使得

$f(x_1,x_2,\cdots,x_n)=\boldsymbol{x}^{\mathrm{T}}\boldsymbol{A}\boldsymbol{x}=d_1y_1^2+d_2y_2^2+\cdots+d_ny_n^2$，由引理 5.1，5.2 知，$d_i>0$（$i=$

$1,2,\cdots,n$)，即 $\boldsymbol{A}$ 的正惯性指数为 n.

(2)⇒(3) 由主轴定理，存在正交变换 $\boldsymbol{x}=\boldsymbol{Q}\boldsymbol{y}$，得

$f(x_1,x_2,\cdots,x_n)=\lambda_1 y_1^2+\lambda_2 y_2^2+\cdots+\lambda_n y_n^2$，其中 $\lambda_i(i=1,2,\cdots,n)$ 为 $\boldsymbol{A}$ 的特征值，由(2)知，$\lambda_i>0(i=1,2,\cdots,n)$.

(3)⇒(1) 同上，存在正交变换 $\boldsymbol{x}=\boldsymbol{Q}\boldsymbol{y}$，得 $f(x_1,x_2,\cdots,x_n)=\lambda_1 y_1^2+\lambda_2 y_2^2+\cdots+\lambda_n y_n^2$，由于 $\lambda_i>0(i=1,2,\cdots,n)$，所以 $f(x_1,x_2,\cdots,x_n)=\boldsymbol{x}^{\mathrm{T}}\boldsymbol{A}\boldsymbol{x}$ 正定. 得证.

定理 5.4 **(西尔维斯特定理)** 二次型 $f(x_1,x_2,\cdots,x_n)=\boldsymbol{x}^{\mathrm{T}}\boldsymbol{A}\boldsymbol{x}$ 是正定的充要条件是 $\boldsymbol{A}$ 的各阶顺序主子式(**principal minor**)

$$\Delta_1=a_{11},\Delta_2=\begin{vmatrix} a_{11} & a_{12} \\ a_{21} & a_{22} \end{vmatrix},\cdots,\Delta_n=\begin{vmatrix} a_{11} & \cdots & a_{1n} \\ \vdots & & \vdots \\ a_{n1} & \cdots & a_{nn} \end{vmatrix}\text{ 均大于零.}$$

此定理我们不证.

例 5.10 判定二次型 $f(x_1,x_2,x_3)=3x_1^2+3x_2^2+x_3^2-4x_1x_2$ 的正定性.

解法一 此二次型对应的矩阵为 $\boldsymbol{A}=\begin{pmatrix} 3 & -2 & 0 \\ -2 & 3 & 0 \\ 0 & 0 & 1 \end{pmatrix}$，其特征多项式为：

$|\boldsymbol{A}-\lambda\boldsymbol{E}|=(\lambda-1)^2(\lambda-5)$，所以 $\boldsymbol{A}$ 的特征值 $\lambda_1=\lambda_2=1,\lambda_3=5$ 均大于零，此二次型正定.

解法二 $\boldsymbol{A}$ 的顺序主子式为

$$\Delta_1=3>0,\Delta_2=\begin{vmatrix} 3 & -2 \\ -2 & 3 \end{vmatrix}=5>0,\Delta_3=|\boldsymbol{A}|=\begin{vmatrix} 3 & -2 & 0 \\ -2 & 3 & 0 \\ 0 & 0 & 1 \end{vmatrix}=5>0,$$

所以，此二次型正定.

解法三 用配方法得

$$\begin{aligned} f(x_1,x_2,x_3)&=3\left(x_1^2-\frac{4}{3}x_1x_2+\frac{4}{9}x_2^2\right)-\frac{4}{3}x_2^2+3x_2^2+x_3^2 \\ &=3\left(x_1-\frac{2}{3}x_2\right)^2+\frac{5}{3}x_2^2+x_3^2\geqslant 0. \end{aligned}$$

等号成立的充要条件是 $x_1=x_2=x_3=0$，所以此二次型正定.

例 5.11 问 a 为何值时，二次型

$$f(x_1,x_2,x_3)=x_1^2+x_2^2+5x_3^2+2ax_1x_2-2x_1x_3+4x_2x_3$$

为正定二次型.

解 此二次型对应的矩阵为 $\boldsymbol{A}=\begin{pmatrix} 1 & a & -1 \\ a & 1 & 2 \\ -1 & 2 & 5 \end{pmatrix}$.

由定理 5.4 知，要使二次型正定，取 a 使 $\boldsymbol{A}$ 的顺序主子均大于零.

$$\Delta_1=1>0,\Delta_2=\begin{vmatrix}1 & a\\ a & 1\end{vmatrix}=1-a^2>0,\Delta_3=|\boldsymbol{A}|=-a(5a+4)>0$$

解不等式 $1-a^2>0,-a(5a+4)>0$，得 $-\frac{4}{5}<a<0$.

故当 $-\frac{4}{5}<a<0$ 时，此二次型正定.

例 5.12　设 $\boldsymbol{A}$ 是 n 阶实对称矩阵，且 $\boldsymbol{A}^2-5\boldsymbol{A}+6\boldsymbol{E}=\boldsymbol{0}$，证明 $\boldsymbol{A}$ 是正定矩阵.

证明　设 λ 为 $\boldsymbol{A}$ 的特征值，则 $\lambda^2-5\lambda+6$ 为 $\boldsymbol{A}^2-5\boldsymbol{A}+6\boldsymbol{E}$ 的特征值，于是 $\lambda^2-5\lambda+6=0$，解得 $\lambda_1=2,\lambda_2=3$，即 $\boldsymbol{A}$ 的一切可能特征值均大于零，所以 $\boldsymbol{A}$ 是正定矩阵.

三、正定矩阵的性质

正定矩阵具有如下性质：

(1) 若 $\boldsymbol{A}$ 为正定矩阵，则 $|\boldsymbol{A}|>0$；

(2) 若 $\boldsymbol{A}$ 为正定矩阵，则 $\boldsymbol{A}^{-1},\boldsymbol{A}^*,\boldsymbol{A}^k$（$k$ 为正整数）也是正定矩阵；

(3) 若 $\boldsymbol{A}$ 和 $\boldsymbol{B}$ 均为 n 阶正定矩阵，则 $\boldsymbol{A}+\boldsymbol{B}$ 也是正定矩阵；

(4) 若 $\boldsymbol{A}$ 为 n 阶正定矩阵，则 $a_{ii}>0(i=1,2,\cdots,n)$.

以上性质，请读者自己证明.

对于负定二次型的讨论，可类似于正定性进行，此处直接列出有关结论.

定理 5.5　设 $\boldsymbol{A}$ 是 n 阶实对称矩阵，则下列命题等价：

(1) $\boldsymbol{x}^{\mathrm{T}}\boldsymbol{A}\boldsymbol{x}$ 是负定二次型（或 $\boldsymbol{A}$ 是负定矩阵）；

(2) $\boldsymbol{A}$ 的负惯性指数为 n；

(3) $\boldsymbol{A}$ 的 n 个特征值 $\lambda_i<0(i=1,2,\cdots,n)$；

(4) $\boldsymbol{A}$ 的奇数阶顺序主子式小于零，偶数阶顺序主子式大于零.

例 5.13　判别二次型

$$f(x_1,x_2,x_3)=-3x_1^2-6x_2^2-4x_3^2+4x_1x_2+4x_1x_3$$

是否为正定二次型.

解　二次型 $f(x_1,x_2,x_3)$ 的矩阵为 $\boldsymbol{A}=\begin{pmatrix}-3 & 2 & 2\\ 2 & -6 & 0\\ 2 & 0 & -4\end{pmatrix}$，$\boldsymbol{A}$ 的顺序主子式

$$\Delta_1=-3<0,\Delta_2=\begin{vmatrix}-3 & 2\\ 2 & -6\end{vmatrix}=14>0,\Delta_3=|\boldsymbol{A}|=\begin{vmatrix}-3 & 2 & 2\\ 2 & -6 & 0\\ 2 & 0 & -4\end{vmatrix}=-32<0.$$

由定理 5.5 知，$f(x_1,x_2,x_3)$ 为负定二次型.

此外，还有下面的概念：

定义 5.6　如果对于任意的非零实向量 $\boldsymbol{x}=(x_1,x_2,\cdots,x_n)^{\mathrm{T}}$，有 $f(x_1,x_2,x_n)=\boldsymbol{x}^{\mathrm{T}}\boldsymbol{A}\boldsymbol{x}\geqslant 0$（或 $\leqslant 0$），则称 $f(x_1,x_2,\cdots,x_n)$ 为**半正定（负定）二次型**（**positive(negative) semi-definite quadratic form**），它所对应的矩阵为半正定（负定）矩阵；如果它既不是半正定，又不是半负

定,则称 $f(x_1,x_2,x_n)$ 为不定的.

对于半正定(负定)二次型以及不定的二次型,在这里就不做具体讨论了.

习题 5.3

1. 求二次型 $f(x_1,x_2,x_3)=(x_1+x_2)^2$ 的秩及正惯性指数.

2. 判断下列二次型的正定性.

(1) $f(x_1,x_2,x_3)=x_1^2+3x_2^2+9x_3^2-2x_1x_2+4x_1x_3$;

(2) $f(x_1,x_2,x_3)=-2x_1^2-6x_2^2-4x_3^2+2x_1x_2+2x_1x_3$.

3. 判断下列矩阵是否是正定矩阵.

(1) $\begin{pmatrix}1&1&1\\1&2&1\\1&1&1\end{pmatrix}$; (2) $\begin{pmatrix}2&-1&-1\\-1&2&-1\\-1&-1&2\end{pmatrix}$.

4. 设矩阵 $\boldsymbol{A}=\begin{pmatrix}1&2&0&0\\2&x&0&0\\0&0&2&-1\\0&0&-1&y\end{pmatrix}$,问当 x,y 为何值时,矩阵 $\boldsymbol{A}$ 是正定的.

5. 求二次型中的参数 a,使得二次型

$$f(x_1,x_2,x_3)=x_1^2+x_2^2+5x_3^2+2ax_1x_2-2x_1x_3+4x_2x_3$$

是正定的.

6. 已知二次型 $f(x_1,x_2,x_3)=x_1^2+4x_2^2+4x_3^2+2ax_1x_2-2x_1x_3+4x_2x_3$ 是正定的,求参数 a.

第四节　综合例题

例 5.14　求一个正交变换化二次型

$$f=x_1^2+4x_2^2+4x_3^2-4x_1x_2+4x_1x_3-8x_2x_3$$

成标准型.

解　(1) 写出二次型的矩阵:$\boldsymbol{A}=\begin{pmatrix}1&-2&2\\-2&4&-4\\2&-4&4\end{pmatrix}$.

(2) 求 $\boldsymbol{A}$ 的特征值:$|\boldsymbol{A}-\lambda\boldsymbol{E}|=\lambda^2(9-\lambda)\Rightarrow\boldsymbol{A}$ 的特征值为 $\lambda_{1,2}=0,\lambda_3=9$.

(3) 求 $\boldsymbol{A}$ 的两两正交且单位化的特征向量:对应于特征值 $\lambda_{1,2}=0$ 的线性无关的特征向量为 $\boldsymbol{\xi}_1=\begin{pmatrix}2\\1\\0\end{pmatrix}$,$\boldsymbol{\xi}_2=\begin{pmatrix}-2\\0\\1\end{pmatrix}$,正交化得 $\boldsymbol{\eta}_1=\begin{pmatrix}2\\1\\0\end{pmatrix}$,$\boldsymbol{\eta}_2=\frac{1}{5}\begin{pmatrix}-2\\4\\5\end{pmatrix}$,单位化得 $\boldsymbol{p}_1=\begin{pmatrix}\frac{2}{\sqrt{5}}\\\frac{1}{\sqrt{5}}\\0\end{pmatrix}$,

$$p_2=\begin{pmatrix}-\frac{2}{3\sqrt{5}}\\ \frac{4}{3\sqrt{5}}\\ \frac{5}{3\sqrt{5}}\end{pmatrix}.$$

对应于特征值 $\lambda_3=9$ 的线性无关的特征向量为 $\boldsymbol{\xi}_3=\begin{pmatrix}1\\-2\\2\end{pmatrix}$，单位化得 $\boldsymbol{p}_3=\begin{pmatrix}\frac{1}{3}\\-\frac{2}{3}\\ \frac{2}{3}\end{pmatrix}$.

(4) 构造正交变换：令正交矩阵 $\boldsymbol{P}=(\boldsymbol{p}_1,\boldsymbol{p}_2,\boldsymbol{p}_3)=\begin{pmatrix}\frac{2}{\sqrt{5}} & -\frac{2}{3\sqrt{5}} & \frac{1}{3}\\ \frac{1}{\sqrt{5}} & \frac{4}{3\sqrt{5}} & -\frac{2}{3}\\ 0 & \frac{5}{3\sqrt{5}} & \frac{2}{3}\end{pmatrix}$，则所求正交变换为

$$\begin{pmatrix}x_1\\x_2\\x_3\end{pmatrix}=\begin{pmatrix}\frac{2}{\sqrt{5}} & -\frac{2}{3\sqrt{5}} & \frac{1}{3}\\ \frac{1}{\sqrt{5}} & \frac{4}{3\sqrt{5}} & -\frac{2}{3}\\ 0 & \frac{5}{3\sqrt{5}} & \frac{2}{3}\end{pmatrix}\begin{pmatrix}y_1\\y_2\\y_3\end{pmatrix}.$$

(5) 写出二次型的标准型：二次型的标准型为 $f=9y_3^2$.

例 5.15　设 $\boldsymbol{A}$ 是 n 阶正定矩阵，$\boldsymbol{E}$ 是 n 阶单位矩阵，证明 $\boldsymbol{A}+\boldsymbol{E}$ 的行列式大于 1.

证法一　$\boldsymbol{A}$ 为 n 阶正定矩阵，则 $\boldsymbol{A}$ 的特征值 $\lambda_1>0,\lambda_2>0,\cdots,\lambda_n>0$. 而 $\boldsymbol{A}+\boldsymbol{E}$ 的特征值分别为 $\lambda_1+1>1,\lambda_2+1>1,\cdots,\lambda_n+1>1$，则 $|\boldsymbol{A}+\boldsymbol{E}|=(\lambda_1+1)(\lambda_2+1)\cdots(\lambda_n+1)>1$.

证法二　$\boldsymbol{A}$ 为 n 阶正定矩阵，则存在正交矩阵 $\boldsymbol{U}$，使得 $\boldsymbol{U}^{-1}\boldsymbol{A}\boldsymbol{U}=\boldsymbol{\Lambda}=\mathrm{diag}(\lambda_1,\lambda_2,\cdots,\lambda_n)$，即

$$\boldsymbol{A}=\boldsymbol{U}\boldsymbol{\Lambda}\boldsymbol{U}^{-1}.$$

其中 $\lambda_1,\lambda_2,\cdots,\lambda_n$ 为 $\boldsymbol{A}$ 的特征值，且 $\lambda_1>0,\lambda_2>0,\cdots,\lambda_n>0$，则

$$\begin{aligned}|\boldsymbol{A}+\boldsymbol{E}|&=|\boldsymbol{U}\boldsymbol{\Lambda}\boldsymbol{U}^{-1}+\boldsymbol{U}\boldsymbol{E}\boldsymbol{U}^{-1}|=|\boldsymbol{U}(\boldsymbol{\Lambda}+\boldsymbol{E})\boldsymbol{U}^{-1}|=|\boldsymbol{U}|\cdot|\boldsymbol{\Lambda}+\boldsymbol{E}|\cdot|\boldsymbol{U}^{-1}|\\&=|\boldsymbol{\Lambda}+\boldsymbol{E}|=(\lambda_1+1)(\lambda_2+1)\cdots(\lambda_n+1)>1.\end{aligned}$$

例 5.16　考虑二次型

$$f=x_1^2+4x_2^2+4x_3^2+2\lambda x_1x_2-2x_1x_3+4x_2x_3,$$

问 λ 取何值时，f 为正定二次型？

解 二次型的矩阵 $A=\begin{pmatrix}1 & \lambda & -1\\ \lambda & 4 & 2\\ -1 & 2 & 4\end{pmatrix}$，则

$$f\text{为正定二次型}\Leftrightarrow\begin{cases}\Delta_1=1>0\\ \Delta_2=\begin{vmatrix}1 & \lambda\\ \lambda & 4\end{vmatrix}=4-\lambda^2>0\\ \Delta_3=|A|=4(1-\lambda)(2+\lambda)>0\end{cases}\Leftrightarrow-2<\lambda<1.$$

例 5.17 设 A,B 分别为 m,n 阶正定矩阵，试判定分块矩阵 $C=\begin{pmatrix}A & O\\ O & B\end{pmatrix}$ 是否是正定矩阵.

解法一 用定义证明. 对任意 $\begin{pmatrix}x\\ y\end{pmatrix}\neq 0$，不妨设 $x\neq 0$，则 $x^{\mathrm{T}}Ax>0$，$y^{\mathrm{T}}By\geqslant 0$，故

$$\begin{pmatrix}x\\ y\end{pmatrix}^{\mathrm{T}}C\begin{pmatrix}x\\ y\end{pmatrix}=(x^{\mathrm{T}}\quad y^{\mathrm{T}})\begin{pmatrix}A & O\\ O & B\end{pmatrix}\begin{pmatrix}x\\ y\end{pmatrix}=x^{\mathrm{T}}Ax+y^{\mathrm{T}}By>0,$$

即 $C=\begin{pmatrix}A & O\\ O & B\end{pmatrix}$ 是正定矩阵.

解法二 用特征值证明. $|C-\lambda E|=\begin{vmatrix}A-\lambda E & O\\ O & B-\lambda E\end{vmatrix}=|A-\lambda E|\cdot|B-\lambda E|$，即 C 的特征值是 A,B 的全部特征值. 而 A,B 的特征值全大于零，则 C 的特征值全大于零，即 C 是正定矩阵.

例 5.18 已知二次型

$$f=2x_1^2+3x_2^2+3x_3^2+2ax_2x_3\ (a>0),$$

通过正交变换化为标准型 $f=y_1^2+2y_2^2+5y_3^2$，求参数 a 及所用的正交变换矩阵.

解 二次型的矩阵 $A=\begin{pmatrix}2 & 0 & 0\\ 0 & 3 & a\\ 0 & a & 3\end{pmatrix}$，则 A 的特征值为 $\lambda_1=1,\lambda_2=2,\lambda_3=5$. 由

$$|A-\lambda E|=(2-\lambda)(\lambda^2-6\lambda+9-a^2)=(1-\lambda)(2-\lambda)(5-\lambda)\overset{a>0}{\Longrightarrow}a=2.$$

或 由 $|A|=\lambda_1\lambda_2\lambda_3\Rightarrow 9-a^2=5\overset{a>0}{\Longrightarrow}a=2.$

对应于特征值 $\lambda_1=1$ 的特征向量 $\xi=\begin{pmatrix}0\\ -1\\ 1\end{pmatrix}$，单位化，得 $p_1=\dfrac{\xi_1}{\|\xi_1\|}=\begin{pmatrix}0\\ -\dfrac{1}{\sqrt{2}}\\ \dfrac{1}{\sqrt{2}}\end{pmatrix}$；

对应于特征值 $\lambda_2=2$ 的特征向量 $\xi_2=\begin{pmatrix}1\\ 0\\ 0\end{pmatrix}$，单位化，得 $p_2=\begin{pmatrix}1\\ 0\\ 0\end{pmatrix}$；

对应于特征值 $\lambda_3=5$ 的特征向量 $\boldsymbol{\xi}_3=\begin{pmatrix}0\\1\\1\end{pmatrix}$，单位化，得 $\boldsymbol{p}_3=\dfrac{\boldsymbol{\xi}_3}{\|\boldsymbol{\xi}_3\|}=\begin{pmatrix}0\\\dfrac{1}{\sqrt{2}}\\\dfrac{1}{\sqrt{2}}\end{pmatrix}$.

则所求的正交变换矩阵 $\boldsymbol{P}=(\boldsymbol{p}_1,\boldsymbol{p}_2,\boldsymbol{p}_3)=\begin{pmatrix}0&1&0\\-\dfrac{1}{\sqrt{2}}&0&\dfrac{1}{\sqrt{2}}\\\dfrac{1}{\sqrt{2}}&0&\dfrac{1}{\sqrt{2}}\end{pmatrix}$.

例 5.19　设二次型

$$f=x_1^2+x_2^2+x_3^2+2\alpha x_1x_2+2\beta x_2x_3+2x_1x_3$$

经正交变换 $\boldsymbol{x}=\boldsymbol{P}\boldsymbol{y}$ 化成 $f=y_2^2+2y_3^2$，其中 $\boldsymbol{x}=(x_1,x_2,\cdots,x_n)^{\mathrm{T}}$ 和 $\boldsymbol{y}=(y_1,y_2,\cdots,y_n)^{\mathrm{T}}$ 都是三维列向量，$\boldsymbol{P}$ 是三阶正交矩阵. 试求常数 α,β.

解　二次型的矩阵 $\boldsymbol{A}=\begin{pmatrix}1&\alpha&1\\\alpha&1&\beta\\1&\beta&1\end{pmatrix}$，其特征值为 0,1,2，则

$$|\boldsymbol{A}-\lambda\boldsymbol{E}|=(0-\lambda)(1-\lambda)(2-\lambda)=-\lambda(1-\lambda)(2-\lambda)\Rightarrow\alpha=\beta=0.$$

(这里为什么不能用特殊方法，请读者自己思考).

例 5.20　设实二次型 $f(x_1,x_2,x_3)=(x_1-x_2+x_3)^2+(x_2+x_3)^2+(x_1+ax_3)^2$，其中 a 是参数. (1) 求 $f(x_1,x_2,x_3)=0$ 的解；(2) 求 $f(x_1,x_2,x_3)$ 的规范型.

解　(1) 因 $f(x_1,x_2,x_3)=0$，所以有 $\begin{cases}x_1-x_2+x_3=0\\x_2+x_3=0\\x_1+ax_3=0\end{cases}$，则线性方程组的系数矩阵 $\boldsymbol{A}=$

$\begin{pmatrix}1&-1&1\\0&1&1\\1&0&a\end{pmatrix}\xrightarrow{r}\begin{pmatrix}1&-1&1\\0&1&1\\0&0&a-2\end{pmatrix}$.

当 $a-2=0$ 时，即 $a=2$，有 $\boldsymbol{A}\xrightarrow{r}\begin{pmatrix}1&0&2\\0&1&1\\0&0&0\end{pmatrix}$，系数矩阵的秩 $r(\boldsymbol{A})=2<3$，$f(x_1,x_2,x_3)$ $=0$ 有非零解，即有通解为 $\begin{pmatrix}x_1\\x_2\\x_3\end{pmatrix}=k\begin{pmatrix}2\\1\\-1\end{pmatrix}$，$k\in\mathbf{R}$；

当 $a-2\neq0$ 时，即 $a\neq2$，系数矩阵的秩 $r(\boldsymbol{A})=3$，即 $f(x_1,x_2,x_3)=0$ 只有零解，即 $x_1=x_2=x_3=0$.

(2) 当 $a\neq2$ 时，矩阵 $\boldsymbol{A}=\begin{pmatrix}1&-1&1\\0&1&1\\1&0&a\end{pmatrix}$，则 $|\boldsymbol{A}|\neq0$，令可逆线性变换

$$\begin{pmatrix} y_1 \\ y_2 \\ y_3 \end{pmatrix} = \begin{pmatrix} 1 & -1 & 1 \\ 0 & 1 & 1 \\ 1 & 0 & a \end{pmatrix} \begin{pmatrix} x_1 \\ x_2 \\ x_3 \end{pmatrix},$$

即 $\boldsymbol{y}=\boldsymbol{A}\boldsymbol{x}$，所以二次型的规范型为 $f=y_1^2+y_2^2+y_3^2$.

当 $a=2$ 时，则二次型 $f(x_1,x_2,x_3)=2x_1^2+2x_2^2+6x_3^2-2x_1x_2+2x_1x_3$，所对应的矩阵为 $\boldsymbol{B}=\begin{pmatrix} 2 & -1 & 3 \\ -1 & 2 & 0 \\ 3 & 0 & 6 \end{pmatrix}$，其特征值为 $\lambda_1=0$，$\lambda_2=5+\sqrt{7}>0$，$\lambda_3=5-\sqrt{7}>0$，所以二次型的规范型为 $f=z_1^2+z_2^2$.

例 5.21 设 $\boldsymbol{A}$ 为 $m\times n$ 实矩阵，$\boldsymbol{E}$ 为 n 阶单位矩阵. 已知矩阵 $\boldsymbol{B}=\lambda\boldsymbol{E}+\boldsymbol{A}^{\mathrm{T}}\boldsymbol{A}$，试证：当 $\lambda>0$ 时，矩阵 $\boldsymbol{B}$ 为正定矩阵.

证明 用定义证明. 显然 $\boldsymbol{B}$ 为对称矩阵. 且 $\forall\, \boldsymbol{x}\neq\boldsymbol{0}$，有

$$\boldsymbol{x}^{\mathrm{T}}\boldsymbol{B}\boldsymbol{x}=\lambda\boldsymbol{x}^{\mathrm{T}}\boldsymbol{x}+\boldsymbol{x}^{\mathrm{T}}\boldsymbol{A}^{\mathrm{T}}\boldsymbol{A}\boldsymbol{x}=\lambda\boldsymbol{x}^{\mathrm{T}}\boldsymbol{x}+(\boldsymbol{A}\boldsymbol{x})^{\mathrm{T}}(\boldsymbol{A}\boldsymbol{x})=\lambda\|\boldsymbol{x}\|^2+\|\boldsymbol{A}\boldsymbol{x}\|^2>0.$$

例 5.22 设有 n 元实二次型

$$f(x_1,x_2,\cdots,x_n)=(x_1+a_1x_2)^2+(x_2+a_2x_3)^2+\cdots+(x_{n-1}+a_{n-1}x_n)^2+(x_n+a_nx_1)^2,$$

其中 $a_i(i=1,2,\cdots,n)$ 为实数. 试问：当 $a_1,a_2,\cdots,a_n$ 满足何种条件时，二次型 $f(x_1,x_2,\cdots,x_n)$ 为正定二次型.

解 令

$$\begin{cases} y_1=x_1+a_1x_2 \\ y_2=x_2+a_2x_3 \\ \quad\cdots\cdots \\ y_{n-1}=x_{n-1}+a_{n-1}x_n \\ y_n=x_n+a_nx_1 \end{cases} \Leftrightarrow \begin{pmatrix} y_1 \\ y_2 \\ \vdots \\ y_{n-1} \\ y_n \end{pmatrix} = \begin{pmatrix} 1 & a_1 & 0 & \cdots & 0 & 0 \\ 0 & 1 & a_2 & \cdots & 0 & 0 \\ \vdots & \vdots & \vdots & & \vdots & \vdots \\ 0 & 0 & 0 & \cdots & 1 & a_{n-1} \\ a_n & 0 & 0 & \cdots & 0 & 1 \end{pmatrix} \begin{pmatrix} x_1 \\ x_2 \\ \vdots \\ x_{n-1} \\ x_n \end{pmatrix},$$

则

$$f=y_1^2+y_2^2+\cdots+y_{n-1}^2+y_n^2.$$

故 f 为正定二次型 $\Leftrightarrow \begin{vmatrix} 1 & a_1 & 0 & \cdots & 0 & 0 \\ 0 & 1 & a_2 & \cdots & 0 & 0 \\ \vdots & \vdots & \vdots & & \vdots & \vdots \\ 0 & 0 & 0 & \cdots & 1 & a_{n-1} \\ a_n & 0 & 0 & \cdots & 0 & 1 \end{vmatrix} = 1+(-1)^{n+1}a_1a_2\cdots a_n\neq 0.$

例 5.23 设 $\boldsymbol{A}$ 为 n 阶实对称矩阵，秩$(\boldsymbol{A})=n$，A_{ij} 是 $\boldsymbol{A}=(a_{ij})_{m\times n}$ 中元素 a_{ij} 的代数余子式 $(i,j=1,2,\cdots,n)$，二次型

$$f(x_1,x_2,\cdots,x_n)=\sum_{i=1}^{n}\sum_{j=1}^{n}\frac{A_{ij}}{|\boldsymbol{A}|}x_ix_j.$$

(1) 记 $\boldsymbol{X}=(x_1,x_2,\cdots,x_n)^{\mathrm{T}}$，把 $f(x_1,x_2,\cdots,x_n)$ 写成矩阵形式，并证明二次型 $f(\boldsymbol{X})$ 的矩阵为 $\boldsymbol{A}^{-1}$；

(2) 二次型 $g(\boldsymbol{X})=\boldsymbol{X}^{\mathrm{T}}\boldsymbol{A}\boldsymbol{X}$ 与 $f(\boldsymbol{X})$ 的规范型是否相同？说明理由.

解 (1)由二次型的定义 $f(x_1,x_2,\cdots,x_n)=\sum_{i=1}^{n}\sum_{j=1}^{n}a_{ij}x_ix_j$，得二次型的矩阵

$$B=\frac{1}{|A|}\begin{pmatrix}A_{11} & A_{21} & \cdots & A_{n1}\\ A_{12} & A_{22} & \cdots & A_{n2}\\ \vdots & \vdots & & \vdots\\ A_{1n} & A_{2n} & \cdots & A_{nn}\end{pmatrix}=A^{-1},$$

则 $f(x_1,x_2,\cdots,x_n)=\boldsymbol{x}^{\mathrm{T}}B\boldsymbol{x}$.

(2) 由 $r(A)=n\Rightarrow A$ 可逆，则 $B=A^{-1}=A^{-1}AA^{-1}\xlongequal{A\text{为对称矩阵}}(A^{-1})^{\mathrm{T}}A(A^{-1})$，即 A 与 B 合同，从而 $f(x_1,x_2,\cdots,x_n)$ 与 $g(x_1,x_2,\cdots,x_n)$ 有相同的标准型，则有相同的规范型.

习题五

一、填空题

1. 实二次型 $f(x_1,x_2)=(x_1,x_2)\begin{pmatrix}2 & 2\\ 4 & -1\end{pmatrix}\begin{pmatrix}x_1\\ x_2\end{pmatrix}$ 所对应的矩阵__________.

2. 二次型 $f(x_1,x_2,x_3)=a_{11}x_1^2+a_{22}x_2^2$ 所对应的矩阵为__________.

3. 二次型 $f(x_1,x_2,x_3)=(x_1+x_2)^2+(x_1+x_3)^2+(x_2+x_3)^2$ 的秩__________.

4. 矩阵 $A=\begin{pmatrix}2 & 2 & 0\\ 2 & 1 & 0\\ 0 & 0 & 1\end{pmatrix}$ 所对应的二次型为__________.

5. 设二次型 $f(x_1,x_2,x_3)=x_1^2+4x_2^2+4x_3^2-4x_1x_2+2ax_1x_3+2bx_2x_3$ 的秩为 1，则 $a=$________，$b=$________.

6. 设 $f(x_1,x_2,x_3,x_4)$ 的秩为 2，正惯性指数为 1，则 f 的规范型为__________.

7. 设 A_n,B_n 为实对称矩阵，A_n,B_n 合同的充要条件为__________.

8. 设二次型 $f(x_1,x_2,x_3)=2x_1^2+3x_2^2+3x_3^2+4x_2x_3$，在正交变换下的标准型为__________.

9. 已知二次型 $f(x_1,x_2,x_3)=a(x_1^2+x_2^2+x_3^2)+2x_1x_2+2x_1x_3+2x_2x_3$ 经正交变换化为标准型，$f(x_1,x_2,x_3)=3y_1^2$，则 $a=$________.

10. 若二次型 $f=2x_1^2+x_2^2+x_3^2+2x_1x_3+2tx_2x_3$ 是正定的，则 t 的取值范围为________.

二、解答题和证明题

1. 求下列二次型的矩阵表达式及秩.

(1) $f(x,y)=x^2-y^2$；

(2) $f(x,y,z)=2x^2-4xy+3y^2+6xz+z^2$；

(3) $f(x_1,x_2,x_3,x_4)=x_1^2+x_3^2+x_4^2+2x_1x_2+4x_1x_4-2x_2x_3+4x_3x_4$.

2. 判断矩阵 A 与矩阵 B 是否合同，若合同，试求可逆矩阵 P，使得 $P^{\mathrm{T}}AP=B$.

(1) $A=\begin{pmatrix}1 & 1\\ 1 & 1\end{pmatrix}$，$B=\begin{pmatrix}1 & 0\\ 0 & 1\end{pmatrix}$；

(2) $A=\begin{pmatrix}1 & & \\ & 2 & \\ & & 3\end{pmatrix}$，$B=\begin{pmatrix}2 & & \\ & 1 & \\ & & 3\end{pmatrix}$.

3. 已知二次型 $f(x_1,x_2,x_3)=(1-a)x_1^2+(1-a)x_2^2+2x_3^2+2(1+a)x_1x_2$ 的秩为 2.

(1) 求参数 a；

(2) 求正交变换 $\boldsymbol{x}=\boldsymbol{Q}\boldsymbol{y}$,化此二次型为标准型.

4. 当 t 取何值时,$f=x_1^2+2x_2^2+(1-t)x_3^2+2tx_1x_2+2x_1x_3$ 是正定的.

5. 设二次型 $f=2x_1^2+3x_2^2+3x_3^2+4x_2x_3$,则

(1) 求 f 对应的矩阵 $\boldsymbol{A}$；

(2) 求 $\boldsymbol{A}$ 的特征值；

(3) 求 f 的标准型以及规范型；

(4) 求 f 的秩；

(5) 判断 f 的正定性.

6. 设 $\boldsymbol{A}$ 为 n 阶正定矩阵,$\boldsymbol{E}$ 为 n 阶单位矩阵,证明 $|\boldsymbol{A}+\boldsymbol{E}|>1$.

7. 设矩阵 $\boldsymbol{A}$ 与 $\boldsymbol{B}$ 合同,$\boldsymbol{C}$ 与 $\boldsymbol{D}$ 合同,证明 $\begin{pmatrix}\boldsymbol{A} & \boldsymbol{O}\\ \boldsymbol{O} & \boldsymbol{C}\end{pmatrix}$ 与 $\begin{pmatrix}\boldsymbol{B} & \boldsymbol{O}\\ \boldsymbol{O} & \boldsymbol{D}\end{pmatrix}$ 合同.

8. 设 $\boldsymbol{A}$ 和 $\boldsymbol{B}$ 均为 n 阶正定矩阵,证明 $\boldsymbol{A}+\boldsymbol{B}$ 也是正定矩阵.

9. 设 $\boldsymbol{A}$ 为正定矩阵,证明 $\boldsymbol{A}^{-1}$,$\boldsymbol{A}^*$ 也是正定矩阵.

10. 设 $\boldsymbol{A}$ 为 n 阶实对称矩阵,$r(\boldsymbol{A})=n$,证明:$\boldsymbol{A}^2$ 是正定矩阵.

第六章　Matlab 软件在线性代数中的应用

Matlab(Matrix Laboratory)是 Mathworks 公司开发的，是目前国际上最流行、应用最广泛的科学与工程计算机软件. Matlab 软件以矩阵运算为基础，把计算、可视化、程序设计有机地融合到一个简单易学的交互式工作环境中，有出色的数值计算功能和强大的图形处理功能，而且简单易学，代码短小高效.

本章将介绍 Matlab 软件的基本操作以及在线性代数中的应用.

第一节　基础准备及入门

一、Matlab 简介

Matlab 名字是由 Matrix 和 Laboratory 两个词的前三个字母组合而成的. 它是 MathWorks 公司于 1982 年推出的一套高性能的数值计算和可视化数学软件，被誉为“巨人肩上的工具”. 由于使用 Matlab 编程运算与人进行科学计算的思路和表达方式完全一致，所以不像学习其他高级语言——如 Basic、Fortran 和 C 等那样难于掌握，用 Matlab 编写程序犹如在演算纸上排列出公式与求解问题，所以又被称为演算纸式科学算法语言. 在这个环境下，对所要求解的问题，用户只需简单地列出数学表达式，其结果便以数值或图形方式显示出来.

Matlab 的含义是矩阵实验室(Matrix Laboratory)，为了方便矩阵的存取，其基本元素是无须定义维数的矩阵. Matlab 自问世以来，就以数值计算著称. Matlab 进行数值计算的基本单位是复数数组(或称阵列)，这使得 Matlab 高度“向量化”. 经过十几年的完善和扩充，现已发展成为线性代数课程的标准工具. 由于它不需定义数组的维数，并给出矩阵函数、特殊矩阵专门的库函数，使之在求解诸如信号处理、建模、系统识别、控制、优化等领域的问题时，显得大为简捷、高效、方便，这是其他高级语言所不能比拟的.

二、Matlab 窗口

在桌面上双击 Matlab 快捷方式图标后，即可启动 Matlab 软件，我们可以看到 Matlab 软件启动后的界面如图 6－1 所示.

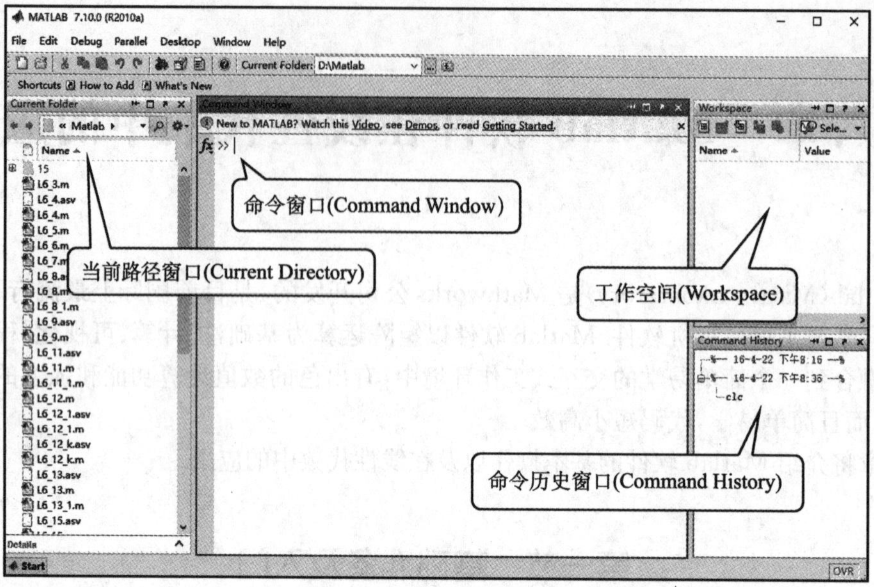

图 6-1　Matlab 软件(2010a 版本)的默认界面

命令窗口(Command Window)：该窗口缺省地处在 Matlab 桌面的中间，命令窗口是 Matlab 的主要交互窗口，用于输入和编辑命令行等信息，显示结果．当命令窗口中出现提示符“>>”时，表示 Matlab 已经准备好，可以输入命令、变量或运行函数．在每个指令行输入后要按回车键，才能使指令被 Matlab 执行．命令窗口可以作为最简单的计算器使用．

例 6.1　求$[12+2\times(7-4)]\div 3^2$的算术运算结果．

(1) 用键盘在 Matlab 指令窗中输入以下内容

```
>>(12+2*(7-4))/3^2
```

(2) 在上述表达式输入完成后，按【Enter】键，该指令就被执行．

(3) 在指令执行后，Matlab 指令窗中将显示以下结果．

```
ans =

    2
```

工作空间(Workspace)：该交互界面浏览器缺省地处于 Matlab 桌面的右上侧．该窗口罗列出 Matlab 工作空间中所有的变量名、大小、字节数．在该窗口中，可对变量进行观察、编辑、提取和保存．

保存在工作空间中的自定义变量，直到使用了“clear”命令清除工作空间或关闭了 Matlab 系统才被清除．在命令窗口中键入“whos”命令，可以显示出保存在工作空间中的所有变量的名称、大小、数据类型等信息，如果键入“who”命令，则只显示变量的名称．

命令历史窗口(Command History)：该交互界面浏览器缺省地处于 Matlab 桌面的右下侧．命令历史窗口记录用户每一次启动 Matlab 的时间以及在命令窗口运行过的所有指令．命令历史窗口中的指令可以被复制到命令窗口重新运行．如果要清除掉这些记录，可以选择“Edit”菜单中的“Clear Command History”项．

当前路径窗口(Current Directory)：当前路径窗口也称为当前目录窗口，该交互界面浏览器缺省地处于 Matlab 桌面的左侧．当前目录指的是 Matlab 运行文件时的工作目录．只有在当前目录或搜索路径下的文件及函数可以被运用或调用，如果没有特殊指明，数据文件也将储存在当前目录下.

如果要建立自己的工作目录，在运行文件前必须将该文件所在目录设置为当前目录. 例如将自己的工作目录设置在 D 盘的 Matlab 文件夹下，具体设置如下：

(1) 在 D 盘建立 Matlab 文件夹.

(2) 在桌面 Matlab 快捷方式图标下单击右键，选择“属性”，设置起始位置为 D:\Matlab，再单击“确定”，如图 6-2 所示.

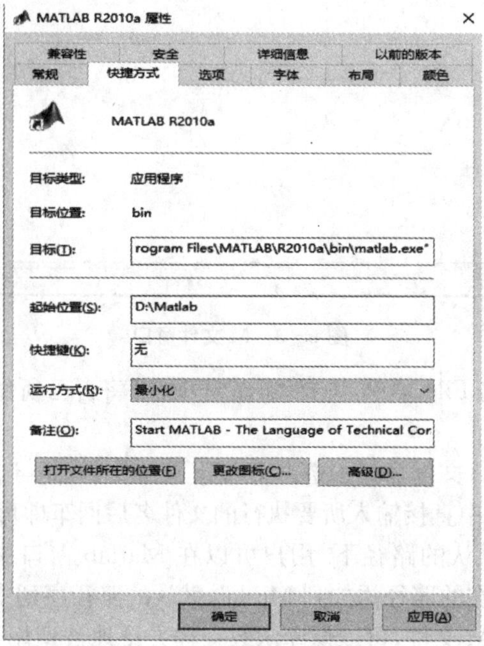

图 6-2　当前路径的设置

(3) 再次打开 Matlab 软件时，当前路径就已经设置到 D 盘的 Matlab 文件夹下. 此后编写的 M 文件等数据文件也将储存在该目录下.

三、M 文件

M 文件，又称脚本文件，它就是用 Matlab 语言编写的，可以在 Matlab 中运行的程序. 它是以普通文本格式存放的，故可以用任何文本编辑软件进行编辑. Matlab 提供的 M 文件编辑器就是程序编辑器.

(1) **M 文件的创建**　在 Matlab 窗口中单击 File 菜单，依次选择 New—Sript，打开 M 文件输入运行界面，此时屏幕上会出现如图 6-3 所示的窗口，在该窗口中输入程序文件，可以进行调试和运行. 与命令行方式相比，M 文件方式的优点是可以调试，可重复应用.

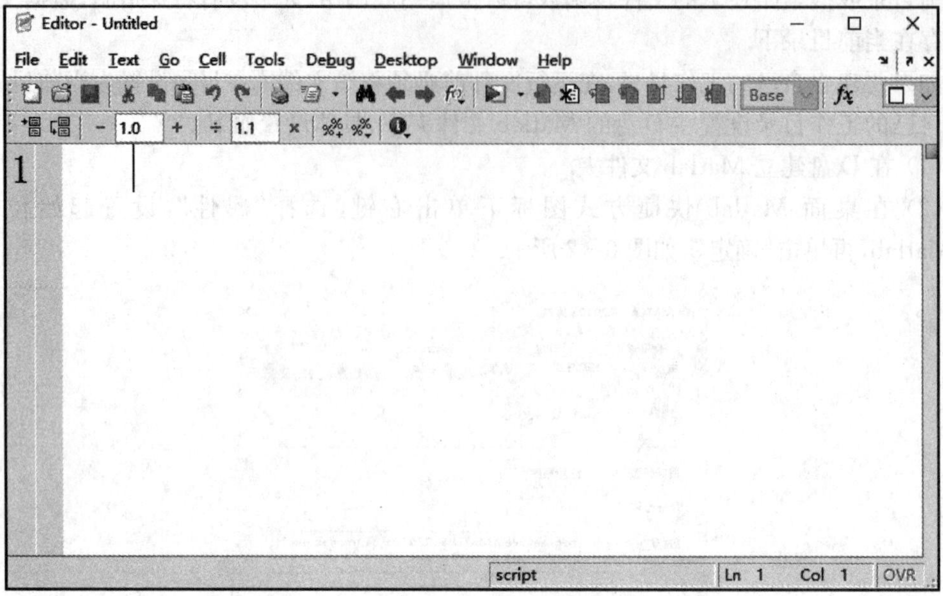

图 6-3　M 文件窗口

(2) **文件存储**　单击 File 菜单,选择 Save 选项,可将自己所编写的程序存在一个后缀为 m 的文件中.

(3) **运行程序**　在 M 文件窗口中选择 Debug 菜单中的 run 选项,即可运行此 M 文件;也可在 Matlab 命令窗口中直接输入所要执行的文件名后回车即可,但需要注意的是该程序文件必须存在 Matlab 默认的路径下. 用户可以在 Matlab 窗口中单击 File 菜单选择 Set Path 将要执行的文件所在的路径添加到 Matlab 默认的路径序列中.

函数文件是另一类 M 文件,可以像库函数一样方便地被调用,Matlab 提供的许多工具箱是由函数文件组成的. 对于某一类特殊问题,用户可以建立系统的函数文件,形成专用工具箱.

四、Matlab 的常用命令

Matlab 可以通过菜单对工作着的窗口进行操作,也可以通过键盘在命令窗口输入命令进行操作,下面给出几个常用的通用命令.

quit　关闭 Matlab
exit　关闭 Matlab
clc　清除 Matlab 命令窗口中的所有显示内容
clear　清除工作空间中保存的所有变量

其他命令可以在学习应用中逐步熟悉.

五、Matlab 的变量

变量就是在程序的运行过程中,其数值可以变化的量(数据),它可以代表一个或若干个内存单元(变量的地址)中的数据. 为了对所有的变量所对应的存储单元进行访问,需要给变量命名.

Matlab 变量命名的规则是:以字母开头,后面可以跟字母、数字或下划线,不超过 31 个字符,字符间不可以留空格,区分大小写.

六、Matlab 中的数据输出格式

Matlab 中的数据输出格式是靠 format 命令控制的,缺省时为默认短格式方式,与 format short 相同.

函数 format

格式:

format short　　短格式方式,显示 5 位定点十进制数

format long　　长格式方式,显示 15 位定点十进制数

format short g　　当数据大于 1 000 或小于 1 时便会以科学记数法显示(e),若想坚持用整数部分加小数部分的格式来显示,就要在后边加 g

format long g　　将数据显示为长整型科学计数

format hex　　十六进制格式方式

format bank　　银行格式,按元、角、分(小数点后具有两位)的固定格式

format rat　　分数格式形式,用有理数逼近显示数据,如 pi 显示为 355/113

format loose　　松散格式,数据之间有空行

format compact　　紧凑格式,数据之间无空行

vpa(date,n)　　将数据 date 以 n 位有效数字显示

无论 Matlab 中采取什么样的输出格式,在系统内核中的变量的精度总是尽可能保持精确的,除非用户人为地改变它的计算精度. 我们可以用一个简单的例子来说明这个问题. 在命令窗口输入 a=1/3,显示为 0. 333 333 33;再输入 a=a＊3,得到 1(不是 0. 999 999 99). 在很多其他的程序设计语言中是不可能得到 1 的. 这就说明了 Matlab 在计算的过程中不会损失用户的计算信息(包括中间结果).

第二节　矩阵及其基本运算

Matlab,即“矩阵实验室”,它是以矩阵为基本运算单元. 因此,本节从最基本的运算单元出发,介绍 Matlab 的命令及其用法.

一、矩阵的输入

Matlab 的强大功能之一体现在能直接处理向量或矩阵. 当然首要任务是输入待处理的向量或矩阵. 不管是何矩阵(向量),我们都可以直接按行方式输入每个元素:同一行中的元素用逗号(,)或者用空格符来分隔,且空格个数不限;不同的行用分号(;)分隔. 所有元素处

于方括号([ ])内.

冒号法构造向量表达式的一般格式为:向量名=初值:步长:终值.

例如在窗口输入

>> x=0:0.5:2

回车后显示

x=

0　0.5000　1.0000　1.5000　2.0000.

例 6.2　简单矩阵 $\boldsymbol{A}=\begin{pmatrix}2&1&0\\-1&3&2\\5&4&1\end{pmatrix}$ 的输入步骤.

(1) 在 Matlab 命令窗口输入下列内容

A=[2　1　0; −1　3　2; 5　4　1]

(2) 按【Enter】键,指令被执行.

(3) 在指令执行后,Matlab 指令窗中将显示以下结果:

```
A=
    2       1       0
   -1       3       2
    5       4       1
```

二、矩阵的运算

加减运算运算符:"+"和"−"分别为加、减运算符.

运算规则:对应元素相加、减,即按线性代数中矩阵的"+""−"运算进行.

乘法运算运算符:*

运算规则:按线性代数中矩阵乘法运算进行,即放在前面的矩阵的各行元素,分别与放在后面的矩阵的各列元素对应相乘并相加.

矩阵的乘方的运算符:"^"

运算规则:

(1) 当 A 为方阵,P 为大于 0 的整数时,A^P 表示 A 的 P 次方,即 A 自乘 P 次;P 为小于 0 的整数时,A^P 表示 A^{-1} 的 P 次方.

(2) 当 A 为方阵,p 为非整数时,则 $A^\wedge P=V\begin{bmatrix}d_{11}^p&&\\&\ddots&\\&&d_{nn}^p\end{bmatrix}V^{-1}$,其中 V 为 A 的特征向量,$\begin{bmatrix}d_{11}&&\\&\ddots&\\&&d_{nn}\end{bmatrix}$ 为特征值对角矩阵. 如果有重根,以上指令不成立.

(3) 标量的矩阵乘方 P^A,标量的矩阵乘方定义为 $P^A=V\begin{bmatrix}p^{d_{11}}&&\\&\ddots&\\&&p^{d_{nn}}\end{bmatrix}V^{-1}$,式中 V,

D 取自特征值分解 AV=AD.

(4) 标量的数组乘方 P. ^A,标量的数组乘方定义为 $P.\hat{}A=\begin{bmatrix} p^{a_{11}} & \cdots & p^{a_{1n}} \\ \vdots & & \vdots \\ p^{a_{m1}} & \cdots & p^{a_{mn}} \end{bmatrix}$;数组乘方 A. ^P 表示 A 的每个元素的 P 次乘方.

矩阵转置运算符:'

运算规则:若矩阵 A 的元素为实数,则与线性代数中矩阵的转置相同. 若 A 为复数矩阵,则 A 转置后的元素由 A 对应元素的共轭复数构成. 若仅希望转置,则用如下命令:A'.

例 6.3 已知 $\boldsymbol{A}=\begin{pmatrix} 2 & -1 & 3 \\ 1 & -4 & -2 \end{pmatrix}$, $\boldsymbol{B}=\begin{pmatrix} 1 & -1 & 4 \\ 2 & 4 & 3 \end{pmatrix}$,求 $\boldsymbol{A}+\boldsymbol{B}$, $2\boldsymbol{A}-3\boldsymbol{B}$.

(1) 使用快捷键 Ctrl+N 新建一个 M 文件,输入下列内容:

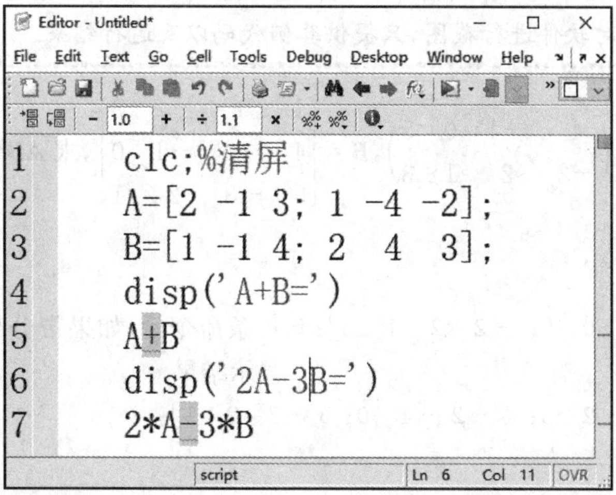

(2) 单击 File 菜单,选择 Save 选项,保存 M 文件,注意文件名必须以字母开头,可以带下划线、数字.

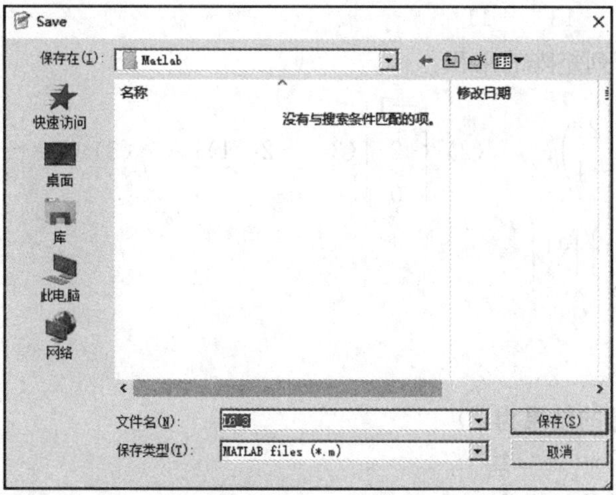

(3) 在指令执行后,Matlab 指令窗中将显示以下结果:

```
A+B=
ans=
    3      -2      7
    3       0      1
2A-3B
ans=
    1       1     -6
   -4     -20    -13
```

所以 $\boldsymbol{A}+\boldsymbol{B}=\begin{pmatrix}3 & -2 & 7\\3 & 0 & 1\end{pmatrix}$，$2\boldsymbol{A}-3\boldsymbol{B}=\begin{pmatrix}1 & 1 & -6\\-4 & -20 & -13\end{pmatrix}$.

注意：Matlab 软件代码中的符号必须在英文输入法下输入，否则就会出错. 由于篇幅限制，下面不再对软件进行截图，只提供算例代码以及运行结果.

例 6.4 设 $\boldsymbol{A}=\begin{pmatrix}4 & -1 & 0 & 5\\-2 & 2 & 1 & 3\end{pmatrix}$，$\boldsymbol{B}=\begin{pmatrix}1 & 0 & -2 & 3\\4 & -2 & -1 & 0\\5 & -3 & 2 & 1\end{pmatrix}$，求 $\boldsymbol{AB}^{\mathrm{T}}$.

【算例代码】

```
clc
A=[4 -1  0  5; -2  2  1  3]; % 每条命令后，如果带分号，则在命令窗口不显示结果
B=[1  0 -2  3; 4 -2 -1  0; 5 -3  2  1];
A*B'
```

【运行结果】

```
ans =
    19    18    28
     5   -13   -11
```

例 6.5 计算下列矩阵的乘积：

(1) $\begin{pmatrix}2 & -1\\1 & 0\end{pmatrix}\begin{pmatrix}2\\-1\end{pmatrix}$； (2) $\begin{pmatrix}-1\\2\\0\end{pmatrix}(3\quad -2\quad 1)$； (3) $(4\quad -2\quad 3)\begin{pmatrix}1\\2\\0\end{pmatrix}$；

(4) $(x_1,x_2)\begin{pmatrix}c_{11} & c_{12}\\c_{21} & c_{22}\end{pmatrix}\cdot\begin{pmatrix}x_1\\x_2\end{pmatrix}$.

【算例代码】

```
clc
disp('第1题的结果为：')
[2 -1;1  0]*[2;-1]
disp('第2题的结果为：')
[-1;2;0]*[3 -2  1]
```

```
disp('第3题的结果为:')
[4 -2 3]*[1;2;0]
disp('第4题的结果为:')
syms x1  x2  c11  c12  c21  c22 %声明符号
[x1 x2]*[c11  c12; c21  c22]*[x1; x2]
```

【运行结果】

```
第1题的结果为:
ans =
    5
    2
第2题的结果为:
ans =
   -3      2      -1
    6     -4      2
    0      0      0
第3题的结果为:
ans =
    0
第4题的结果为:
ans =
x1*(c11*x1 + c21*x2) + x2*(c12*x1 + c22*x2)
```

三、特殊矩阵的生成

命令 全零阵

函数 **zeros**

格式

```
B= zeros(n)                 %生成n×n全零阵
B= zeros(m,n)               %生成m×n全零阵
B= zeros([m n])             %生成m×n全零阵
B= zeros(d1,d2,d3…)         %生成d1×d2×d3×…全零阵或数组
B= zeros([d1 d2 d3…])       %生成d1×d2×d3×…全零阵或数组
B= zeros(size(A))           %生成与矩阵A相同大小的全零阵
```

命令 单位阵

函数 **eye**

格式

```
Y  =  eye(n)             %生成n×n单位阵
Y  =  eye(m,n)           %生成m×n单位阵
Y  =  eye(size(A))       %生成与矩阵A相同大小的单位阵
```

命令 全1阵

函数 **ones**

格式 Y = ones(n) %生成 n×n 全 1 阵

Y = ones(m,n) %生成 m×n 全 1 阵

Y = ones([m n]) %生成 m×n 全 1 阵

Y = ones(d1,d2,d3…) %生成 d1×d2×d3×…全 1 阵或数组

Y = ones([d1 d2 d3…]) %生成 d1×d2×d3×…全 1 阵或数组

Y = ones(size(A)) %生成与矩阵 A 相同大小的全 1 阵

使用以上命令,可以实现分块矩阵的快速输入.

例 6.6 设 $\boldsymbol{A}=\begin{pmatrix}3&0&0&1&0\\0&3&0&0&1\\0&0&3&3&-1\\0&0&0&1&-2\\0&0&0&0&1\end{pmatrix}$,$\boldsymbol{B}=\begin{pmatrix}1&1\\1&1\\1&1\\1&0\\0&1\end{pmatrix}$,求 $\boldsymbol{AB}$.

【算例代码】

```
clc
A12 = [eye(2);3 1]; A22 = [1  - 2; 0 1];
A = [3 * eye(3)  A12; zeros(2,3)  A22];
B = [ones(3,2);eye(2)];
A * B
```

【运行结果】

```
ans =

    4    3
    3    4
    6    4
    1   - 2
    0    1
```

四、将矩阵化为行最简型

函数 rref

格式

R = rref(A) %用高斯—约当消元法和行主元法求 A 的行最简型矩阵 R

例 6.7 将矩阵 $\boldsymbol{A}=\begin{pmatrix}1&2&2&1\\2&1&-2&-2\\1&-1&-4&-3\end{pmatrix}$ 化为行最简型矩阵.

Matlab 软件的结果通常是以小数形式显示的,在化为行最简型时,行最简型矩阵中的元素可能出现分数,那么我们怎样得到这个精确结果呢,这里有两种方法.第一种方法,如果能预测到结果是有理数,用命令“format rat ”以分数形式输出结果;第二种方法,把数值类型的矩阵转化为符号类型矩阵.

【方法一算例代码】

```
clc
format compact
format rat % 以分数形式输出结果
A=[1 2 2 1; 2  1 -2  -2; 1  -1  -4  -3];
rref(A)
```

【方法一运行结果】

```
ans =
    1          0           -2          -5/3
    0          1            2           4/3
    0          0            0           0
```

【方法二算例代码】

```
clc
A=[1 2 2 1; 2  1 -2  -2; 1  -1  -4  -3];
A=sym(A); % 数值类型的矩阵 A 转化为符号类型
rref(A)
```

【方法二运行结果】

```
ans =
[ 1, 0, -2, -5/3]
[ 0, 1,  2,  4/3]
[ 0, 0,  0,  0]
```

【两种方法的比较】 Matlab 软件符号计算比数值运算慢,也就是说方法二运行速度比方法一要慢. 一般的,当我们预测程序结果是有理数类型时,采用方法一,即使用命令"format rat"以分数形式输出有理数结果;如果预测程序结果可能含有无理数类型时,使用方法二,把数值类型的矩阵转化为符号类型矩阵,此时就可以输出无理数结果,见下面的例题 6.15.

五、矩阵的逆

命令 **逆**

函数 **inv**

格式 Y=inv(X) % **求方阵 X 的逆矩阵,若 X 为奇异阵或近似奇异阵,将给出警告信息**

例 6.8 求 $A=\begin{pmatrix}1&2&3\\2&2&1\\3&4&3\end{pmatrix}$ 的逆矩阵.

方法一:直接使用 inv 函数.

【算例代码】

```
A=[1  2  3; 2  2  1; 3  4  3];
```

```
Y = inv(A)或 Y = A^(-1)
```

【运行结果】

```
Y =
    1.0000     3.0000    -2.0000
   -1.5000    -3.0000     2.5000
    1.0000     1.0000    -1.0000
```

方法二:由增广矩阵 $\boldsymbol{B}=\begin{pmatrix}1&2&3&1&0&0\\2&2&1&0&1&0\\3&4&3&0&0&1\end{pmatrix}$ 进行初等行变换.

【算例代码】

```
B = [1, 2, 3, 1, 0, 0; 2, 2, 1, 0, 1, 0; 3, 4, 3, 0, 0, 1];
C = rref(B)           % 化为行最简型
X = C(:, 4:6)         % 取矩阵 C 中的 A^(-1)部分
```

【运行结果】

```
C =
    1.0000         0         0    1.0000    3.0000   -2.0000
         0    1.0000         0   -1.5000   -3.0000    2.5000
         0         0    1.0000    1.0000    1.0000   -1.0000
X =
    1.0000    3.0000   -2.0000
   -1.5000   -3.0000    2.5000
    1.0000    1.0000   -1.0000
```

六、方阵的行列式

函数 det

格式 d= det(X)　　　　**% 返回方阵 X 的多项式的值**

例 6.9 计算下列行列式:

(1) $\begin{vmatrix}1&2&3&4\\2&3&4&1\\3&4&2&1\\4&3&2&1\end{vmatrix}$;　　　(2) $\begin{vmatrix}1+m&1&1&1&1\\1&1+m&1&1&1\\1&1&1+m&1&1\\1&1&1&1+m&1\\1&1&1&1&1+m\end{vmatrix}$.

【算例代码】

```
clc
format compact
disp('第 1 题的结果为 ')
A = [1:4; 2:4 1; 3 4 2 1;4: -1:1];
det(A)
```

```
disp('第2题的结果为')
syms m %声明符号变量m
A = ones(5) + m * eye(5);
det(A)
```

【运行结果】

```
第1题的结果为
ans =
    60
第2题的结果为
ans =
m^5 + 5*m^4
```

例 6.10　求方阵 $\boldsymbol{A}=\begin{pmatrix}1 & 1 & 1\\ 1 & 0 & -1\\ 3 & 2 & 3\end{pmatrix}$ 的伴随矩阵.

解　当 $\boldsymbol{A}$ 可逆时,应用公式 $\boldsymbol{A}^*=|\boldsymbol{A}|\boldsymbol{A}^{-1}$ 来求.

【算例代码】

```
clc
A = [1 1 1;1 0 -1 ;3 2 3];
format rat %以分数形式显示
disp('A* =')
det(A) * inv(A)
```

【运行结果】

```
A* =
ans =
          1/2              -1/4              -1/4
         -3/2              0                 1/2
          1/2              1/4               -1/4
```

七、矩阵的迹

函数　trace

格式　b = trace (A)　　%返回矩阵A的迹,即A的对角线元素之和

第三节　向量组的线性相关性

在本节,我们介绍使用 Matlab 软件求向量组的秩以及极大线性无关组. 我们常用到以下三条命令:

rank(A):求矩阵 A 的秩

rref (A)：将 A 化为行简化阶梯型，其中单位向量对应的列向量即为极大无关组所含向量，且其他列向量的各分量是用极大无关向量组线性表示的组合系数.

[R,jb]=rref(A)：jb 是一个向量，r=length(jb)是矩阵 A 的秩，A(:,jb)为矩阵 A 的列向量基，jb 表示列向量基所在的列数.

例 6.11 设向量组 $\boldsymbol{T}$：

$$\boldsymbol{\alpha}_1=\begin{pmatrix}1\\1\\2\\3\end{pmatrix},\boldsymbol{\alpha}_2=\begin{pmatrix}1\\-1\\1\\1\end{pmatrix},\boldsymbol{\alpha}_3=\begin{pmatrix}1\\3\\3\\5\end{pmatrix},\boldsymbol{\alpha}_4=\begin{pmatrix}4\\-2\\5\\6\end{pmatrix},\boldsymbol{\alpha}_5=\begin{pmatrix}-3\\-1\\-5\\-7\end{pmatrix}.$$

(1) 求 $\boldsymbol{T}$ 的秩，判断向量组 $\boldsymbol{T}$ 是否线性相关；

(2) 求 $\boldsymbol{T}$ 的一个极大线性无关组；

(3) 将其余向量用极大无关组线性表示.

【算例代码】

```
clc
clear
format compact
a1=[1;1;2;3];a2=[1;-1;1;1]; %分别输入向量组
a3=[1;3;3;5];a4=[4;-2;5;6];
a5=[-3;-1;-5;-7];
A=[a1  a2  a3  a4  a5]; %利用向量组T组成矩阵A
fprintf('向量组T的秩为:%d\n',rank(A))
[R,jb]=rref(A);
disp('A的行简化阶梯型为:')
R
disp('向量基所在的列为')
jb
```

【运行结果】

```
向量组T的秩为:2
A的行简化阶梯型为:
R=
     1     0     2     1    -2
     0     1    -1     3     1
     0     0     0     0     0
     0     0     0     0     0
向量基所在的列为
jb=
     1     2
```

【结论】

(1) $r=2$，向量组 $\boldsymbol{T}$ 线性相关；

(2) 它的一个极大线性无关组是:$\boldsymbol{\alpha}_1,\boldsymbol{\alpha}_2$;

(3) $\boldsymbol{\alpha}_3=2\boldsymbol{\alpha}_1-\boldsymbol{\alpha}_2,\boldsymbol{\alpha}_4=\boldsymbol{\alpha}_1+3\boldsymbol{\alpha}_2,\boldsymbol{\alpha}_5=-2\boldsymbol{\alpha}_1-\boldsymbol{\alpha}_2$.

例 6.12 设 $\boldsymbol{\alpha}=(2,0,-1),\boldsymbol{\beta}=(1,7,4),\boldsymbol{\gamma}=(0,1,0)$.

(1) 若有 $\boldsymbol{x}$ 满足 $3\boldsymbol{\alpha}-\boldsymbol{\beta}+5\boldsymbol{\gamma}+2\boldsymbol{x}=\boldsymbol{0}$,求 $\boldsymbol{x}$;

(2) 把向量 $\boldsymbol{\eta}=(-1,1,5)$表成向量组 $\boldsymbol{\alpha},\boldsymbol{\beta},\boldsymbol{\gamma}$ 的线性组合.

【算例代码】

```
clc; clear
format compact; format rat;
a1 = [2;0; - 1];a2 = [1;7;4]; % 分别输入向量组
a3 = [0;1;0];
disp('(1) 向量 x 为:')
x = - 1/2 * (3 * a1 - a2 + 5 * a3)
A = [a1 a2 a3];
bt = [ - 1;1;5];
disp('(2)向量组的系数为:')
A\bt
```

【运行结果】

```
(1) 向量 x 为:
x =
        - 5/2
        1
        7/2
(2) 向量组的系数为:
ans =
        - 1
        1
        - 6
```

【结论】

(1) $\boldsymbol{x}=(-2.5,1,3.5)$;

(2) $\boldsymbol{\eta}=-\boldsymbol{\alpha}+\boldsymbol{\beta}-6\boldsymbol{\gamma}$.

第四节 线性方程组

例 6.13 用克拉默法则解线性方程组$\begin{cases}x_1-x_2+5x_3-x_4=1\\x_1+x_2-2x_3+x_4=0\\3x_1-x_2+8x_3+x_4=2\\x_1+x_2-9x_3+7x_4=3\end{cases}$.

【算例代码】

```
clc
clear;  format rat
format compact
A=[1    -1    5    -1;
   1     1   -2     1;
   3    -1    8     1;
   1     1   -9     7];
b=[1;0;2;3];
%对其他题目,只要改变上面的系数矩阵A和b即可
%下面的程序可以不动
n=length(b);%得到方程的个数
if det(A)~=0
    x=[];
    D=det(A);
    for i=1:n
        Ai=A;
        Ai(:,i)=b;
        xi=det(Ai)/det(A);
        x=[x;xi];
    end
    disp('方程组的解为:')
    for i=1:n
        fprintf('x%d=%f\n',i,x(i))
    end
    else
      disp('系数矩阵的行列式为零,不能用克拉默法求解')
    end
```

【运行结果】

```
方程组的解为:
x1=1.142857
x2=-2.000000
x3=-0.428571
x4=-0.000000
```

例 6.14 问 k 取何值时,齐次方程组$\begin{cases}(1-k)x_1-2x_2+4x_3=0\\2x_1+(3-k)x_2+x_3=0\\x_1+x_2+(1-k)x_3=0\end{cases}$有非零解?

【算例代码】

```
syms k
```

```
A=[1-k -2 4;2 3-k 1;1 1 1-k];
D=det(A)
factor(D)   %因式分解
```

【运行结果】

```
D=
-6*k+5*k^2-k^3
ans=
-k*(k-2)*(-3+k)
```

【结论】 当 $k=0$,$k=2$ 或 $k=3$ 时,原方程组有非零解.

例 6.15 求解齐次线性方程组 $\begin{cases}x_1+2x_2+2x_3+x_4=0\\2x_1+x_2-2x_3-2x_4=0\\x_1-x_2-4x_3-3x_4=0\end{cases}$ 的基础解系以及通解.

【算例代码】

```
clc
clear
format compact
format rat
A=[1     2     2     1;
   2     1    -2    -2;
   1    -1    -4    -3];
%本程序具有很强的扩展性,只要改变上面矩阵 A,就可以得到不同方程组的基础
 解系以及通解
disp('方程组的基础解系为')
B=null(A,'r')
%下面求方程组的通解
Bs=size(B);
n=Bs(2);%基础解系中向量的个数
syms c1
x=c1*B(:,1);
for i=2:n
    c=sym(['c' num2str(i)]);%声明常数
    x=x+c*B(:,i);
end
disp('方程组的通解为')
x
```

【运行结果】

方程组的基础解系为

```
B=
     2          5/3
```

```
-2          -4/3
1           0
0           1
```

方程组的通解为

```
x =
    2*c1 + (5*c2)/3
  - 2*c1 - (4*c2)/3
                  c1
                  c2
```

例 6.16 解非齐次方程组$\begin{cases} x_1+5x_2-x_3-x_4=-1 \\ x_1-2x_2+x_3+3x_4=3 \\ 3x_1+8x_2-x_3+x_4=1 \\ x_1-9x_2+3x_3+7x_4=7 \end{cases}$.

【算例代码】

```
clc
clear
format compact
format rat
A=[1    5    -1    -1;
   1    -2    1    3;
   3    8    -1    1;
   1    -9    3    7];
b=[-1;3;1;7];
 %本程序具有很强的扩展性,只要改变上面矩阵A和b,就可以得到不同非齐次方
  程组的通解
As=size(A);
n=As(2); %得到方程中未知量的个数
if rank(A)~=rank([A b])
    disp('原方程组无解')
elseif rank(A)==n  %
    disp('原方程组有唯一解为:')
    A\b
else
    disp('原方程组有无穷多个解,通解形式为:')
    B=null(A,'r'); % 方程组的基础解系
    x0=A\b;
    Bs=size(B);
```

```
    n1 = Bs(2); % 基础解系中向量的个数
    syms c1
    x = c1 * B(:,1);
    for i = 2:n1
        c = sym(['c' num2str(i)]); % 声明常数
        x = x + c * B(:,i);
    end
    x = x + x0;
    disp('方程组的通解为')
    x
end
```

【运行结果】

```
    方程组的通解为
    x =
    3 * c1 - 3 * c2 + 11/5
            5 * c2 - 5 * c1
               c1 + 2/5
                     c2
```

例 6.17 解非齐次方程组$\begin{cases}x_1+5x_2-x_3-x_4=-1\\x_1-2x_2+x_3+3x_4=3\\3x_1+8x_2-x_3+x_4=1\\x_1-9x_2+3x_3+7x_4=7\end{cases}$.

在本题中,我们使用例 6.16 程序发现:用"x0=A\b"命令求原方程在最小两乘法意义下的特解 x0 时,因为 $\boldsymbol{A}$ 选取的特殊性,导致该算法求不出解,此时会出现了"Warning: Matrix is singular to working precision."的警告,此时无法自动得到原方程的通解,此时,需要把增广矩阵$(\boldsymbol{A},\boldsymbol{b})$化为行最简型矩阵,然后,再写出原方程组的通解.

【算例代码】

```
clc
format rat
A = [1 5 -1 -1;1 -2  1  3;
   3 8 -1  1;1 -9  3  7];
b = [-1;3;1;7];
disp('化增广矩阵(A,b)为行最简型矩阵:')
rref([A,b])
disp('由行最简型矩阵写出原方程的通解,在此省略')
```

【运行结果】

化增广矩阵$(\boldsymbol{A},\boldsymbol{b})$为行最简型矩阵:

```
ans =
     1        0        3/7       13/7       13/7
     0        1       - 2/7     - 4/7      - 4/7
     0        0        0          0          0
     0        0        0          0          0
```

由行最简型矩阵写出原方程的通解，在此省略.

第五节　矩阵的特征值、特征向量以及对角化

例 6.18　设 $\boldsymbol{A}=\begin{pmatrix}1 & -1 & 2\\ 0 & 0 & 1\\ 1 & -1 & -1\end{pmatrix}$.

(1) 求 $\boldsymbol{A}$ 的秩，行列式 $|\boldsymbol{A}|$，$\boldsymbol{A}$ 的特征值以及特征向量，并且求变换矩阵 $\boldsymbol{T}$，把 $\boldsymbol{A}$ 对角化；

(2) 求 $\boldsymbol{A}$ 的特征多项式 $f(x)$ 并计算 $f(\boldsymbol{A})$，并且对计算结果做必要的解释；

(3) 求方程 $f(x)=0$ 的全部实根；

(4) 确定一个区间 $[c,d]$，使该区间包含特征方程 $f(x)=0$ 所有的根，画出曲线 $y=f(x)$ 的图像，并且把 $f(x)=0$ 的全部实根绘在代数方程的曲线上；

(5) 记 $\boldsymbol{B}=\frac{1}{2}(\boldsymbol{A}+\boldsymbol{A}')$，求二元函数

$$z=(x,y,1)\boldsymbol{B}\begin{pmatrix}x\\ y\\ 1\end{pmatrix}$$

的具体表达式，选取适当的圆形区域画出该二次曲面.

解　(1) 求 $\boldsymbol{A}$ 的秩，行列式 $|\boldsymbol{A}|$，$\boldsymbol{A}$ 的特征值和化成 Jordan 标准型的变换矩阵 $\boldsymbol{T}$.

【算例代码】

```
clear
format compact
A = [1  -1  2;0  0  1; 1  -1  -1];
fprintf('Rank(A) = %d \n',rank(A))
fprintf('det(A) = %f \n',det(A))
A = sym(A); %把矩阵 A 转化为符号矩阵
[T  V] = eig(A);
disp('A 的特征值为 ')
eig_A = diag(V) %V 为对角阵,对角线上元素为 A 的特征值
n = length(eig_A);
for i = 1:n
```

```
    str=[num2str(double(eig_A(i))) '对应的特征向量为:'];
    disp(str)
    T(:,i)
end
disp('变换矩阵T为')
T
```

【运行结果】

```
Rank(A)=2
det(A)=-0.000000
A的特征值为
eig_A =
  -2^(1/2)
   2^(1/2)
          0
-1.4142 对应的特征向量为:
ans =
1 - (3*2^(1/2))/2
           -2^(1/2)/2
                    1
1.4142 对应的特征向量为:
ans =
(3*2^(1/2))/2 + 1
        2^(1/2)/2
                1
0 对应的特征向量为:
ans =
  1
  1
  0
  变换矩阵T为
  T=
  [1 - (3*2^(1/2))/2,      (3*2^(1/2))/2 + 1,     1]
  [     -2^(1/2)/2,         2^(1/2)/2,             1]
  [          1,             1,                     0]
```

注意:在矩阵对角化的过程中,矩阵的特征值可能出现无理数,此时最好使用"A=sym(A)"命令把矩阵 $\boldsymbol{A}$ 转化为符号矩阵,通过符号计算可以输出含有无理数的表达式.

(2) 求 $\boldsymbol{A}$ 的特征多项式 $f(x)$ 并计算 $f(\boldsymbol{A})$，对计算结果做必要的解释.

【算例代码】

```
clc
A=[1  -1  2;0  0  1; 1  -1  -1];
A=sym(A);
disp('A的特征多项式为')
f=poly(A)
disp('f(A)=')
A^3-2*A
```

【运行结果】

```
A的特征多项式为
f=
x^3 - 2*x
f(A)=
ans=
[ 0,    0,    0]
[ 0,    0,    0]
[ 0,    0,    0]
```

【结果解释】 本题验证了"凯莱一哈密顿定理",即数域上任何一个方阵 $\boldsymbol{A}$,代入它的特征多项式函数矩阵中,其结果必定是个零矩阵.

(3) 求方程 $f(x)=0$ 的全部实根.

【算例代码】

```
clc
disp('方程f(x)的全部实根为')
solve('x^3 - 2*x')
```

【运行结果】

```
方程f(x)的全部实根为
ans =
          0
       2^(1/2)
     -2^(1/2)
```

(4) 确定一个区间$[c,d]$,使该区间包含特征方程 $f(x)=0$ 所有的根,画出曲线 $y=f(x)$的图像，并且把 $f(x)=0$ 的全部实根绘在代数方程的曲线上.

【算例代码】

```
clc;clear;
format compact;
A=[1  -1  2;0  0  1; 1  -1  -1];
p=poly(A); % 求矩阵A的特征多项式,p为多项式的系数
x0=roots(p); % 求p为多项式的根
```

```
x = -1.7:0.001:1.7;
y = x.^3 - 2*x;
%或者使用 y = polyval(p,x)
plot(x,y,x,zeros(size(x)),'linewidth',2)
hold on
plot(x0,0,'r*','linewidth',3)
xlabel('x')
ylabel('y')
title('函数 x^3 - 2x 的图像')
```

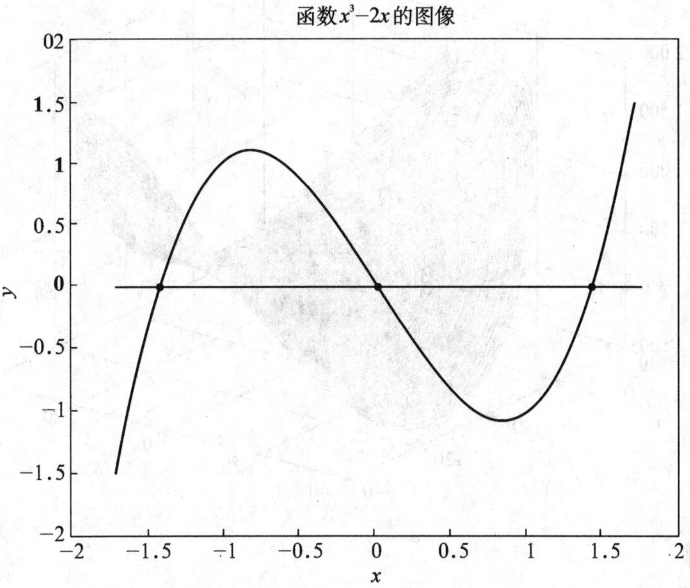

【运行结果】

(5) 记 $\boldsymbol{B}=\frac{1}{2}(\boldsymbol{A}+\boldsymbol{A}')$，求二元函数

$$z=(x,\quad y,\quad 1)\boldsymbol{B}\begin{pmatrix}x\\y\\1\end{pmatrix}$$

的具体表达式，选取适当的圆形区域画出该二次曲面.

【算例代码】

```
clc;clear; format compact;
A = [1  -1  2;0  0  1; 1  -1  -1];
B = 1/2*(A + A');
syms x y
z = [x y 1]*B*[x;y;1];
simplify(z) %对 z 化简
r0 = linspace(0,40,80);
```

```
t0 = linspace(0,2 * pi,80);
[R T] = meshgrid(r0,t0);
X = R. * cos(T);Y = R. * sin(T);
Z = 3 * X - X. * Y + Y.^2 - 1;
mesh(X,Y,Z);
xlabel('X');ylabel('Y');zlabel('Z');
title('二次曲面 z = 3x - xy + x^ 2 - 1 的图像')
```

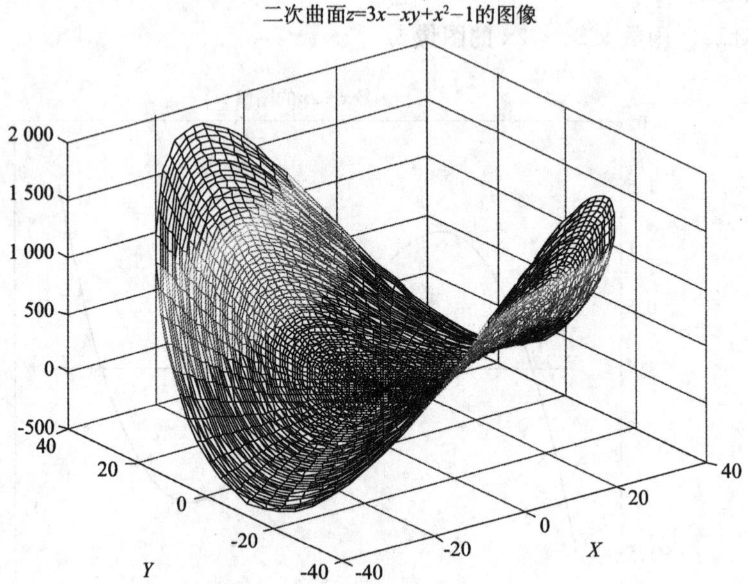

【运行结果】

```
ans =
    3 * x - x * y + x^ 2 - 1
```

例 6.19 用 Schmidt 正交化方法将向量组

$$\boldsymbol{b}_1=(1,1,1,1),\boldsymbol{b}_2=(3,-1,3,-1),\boldsymbol{b}_3=(1,3,-1,1),\boldsymbol{b}_4=(-2,0,0,6)$$

正交化.

【算例代码】

```
clc
a1 = [1 1 1 1];a2 = [3 -1 3 -1];a3 = [1 3 -1 1];a4 = [-2 0 0 6];
b1 = a1/norm(a1)
b2 = a2 - (b1 * a2') * b1;b2 = b2/norm(b2)
b3 = a3 - (b1 * a3') * b1 - (b2 * a3') * b2;b3 = b3/norm(b3)
b4 = a4 - (b1 * a4') * b1 - (b2 * a4') * b2 - (b3 * a4') * b3;
b4 = b4/norm(b4)
```

【运行结果】

```
b1 =
    0.5000    0.5000    0.5000    0.5000
b2 =
    0.5000   -0.5000    0.5000   -0.5000
b3 =
    0.5000    0.5000   -0.5000   -0.5000
b4 =
    0.5000 -0.5000 -0.5000 0.5000
```

例 6.20 将矩阵 $\boldsymbol{A}=\begin{pmatrix}4&0&0\\0&3&1\\0&1&3\end{pmatrix}$ 正交规范化.

【算例代码】

```
A=[4 0 0;0 3 1;0 1 3]
B=orth(A)   %将矩阵A正交规范化
D=B'*B
```

【运行结果】

```
B =
        0         1.0000         0
  -0.7071         0             -0.7071
  -0.7071         0              0.7071
D =
   1.0000         0              0.0000
        0         1.0000         0
   0.0000         0              1.0000
```

例 6.21 化二次型 $f=2x_1^2+5x_2^2+5x_3^2+2x_1x_2-2x_1x_3+4x_2x_3$ 为标准型,并写出所用的线性正交变换.

【算例代码】

```
A=[2 1 -1; 1 5 2; -1 2 5];
[P,B]=schur (A)
```

【运行结果】

```
P =
    -0.8165    -0.5774    0
    0.4082     -0.5774    0.7071
    -0.4082    0.5774     0.7071
B =
    1.0000     0          0
      0        4.0000     0
      0        0          7.0000
```

【结果解释】

正交变换 $\boldsymbol{x}=\boldsymbol{Q}\boldsymbol{y}$，其标准型为 $f(x_1,x_2,x_3)=y_1^2+4y_2^2+7y_3^2$.

本章为大家提供了利用 Matlab 数学软件上机求解线性代数问题的基本操作入门知识，事实上，Matlab 的功能非常强大，实际应用时，还需要不断学习，从而培养自己利用计算机分析问题和解决问题的能力.

参考答案

习题 1.1

1. (1) $\boldsymbol{A}+\boldsymbol{B}=\begin{pmatrix}3&2&2&4\\1&0&3&7\end{pmatrix}$；$\boldsymbol{B}-\boldsymbol{C}=\begin{pmatrix}-2&-2&-3&1\\-2&5&-3&5\end{pmatrix}$；$2\boldsymbol{A}-3\boldsymbol{C}=\begin{pmatrix}-5&-12&5&-4\\-4&5&2&9\end{pmatrix}$；

(2) $\boldsymbol{X}=\frac{1}{2}\begin{pmatrix}1&4&-3&1\\1&-1&-2&-4\end{pmatrix}$； (3) $\boldsymbol{Y}=\frac{1}{2}\begin{pmatrix}7&6&2&11\\2&2&5&18\end{pmatrix}$； (4) $\boldsymbol{X}=\frac{1}{4}\begin{pmatrix}5&2&6&5\\2&-2&7&10\end{pmatrix}$；$\boldsymbol{Y}=\frac{1}{4}\begin{pmatrix}-1&6&-14&7\\-2&10&-11&6\end{pmatrix}$.

2. $\boldsymbol{AB}^{\mathrm{T}}=\begin{pmatrix}19&18&28\\5&-13&-11\end{pmatrix}$.

3. (1) $\begin{pmatrix}5\\2\end{pmatrix}$； (2) $\begin{bmatrix}-3&2&-1\\6&-4&2\\0&0&2\end{bmatrix}$； (3) 0； (4) $c_{11}x_1^2+(c_{12}+c_{21})x_1x_2+c_{22}x_2^2$.

4. $\boldsymbol{B}=\begin{pmatrix}b_{11}&b_{12}\\0&b_{11}\end{pmatrix}$，$b_{11},b_{12}\in\mathbf{R}$.

5. $\boldsymbol{A}^2=\begin{pmatrix}1&2\\0&1\end{pmatrix}$；$\boldsymbol{A}^3=\begin{pmatrix}1&3\\0&1\end{pmatrix}$；$\boldsymbol{A}^n=\begin{pmatrix}1&n\\0&1\end{pmatrix}$.

6. $\boldsymbol{x}^{\mathrm{T}}\boldsymbol{A}\boldsymbol{x}=\sum_{i=1}^{n}\sum_{j=1}^{n}a_{ij}x_ix_j$.

习题 1.2

1. $\boldsymbol{A}=\begin{pmatrix}\boldsymbol{A}_{11}&\boldsymbol{O}_2\\\boldsymbol{A}_{21}&\boldsymbol{A}_{22}\end{pmatrix}$，$\boldsymbol{B}=\begin{pmatrix}\boldsymbol{B}_{11}&\boldsymbol{O}_2\\\boldsymbol{B}_{21}&\boldsymbol{B}_{22}\end{pmatrix}$，其中 $\boldsymbol{A}_{ij}$ 和 $\boldsymbol{B}_{ij}$ 均是二阶方阵，$\boldsymbol{O}_2$ 是二阶零矩阵，$\boldsymbol{A}+\boldsymbol{B}=\begin{pmatrix}\boldsymbol{A}_{11}+\boldsymbol{B}_{11}&\boldsymbol{O}_2\\\boldsymbol{A}_{21}+\boldsymbol{B}_{21}&\boldsymbol{A}_{22}+\boldsymbol{B}_{22}\end{pmatrix}$，$\boldsymbol{AB}=\begin{pmatrix}\boldsymbol{A}_{11}\boldsymbol{B}_{11}&\boldsymbol{O}_2\\\boldsymbol{A}_{21}\boldsymbol{B}_{11}+\boldsymbol{A}_{22}\boldsymbol{B}_{21}&\boldsymbol{A}_{22}\boldsymbol{B}_{22}\end{pmatrix}$.

2. $\boldsymbol{A}=\begin{pmatrix}3\boldsymbol{E}_3&\boldsymbol{A}_{12}\\\boldsymbol{O}_{2\times3}&\boldsymbol{A}_{22}\end{pmatrix}$，其中 $\boldsymbol{A}_{12}$ 是 3×2 矩阵，$\boldsymbol{A}_{22}$ 是二阶矩阵，$\boldsymbol{B}=\begin{pmatrix}\boldsymbol{B}_1\\\boldsymbol{E}_2\end{pmatrix}$，其中 $\boldsymbol{B}_1$ 是 3×2 矩阵，$\boldsymbol{AB}=\begin{pmatrix}3\boldsymbol{B}_1+\boldsymbol{A}_{12}\\\boldsymbol{A}_{22}\end{pmatrix}$.

3. $\boldsymbol{A}=\begin{pmatrix}\boldsymbol{A}_1&\boldsymbol{O}_2\\\boldsymbol{O}_2&\boldsymbol{A}_2\end{pmatrix}$，其中 $\boldsymbol{A}_i$ 是二阶方阵，$\boldsymbol{A}^{2k}=\begin{pmatrix}\boldsymbol{A}_1^{2k}&\boldsymbol{O}_2\\\boldsymbol{O}_2&\boldsymbol{A}_2^{2k}\end{pmatrix}$.

4. $\boldsymbol{A}=\begin{pmatrix}\boldsymbol{A}_{11}&\boldsymbol{E}_2\\\boldsymbol{O}_2&\boldsymbol{A}_{22}\end{pmatrix}$，$\boldsymbol{B}=\begin{pmatrix}\boldsymbol{E}_2&\boldsymbol{B}_{12}\\\boldsymbol{O}_2&\boldsymbol{B}_{22}\end{pmatrix}$其中 $\boldsymbol{A}_{ij}$ 和 $\boldsymbol{B}_{ij}$ 均是二阶方阵，$\boldsymbol{O}_2$ 是二阶零矩阵，$\boldsymbol{E}_2$ 是二阶单位阵，$\boldsymbol{AB}=\begin{pmatrix}\boldsymbol{A}_{11}&\boldsymbol{A}_{11}\boldsymbol{B}_{12}+\boldsymbol{B}_{22}\\\boldsymbol{O}_2&\boldsymbol{A}_{22}\boldsymbol{B}_{22}\end{pmatrix}$.

习题 1.3

1. (1) $\begin{pmatrix}1&1&-2&1&4\\0&-3&3&-1&-6\\0&0&0&1&-3\\0&0&0&0&0\end{pmatrix}$, $\begin{pmatrix}1&0&-1&0&4\\0&1&-1&0&3\\0&0&0&1&-3\\0&0&0&0&0\end{pmatrix}$, $\begin{pmatrix}1&0&0&0&0\\0&1&0&0&0\\0&0&1&0&0\\0&0&0&0&0\end{pmatrix}$; (2) $\begin{pmatrix}1&-1&2&-3&1\\0&0&3&-4&3\\0&0&0&0&0\end{pmatrix}$, $\begin{pmatrix}1&-1&0&-1/3&-1\\0&0&1&-4/3&1\\0&0&0&0&0\end{pmatrix}$, $\begin{pmatrix}1&0&0&0&0\\0&1&0&0&0\\0&0&0&0&0\end{pmatrix}$; (3) $\begin{pmatrix}1&-1&3&-4&3\\0&0&1&-2&2\\0&0&0&0&0\\0&0&0&0&0\end{pmatrix}$, $\begin{pmatrix}1&-1&0&2&-3\\0&0&1&-2&2\\0&0&0&0&0\\0&0&0&0&0\end{pmatrix}$, $\begin{pmatrix}1&0&0&0&0\\0&1&0&0&0\\0&0&0&0&0\\0&0&0&0&0\end{pmatrix}$; (4) $\begin{pmatrix}1&2&3\\0&1&5\\0&0&18\end{pmatrix}$, $\begin{pmatrix}1&0&0\\0&1&0\\0&0&1\end{pmatrix}$, $\begin{pmatrix}1&0&0\\0&1&0\\0&0&1\end{pmatrix}$;

(5) $\begin{pmatrix}1&-1&2&1&0\\0&3&0&-4&1\\0&0&0&4&-2\end{pmatrix}$, $\begin{pmatrix}1&0&2&0&1/6\\0&1&0&0&-1/3\\0&0&0&1&-1/2\end{pmatrix}$, $\begin{pmatrix}1&0&0&0&0\\0&1&0&0&0\\0&0&1&0&0\end{pmatrix}$.

2. $\boldsymbol{AP}_1=\begin{pmatrix}1&3&2\\4&6&5\\7&9&8\end{pmatrix}$, $\boldsymbol{P}_1\boldsymbol{A}=\begin{pmatrix}1&2&3\\7&8&9\\4&5&6\end{pmatrix}$, $\boldsymbol{P}_1\boldsymbol{P}_2\boldsymbol{P}_3\boldsymbol{A}=\begin{pmatrix}10&14&18\\7&8&9\\4&5&6\end{pmatrix}$, $\boldsymbol{P}_3\boldsymbol{P}_2\boldsymbol{P}_1\boldsymbol{A}=\begin{pmatrix}9&12&15\\7&8&9\\4&5&6\end{pmatrix}$,

$\boldsymbol{P}_3\boldsymbol{AP}_1\boldsymbol{P}_2=\begin{pmatrix}10&9&7\\8&6&5\\14&9&8\end{pmatrix}$, $\boldsymbol{P}_1^{2\,016}\boldsymbol{AP}_1^{2\,017}=\begin{pmatrix}1&3&2\\4&6&5\\7&9&8\end{pmatrix}$.

习题 1.4

1. (1) $\frac{1}{3}\begin{pmatrix}5&-2&-1\\-1&1&2\\1&-1&1\end{pmatrix}$; (2) $\frac{1}{2}\begin{pmatrix}-4&2&0\\-13&6&-1\\-32&14&-2\end{pmatrix}$; (3) $\begin{pmatrix}1&0&0&0\\-1/2&1/2&0&0\\-4/3&2/3&1/3&0\\2&-5/4&-1/2&1/4\end{pmatrix}$.

2. (1) $\boldsymbol{A}=\frac{1}{4}\begin{pmatrix}6&12&0\\-1&-8&6\end{pmatrix}$; (2) $\boldsymbol{B}=\begin{pmatrix}2&1&0\\2&3&-4\\1&4&-2\end{pmatrix}$.

3. $\boldsymbol{B}=\begin{pmatrix}1&2&0\\-4&5&2\\2&-2&1\end{pmatrix}$.

4. 提示：$(\boldsymbol{A}-\boldsymbol{E})(\boldsymbol{A}+2\boldsymbol{E})=2\boldsymbol{E}$，$(\boldsymbol{A}-\boldsymbol{E})^{-1}=\frac{1}{2}(\boldsymbol{A}+2\boldsymbol{E})$.

5. $\boldsymbol{A}=\begin{pmatrix}\boldsymbol{A}_1&\boldsymbol{O}_2\\\boldsymbol{O}_2&\boldsymbol{A}_2\end{pmatrix}$，其中 $\boldsymbol{A}_1=\begin{pmatrix}5&2\\2&1\end{pmatrix}$ 和 $\boldsymbol{A}_2=\begin{pmatrix}8&3\\2&1\end{pmatrix}$，$\boldsymbol{A}^{-1}=\begin{pmatrix}\boldsymbol{A}_1^{-1}&\boldsymbol{O}_2\\\boldsymbol{O}_2&\boldsymbol{A}_2^{-1}\end{pmatrix}$.

习题 1.5

1. (1) 13； (2) 8； (3) $\frac{n(n-1)}{2}$.

2. (1) 1； (2) 0； (3) 1； (4) 64； (5) -60； (6) -24.

3. (1) $\begin{cases}x_1=5\\x_2=-1\end{cases}$； (2) $\begin{cases}x_1=0\\x_2=1\end{cases}$.

4. $\frac{5}{24}$.

5. $|3\boldsymbol{A}|=54, |\boldsymbol{A}+\boldsymbol{B}|=20, |\boldsymbol{A}-\boldsymbol{B}|=0, |\boldsymbol{A}^{\mathrm{T}}+\boldsymbol{B}^{\mathrm{T}}|=20$.

6. (1) $(-1)^{\frac{n(n-1)}{2}}a_1a_2\cdots a_n$； (2) $x^n+(-1)^{n+1}y^n$； (3) $\left(a_0+\sum_{i=1}^{n}\frac{b_ic_i}{a_i}\right)\prod_{i=1}^{n}a_i$.

7. (1) $\begin{pmatrix}5&-3\\-2&1\end{pmatrix},\begin{pmatrix}5&-3\\-2&1\end{pmatrix}$； (2) $\begin{pmatrix}2&-1&-1\\-6&0&2\\2&1&-1\end{pmatrix},\frac{1}{2}\begin{pmatrix}-2&1&1\\6&0&-2\\-2&-1&1\end{pmatrix}$.

8. (1) 22； (2) 33； (3) 0.

习题 1.6

1. (1) $r(\boldsymbol{A})=2,\begin{vmatrix}1&-1\\1&1\end{vmatrix}$； (2) $r(\boldsymbol{A})=3,\begin{vmatrix}3&2&-1\\2&-1&-3\\7&0&-8\end{vmatrix}$.

2. (1) $k=1$； (2) $k=2$； (3) $k\neq1$ 且 $k\neq2$.

3. (1) $a=1$； (2) $a\neq1$.

4. $a=5,b=1$.

习题一

一、1. 1,−3,−2,−1. 2. $\begin{pmatrix}a_{11}&0\\a_{21}&a_{11}\end{pmatrix}$.

3. $\begin{pmatrix}0&0\\0&0\end{pmatrix}$.

4. $\begin{pmatrix}a^4&0&0\\0&b^4&0\\0&0&c^4\end{pmatrix}$.

5. $\begin{pmatrix}-1&2&4\\2&-1&4\\-4&4&-7\end{pmatrix}$.

6. diag(3,2,1)

7. $\frac{1}{2}(\boldsymbol{A}-3\boldsymbol{E})$.

8. $a\neq1,a=1$.

9. $\begin{cases}x_1=2\\x_2=3.\\x_3=4\end{cases}$

10. -6^{n-1}.

二、1. $-\frac{1}{2}\begin{pmatrix}1&-\sqrt{3}\\\sqrt{3}&1\end{pmatrix}$.

2. $\frac{1}{20}\begin{pmatrix}3&0&2\\1&2&0\\0&4&2\end{pmatrix}$.

3. $\begin{pmatrix} 0 & 0 & 0 & \cdots & 0 & 1/a_n \\ 1/a_1 & 0 & 0 & \cdots & 0 & 0 \\ 0 & 1/a_2 & 0 & \cdots & 0 & 0 \\ \vdots & \vdots & \vdots & & \vdots & \vdots \\ 0 & 0 & 0 & \cdots & 1/a_{n-1} & 0 \end{pmatrix}$.

4. a_i 不全为零 $1\leqslant i\leqslant n$，且 b_i 不全为零 $1\leqslant i\leqslant n$，则 $r(\mathbf{A})=1$；否则 $r(\mathbf{A})=0$.

5. $\begin{pmatrix} 1 & 1/2 & 0 \\ -1/3 & 1 & 0 \\ 0 & 0 & 2 \end{pmatrix}$.

6. $\begin{pmatrix} 1 & 0 & 0 \\ -2 & 1 & 0 \\ 10 & -2 & 1 \end{pmatrix}$.

7. 3.

8. $a=-2b$.

9. (1) $a\neq 5$ 且 $b\neq -4$，秩 $r(\mathbf{A})=4$，最大； (2) $a=5$ 且 $b=-4$，秩 $r(\mathbf{A})=2$，最小.

10. $D=-a^5+a^4-a^3+a^2-a+1$.

三、1. $\boldsymbol{B}=\mathrm{diag}(2,-4,2)$.

2. $(-1)^{\frac{n(n-1)}{2}}(n!)^n$.

3. 提示：利用伴随矩阵的定义.

4. $\boldsymbol{B}=\begin{pmatrix} \frac{1}{2}\boldsymbol{E}_2 & \boldsymbol{B}_{12} \\ \boldsymbol{O} & \boldsymbol{E}_3 \end{pmatrix}$，其中 $\boldsymbol{B}_{12}=\begin{pmatrix} -1/2 & 0 & -1 \\ 0 & -1/2 & -3/2 \end{pmatrix}$.

5. 提示：构造 $(\boldsymbol{A}+\boldsymbol{B})=\boldsymbol{A}\boldsymbol{A}^{-1}(\boldsymbol{A}+\boldsymbol{B})\boldsymbol{B}^{-1}\boldsymbol{B}$.

6. 提示：(1) 利用第 7 题的结论； (2) 伴随矩阵的性质 $\boldsymbol{A}\boldsymbol{A}^*=|\boldsymbol{A}|\boldsymbol{E}$.

7. 提示：(1) 利用 $|\boldsymbol{A}^*|=|\boldsymbol{A}|^{n-1}$； (2)(3) 秩的定义.

8. 提示：数学归纳法.

习题 2.1

1. (1) $\begin{pmatrix} 5 \\ 10 \\ 2 \\ 1 \end{pmatrix}$； (2) $\begin{pmatrix} -5/2 \\ 1 \\ 7/2 \\ -8 \end{pmatrix}$.

2. $\boldsymbol{\alpha}=\begin{pmatrix} 1 \\ 2/7 \\ -4/7 \\ 1/7 \end{pmatrix}$；$\boldsymbol{\beta}=\begin{pmatrix} -1 \\ 1/7 \\ 12/7 \\ 4/7 \end{pmatrix}$.

3. $\boldsymbol{\beta}=\boldsymbol{\alpha}_1+2\boldsymbol{\alpha}_2-\boldsymbol{\alpha}_3$.

4. $\boldsymbol{\beta}=-\boldsymbol{\alpha}_1+5\boldsymbol{\alpha}_3$.

5. $\begin{cases} \boldsymbol{\alpha}_1=\frac{1}{2}\boldsymbol{\beta}_1+\frac{1}{2}\boldsymbol{\beta}_2 \\ \boldsymbol{\alpha}_2=\frac{1}{2}\boldsymbol{\beta}_2+\frac{1}{2}\boldsymbol{\beta}_3 \\ \boldsymbol{\alpha}_3=\frac{1}{2}\boldsymbol{\beta}_1+\frac{1}{2}\boldsymbol{\beta}_3 \end{cases}$.

6. 不是,例如 $\boldsymbol{A}$: $\begin{pmatrix}1\\0\\0\end{pmatrix},\begin{pmatrix}0\\1\\0\end{pmatrix},\begin{pmatrix}0\\0\\1\end{pmatrix}$;$\boldsymbol{B}$: $\begin{pmatrix}1\\0\\0\end{pmatrix},\begin{pmatrix}1\\1\\0\end{pmatrix},\begin{pmatrix}1\\1\\1\end{pmatrix},\begin{pmatrix}1\\2\\3\end{pmatrix}$.

习题 2.2

1. (1) $r(\boldsymbol{\alpha}_1,\boldsymbol{\alpha}_2,\boldsymbol{\alpha}_3)=3$,线性无关; (2) $r(\boldsymbol{\alpha}_1,\boldsymbol{\alpha}_2,\boldsymbol{\alpha}_3)=2$,线性相关; (3) $r(\boldsymbol{\alpha}_1,\boldsymbol{\alpha}_2,\boldsymbol{\alpha}_3,\boldsymbol{\alpha}_4)=3$,线性相关; (4) $r(\boldsymbol{\alpha}_1,\boldsymbol{\alpha}_2,\boldsymbol{\alpha}_3,\boldsymbol{\alpha}_4)=3$,线性相关; (5) $r(\boldsymbol{\alpha}_1,\boldsymbol{\alpha}_2,\boldsymbol{\alpha}_3,\boldsymbol{\alpha}_4,\boldsymbol{\alpha}_5)=4$,线性相关.

2. $k=2$.

3. 提示:定义法.

4. 提示:定义法.

5. 提示:(1) 唯一表示定理; (2) 反证法,用(1)的结论.

6. (1) $t\neq 5$; (2) $t=5$.

习题 2.3

1. $\boldsymbol{\alpha}_1,\boldsymbol{\alpha}_3$;$\boldsymbol{\alpha}_2,\boldsymbol{\alpha}_3$.

2. $r(\boldsymbol{\alpha}_1,\boldsymbol{\alpha}_2,\boldsymbol{\alpha}_3,\boldsymbol{\alpha}_4)=3$,线性相关,极大线性无关组 $\boldsymbol{\alpha}_1,\boldsymbol{\alpha}_2,\boldsymbol{\alpha}_3$;$\boldsymbol{\alpha}_1,\boldsymbol{\alpha}_3,\boldsymbol{\alpha}_4$.

3. $t=3$.

4. (1) $r(\boldsymbol{\alpha}_1,\boldsymbol{\alpha}_2,\boldsymbol{\alpha}_3,\boldsymbol{\alpha}_4,\boldsymbol{\alpha}_5)=2$,一个极大线性无关组 $\boldsymbol{\alpha}_1,\boldsymbol{\alpha}_2$,且 $\begin{cases}\boldsymbol{\alpha}_3=-\boldsymbol{\alpha}_1+\boldsymbol{\alpha}_2\\ \boldsymbol{\alpha}_4=-2\boldsymbol{\alpha}_1+\boldsymbol{\alpha}_2\\ \boldsymbol{\alpha}_5=\boldsymbol{\alpha}_1+\boldsymbol{\alpha}_2\end{cases}$; (2) $r(\boldsymbol{\alpha}_1,\boldsymbol{\alpha}_2,\boldsymbol{\alpha}_3,\boldsymbol{\alpha}_4,\boldsymbol{\alpha}_5)=3$,一个极大线性无关组 $\boldsymbol{\alpha}_1,\boldsymbol{\alpha}_2,\boldsymbol{\alpha}_3$,且 $\begin{cases}\boldsymbol{\alpha}_4=\boldsymbol{\alpha}_1+3\boldsymbol{\alpha}_2-\boldsymbol{\alpha}_3\\ \boldsymbol{\alpha}_5=-\boldsymbol{\alpha}_2+\boldsymbol{\alpha}_3\end{cases}$.

5. 提示:秩与极大线性无关组.

6. 提示:向量组的等价.

习题 2.4—2.5

1. (1) 3,$\boldsymbol{\alpha}_1,\boldsymbol{\alpha}_2,\boldsymbol{\alpha}_3$; (2) 2 ,$\boldsymbol{\alpha}_1,\boldsymbol{\alpha}_2$.

2. $\boldsymbol{M}=\frac{1}{3}\begin{pmatrix}1&4\\4&1\end{pmatrix}$,$\boldsymbol{\alpha}$ 在基 $\boldsymbol{\alpha}_1,\boldsymbol{\alpha}_2$ 下的坐标是 $\begin{pmatrix}-1\\1\end{pmatrix}$,$\boldsymbol{\alpha}$ 在基 $\boldsymbol{\beta}_1,\boldsymbol{\beta}_2$ 下的坐标是 $\begin{pmatrix}1\\-1\end{pmatrix}$.

3. (1) $\boldsymbol{\eta}_1=\frac{1}{\sqrt{3}}\begin{pmatrix}1\\1\\1\end{pmatrix}$,$\boldsymbol{\eta}_2=\frac{1}{\sqrt{2}}\begin{pmatrix}-1\\0\\1\end{pmatrix}$,$\boldsymbol{\eta}_3=-\frac{1}{\sqrt{6}}\begin{pmatrix}1\\-2\\1\end{pmatrix}$; (2) $\boldsymbol{\eta}_1=\frac{1}{\sqrt{3}}\begin{pmatrix}1\\1\\1\end{pmatrix}$,$\boldsymbol{\eta}_2=\frac{1}{\sqrt{2}}\begin{pmatrix}-1\\0\\1\end{pmatrix}$,$\boldsymbol{\eta}_3=-\frac{1}{\sqrt{6}}\begin{pmatrix}1\\-2\\1\end{pmatrix}$.

4. 提示:$\boldsymbol{Q}=(\boldsymbol{\alpha}_1,\boldsymbol{\alpha}_2,\boldsymbol{\alpha}_3,\boldsymbol{\alpha}_4)$,$\boldsymbol{Q}^{\mathrm{T}}\boldsymbol{Q}=\boldsymbol{E}$.

5. (1) 不是,$\boldsymbol{Q}^{\mathrm{T}}\boldsymbol{Q}\neq\boldsymbol{E}$; (2) 是,$\boldsymbol{Q}^{\mathrm{T}}\boldsymbol{Q}=\boldsymbol{E}$.

6. 提示:正交矩阵的定义.

习题二

一、1. 6. 2. 2. 3. -1. 4. $c_1+c_2=1$. 5. $a=2b$. 6. $(1,1,-1)$.

7. $\begin{pmatrix}2&3\\-1&-2\end{pmatrix}$. 8. $\frac{2}{3}$. 9. $t=-2s$. 10. $a=-1,b=0,c=0$.

二、1. B. 2. D. 3. B. 4. C. 5. A. 6. A. 7. C. 8. C. 9. A. 10. A.

三、1. $a=15,b=5$.

2. $k\neq-1$.

3. $\lambda\neq-\frac{9}{5}$.

4. 相关.

5. $\boldsymbol{A}=\begin{pmatrix}24 & -19 & -31\\ 10 & -7 & -13\\ 25/2 & -21/2 & -16\end{pmatrix}$.

6. $r(\boldsymbol{\alpha}_1,\boldsymbol{\alpha}_2,\boldsymbol{\alpha}_3,\boldsymbol{\alpha}_5-\boldsymbol{\alpha}_4)=4$.

7. 提示:利用秩证明.

8. 提示:利用秩证明.

9. 提示:利用秩的性质.

10. 提示:利用定义.

习题 3.1

1. (1) $\begin{cases}x_1=1\\ x_2=3\\ x_3=2\end{cases}$; (2) $\begin{cases}x_1=-17/7\\ x_2=3\\ x_3=12/7\\ x_4=2\end{cases}$; (3) $\begin{cases}x_1=1\\ x_2=2\\ x_3=3\\ x_4=-1\end{cases}$.

2. $\lambda\neq0$ 且 $\lambda\neq-3$.

3. $\mu=0$ 或 $\lambda=1$.

4. $\lambda=0,\lambda=1,\lambda=-6$.

习题 3.2

1. $\begin{pmatrix}x_1\\x_2\\x_3\\x_4\end{pmatrix}=k_1\begin{pmatrix}2\\-2\\1\\0\end{pmatrix}+k_2\begin{pmatrix}5/3\\-4/3\\0\\1\end{pmatrix},k_1,k_2\in\mathbf{R}$.

2. $\begin{pmatrix}x_1\\x_2\\x_3\\x_4\end{pmatrix}=k\begin{pmatrix}-4/3\\3\\-4/3\\1\end{pmatrix},k\in\mathbf{R}$.

3. $\begin{pmatrix}x_1\\x_2\\x_3\\x_4\end{pmatrix}=k_1\begin{pmatrix}-3/2\\7/2\\1\\0\end{pmatrix}+k_2\begin{pmatrix}-1\\-2\\0\\1\end{pmatrix},k_1,k_2\in\mathbf{R}$.

4. 无解.

5. $\begin{pmatrix}x_1\\x_2\\x_3\end{pmatrix}=k\begin{pmatrix}-2\\1\\1\end{pmatrix}+\begin{pmatrix}-1\\2\\0\end{pmatrix},k\in\mathbf{R}$.

6. $\begin{pmatrix}x_1\\x_2\\x_3\\x_4\end{pmatrix}=k_1\begin{pmatrix}1/7\\5/7\\1\\0\end{pmatrix}+k_2\begin{pmatrix}1/7\\-9/7\\0\\1\end{pmatrix}+\begin{pmatrix}6/7\\-5/7\\0\\0\end{pmatrix},k_1,k_2\in\mathbf{R}$.

习题 3.3

1. $\begin{cases} x_1-3x_3+2x_4=0 \\ 2x_1-3x_2+x_4=0 \end{cases}$.

2. $\boldsymbol{\xi}_1=\begin{pmatrix}1\\0\\0\\\vdots\\0\\-n\end{pmatrix},\boldsymbol{\xi}_2=\begin{pmatrix}0\\1\\0\\\vdots\\0\\-(n-1)\end{pmatrix},\boldsymbol{\xi}_3=\begin{pmatrix}0\\0\\1\\\vdots\\0\\-(n-2)\end{pmatrix},\cdots,\boldsymbol{\xi}_{n-1}=\begin{pmatrix}0\\0\\0\\\vdots\\1\\-2\end{pmatrix}$.

3. (1) 基础解系 $\boldsymbol{\xi}=\begin{pmatrix}0\\-5/3\\4/3\\1\end{pmatrix}$,通解 $\boldsymbol{x}=k\boldsymbol{\xi},k\in\mathbf{R}$; (2) 基础解系 $\boldsymbol{\xi}_1=\begin{pmatrix}2/7\\5/7\\1\\0\end{pmatrix},\boldsymbol{\xi}_2=\begin{pmatrix}3/7\\4/7\\0\\1\end{pmatrix}$,通解 $\boldsymbol{x}=k_1\boldsymbol{\xi}_1+k_2\boldsymbol{\xi}_2,k_1,k_2\in\mathbf{R}$; (3) 基础解系 $\boldsymbol{\xi}=\begin{pmatrix}-4\\2\\2\\1\end{pmatrix}$,通解 $\boldsymbol{x}=k\boldsymbol{\xi},k\in\mathbf{R}$.

4. $\lambda=0$ 或者 $\lambda=1$;当 $\lambda=0$,通解为:$\begin{pmatrix}x_1\\x_2\\x_3\end{pmatrix}=k\begin{pmatrix}-1\\1\\1\end{pmatrix},k\in\mathbf{R}$;当 $\lambda=1$,通解为:$\begin{pmatrix}x_1\\x_2\\x_3\end{pmatrix}=k\begin{pmatrix}-1\\2\\1\end{pmatrix},k\in\mathbf{R}$.

习题 3.4

1. (1) $\begin{pmatrix}x_1\\x_2\\x_3\\x_4\end{pmatrix}=k_1\begin{pmatrix}1\\1\\0\\0\end{pmatrix}+k_2\begin{pmatrix}1\\0\\2\\1\end{pmatrix}+\begin{pmatrix}1/2\\0\\1/2\\0\end{pmatrix},k_1,k_2\in\mathbf{R}$; (2) $\begin{pmatrix}x_1\\x_2\\x_3\\x_4\\x_5\end{pmatrix}=k_1\begin{pmatrix}1\\-2\\1\\0\\0\end{pmatrix}+k_2\begin{pmatrix}1\\-2\\0\\1\\0\end{pmatrix}+k_3\begin{pmatrix}5\\-6\\0\\0\\1\end{pmatrix}+\begin{pmatrix}-16\\23\\0\\0\\0\end{pmatrix},k_1,k_2,k_3\in\mathbf{R}$; (3) $\begin{pmatrix}x_1\\x_2\\x_3\\x_4\end{pmatrix}=k_1\begin{pmatrix}1/7\\5/7\\1\\0\end{pmatrix}+k_2\begin{pmatrix}1/7\\-9/7\\0\\1\end{pmatrix}+\begin{pmatrix}6/7\\-5/7\\0\\0\end{pmatrix},k_1,k_2\in\mathbf{R}$.

2. (1) 当 $\lambda\neq1$ 且 $\lambda\neq-2$ 时,唯一解; (2) 当 $\lambda=1$ 时,无解; (3) 当 $\lambda=-2$ 时,无穷多解,通解为 $\begin{pmatrix}x_1\\x_2\\x_3\end{pmatrix}=k\begin{pmatrix}1\\1\\1\end{pmatrix}+\begin{pmatrix}2/3\\1/3\\0\end{pmatrix},k\in\mathbf{R}$.

3. (1) 当 $a=-4$ 且 $b\neq-\frac{1}{2}$ 时,向量 $\boldsymbol{\beta}$ 不能由向量组 $\boldsymbol{A}$ 线性表示; (2) 当 $a\neq-4$ 时,向量 $\boldsymbol{\beta}$ 由向量组 $\boldsymbol{A}$ 唯一地线性表示; (3) 当 $a=-4$ 且 $b=-\frac{1}{2}$ 时,表达式不唯一,一般式为 $\boldsymbol{\beta}=\left(k+\frac{3}{2}\right)\boldsymbol{\alpha}_1+2k\boldsymbol{\alpha}_2-\frac{7}{2}\boldsymbol{\alpha}_3,k\in\mathbf{R}$.

4. 令 $\boldsymbol{\xi}=(\boldsymbol{\eta}_2+\boldsymbol{\eta}_3)-2\boldsymbol{\eta}_1$,通解为 $\boldsymbol{x}=k\boldsymbol{\xi}+\boldsymbol{\eta}_1,k\in\mathbf{R}$.

习题三

一、**1.** -5. **2.** $\lambda\neq1$ 且 $\lambda\neq-\dfrac{4}{5}$. **3.** $\begin{pmatrix}0\\0\\1\\0\end{pmatrix},\begin{pmatrix}-1\\1\\0\\1\end{pmatrix}$. **4.** $x=k\begin{pmatrix}0\\1\\2\\3\end{pmatrix}+\begin{pmatrix}1\\1\\1\\1\end{pmatrix},k\in\mathbf{R}$. **5.** $\begin{pmatrix}x_1\\x_2\\x_3\end{pmatrix}=k_1\begin{pmatrix}1\\4\\3\end{pmatrix}+k_2\begin{pmatrix}-2\\3\\1\end{pmatrix},k_1,k_2\in\mathbf{R}$. **6.** $\begin{pmatrix}x_1\\x_2\\x_3\end{pmatrix}=k_1\begin{pmatrix}1\\4\\7\end{pmatrix}+k_2\begin{pmatrix}2\\5\\8\end{pmatrix},k_1,k_2\in\mathbf{R}$. **7.** $\sum_{i=1}^{t}c_i=1$. **8.** $a=3$.
9. $\begin{pmatrix}x_1\\x_2\\x_3\end{pmatrix}=k\begin{pmatrix}-1\\1\\1\end{pmatrix}+\begin{pmatrix}-3\\2\\0\end{pmatrix},k\in\mathbf{R}$. **10.** n.

二、**1.** D. **2.** C. **3.** C. **4.** D. **5.** C. **6.** A. **7.** C. **8.** A. **9.** B. **10.** C.

三、**1.** 当 $a\neq1$ 时,基础解系是 $\begin{pmatrix}5\\6\\0\\1\end{pmatrix}$;当 $a=1$ 时,基础解系是 $\begin{pmatrix}5\\6\\0\\1\end{pmatrix},\begin{pmatrix}1\\-2\\1\\0\end{pmatrix}$.

2. 通解是 $\begin{pmatrix}x_1\\x_2\\x_3\\x_4\end{pmatrix}=k_1\begin{pmatrix}1\\3\\1\\0\end{pmatrix}+k_2\begin{pmatrix}-1\\0\\0\\1\end{pmatrix}+\begin{pmatrix}2\\1\\0\\0\end{pmatrix},k_1,k_2\in\mathbf{R}$;$\begin{pmatrix}x_1\\x_2\\x_3\\x_4\end{pmatrix}=k\begin{pmatrix}3\\3\\1\\-2\end{pmatrix}+\begin{pmatrix}1\\1\\0\\1\end{pmatrix},k\in\mathbf{R}$ 或者 $\begin{pmatrix}x_1\\x_2\\x_3\\x_4\end{pmatrix}=k\begin{pmatrix}-3\\3\\1\\4\end{pmatrix}+\begin{pmatrix}-1\\1\\0\\3\end{pmatrix},k\in\mathbf{R}$ 为满足条件 $x_1^2=x_2^2$ 的解.

3. 当 $a\neq0$ 且 $b\neq3$ 时,唯一解;当 $a=0$ 时,对任意 b 均无解;当 $a\neq0$ 且 $b=3$ 时,方程组有无穷多解,通解为 $\begin{pmatrix}x_1\\x_2\\x_3\end{pmatrix}=k\begin{pmatrix}0\\-3\\2\end{pmatrix}+\begin{pmatrix}2/a\\1\\0\end{pmatrix},k\in\mathbf{R}$.

4. 当 $\lambda=\dfrac{1}{2}$ 时,无穷多解,通解为 $\begin{pmatrix}x_1\\x_2\\x_3\\x_4\end{pmatrix}=k_1\begin{pmatrix}1\\-3\\1\\0\end{pmatrix}+k_2\begin{pmatrix}-1\\-2\\0\\2\end{pmatrix}+\begin{pmatrix}-1/2\\1\\0\\0\end{pmatrix},k_1,k_2\in\mathbf{R}$;当 $\lambda\neq\dfrac{1}{2}$ 时,无穷多解,通解为 $\begin{pmatrix}x_1\\x_2\\x_3\\x_4\end{pmatrix}=k\begin{pmatrix}2\\-1\\1\\-2\end{pmatrix}+\begin{pmatrix}-1\\0\\0\\1\end{pmatrix},k\in\mathbf{R}$.

5. (1) $a=0,b=-1,c=1$; (2) $\boldsymbol{X}=\begin{pmatrix}1&-1&1\\2&1&1\end{pmatrix}$.

6. 提示:克拉默法则.

7. 提示:满秩方阵可逆.

8. 提示:定义.

9. 提示:基础解系和秩的性质.

10. 提示:基础解系和秩的性质.

习题 4.1

1. 是.

2. 是,$\boldsymbol{\xi}=\begin{pmatrix}-1\\-1\\1\end{pmatrix}$.

3. 不是.

4. 是,$\lambda=0$.

5. (1) $\lambda_1=5,\lambda_2=1$,对于 $\lambda_1=5$,全部特征向量 $k_1\begin{pmatrix}2\\1\end{pmatrix}$,$k_1\neq0$;对于 $\lambda_2=1$,全部特征向量$k_2\begin{pmatrix}0\\1\end{pmatrix}$,$k_2\neq0$; (2) $\lambda_1=2,\lambda_2=\lambda_3=1$,对于 $\lambda_1=2$,全部特征向量 $k_1\begin{pmatrix}0\\0\\1\end{pmatrix}$,$k_1\neq0$;对于 $\lambda_2=\lambda_3=1$,全部特征向量 $k_2\begin{pmatrix}-1\\-2\\1\end{pmatrix}$,$k_2\neq0$; (3) $\lambda_1=0,\lambda_2=\lambda_3=1$,对于 $\lambda_1=0$,全部特征向量 $\boldsymbol{\xi}_1=k_1\begin{pmatrix}-1\\-1\\1\end{pmatrix}$,$k_1\in\mathbf{R},k_1\neq0$;对于 $\lambda_2=\lambda_3=1$,全部特征向量 $k_2\begin{pmatrix}2\\1\\0\end{pmatrix}+k_3\begin{pmatrix}3\\0\\2\end{pmatrix}$,$k_2^2+k_3^3\neq0$;(4) $\lambda_1=-3,\lambda_2=0,\lambda_3=4$,对于 $\lambda_1=-3$,全部特征向量 $k_1\begin{pmatrix}0\\0\\1\end{pmatrix}$,$k_1\neq0$;对于 $\lambda_2=0$,全部特征向量 $k_2\begin{pmatrix}0\\1\\0\end{pmatrix}$,$k_2\neq0$;对于 $\lambda_3=4$,全部特征向量 $k_3\begin{pmatrix}7\\0\\1\end{pmatrix}$,$k_3\neq0$.

6. $\lambda_1=-2,\lambda_2=8,\lambda_3=-4$.

7. 21.

8. 提示:特征值的性质.

9. 提示:证特征多项式相等.

习题 4.2

1. 提示:利用相似的定义.

2. 可以.

3. 可以.

4. $x=3$.

5. (1) 不能; (2) 能; (3) 能; (4) 不能.

6. $\boldsymbol{P}=\begin{pmatrix}1&-2&-1\\1&1&0\\1&0&1\end{pmatrix}$,$\boldsymbol{A}^k=\boldsymbol{P}\boldsymbol{\Lambda}^k\boldsymbol{P}^{-1}=\dfrac{1}{4}\begin{pmatrix}5^k+3&2\cdot5^k-2&5^k-1\\5^k-1&2\cdot5^k+2&5^k-1\\5^k-1&2\cdot5^k-2&5^k+3\end{pmatrix}$.

7. $\boldsymbol{A}^{100}=\boldsymbol{P}\boldsymbol{\Lambda}^{100}\boldsymbol{P}^{-1}=\begin{pmatrix}1&2&1\\0&1&-2\\0&2&1\end{pmatrix}\begin{pmatrix}1&0&0\\0&5^{100}&0\\0&0&(-5)^{100}\end{pmatrix}\begin{pmatrix}1&0&-1\\0&1/5&2/5\\0&-2/5&1/5\end{pmatrix}$.

习题 4.3

1. (1) $\boldsymbol{Q}=\begin{pmatrix}2/3&-\sqrt{2}/2&\sqrt{2}/6\\1/3&0&-2\sqrt{2}/3\\2/3&\sqrt{2}/2&\sqrt{2}/6\end{pmatrix}$, $\boldsymbol{Q}^{-1}\boldsymbol{A}\boldsymbol{Q}=\begin{pmatrix}8&0&0\\0&-1&0\\0&0&-1\end{pmatrix}$; (2) $\boldsymbol{Q}=$

$\begin{pmatrix} -\sqrt{3}/3 & \sqrt{2}/2 & -\sqrt{6}/6 \\ -\sqrt{3}/3 & 0 & \sqrt{6}/3 \\ \sqrt{3}/3 & \sqrt{2}/2 & \sqrt{6}/6 \end{pmatrix}$，$\boldsymbol{Q}^{-1}\boldsymbol{AQ}=\begin{pmatrix} -2 & 0 & 0 \\ 0 & 1 & 0 \\ 0 & 0 & 1 \end{pmatrix}$； （3）$\boldsymbol{Q}=\begin{pmatrix} 2/3 & -\sqrt{2}/2 & \sqrt{2}/6 \\ 1/3 & 0 & -2\sqrt{2}/3 \\ 2/3 & \sqrt{2}/2 & \sqrt{2}/6 \end{pmatrix}$，$\boldsymbol{Q}^{-1}\boldsymbol{AQ}=$ $\begin{pmatrix} -4 & 0 & 0 \\ 0 & 5 & 0 \\ 0 & 0 & 5 \end{pmatrix}$.

2. $a=b=0$，$\boldsymbol{Q}=\begin{pmatrix} -\sqrt{2}/2 & 0 & \sqrt{2}/2 \\ 0 & 1 & 0 \\ \sqrt{2}/2 & 0 & \sqrt{2}/2 \end{pmatrix}$，$\boldsymbol{Q}^{-1}\boldsymbol{AQ}=\begin{pmatrix} 0 & 0 & 0 \\ 0 & 1 & 0 \\ 0 & 0 & 2 \end{pmatrix}$.

3. $\boldsymbol{A}=\begin{pmatrix} -1/3 & 0 & 2/3 \\ 0 & 1/3 & 2/3 \\ 2/3 & 2/3 & 0 \end{pmatrix}$.

4. $\boldsymbol{A}=\begin{pmatrix} 1 & 0 & 0 \\ 0 & 0 & 1 \\ 0 & 1 & 0 \end{pmatrix}$.

习题四

一、**1.** $-2,6,-4$. **2.** 0 或 1. **3.** a. **4.** $-6;1,-\frac{1}{2},\frac{1}{3};1,-2,3;-6,3,-2;4,1,16$. **5.** -36. **6.** $k\boldsymbol{E},k\in\mathbf{R}$. **7.** -2. **8.** $-2,-5/6$. **9.** 4. **10.** 1.

二、**1.** （1）$\lambda_1=1,\lambda_2=2,\lambda_3=2a-1$，

对于 $\lambda_1=1$，全部特征向量 $k_1\begin{pmatrix} a+2 \\ 3 \\ 0 \end{pmatrix}$，$k_1\neq 0$；对于 $\lambda_2=2$，全部特征向量 $k_2\begin{pmatrix} 2 \\ 2 \\ 1 \end{pmatrix}$，$k_2\neq 0$；对于 $\lambda_2=2a-1$，全部特征向量 $k_3\begin{pmatrix} 1 \\ 1 \\ a-1 \end{pmatrix}$，$k_3\neq 0$； （2）$\lambda_1=na,\lambda_2=\lambda_3=\cdots=\lambda_n=0$，对于 $\lambda_1=na$，全部特征向量 $k_1\begin{pmatrix} 1 \\ 1 \\ \vdots \\ 1 \end{pmatrix}$，$k_1\neq 0$；对于 $\lambda_2=\lambda_3=\cdots=\lambda_n=0$，全部特征向量 $k_2\begin{pmatrix} -1 \\ 1 \\ 0 \\ \vdots \\ 0 \end{pmatrix}+k_3\begin{pmatrix} -1 \\ 0 \\ 1 \\ \vdots \\ 0 \end{pmatrix}+\cdots+k_n\begin{pmatrix} -1 \\ 0 \\ 0 \\ \vdots \\ 1 \end{pmatrix}$，$k_2^2+k_3^2+\cdots+k_n^2\neq 0$.

2. $\frac{4}{3}$.

3. $\lambda_1=0,\lambda_2=\lambda_3=-2$.

4. （1）$x=3$； （2）$\begin{pmatrix} 1 & & & \\ & 1 & & \\ & & 2 & \\ & & & 4 \end{pmatrix}$.

5. $x=-y$.

6. （1）$\boldsymbol{P}=\begin{pmatrix} 1 & 0 & 1/2 \\ 0 & -1 & 1 \\ 1 & 1 & 1 \end{pmatrix}$，$\boldsymbol{P}^{-1}\boldsymbol{AP}=\begin{pmatrix} -1 & 0 & 0 \\ 0 & 2 & 0 \\ 0 & 0 & 2 \end{pmatrix}$； （2）不能与对角化矩阵相似； （3）$\boldsymbol{P}=$

$$\begin{pmatrix}0 & \sqrt{3}/3 & -\sqrt{3}/3\\1 & 0 & 0\\0 & 1 & 1\end{pmatrix},\boldsymbol{P}^{-1}\boldsymbol{AP}=\begin{pmatrix}2 & 0 & 0\\0 & \sqrt{3} & 0\\0 & 0 & -\sqrt{3}\end{pmatrix}.$$

7. (1) $\lambda_1=-1,\lambda_2=1,\lambda_3=0$,对于 $\lambda_1=-1$,全部特征向量 $k_1\begin{pmatrix}-1\\0\\1\end{pmatrix}$,$k_1\neq 0$;对于 $\lambda_2=1$,全部特征向量 $k_2\begin{pmatrix}1\\0\\1\end{pmatrix}$,$k_2\neq 0$;对于 $\lambda_3=0$,全部特征向量 $k_3\begin{pmatrix}0\\1\\0\end{pmatrix}$,$k_3\neq 0$; (2) $\boldsymbol{A}=\begin{pmatrix}0 & 0 & 1\\0 & 0 & 0\\1 & 0 & 0\end{pmatrix}$.

8. (1) $\boldsymbol{\beta}=2\boldsymbol{\alpha}_1-2\boldsymbol{\alpha}_2+\boldsymbol{\alpha}_3$; (2) $\begin{pmatrix}2-2^{n+1}+3^n\\2-2^{n+2}+3^{n+1}\\2-2^{n+3}+3^{n+2}\end{pmatrix}$.

9. (1) $\boldsymbol{A}^2=\boldsymbol{O}$; (2) $\lambda_1=\lambda_2=\cdots=\lambda_n=0$.

10. (1) $\boldsymbol{Q}=\begin{pmatrix}0 & 1/\sqrt{2} & 1/\sqrt{2}\\1 & 0 & 0\\0 & -1/\sqrt{2} & 1/\sqrt{2}\end{pmatrix}$,$\boldsymbol{Q}^{-1}\boldsymbol{AQ}=\begin{pmatrix}0 & 0 & 0\\0 & -1 & 0\\0 & 0 & 1\end{pmatrix}$; (2) $\boldsymbol{Q}=\begin{pmatrix}1/\sqrt{3} & -1/\sqrt{2} & -1/\sqrt{6}\\1/\sqrt{3} & 0 & 2/\sqrt{6}\\1/\sqrt{3} & 1/\sqrt{2} & -1/\sqrt{6}\end{pmatrix}$,

$\boldsymbol{Q}^{-1}\boldsymbol{AQ}=\begin{pmatrix}3 & 0 & 0\\0 & 0 & 0\\0 & 0 & 0\end{pmatrix}$.

三、**1.** 提示:特征值与特征多项式的定义和性质.

2. 提示:特征值与特征多项式的定义.

3. 提示:特征值与特征多项式的定义和性质.

4. 提示:证明 $\boldsymbol{A}$ 没有 n 个线性无关的特征向量.

5. 提示:证明 $\boldsymbol{A}$ 与 $\boldsymbol{B}$ 都能与对角化的矩阵相似,且相似的对角阵相同.

6. 提示:相似的定义.

7. 提示:齐次线性方程组有公共解.

8. (1) $a=-3,b=0,\lambda=-1$; (2) 不能.

9. (1) $\begin{pmatrix}x^{n+1}\\y^{n+1}\end{pmatrix}=\begin{pmatrix}0.7 & 0.2\\0.3 & 0.8\end{pmatrix}\begin{pmatrix}x^n\\y^n\end{pmatrix}$; (2) $\begin{pmatrix}x^n\\y^n\end{pmatrix}=\dfrac{1}{5}\begin{pmatrix}2+3(1/2)^n & 2+(1/2)^{n-1}\\3-3(1/2)^n & 3-(1/2)^{n-1}\end{pmatrix}\begin{pmatrix}x^0\\y^0\end{pmatrix}$;

(3) $\lim\limits_{n\to\infty}\begin{pmatrix}x^n\\y^n\end{pmatrix}=\begin{pmatrix}2/5\\3/5\end{pmatrix}$.

10. (1) $\begin{pmatrix}R^t\\F^t\end{pmatrix}=\begin{pmatrix}1.1 & -0.15\\0.1 & 0.85\end{pmatrix}\begin{pmatrix}R^{t-1}\\F^{t-1}\end{pmatrix}$; (2) $\begin{pmatrix}R^t\\F^t\end{pmatrix}=4\cdot 0.95^t\begin{pmatrix}1\\1\end{pmatrix}+2\cdot 1^t\begin{pmatrix}3\\2\end{pmatrix}$;

(3) $\lim\limits_{t\to\infty}\begin{pmatrix}x^t\\y^t\end{pmatrix}=\begin{pmatrix}6\\4\end{pmatrix}$.

习题 5.1

1. (1) $\begin{pmatrix}a_1^2 & a_1a_2 & a_1a_3\\a_1a_2 & a_2^2 & a_2a_3\\a_1a_3 & a_2a_3 & a_3^2\end{pmatrix}$; (2) $\begin{pmatrix}2 & -2 & 0 & 0\\-2 & 5 & -4 & 0\\0 & -4 & 4 & 0\\0 & 0 & 0 & 0\end{pmatrix}$; (3) $\begin{pmatrix}5 & -1 & \cdots & -1\\-1 & 5 & \cdots & -1\\\vdots & \vdots & & \vdots\\-1 & -1 & \cdots & 5\end{pmatrix}$.

2. (1) $A=\begin{pmatrix}2 & -2 & 0 & 0\\ -2 & 5 & -4 & 0\\ 0 & -4 & 4 & 0\\ 0 & 0 & 0 & 0\end{pmatrix}$, $r(A)=3$; (2) $A=\begin{pmatrix}1 & -2 & 0\\ -2 & 2 & 0\\ 0 & 0 & 0\end{pmatrix}$, $r(A)=2$.

3. $a=1$ 或 -1.

4. (1) $f(x_1,x_2,x_3)=x_1^2+2x_3^2-2x_1x_2+2x_1x_3+4x_2x_3$; (2) $f(x_1,x_2,x_3,x_4)=4x_1x_2+6x_2x_3+8x_3x_4$.

5. $r(B)=4$.

6. 提示:矩阵合同的定义.

习题 5.2

1. $f(x_1,x_2)=-x_1^2+3x_3^2$.

2. (1) $Q=\begin{pmatrix}0 & 1 & 0\\ -1/\sqrt{2} & 0 & 1/\sqrt{2}\\ 1/\sqrt{2} & 0 & 1/\sqrt{2}\end{pmatrix}$, 标准型 $f(y_1,y_2,y_3)=y_1^2+2y_2^2+5y_3^2$; (2) $Q=\begin{pmatrix}2/3 & -\sqrt{2}/2 & \sqrt{2}/6\\ 1/3 & 0 & -2\sqrt{2}/3\\ 2/3 & \sqrt{2}/2 & \sqrt{2}/6\end{pmatrix}$, 标准型 $f(y_1,y_2,y_3)=8y_1^2-y_2^2-y_3^2$; (3) $Q=\begin{pmatrix}1/\sqrt{2} & 0 & -1/\sqrt{2} & 0\\ 1/\sqrt{2} & 0 & 1/\sqrt{2} & 0\\ 0 & -1/\sqrt{2} & 0 & 1/\sqrt{2}\\ 0 & 1/\sqrt{2} & 0 & 1/\sqrt{2}\end{pmatrix}$, 标准型 $f(y_1,y_2,y_3,y_4)=y_1^2+y_2^2-y_3^2-y_4^2$.

3. (1) $C=\begin{pmatrix}1 & 1 & -1\\ 0 & 1 & 0\\ 0 & -1 & 1\end{pmatrix}$, 标准型 $f(y_1,y_2,y_3)=y_1^2-y_2^2+y_3^2$; (2) $C=\begin{pmatrix}1/\sqrt{2} & 1/\sqrt{2} & 3/\sqrt{6}\\ 1/\sqrt{2} & -1/\sqrt{2} & -1/\sqrt{6}\\ 0 & 0 & 1/\sqrt{6}\end{pmatrix}$, 标准型 $f(z_1,z_2,z_3)=z_1^2-z_2^2+z_3^2$.

4. 标准型 $f(y_1,y_2,y_3,y_4)=y_1^2+y_2^2+y_3^2-3y_4^2$;规范型 $f(z_1,z_2,z_3,z_4)=z_1^2+z_2^2+z_3^2-z_4^2$.

5. $a=2$.

6. $a=0$, $Q=\begin{pmatrix}0 & -\sqrt{2}/2 & \sqrt{2}/2\\ 1 & 0 & 0\\ 0 & \sqrt{2}/2 & \sqrt{2}/2\end{pmatrix}$.

习题 5.3

1. $r(A)=1$,正惯性指数为 1.

2. (1) 正定; (2) 负定.

3. (1) 是; (2) 不是.

4. $x>4, y>\frac{1}{2}$.

5. $-\frac{4}{5}<a<0$.

6. $-2<a<1$.

习题五

一、1. $\begin{pmatrix}2 & 3\\3 & -1\end{pmatrix}$.

2. $\begin{bmatrix}a_{11} & 0 & 0\\0 & a_{22} & 0\\0 & 0 & 0\end{bmatrix}$.

3. 3.

4. $f(x_1,x_2,x_3)=2x_1^2+x_2^2+x_3^2+4x_1x_2$.

5. -2 或者 2；4 或者 -4.

6. $f(z_1,z_2)=z_1^2-z_2^2$.

7. 特征值相同.

8. $f(y_1,y_2,y_3)=y_1^2+2y_2^2+5y_3^2$.

9. 3.

10. $\frac{-\sqrt{2}}{2}<t<\frac{\sqrt{2}}{2}$.

二、1. (1) $\begin{pmatrix}1 & 0\\0 & -1\end{pmatrix}$, 2； (2) $\begin{bmatrix}2 & -2 & 3\\-2 & 3 & 0\\3 & 0 & 1\end{bmatrix}$, 3； (3) $\begin{bmatrix}1 & 1 & 0 & 2\\1 & 0 & -1 & 0\\0 & -1 & 1 & 2\\2 & 0 & 2 & 1\end{bmatrix}$, 4.

2. (1) 不合同； (2) 合同，$\boldsymbol{P}=\begin{bmatrix}0 & 1 & 0\\1 & 0 & 0\\0 & 0 & 1\end{bmatrix}$.

3. $a=0$，$\boldsymbol{Q}=\begin{bmatrix}-\sqrt{2}/2 & \sqrt{2}/2 & 0\\\sqrt{2}/2 & \sqrt{2}/2 & 0\\0 & 0 & 1\end{bmatrix}$，$f(y_1,y_2,y_3)=2y_2^2+2y_3^2$.

4. $-1<t<0$.

5. (1) $\begin{bmatrix}2 & 0 & 0\\0 & 3 & 2\\0 & 2 & 3\end{bmatrix}$； (2) $\lambda_1=1,\lambda_2=2,\lambda_3=5$； (3) 标准型 $f(y_1,y_2,y_3)=y_1^2+2y_2^2+5y_3^2$，规范型 $f(z_1,z_2,z_3)=z_1^2+z_2^2+z_3^2$； (4) 3； (5) 正定.

6. 提示：特征值的性质.

7. 提示：合同的定义.

8. 提示：特征值的性质.

9. 提示：特征值的性质.

10. 提示：特征值的性质.

参考文献

1. 陈建龙,周建华,韩瑞珠等.线性代数[M].北京:科学出版社,2007.
2. 同济大学应用数学系.线性代数[M].第4版.北京:高等教育出版社,2003.
3. 胡显右.线性代数[M].北京:高等教育出版社,2008.
4. 任功全,封建湖,薛宏智.线性代数[M].第2版.北京:科学出版社,2012.
5. 唐忠明,滕冬梅.线性代数[M].北京:科学出版社,2011.
6. 曹殿立.线性代数[M].北京:科学出版社,2012.
7. 秦静,潘建勋.线性代数[M].北京:高等教育出版社,2003.
8. 周云才.线性代数分类题典[M].北京:科学出版社,2004.
9. 许甫华.线性代数典型题精讲[M].大连:大连理工大学出版社,2002.
10. 邱森.线性代数[M].武汉:武汉大学出版社,2007.
11. 卢刚.线性代数[M].北京:高等教育出版社,2007.
12. David C. Lay 著.线性代数及其应用[M].沈复兴译.北京:人民邮电出版社,2007.
13. 杜之韩,刘丽,吴曦等.线性代数[M].成都:西南财经大学出版社,2003.
14. 贾兰香,张建华.线性代数[M].第2版.天津:南开大学出版社,2004.
15. 刘先忠,杨明.线性代数[M].第2版.北京:高等教育出版社,2003.
16. 居余马,林翠琴.线性代数简明教程[M].北京:清华大学出版社,2004.
17. 王乃信.线性代数[M].北京:高等教育出版社,2000.
18. 北京大学数学系几何与代数教研室代数小组.高等代数[M].北京:高等教育出版社,2000.
19. 成丽波.大学数学实验教程[M].第2版.北京:北京理工大学出版社,2015.
20. 黄素珍,陈万勇.大学数学实验[M].南京:南京大学出版社,2013.